“应用心理学”国家级一流本科专业建设成果
江苏高校品牌专业建设工程二期项目成果

实验心理学

Experimental Psychology

邓 铸 编著

南京师范大学出版社

图书在版编目(CIP)数据

实验心理学 / 邓铸编著. —南京: 南京师范大学出版社, 2020.11

(高等院校心理学融媒体精品教材)

ISBN 978-7-5651-4523-0

Ⅰ.①实… Ⅱ.①邓… Ⅲ.①实验心理学-教材 Ⅳ.①B841.4

中国版本图书馆 CIP 数据核字(2020)第 037386 号

丛 书 名	高等院校心理学融媒体精品教材
书 名	实验心理学
编 著	邓 铸
丛书策划	徐蕾 张春
责任编辑	秦 月
出版发行	南京师范大学出版社
地 址	江苏省南京市玄武区后宰门西村 9 号(邮编:210016)
电 话	(025)83598919(总编办) 83598412(营销部) 83373872(邮购部)
网 址	http://press.njnu.edu.cn
电子信箱	nspzbb@njnu.edu.cn
照 排	南京凯建文化发展有限公司
印 刷	南京玉河印刷厂
开 本	787 毫米×1092 毫米 1/16
印 张	22
字 数	445 千
版 次	2020 年 11 月第 1 版 2020 年 11 月第 1 次印刷
书 号	ISBN 978-7-5651-4523-0
定 价	68.00 元
出 版 人	张志刚

总 序

改革开放以来,中国社会发生了深刻而巨大的变化。就中国心理学而言,从1977年8月16日至24日召开的“全国心理学学科规划座谈会”算起,其走过了重生并迅速成长的42年。在这次座谈会上,来自全国各地的23位代表起草了心理学发展规划,围绕八个领域制订了3年计划、8年规划、23年设想,故被称为“3-8-23方案”,涉及心理学基本理论、感觉与知觉、思维与记忆、心理发展、生理心理、教育心理、工程心理、医学心理研究。可见当时的中国心理学以基础研究为主。这个规划是中国心理学发展史上的一个重要转折点,扭转了心理学在“文革”期间被迫停顿的局面。今天,打开中国心理学会的网站,就会看到它的分支机构包括12个工作委员会、31个专业委员会,覆盖的领域迅速扩展到国际心理学前沿基础研究和中国社会生活的众多热点人群。相应地,心理学的专业人才培养,从只有几所高校招收心理学专业的本科生发展到现在400多所高校设立心理学类本科专业或心理学类本科培养方向,呈现非线性的快速增长模式。

42年来,在我国高校人才培养中,心理学教学大致走过四个阶段。第一个阶段是20世纪七八十年代,几乎所有师范类院校均开设了心理学课程,有的设有专门的教研室或教研组,延续了中国心理学早期的存在范式,更大程度上是教育学性质的心理学,因为从1920年南京高等师范学校设立中国高等教育史上第一个心理系开始,中国的心理学主要是作为教师培养的必修课程,除介绍基本概念与理论外,重点是为学校的教与学提供心理学基础。教材的建设也主要围绕师范类教育而编写《心理学》或《教育心理学》等。虽然当时一些设有教育系科的师范大学和北京大学等,聚集了相对比较多的心理学专任教师,开设了基础心理学、人格心理学、实验心理学、变态心理学等非师范性的心理学课程,但是这样的学科点并不多。也有一些其他类别的高校开设了司法心理学、工程心理学、管理心理学等课程。

第二个阶段是20世纪90年代,在高校教育类专业中逐渐分化出心理学专业,而且加强了硕士、博士研究生的培养工作,为心理学的快速增长准备了人才,同时心理学的广泛应用趋势也越来越明显。改革开放的成功,带来了经济的快速增长,促进了两个重要分支领域的发展:咨询心理学、经济心理学。学校心理咨询受到前所未有的重视,有条件的大学纷纷开设“大学生心理学”,建立大学生心理咨询中心,而且这一工作也逐渐向中小学延伸,培育了心理健康教育工作岗位。经济领域的人员选拔和绩效激励引入心理学,人力资源管理也逐渐扎根于心理学类专业;营销工作越来越需要广告心理学、消费心理学等。这一时期,高校中的心理学本科专业开始多起来,而且大部分都叫“应用心理学”,基本上都包括两个培养方向:心理健康教育、人力资源管理。既然独立设置专业,就要有较完整的课程体系。所以,各相关高校互相参照,形成了较一致的课程模式:专业基础理论课+方法学课+实务实践训练课。较系统的教材建设出现规模,书店里和图书馆里出现了心理学书籍专柜。当然,教材中的素材更多来自西方心理学,国内独创成果相对较少。

第三个阶段是21世纪的前10年,高校心理学专业数量出现大规模增长,这与两个因素关系很大,一是心理学专业人才的社会需求迅速增长,二是大学教育的就业导向被强化。有条件的高校建立心理学类专业,不少条件不充分的高校也在其他专业内设立心理学方向。这个阶段的心理学专业,课程建设和实验平台建设成为重点。课程建设中,强调出版精品教材和建设在线精品课程。师资条件好的学校,逐渐加大了课程的专业分化和难度提升,强调学科前沿动态把握和方法课程的容量,学校之间的差异化显现。课程建设的另一个特点是数据分析软件(如社会科学统计分析软件包,简称SPSS)的引入,大大提升了学生进行大样本调查研究和数据的多元统计分析能力。与此同时,实验平台建设投入增加,除基础性实验仪器的配置外,出现计算机化的实验操作系统替代传统仪器的趋势,少数经费充足的学科点不断升级其实验室,促进实验室的"生物工程化"发展,甚至将功能磁共振设备购进了心理学实验室。这一阶段是中国心理学人才培养的规模和质量都迅速提升的阶段。

第四个阶段是近10年来,除培养单位数量继续快速增长外,培养规格要求越来越严格,同时强调人才培养要服务于社会重大需求,专业方向出现分化,各高校的专业特色逐渐显现。2008年汶川地震发生后,心理学家带领专业团队和大批心理学志愿者参与了灾后援助,让公众更多地了解了心理学及其价值。与此同时,学校教育、企业员工服务、社区服务、特殊人群关爱、环境与工程设计等对心理学人才的需求越来越迫切。在这样的背景下,应用心理学新的学科分支快速出现。教育部心理学教学指导委员会也越来越担负起推进心理学专业健康快速发展的责任,指导着中国心理学的专业建设,发布了心理学本科专业配置的基本标准。毫无疑问,今天的中国心理学已走向了世界,走向了科学前沿,也走进了广泛的社会实践和家庭生活。我们需要从整个人类社会生活和心理学整体来理解这个学科,规划心理学的工作。我国人口多,精神和心理疾患者基数比较大。随着物质生活水平的提高,人们更加关注精神需求。而随着信息技术的高速发展,人们将更多地生活在虚拟与现实的冲突中,由此产生的心理和精神问题也是未来社会必须面对的巨大挑战。心理学近20年的发展为此做好了充分的资源积累和社会动员。1999年,科技部将心理学确定为18个优先发展学科之一;2000年,国务院学位委员会将心理学确定为国家一级学科;2010年,心理健康教育被列入国家中长期教育改革和发展规划战略主题、心理疏导技术被列入国家"十二五"发展规划。2015年公布的《中共中央关于制定国民经济和社会发展第十三个五年规划的建议》中,两次强调了心理健康服务问题:在谈到加强和创新社会治理,加强社会治理基础制度建设时,要求"健全社会心理服务体系和疏导机制、危机干预机制";在谈到推进健康中国建设,倡导健康生活方式时，要求“加强心理健康服务”。当前社会生活节奏加快、竞争加剧，人们的心理负荷日益加重。由心理疾患和行为问题所产生的医疗与社会成本，更对当前我国经济社会和谐发展造成了消极影响。党和国家领导人高度重视公民心理健康。2016年，习近平总书记在出席全国卫生与健康大会时强调，“没有全民健康，就没有全面小康”，“要加大心理健康问题基础性研究，做好心理健康知识和心理疾病科普工作，规范发展心理治疗、心理咨询等心理健康服务”。心理健康问题直接关涉健康中国建设的重大任务。党的十九大报告中明确提出，“加强社会心理服务体系建设，培育自尊自信、理性平和、积极向上的社会心态”，其重要基础是社会心理和行为协调。2018年11月16日，国家卫生健康委员会、中央政法委员会等十部委联合发布了《关于印发全国社会心理服务体系建设试点工作方案的通知》，正式启动了社会心理服务体系建设的试点工作。

社会心理服务体系建设是一项宏大工程。要完成这一使命，心理学科既需要加强基础研究，也需要加强应用研究，更需要培养大批具有创新能力和社会责任担当的心理服务实践者。设立心理学专业的各相关高校，理应顺势而为，响应社会变革对心理学的新要求，根据各自资源优势和办学特色，进行科学研究与人才培养方向的重新思考、选择与凝练。毋庸置疑，社会心理服务体系建设工程的推进，必将带来高校心理学人才培养目标、内容、方式的重大改变，培育出一批新的重大研究方向和人才培养专业。可以预见，未来一个时期，与教育、健康、社会治理及人工智能发展等有关的心理学研究及人才培养均会得到越来越多的重视。而学科教育与人才培养的基本保障之一，就是建立科学合理的专业课程体系。根据对现代大学教育的思考，结合学科发展的最新趋势，我们认为，心理学类本科专业课程必须充分凸显以下特点。

（1）重视基础，强调应用。本科教学具有人才奠基意义，它既要为高层次人才培养输送优质生源，又要为社会心理服务培育专业基础扎实的实践者；必须重视心理学基本概念与理论基础、心理学研究方法学基础的教学，以促进学生可持续成长能力的提高；同时，也要重视心理实务技术以及与特定实践领域或特定人群相关的应用性方法教学，以训练学生分析问题、解决问题的能力。就目前来看，基础理论课程与方法学课程有20门左右，这构成了核心的专业基础课系列；测评、诊断、咨询等通用心理技术以及特殊心理实务类课程，也有20门左右，可以形成不同的训练模块，由学生根据不同方向的发展需要进行选修。

（2）尊重经典，勇于创新。科学心理学从其诞生至今，已有140年的历史，已经建立起较为完备的概念、理论、方法学体系，特别是经典心理学理论在提高人类对自身心理的本质、机制及活动规律的认识方面，取得了很大成功。心理学的教学应充分尊重经典，保持教学内容体系的相对稳定。但也应看到，当代心理学正处于“快速发展期”：一是学科自身发展，二是社会需求发展。心理学类本科专业的课程体系要保持开放，不断创新，密切注视学科发展和社会需求变化，及时对社会关切做出回应。除不断吸纳最新学科发展成果、引入新技术新方法外，还要及时增加与社会心理服务新焦点相关联的应用性课程。

(3) 更新教法,善用融媒。融媒体技术改变了人类的信息表达与传递方式,也改变了人们的思维与学习方式。大学教育需要不断更新教法,包括改变教材的编撰形式。这里需要强调三点:首先,学生专业智能的发展是一个不断解构和重构的过程。大量信息进入大脑,需要脑的思维做功,以神经网络计算模型的调整表征新的信息结构及语义关系,形成新智能结构。这里,激活学生高频率的思维是关键。其次,信息表达与传递方式要适应信息剧增时代的特点,充分利用现代技术实现巨量信息的保存、传递、检索,给予学生自主探索、自主选择与整合信息的机会,培养学生的自主学习能力。这里,善用融媒体技术是关键。最后,培养具有创新实践能力的专业人才,需要问题导向的教学。大学生在专业学习中,必须将课堂教学与现实问题的探索解决有效结合,建立基本理论与现实问题的有效联结。这里,将学生带入社会心理服务的实践是关键。应充分利用现代信息技术,更新教学方式,促进学生高质量的专业发展。总之,不断地探索和创新心理学本科人才培养的课程体系、教学方式,建设崭新的教学资源平台是一项重要任务,需要高校心理学的教学团队不懈努力。

南京师范大学是中国现代心理学的发祥地之一,曾设立国内最早的心理学系。心理学大师潘淑、陆志韦、陈鹤琴、高觉敷等都曾在此著书立说、教书育人。他们尚诚尚朴、求真求实。在他们的培养下,学术梯队薪火相传,历久不衰。今天,我们在继续推进学科发展和人才培养方面更是责无旁贷。中国心理学走向繁荣和发展,不仅要在科学研究、人才培养方面与国际心理学深度融合,更要在服务教育、经济、文化建设方面做出重要贡献。有鉴于此,南京师范大学心理学科将本科教育定位于培养学术型、实践型的卓越人才,不仅继续保持了心理学历史与理论研究的传统优势方向,而且依托优势学科、品牌专业,加强了实验平台和应用心理学学术团队建设,从而在多轮学科评估中位列全国同类学科的前列,并以国内一流实验平台、教师团队,开展脑功能基础、青少年心理发展、国民心理健康系列课题研究,承接了一系列具有重要意义的社会心理服务工作,拓展了与相应社会心理服务工作衔接的心理学实践技能实务训练课程,在江苏省乃至全国产生了示范引领作用。

为适应新时代心理学专业人才培养的要求,进一步有效落实社会心理服务体系建设任务,我们与南京师范大学出版社共同打造了这套"高等院校心理学融媒体精品教材"系列。本套丛书立足于最新培养方案,以融媒体教材体现学科最新理论与实践发展,体现传统教材与数字化资源的有机结合,目标是将教材、课堂、在线资源有机融合,打造一个课程应用与教学服务相结合的优质全媒体心理学教学资源体系。融媒体课程与教材体系建设是一项艰苦的工作。我们会充分吸收心理学科的知识积累、先进方法,团结国内外专家同行,努力为我国心理学本科人才培养贡献精品资源。

邓 铸

2019 年 8 月于随园

前　言

进入21世纪后，我国高校“应用心理学”专业发展迅速，绝大部分开设心理学本科专业的高校都将专业名称叫作“应用心理学”，所以心理学的教学和人才去向，都要找到一个“应用”的支点。南京师范大学“应用心理学”本科专业，2015年进入江苏省普通高校品牌专业工程一期建设序列；2019年，入选国家级一流本科专业一期建设名单和江苏省高校二期品牌专业建设名单。这就激励我们更需要在“应用型”人才培养方面进行探索，发挥其示范引领作用。

实验科学有其自身的规律和规则，使用这些规律和规则，可以有效减少由于研究者的主观性可能导致的错误，或者说能有效减少这些错误。可是，在强调这种方法的时候，总会有来自学科内部的尖锐批评。其实，强调方法，不等于说忽视问题，并不是“以方法为中心”。实验心理学始终强调“以问题为中心”，因为科学实验研究的核心就是探索未知，因未知而好奇，于是有了研究的问题，然后才是寻求有效的研究方法、技术和程序。实验心理学就特别强调这一点。在与同行交流时，我们没有必要害怕批评的声音，甚至应期待听到不同的观点，以便于镜己，不断地修正我们的表述。关于心理学研究，我有两点想法是非常明确的。

第一，心理学研究的对象是人的心理现象，而心理现象是脑派生的，所以人的心理活动无论多么高级，都不可能脱离神经系统的运动而发生，即使是人的社会文化属性也是人在成长过程中，通过将社会生活环境提供的信息输入神经系统并不断加工、积淀或建构而发展来的。这其中必然存在基于神经系统运动规则的确定性和变异性。因此，心理学不能排斥自然科学的方法。当然，如何引入和使用自然科学的方法，将这些方法运用于什么问题和研究情境，那就要具体问题具体分析了，换句话说，那就是研究者们自己的智慧问题了。

第二，心理学研究的人类心理活动，具有多重属性和多个侧面，也存在于千万种不同的主客状态，有时处于多变量的交互作用中，是迄今为止我们所知道的最为复杂的运动系统。对于这样的研究对象，心理学必须采用多方法、多技术。或者说，必须容许采用多种取向的研究。没有哪一种方法能够包办一切，也没有哪一种方法完美无缺。采取不同研究取向的心理学家可以互相交流，带着尊重的心态去互相批评，心理学需要这样的氛围。说到这里，我想起“盲人摸象”的故事。这些摸到了大象某些部位的盲人们都很自信，于是高声谈起自己的认识，互相争辩起来。其实，这群盲人很值得欣赏，都切实地去探究了一番，然后很有信心地表达自己的观点，争执中也还是体现出平等的氛围。我相信,争执之后,他们可能会对自己的认识产生怀疑,或许聪明的瞎子就会去别的部位摸一摸。在进一步探究之前,他们也可以多听听其他言者的声音。总之,心理学的研究需要多方法的共存。擅长不同方法的研究者可以从某一侧面做出自己的贡献。我们的队伍中,肯定会有一些同行是更乐于或更善于进行资料收集、整理、思考,将研究的成果进行理论抽象的,心理学的理论就由此而向前发展了。

不管采用何种方法去研究,都应先踏踏实实地学习这种方法。要切实地掌握具体方法的内在逻辑、基本路径和使用规则,既灵活变通又符合共识,而不要未经严谨学习就生搬硬套,出现了问题还强词夺理。实验心理学主要介绍心理实验的基本逻辑、基本模式、常用范式和有效技术,是心理学作为科学进行知识积累的主要方法学。本书在编撰体系上,不准备包罗万象,但尽力顾及许多学校课程体系安排的情况。全书主要由两大部分组成:第一部分是关于心理学实验研究的基本逻辑、基本程序和常用设计模型,包括第一至四章;第二部分是关于心理学基础研究领域中的常用典型实验范式,包括第五至九章。这样的安排,正是多年实际教学思考的结果。

本教材在建设中,结合了正在进行的在线课程建设计划。每一章开始的"内容概览",提示该章的主要内容及逻辑顺序。正文当中穿插了一些短视频,以二维码作为标记,是读者获取视频的通道。章末设置了关键词、练习与思考、扩展阅读,其中扩展阅读也以二维码作为标记和获取通道。读者通过扫描二维码可以获取视频及文档资料。而这些在线材料可以根据学科进展不断更新。学生通过在线学习,可以极大地拓展信息量,并检测学习的效果。特别是,可以借此把握相关领域实验研究的最新进展,从而启发思维,激发研究的问题意识。

这本书源于30年的教学实践,也是几经探索的再一次总结提升,希望它能带给同行教师和学生以有益的帮助。由于学识所限,书中难免有不足和疏漏之处,惶恐之中呈于专家、同行和青年学生面前,期待不吝指教!

邓　铸

2020年2月于南京师范大学随园

目录 CONTENTS

第一章 实验心理学的发展与逻辑

第二章 心理学实验研究的基本问题

第三章 因素型实验设计

第四章 实验研究报告的撰写

第五章 心理物理学

第六章 反应时技术

第七章 心理学实验新技术

第八章 记忆研究的实验范式

第九章 思维研究的实验范式

附录1 常用统计检验表

附录2

第一章

实验心理学的发展与逻辑

内容概览

科学实验以未解问题为起点，以现象观察为基础，以条件控制为保障，以数理思维为手段，揭示科学事实及其发生发展的规律。现代心理学从一开始就是实验科学性质的，它从18世纪中叶开始，采用实验方法研究人类心理与行为的机制和规律，经历了酝酿期、建立期、分化期、繁荣期，发展至目前成为科学的心理学。而中国现代实验心理学源自西方和日、俄（苏联），曾在曲折的道路上艰难发展。改革开放以来，走上了快速成长之路，迎来了今天的繁荣期。

心理学实验的基本逻辑是，将相等的样本置于不同的观测条件下，从心理与行为观测的差异性中探寻其中发生发展的因果关系。

人类对自身灵魂思考与探索的起点在哪里？这不是一个容易回答的问题。因为，人类的意识觉醒是一个渐进过程。就希腊古典哲学来说，如果以巴门尼德（Parmenides of Elea，约公元前515年—公元前5世纪中叶以后）“思想与存在同一”的命题为标志，其之前被称为自然哲学时期，核心在于探索世界的本原而非意识的本质；其之后希腊哲学的核心在于探索人类理性。就科学发展来说，希腊中后期开始出现一系列实验科学理论和专门著作，中世纪之后的欧洲科学更是走向前所未有的繁荣。探索人类心理的专门科学也在哲学的怀抱中逐渐成长，最终以独立实验科学的形式自立门户，其公认的标志就是德国莱比锡大学冯特（Wilhelm Wundt，1832—1920）创立了专门的心理学实验室和实验心理学体系。而在中国古代思想史中，关于人类心理的思想则散见于众多哲学、医学、军事等类的典籍中。

既然心理学作为一门独立科学的历史是从实验开始的，而这本书也是关于心理学实验研究方法学的，那我们就从实验科学的特征开始谈起，逐渐揭示心理学实验研究的逻辑路线。

第一节 科学实验的主要特征

恩格斯说：“在希腊人那里是天才的直觉的东西，在我们这里是严格科学的以实验为依据的研究的结果，因而，也就具有确定得多和明白得多的形式。”①用设计和实验的技术从自然世界挖掘奥秘，这就是科学实验（scientific experiment）的方法。弗兰西斯·培根认为，科学是实验的科学，他最早系统地提出了实验方法和归纳方法，构建了唯物主义的经验论。实际上，心理学也是在系统采用实验方法之后才被认为是科学的。那么科学实验具有哪些特征呢？

一、以未解问题为起点

科学实验多是从未解问题（question/problem）开始，在控制条件下，观察和探索客观对象有关变化规律和机制的一种研究方法。它是人类获取知识、检验知识的一种实践形式。换句话说，如果没有求解的问题，就不可能出现真正的科学实验。当然，问题求解还有其他许多不同的方法可用，科学实验只是其中的一种。

科学问题是指研究人员基于特定的科学知识背景和认知目的提出来的待解矛盾或

① ［德］恩格斯．（1971）．*自然辩证法*．北京：人民出版社，16.

疑难，它往往反映了科学认识和科学实践的需要，表现为科研人员在科学探索过程中理想的目标知识状态与现实知识状态间的差距，与未被认识的现象或规律相联系，但又不同于现象或规律本身，因为未被认识的现象或规律只有进入人类探索过程才成为科学问题（刘大椿，2004；张培林等，2005）。所以，科学研究的第一步就是问题发现或识别。

科学问题是未解的矛盾或疑难，但并非遇到的所有矛盾或疑难都是科学问题。根据疑难的性质，可将其划分为知识性问题和探索性问题（吕群燕，2009）。知识性问题是对具体个体来说的，它产生于该个体对相关背景知识的未知，而不是产生于对科学背景知识的系统检索与分析，反映的只是对所提问题的求解期望与提问者当前知识积累的差距。此类问题的求解只是个体查询、学习和掌握背景知识的过程，却不会为背景知识的累积做出贡献。例如，“灯光刺激信息是如何传递到大脑皮层的?”这个问题的答案在背景知识中是已知的，只是一些人不知道，但科学界是知道的，提问者通过查询和学习就可以解决这个问题，所以，这不是科学问题，构不成科学研究的任务。探索性问题则产生于对科学背景知识的分析，反映当前科学技术背景与所提问题的求解理想的差距，问题的答案在背景知识中未知或部分未知，需要通过各种手段获得新的信息或掌握新的方法才能得到。求解过程中可能会有新发现，成为背景知识的新成分。科学研究中的问题必须是探索性问题，它的答案不仅提问者不知，整个科学界都不知。因此，对科学问题的求解，将为背景知识提供新信息，甚至即使没有最终解决问题，也能提供新知识，不断促进理论的进步和科学的发展。

科学探索过程中，经常是一个问题的解决会诱发出新问题，而新问题的解决又会诱发出更新的问题，这种环环相扣、层层推进的过程，就有可能带来科学理论的重大突破（吕群燕，2009）。例如，在现代认知心理学领域，“短时记忆存在吗?”这一问题的解决，激发出“是否还存在保持信息的时间更短的记忆系统?”这一问题，再启发出“部分报告法”记忆实验，出现了图像记忆、声像记忆的概念，发展出三级信息加工模型。20 世纪中期发展起来的信息加工心理学，在逐渐解决“人脑是如何像电脑一样进行信息加工的?”一系列问题之后，激发出另一个重大问题：人脑信息加工依靠的是复杂的具有层次结构的神经网络，它可以进行大量的并行加工，而电脑好像在此方面能力很有限。人脑真的像电脑那样工作吗？此问题引发了大量认知神经科学的实验研究，建立起当代崭新的联结主义认知心理学，这被称为第二次认知革命。可见，科学的发展是在问题的相继出现和解决的过程中实现的（张大松，2008；眭平，2007）。

当然，科学问题的生成也有一个过程。通常，研究者先遇到疑难或矛盾，然后系统检索背景知识，试图从中找到问题答案。如果问题获解，这个疑难或矛盾就解除；如果问题依然未能获解，疑难或矛盾就有可能成为需要进一步探索的科学问题。当然，背景知识是过去经验的积累，常常会存在一定的历史局限性，对问题的解答也有可能会被看作是不理想的，疑难或矛盾就依然未被解决，还可能成为探索性问题。在特定领域中开展科学研究,较为全面的背景知识就成为一个基本条件,否则,发现或识别科学问题就会出现困难或偏差,许多时候,可能是在研究“假问题”——科学界已经解决了的问题,再对之进行研究就是重复,而不是探索未知!从生成过程来说,科学问题大致可以分为四种基本类型:科学理论与科学事实间的矛盾、科学事实间的矛盾、科学理论间的矛盾、科学理论自身的矛盾等(马来平,1992)。

1. 科学理论与科学事实间的矛盾

特定科学领域已形成的理论和纳入研究范围的事实,分别叫作科学理论和科学事实,它们是构成一个科学研究领域的两个基本要素,二者的辩证互动成为科学发展的基本驱动力。一方面,科学事实是科学理论形成的基本依据和检验的试金石;另一方面,科学理论最基本的功能就是解释已知的科学事实以及预见未知的科学事实。解释科学事实,就是以科学理论所揭示的普遍性原理来说明具体事实的发生发展过程及其表现形态的必然性或合理性,事实的个别性被纳入理论的普遍性中。预见科学事实,就是在一定条件下,凭借理论所揭示的基本原理预测未知事实发生的可能性或可能表现形态。由于人们的认识在本质上是具有相对性的,任何理论都不会是完美无缺的永恒真理。在复杂多变的现实中,科学理论的解释和预言总会有遭遇失败的时候。当某一理论无法合乎逻辑地解释某一事实的发生及存在形态,或由理论预测的可能事实及其形态并未出现,就意味着解释和预测的失败,科学理论与科学事实之间出现了矛盾。这时认识主体的当前知识状态与所要达到的目标之间出现差距,科学问题便出现了。理论与事实之间的矛盾引发的科学问题,在任何一个科学领域都很常见,它甚至是科学持续发展的基本方式。

2. 科学事实间的矛盾

科学事实是感性的、具体的,有相对的可靠性,但也有分散性和表象性。人类的认识不会停留在具体的事实层面,总是倾向于探寻事实背后的本质、共性、必然联系等。这种普遍性的探索,有时是通过对典型或重大科学事实进行研究实现的,但更多情况下是通过寻找科学事实之间的联系而进行的。也就是说,当要探索不同科学事实之间的联系时,科学问题就生成了。

科学事实间的关系成为科学问题,存在两种情况:一是相反的事实,即同一范畴的现象出现了两种相悖的或相反的形态,形成相互对立。这种情况往往会引起研究者的兴趣,成为典型的科学问题。在记忆研究领域,沃灵顿和魏斯克伦兹(Warrington & Weiskrantz,1968,1974)在对遗忘症患者(amnesic patient)的研究中发现,这些患者在再认测验中不能辨别先前学习过的单词,但在补笔测验中却对先前呈现过的单词表现出正常的保持效果。这一对立结果激发了人们对内隐记忆的兴趣。二是同类或相似的事实,当同类的科学事实数量增多,显示出某种统一性时,会引起研究者的兴趣,成为科学问题。基于科学事实之间的关系产生的科学问题,不论是相反事实间的关系,还是同类事实间的关系，都具有追求统一性的特点。

3. 科学理论间的矛盾

科学理论是按照逻辑规则严密组织起来的知识系统，其核心是那些足以体现其基本观点和倾向的一组概念及其关系，从其核心推演出来的不同层次的概念、范畴、公式、定律、定理和推论构成理论的各种变式和具体表现形式。例如，经典力学中有八个基本概念和三个基本关系，八个基本概念是质点、质量、力、运动、空间、时间、加速度和万有引力，三个基本关系是惯性定律、加速度定律、作用力与反作用力定律。经典力学就是以这些基本概念和基本关系为基础，进行各种推演而形成的一个逻辑严密的理论系统。

另外，在一门成熟的学科里，理论都不是孤立存在的。它们往往要依附于一定的科学体系，并具有一定的哲学背景，即所谓"形而上学基础"。基本概念和基本关系所体现的思想不同，科学理论所依据的哲学背景不同，导致了各自在理论出发点、研究重心、研究方法、思维方式等方面的差异，不同的科学理论之间发生矛盾是十分正常的事情。科学理论的矛盾常常表现为对经验解释的差异。当人们所了解到的关于客观事物的解释与经验到的现象存在差异而引发了好奇心时，经验问题就产生了。例如，我们看到一滴墨水在水杯里迅速扩散，某个人根据已有知识无法对此做出解释，因此很好奇，试图寻求对此现象的解释，经验问题就出现了。当然，个体的经验问题不一定能上升为科学问题，因为有些经验问题可以通过查阅背景知识找到答案。如果背景知识中也没有答案，科学问题就生成了。或者，个体信奉的理论与经验存在矛盾，人们也会觉得"有问题"。特别是，当不同的理论对同一经验做出截然不同甚至相反的解释时，就可能会出现尖锐的对立和纷争。不同科学理论的信奉者竭力寻找有利于自己的证据和不利于对方的证据，由此诱发出热烈的科学实验的激情。自然科学发展中此类事情很常见，例如，光学领域旷日持久的微粒说和波动说之争，就是典型的经验问题。在心理学中，关于人的智力的遗传决定论、后天决定论也是持续地存在着对立，迄今仍未完全解决，不同理论的信奉者都可以找到很多经验依据。

4. 科学理论自身的矛盾

科学理论往往是研究者在经验材料和已有理论背景的基础上提出假说，再不断地根据新的科学事实修正、补充和完善，然后发展出来的。科学理论产生后，认识并没有停止。科学理论存在相对的可靠性和不同程度的可错性，理论构成成分之间或科学理论不同阶段之间的差异和矛盾会在一定条件下表现出来，由此引发大量科学问题。由于科学理论都有自己特定的经验事实基础，而特定的经验事实都是在特定时间或空间中发生的，必然具有一定的个别性，甚至偶然性，因此抽象或概括出来的"普遍性"常常会"以偏概全"。当更多的事实呈现在面前时，理论就可能会暴露出与该范畴内其他事实的矛盾。或者，理论内部存在矛盾，即逻辑不能自洽，这些都能暴露出理论的缺陷，随之成为科学研究的新问题。

二、以现象观察为基础

“现象”(phenomenon)是一个哲学术语,与“本质”构成矛盾关系,“是本质在各方面的外部表现,一般是人的感官所能直接感觉到的,是事物的比较表面的、零散的和多变的方面”①。具体地说,就是人能够看到、听到、嗅到、触摸到的一切自然的或社会的情况,是人感知的一切对象。在科学研究的范畴内,观察(observation)就是有计划、有目的且持久的感知。科学首先就是现象观察,其次才是基于观察的本质概括和抽象。

现象观察在早期人类生活实践中就自然发生了,它建立起早期人类的经验世界,也逐渐推动了人类语言文字的出现和发展、劳动工具的发明和制造,人类的生活境遇逐渐摆脱其自然属性,走向科学和文明的状态。人类实践活动的范围和复杂程度越来越高,接触到的现象越来越多(这也包括人与人之间的各种现象和关系),而文字可以很好地记录下他们觉得有趣的现象。当人类社会发展到可以使一部分人从体力劳动中解放出来,专门去追溯各种现象的前因后果时,他们就成为真正的科学先驱,其任务就是:查阅前人记录的各种现象,观察当前所能观察到的现象(有时需要借助于一些工具来进行观察,这些工具就成为科学的仪器),尽其所能描述现象的特点和寻求它们之间的关系。这就是科学研究最基本的任务,即使到了今天,科学研究发展得那么辉煌和精湛,也没有脱离这一基本任务的范畴。

不过,当今的科学研究程序与最初的情形相比有一个重要而明显的不同。现在的科学家普遍拥有着某一学科或多个学科的基本理论知识,这就意味着在还没有进行真正的科学研究之前就已经对有关现象及其关系有了比较深入的理解。在此基础上,就可以重新审视已有的各种理论和就未知的规律提出假设,然后以观察到的现象对之进行验证。这种现代科学研究的程序使研究者少走弯路,更有成效。但同时,科学家的个人经验和主观性对研究结论可靠性的影响也变得更为微妙。

正如心理学研究后来证明的那样,从事科学研究的观察者持有许多先验的或习得的经验,先入为主的信念会或多或少地影响甚至左右其观察活动(Greenwald,Pratkanis,Leippe,et al.,1986)。人类普遍存在着求证误区:有意无意中去寻求那些支持其假设或信念的现象,回避那些反驳其假设或信念的现象。

此类例子并不少见。14—16世纪,欧洲战场上的医生们曾经习以为常地使用着“滚油灼烧”止血技术,即当士兵在战场上受伤不得不截肢时,战地医生就会在手术台旁支起一口大锅,将食用油倒进去煮沸。等到手术截肢后尽快用滚油浇灼伤口以止血。当时,这一技术被认为非常有效而被广泛采用。然而,在一次战役中,仗打到一半,一位

① 辞海编辑委员会.(1980).*辞海(缩印本)*.上海:上海辞书出版社,1247.

法国医生安布诺伊斯·佩厄尔就无油可用了,他为士兵做截肢手术后只好直接用止血带简单包扎伤口。可是,后来他发现,这些未使用“滚油灼烧”止血术的伤员的伤口痊愈得更好!(Levine & Parkinson, 1994)从此这一欧洲战场上流行了300年的止血术才被弃用①。我们还注意到在不少医院里,医生对病人的诊断和决定是否施行某种手术往往显得过于自信和不容置疑。

行为科学研究中研究者先入为主的信念对研究结果的影响比在自然科学研究中更为严重和更难以被发现。因为人的心理和行为绝不像自然现象的运动那样遵循严格的法则,它具有一定的不确定性,所以心理学发展进程中的争论更多,但也绝不是无章可循,任何现象都是偶然性与必然性的统一,心理现象也绝不例外。既然能建立科学,那就可以肯定地说,我们有办法克服个人偏见,从许许多多的偶然现象中发现必然性。此类现象的存在是无法完全避免的,但作为科学,必须有办法去发现其中的错误。

科学是经验性的,科学研究的方法要以收集感知经验为基础,问题的解答也必须得到感知经验的支持才更有可能是正确的。尽管预测性答案或假设也可以通过其他方式得到,但科学要求经验证实。俗话说,“耳听为虚,眼见为实”,强调必须亲眼所见才可以相信,不可接受道听途说。有时,根据共同感觉,一个答案可能是显而易见的,而且看上去似乎完全合乎逻辑,这个领域中的专家也都支持它,但在它还没有得到经验证实的时候它就不算是科学。

强调科学方法的经验性,更有提醒之意,即在揭示一个未知事物的规律或本质时,要有实证的意识或倾向,而不是更为便捷地只采用其他方法。美国哲学家皮尔士(Peirce,1877)②将人们获取知识的方法总结为四种:科学方法、权威法、凝念法、先验法③。权威法和先验法都是不加质疑地接受既有知识,而忽视所有可观察的否定性事实,哪怕这些事实就在眼前,也不能引起个体进一步的思考;凝念法则是固守已有的认识,排斥不同意见、修正信息和反驳性质的事实。权威法、凝念法、先验法这三种方法是相对快捷和节省精力的,但都不是科学的方法,因为这三种方法都是忽视现象感知的。

依靠感官收集经验材料,作为科学结论直接或间接的支持证据,这是科学研究的普遍特征,但不是所有的观察都是科学的。欧洲战场上的“滚油灼烧”术,300年间似乎一直得到观察资料的支持,但最终在“有对照的观察”中被证明是错误的。

为了尽量减少研究者的主观性对科学观察造成的消极影响,科学观察要具有系统的结构性、可重复验证性、技术的先进性等特征。

---

① Levine, G., & Parkinson, S. (Eds.). (1994). *Experimental Methods in Psychology*. New Jersey: Lawrence Erlbaum Associates, 1-3.

② Peirce, C. S. (1877). The fixation of belief. *Popular Science Monthly*, 12, 1-15.

③ [美]坎特威茨等著,杨治良等译.(2001).*实验心理学:掌握心理学的研究*.上海:华东师范大学出版社,7-9.

1. 系统结构性

科学观察不能过于随意，要有结构性或系统化。观察结构是由研究中使用的程序和技术决定的，它必须经过设计，为研究假设提供可靠的验证，要么提供明确的支持，要么提供明确的反驳。

现在考虑：维生素 C 预防流行性感冒的效果有多大？要解答这个问题，只询问人们是否定期服用了维生素 C、在某一季度里患过多少次感冒，显然是不够的，因为这里的观察没有结构性，无论得到什么样的回答，都不能为问题提供确定性答案。特别是，我们没有确定个体服用维生素 C 的剂量水平，也没有查验那些报告患病的患者实际所患的是某种流行性感冒还是肺炎或其他疾病，更没有考虑被调查者的年龄、总体健康水平和生活方式。我们也没有试图控制人们关于维生素 C 和感冒的信念可能对其回答的影响而带来的偏差，没有去对那些每天都服用一定剂量维生素 C 的人与那些服用冒牌药丸(安慰剂)的人进行比较……我们可以列出更多方面的问题来说明，这里的观察是无结构性的，所以也肯定得不到确定性结论。

在科学方法中，观察需要进行系统的设计，要在一系列特定条件下完成，以便能够准确回答正致力于解决的问题。如果你想知道维生素 C 是否能预防感冒，本书介绍的许多方法都能做到这一点，也会讨论到如何以结构化研究得到具有说服力的可靠结论。

科学方法具有结构性，才能有效地保证研究的客观性。科学一直被称为"不动声色地搜索知识"，意思是说不让研究者个人情感"污染"观察。研究中容易出现什么样的个人偏见或信念呢？通常，个人偏见来自于特定的理论。因为研究者一般都是在检验理论，他就会对研究结果有一种期待。在有些情况下，这种期待会微妙地影响研究发现。

研究的客观性绝不是单靠实事求是的科学态度就能保证的。比如说，要研究智力的发展水平受到哪些因素的影响，我们就要考虑在一定数量的儿童当中尽可能全面地收集可能与儿童智力发展有关的资料，如年龄、性别、生理成熟水平(假设其中包含体重，甚至手掌大小)、父母职业、成长环境等等，然后你可能发现儿童智力发展水平与其手掌大小存在显著的正相关，即有明显的正向共变关系。从现象感知的水平上，我们似乎可以非常确定地说：人的手掌越大其智力发展水平越高。显然，该结论是荒谬的。如果我们掌握了足够的方法，而且按照这些方法进行研究，就不大可能得到这样的错误结论。要想探明手掌大小与智力水平是否有关，自然有相应的方法，即控制智力和手掌以外的变量，你就会发现在同一年龄阶段、同一性别、相似的生活环境下，智力与手掌大小的相关性就不存在了。

再比如，我们要用再认方法比较两个大学生对同一组单词的掌握程度，可以把这些单词与没有学过的一定数量的单词混在一起，分别让两人再认知。结果甲认出学过单词的 80%，乙认出 65%，那么是否就可以说甲比乙掌握的程度好呢？不能确定，因为甲乙两人在再认测验时可能有不同的自信水平和判别标准，这些个性因素会对再认结果产生影响。所以,为了得出更可靠的结论,就需要使用信号检测论的方法处理数据,减少个性因素的影响,真正看到他们对单词组的掌握程度。

2. 重复验证性

科学观察得到的结果,应是可以重复验证的,即科学观察也可以被复制。一般来讲,科学研究的过程需要公开,以使其他研究者能够对观察的程序和结果进行可靠性评估。在特定情况下,其他研究者能够按部就班地重复同样的观察过程,对其结果进行核查。

科学共同体通过将研究报告发表在科学期刊上而使科学观察公开化,这一行动是非常重要的,因为任何私密化的事件都是无法被复制或评估的。大部分学术期刊上发表的研究报告都得到过研究者同行(同一领域中的其他科学家)的评估,这是为了保证其研究过程的严密性与适合度,保证研究中不存在明显缺陷。实验研究报告必须符合各种标准才能被发表。阅读期刊上的实验报告时,要注意其对研究方法描述的详细程度。一般,实验研究报告都有一个独立的"方法"部分,它会很详细地介绍研究了什么样的人或动物、用到了何种仪器和设备、进行了何种测量、采用了什么样的研究设计等。方法描述的详细程度应足以使他人能准确复制研究中的观察过程。

但就如我们看到的,由于误差或偶然因素,存在多种导致错误结论的可能性。有时研究者犯欺骗性错误而故意伪造或歪曲研究的结果。作为科学家,应仔细地审察和评估研究报告,对研究结果持一种怀疑的态度,直到更多的研究证实这些发现。总之,复制和核查的理念提供了对研究的"检查和平衡"机制①。

3. 技术先进性

科学观察的主体是人,其本质是人依靠智力控制的感官活动。但仅凭自身感官的观察,所及时间和空间均很有限,需要借助于工具或仪器等技术产品去延伸感知范围。几乎所有的科学领域的研究者都非常注重引入先进科技成果,以提升科学实验研究的水平、推动学科发展,心理学也不例外。在实验心理学诞生初期,就已经采用了来自物理学、生物学、解剖学、医学等许多自然科学领域中的技术和设备,比如冯特 1879 年在莱比锡大学那座叫作孔维特的小楼里,采用类似于当时电报人员所用的电器设备,带领他的学生完成了人对声音刺激的反应时间的测试;巴甫洛夫采用生物学的技术,精确地测量了狗在不同条件下唾液分泌量的变化。100 多年来,广泛采用先进技术是实验心理学持续发展的重要特征和基本条件。在今天的心理实验室中,配备了很多集成现代光电磁学、计算机科学、神经生物学、分子化学等技术的先进设备,如脑电记录仪、经颅磁刺激仪、生物反馈仪、眼动仪等,有条件的机构甚至购置了价值数千万元人民币的核磁共振成像设备。现代先进技术设备可以帮助研究者观测被试在各种不同条件下的生理

---

① [美]格雷维特尔著,邓铸等译.(2005).*行为科学研究方法*. 西安:陕西师范大学出版社,14.

变化和行为反应，甚至脑内的电位变化、血流变化、细胞内分子成分变化等。

有了先进技术，实验研究就能更快、更广地积累起大量的观察资料，为形而上的理论综合奠定可靠基础。对心理学而言，可以预期，建立系统的能有效解释人的生理、心理、行为、环境和文化的相互作用的理论的可能性也在不断提高。

三、以条件控制为保障

科学实验的观察不同于日常生活的观察，它带有更强目的性，为了研究目的而有计划地对观察条件进行控制，使观察情境中的可变量大幅减少，可以更好地对观察到的现象进行归因分析。所以，科学实验或多或少都带有一定的理想化特征。伽利略是近代实验科学的奠基者，他创造了一种具有时代特色的理想化实验，其理想实验方法是实验者在限定的条件下对自然界积极怀疑，而不是培根所主张的只对自然界自发出现的现象做纯粹的观察（张礼建，郑荣娟，2004）。伽利略针对亚里士多德的力学论断——重的物体比轻的物体下落速度更快、力是产生运动的原因等传统观念，从逻辑上和实验上进行了检验、分析和反驳。1590 年，伽利略在比萨斜塔上做了“两个铁球同时落地”的实验，得出重量不同的两个铁球下落速度相同的结论。伽利略还做了大量自由落体实验，他站在斜塔上面让不同材料构成的物体从塔顶上落下来，并测定下落时间。结果发现，各种物体都是同时落地，不分先后。无论木制球还是铁制球，如果同时从塔上开始下落，它们将同时到达地面。伽利略通过反复实验，认为如果不计空气阻力，轻重物体的自由下落速度是相同的，即重力加速度的大小都是相同的。此后，伽利略使实验方法系统化并上升到理想高度。理想化的实验方法帮助近代科学形成了较好地解释自然及其现象的理论知识体系，实证科学得到广泛认同。

在心理学发展中，理想化的科学实验方法很常用。例如 20 世纪 30 年代就开始在工厂里开展实验研究的陈立先生，在中华人民共和国成立后，曾经在五六十年代开展过一系列的关于青少年形、色偏好的实验研究。在研究设计上，为了考察青少年形的偏好，他控制了色的变量，即让被试对相同颜色的圆、三角形、正方形进行偏好选择；为了研究青少年色的偏好，他控制了形的变量，即让被试对相同形状的红、黄、蓝、绿进行偏好选择。对实验材料进行简化或抽象处理，带有理想化实验的性质。这样的研究，孤立地看似乎意义不大，因为它确实与客观实际有一定的距离。但是如果在一个主题领域，不断变换控制条件和操纵条件，就会积累大量的实验结果，越来越多经验的聚合就会促进形而上的理性思维直至辩证思维，从理想化实验的结果概括和抽象出来的理论就能回到具体情境，实现对现象的解释和理解。很不幸，当时有些政治投机分子抓住陈立的

"理想化实验"大做文章①,彻底否定了心理学的实验研究方法,甚至逐渐把心理学移出中国的科学阵营,心理学被定性为伪科学。陈立曾对此给予了明确的回击,他在1965年12月3日的《光明日报》上刊文指出:"现实的过程是复杂的,可是作为心理学研究的对象,便被分析成为一些单纯的过程。要对这些比较单纯的过程进行考察,就不得不将条件作一些控制。例如对感觉的研究,便不是研究对某一具体对象的反映过程,而是研究这一具体对象的某一特定属性的反映——例如颜色或形状、重量或温度。这样的抽象,我认为是既不可免,而且也不是完全没有意义的。"②

不只是心理学,任何一门科学,要想积累科学事实,进而形成科学理论,都必须进行大量的理想化科学实验。如果用"形而上学""机械论""脱离社会生活实际""脱离社会文化"等批评去否定这样的科学实验,就会束缚经验的积累,减缓科学发展的速度。

四、以数理思维为手段

毫无疑问,今天的心理学已经无法离开数学。通过各种途径收集的大量数据,甚至一定要利用计算机软件来处理。其实,逻辑推理与数学思维的结合早就成为近现代科学研究的基本特征了。

数学看似抽象,其实源于生产生活实际,有具体性;数学看似具体,其实它早就是哲学家的思维工具,有抽象性。在古希腊,柏拉图批判性地继承毕达哥拉斯的数学方法,以数学为工具或方法把"理念"与自然现象相联。柏拉图强调数学方法在认识自然中的地位,为后来近代科学家们自觉寻求自然现象的内在定量关系进行了思想动员。伽利略、笛卡尔和牛顿在数学主义从自然观转变到强调方法论的过程中也都起了重要作用。笛卡尔甚至认为,只有用数学证明了的东西才是科学的(张礼建,郑荣娟,2004)。

由于采用实验观察方法和数学方法,近代科学才具有了确定性和精确性。但科学理论的形成,还需要逻辑推理等理论思维。这种理论思维经常以科学假说的形式来呈现——假设的提出、验证、修正和抽象化。训练有素的科学家,都不会"不假思索"地启动一项实验,他们一般会针对已有理论和已有经验材料,结合新的科学事实,经过逻辑推演,提出一种假定性理论说明,即假说。判断这个假说是否正确或能否上升为科学理论,要对材料和现象进行一系列的逻辑推理和观察实验的论证。如果论证结果正确,就要逐步系统化和合理化,使之成为普遍被接受的科学理论。所以逻辑推理与数学思维

① 后来成为"四人帮"成员的姚文元,于1965年10月28日以"葛铭人"为化名在《光明日报》上发表《这是研究心理学的科学方法和正确方向吗?——向心理学家请教一个问题》,公开批评陈立的研究是"形而上学""机械唯物论"的,为彻底批判心理学做了舆论准备。

② 陈立.(1966).对心理学中实验法的估价问题.*心理科学通讯*,1,32-24.

的结合成为现代实验科学的重要特征。

心理学作为一门实验科学，其发展的历史也充分地说明了这一点。心理学实验研究的第一次综合和系统化，应该说是费希纳（Gustav Theodor Fechner，1801 — 1887）完成的。费希纳精通物理、化学、数学，具有杰出的实验科学素养。而他又对哲学很感兴趣，善于运用理论思维，提出过“泛灵论”哲学。严谨的科学实验与哲学灵感、数学思维有机融合的时候，心理物理学（Psychophysics）就诞生了。心理学后来的发展也多次有力地说明了这一点，最典型的是：斯皮尔曼（Charles Edward Spearman，1863 — 1945）的因素分析数学技术带来了智力结构及整个心理测量学的开创性发展；皮亚杰（Jean Piaget，1896 — 1980）的儿童实验心理学，是其生物学训练、哲学思维、数学推演、人类文化学等多学科素养的综合成就。

最后，需要注意，科学方法是客观的，但科学家总带有主观能动性，既有真知灼见，也有个人偏见。明白这一点至少有四方面好处：一是科学家的研究需要遵循规则，使用科学的方法，以防止个人偏见对科学结论的不利影响。二是科学家之间既需要批评又需要宽容。需要批评，就要将研究过程和研究结果公开，接受同行专家的评判和修正；需要宽容，因为个人偏见或信念导致的错误，与科学欺诈有本质不同，允许存在，也允许研究者去修正和发展。三是任何一个科学家都不要期望以自己个人的才智承担一个科学领域发展的全部重任，而要自觉地投入到该领域研究者的共同体当中去，尽可能地发展自己的研究专长，以己所长为科学共同体做出贡献。四是任何学术权威都不能将自己的观点强加于他人，尤其不能强加于年轻的学者，因为这样做会打压新生代的创造力。反之，青年学生、初涉研究的学者也不要总以为权威者的演讲、教材上的洋洋文字、学术期刊上的研究报告都是对的。当聆听演讲或阅读书刊上的文字时，即使你一时无法对之进行全面的检验，至少可以思考他的观点与你的经验是否吻合，他的研究设计和程序是否存在缺陷，这样想就容易发现已有研究的缺陷，引出新的研究课题。

由于不同的知识经验和思维方式，科学家提出的假设前提、选择的研究手段、对结果所做的解释，都必然带有主观性。但是科学家的主观性可以得到来自多方面的制约和监督，比如遵循确定的研究程序、参与科学家群体的讨论、接受其他有关研究的检验和其他科学家的批评等。

总之，科学的实验研究方法就是一套具有结构性的、系统观察方法，也包括对观察资料的整理和分析程序。我们认为，科学实验方法既是一个学科发展的前提，也是衡量一个学科成熟水平的标志；既是学习一门科学知识的有效途径，也是从事科学研究的基本工具；既是一个科学家群体联结和沟通的纽带，也是防止科学家个人偏见影响学科发展的制约机制。实验心理学所要介绍的就是这样一种科学的心理学研究方法。

第二节 实验心理学的建立与发展

现代实验心理学(experimental psychology)建立的标志,无疑被认为是1879年12月份,冯特带领学生在莱比锡大学那个叫作孔维特的破旧小楼上进行的测定简单反应时间的实验。但其思想的萌芽却早在中国春秋时代和古希腊中期就已经开始。显然,当时这两个东西方文化中心是不可能存在交流的。从思想渊源来看,中国的实验心理学有自己的文化基因,杨鑫辉(2014)因此认为,"尽管作为独立科学的实验心理学和心理测验是从西方传入我国的,但是心理实验和心理测验并不完全是舶来品"①。《六韬》中的"知有八征"、《吕氏春秋》的"八观六验"和诸葛亮的"知人之道有七焉"均富含心理实验的思想。

整体看,18世纪中叶以前,心理学都未能成为一门独立学科,人们对精神现象的好奇心在相当程度上还依赖于"臆想"。不过,从18世纪中叶开始,西方自然科学的迅速发展和资料积累,逐渐渗透到唯心主义的哲学阵营,哲学开始解放"灵魂"这一科学研究的禁区:人是机器、人是动物、人的灵魂和肉体可以分离……这些信念开始深入人心,科学方法开始深入"人心"。现代实验心理学的历史由此开始。

一、酝酿期:18世纪中叶至19世纪中叶

尽管心理现象成为独立的科学研究对象很迟,但人类对自身精神世界的探索却从很早就开始了。在古代中国和希腊的哲学与医学典籍中有许多关于心灵或灵魂的学问,这些学问没有明确的研究核心和科学的逻辑体系,还不能构成一个独立的科学研究领域。到中世纪前后,欧洲自然科学繁荣,一些自然科学家注意到人的心理问题,并获得一些关于神经系统、感官生理和感知觉的知识。但是他们仍然固守一个信念——实验的方法不能用于心理现象的研究,此时关于心理现象的一些思想认识被称为哲学心理学或思辨心理学。心理现象还只是在哲学中被附带地加以研究。

18世纪初,欧洲哲学心理学的研究纷繁,但各种观点互相矛盾、冲突,可见关于人的精神现象的问题是多么困扰人类自身。如果只是做一个轮廓上的描述,我们可以从洛克和笛卡尔开始,哲学家和科学家都表现出一种探索人类心理规律的急切心情,而且在他们的哲学著作中,随时都可以发现有关感知、情绪、意识等方面的论述。后来的哲学

---

① 杨鑫辉.(2014).*杨鑫辉心理学文集(第一卷)*.济南:山东教育出版社,107.

家在对洛克、笛卡尔的唯心主义的批判性继承中，逐步建立起一种有利于心理学诞生的科学氛围，提出人是一种动物、人是一架机器、人的心理依赖于人的生理活动、人脑是意识的器官、感觉是一切意识的开端等。我们姑且不说这些观点是否正确，但它们确实为将自然科学的手段和方法运用于心理现象的研究做了准备。哲学中的唯心主义、机械主义、经验主义和联想主义对实验心理学的诞生都起到过重要作用。没有这些思想和资料的积累，人们就不能摆脱宗教神学，也就不能把人看成一架机器，一些自然科学的研究成果就不可能成为科学心理学的研究基础。如果人体不能分解，心理不能分解，那么人体就是一个谜，人的心理更是一个谜，人的行为只有上帝可以解释，心理学就没有了，心理学家就没有了。所以，哲学心理学是实验心理学诞生的必要的思想准备。科学家的成果启发着哲学家，哲学家的思想武装了生理学家，生理学家从感官生理自然接触到了感知问题，由此开始对人的心灵进行系统的实验探索，这就是实验心理学诞生的一般逻辑，所以第一代实验心理学家大都是学医出身的生理学家，他们同时又谙熟 18 世纪的欧洲哲学。

从 18 世纪中叶到 19 世纪中叶，是实验心理学的酝酿期。这一阶段，德国由于社会生产力和自然科学的迅速发展，在与心理学有密切关系的生理学方面一跃而居世界之先。生理学家缪勒（Johnnes Peter Müller，1801 — 1858）及其弟子赫尔姆霍兹（Hermann Von Helmholtz，1821 — 1894）共同建立了“感官生理学”。解剖学家韦伯（Ernst Heinrich Weber，1795 — 1878）根据多年的研究成果，获得了一些关于人的感觉的规律性认识，即后人所称的“韦伯定律”（Weber' s Law）—— $K=\Delta I/I_0$，这是最早的关于心物关系的数学函数。与此同时，德国莱比锡大学的物理学教授费希纳（Gustav Theodor Fechner，1801 — 1887）放弃物理学，开始寻求精神与物质统一的规律。

费希纳出生于德国乡村的一个牧师家庭，16 岁进入莱比锡大学学医，1822 年大学毕业时兴趣又转向物理学，1834 年被聘为莱比锡大学物理学教授。他很快成为一名才华出众的年轻物理学家，同时对心理现象有研究兴趣，对视觉后像进行观察并因此患上眼疾，1839 年辞去物理学讲席，卧病达 11 年之久。他受尽病痛折磨的同时，也得以有时间思考灵魂问题，他开始用一种富于诗意的神秘眼光考察世界。他认为凡物有组织就有生命，有生命就有灵魂，精神与物质统一于这灵魂之中。费希纳后来将主要精力集中于用科学方法证明这种泛灵论哲学，于 1860 年发表了著名的《心理物理学纲要》，此书的发表引起广泛重视，也招致诸多批判，于是他又用生命的最后 11 年研究心理物理学，竭力为之辩护。事实上，费希纳的《心理物理学纲要》在心理学史上具有开创性的和深远的意义，以致后来有许多心理学家认为实验心理学诞生于 1860 年。

费希纳的心理物理学是关于外部刺激量与内部心理量之间的函数关系或依存关系的严密科学，是将物理学的测量技术与内省报告技术结合而建立的一门相对独立的科学。费希纳坚信心理量是可以测量的，他利用他坚实的物理学和数学基础，对感觉阈限进行了湛深的实验研究和精密的数学论证，由韦伯定律推导出一个有关感觉强度与刺激强度的所谓心物关系的对数定律：$S=K\log R$。依照这一定律，心理量的算术级数与刺激的几何级数成正比。费希纳还制定了系统精巧的心理物理法，这就是沿用至今的最小变化法、恒定刺激法和平均差误法。这是心理实验方法的第一次概括和总结，费希纳为此进行了艰苦的工作，比如他使用恒定刺激法测量重量的差别阈限，于 1855 年到 1859 年间共进行了 67000 次比较。费希纳的心理物理法与以前的心理实验相比具有两个特点：(1) 使用了专门为研究心理物理学而制定的实验方法；(2) 为了尽可能得到准确可靠的结果，可以多次重复同一实验，并对结果进行数学处理。这样的两个特点，在心理实验的发展中，标志着心理实验的方法向前迈出了重要一步，心理物理学方法的制定意味着心理实验"心理学化"的开始，意味着从比较草率的不精确的实验逐渐向着萌芽的实验心理学的过渡。①

在这一阶段，除费希纳的系统实验研究外，还有其他学者进行的心理实验研究，但都比较简单和分散。总的来看，此阶段的心理实验具有以下特点：(1) 运用的方法类似于某些物理学和生理学的方法，研究的问题多局限在某些简单的心理现象的量的方面，如视敏度、正后像的延续时间、差别阈限的测定、反应时间的测定等等；(2) 实验的技术简单，有控制的重复实验及对实验结果进行数学处理总体上还比较欠缺（费希纳的研究除外）；(3) 被试者的自我观察和陈述都还带有比较初级的性质，如听见或听不见某一个声音刺激、观察到或观察不到两个刺激的强度差别等②。

这个时候，一类采用科学方法系统探索人的灵魂世界的科学呼之欲出了。

二、 建立期：19 世纪 60 年代至 20 世纪 20 年代

实验心理学的建立开始于 19 世纪 60 年代，并与费希纳、冯特的名字紧紧联系在一起。费希纳的《心理物理学纲要》发表后，冯特要开创一个新科学领域的决心更坚定了。他总结和继承了前人的研究，于 1862 年出版了《感官知觉理论贡献》论文集，在该书的导言中，冯特首次使用了"实验心理学"的概念。1879 年，冯特在德国莱比锡大学创建心理实验室，标志着科学心理学的诞生。冯特实验室最早开展的研究是关于简单反应时间的，即马克斯·弗里德里奇为其博士学位论文所做的"知觉的长度"的测试③。

威尔汉姆·冯特于 1832 年出生于德国一个牧师家庭，十几年后成长为热情好学的青年并进入大学学医，之后连续受到多位著名生理学家的培养。1874 年，冯特开始研究心理学体系，1875 年到莱比锡大学任哲学教授，于 1879 年建立了世界上第一个比较正

---

① 杨治良.(1988).*基础实验心理学*. 兰州：甘肃人民出版社，2 – 3.

② 杨治良.(1988).*基础实验心理学*. 兰州：甘肃人民出版社，2 – 3.

③ [美]墨顿·亨特著，李斯译.(1999).*心理学的故事*. 海口：海南出版社.

规的心理实验室。该实验室一经建立,就吸引了很多其他国家的青年学生,其中的许多人后来成为著名的心理学家。可以认为,在冯特的周围逐渐形成了第一个心理学家的共同体。此后,他声名日噪,1889 年被任命为莱比锡大学的校长。冯特工作勤奋,著作等身,为心理学的奠基倾注毕生精力,直至 1920 年去世。

冯特知识渊博,一生著述很多,其历史功绩主要在于顺应了时代对心理学的要求,建立了世界上第一个正式的心理实验室和较完整的实验心理学体系,强调实验方法是心理学的主要方法,并在他建立的实验室里对反应时间、感知觉、注意、情绪和联想等心理过程进行了大量的研究。为发表研究成果,他创办了《哲学研究》,使心理学终于从哲学的附庸地位中解放出来,成为一门独立的科学。与此同时,他还培养了世界上第一代、第二代心理学家。

冯特的心理实验方法就是系统的自我观察法(self-observation method),或称为内省法(introspective method),一切实验手段只是观察的辅助手段。心理学的研究对象是纯粹的"直接经验",即通过自我观察直接感觉到的"经验"。"经验"是由许多心理元素构成的。他希望通过"内省"把"经验"分解为简单的心理元素,如感觉和感情。冯特认为,实验心理学的主要任务是在严格控制的自我观察的帮助下精确地分析个体经验,心理功能只能分解成简单的感觉元素后才能用实验方法去研究,高级心理过程是不能用实验方法直接研究的。

冯特的学生铁钦纳(Edward Bradford Titchener,1867 — 1927)发展了"内省实验法",创立了构造主义心理学派(Structuralism Psychology)。铁钦纳于 1867 年出生于英国,入牛津大学学习哲学和生理学,后慕名到莱比锡追随冯特,成为冯特最得力的学生。1892 年他到美国康奈尔大学任教,传播冯特的心理学。当时,铁钦纳坚决反对美国的机能主义和行为主义,不主张心理学研究的生活功能,不同意采用动物、儿童、病人等作为心理学的研究对象,不主张使用心理测验,不承认潜意识观念,只强调采用内省法研究经验。他认为经验构成意识,意识包括三种元素性状态:一为感觉,属于知觉之元素;二为想象,属于观念之元素;三为情感,属于情绪之元素。心理学研究的目的就是了解这些元素如何构成了人的经验。显然,构造主义心理学与当时美国的心理学潮流及社会现实相脱节,受到同时代的其他心理学流派的攻击。尽管如此,这一学派由于冯特的绝对权威和铁钦纳的雄辩口才,依然作为美国当时心理学的主流而存在,该学派在对感觉等的研究中取得重要成果的同时,也成为心理学发展的一种束缚力量,直到 1927 年铁钦纳去世后,这一学派才退出了心理学的历史舞台。

应该说,19 世纪与 20 世纪交替之际是实验心理学建立和初步发展的时期。冯特的心理实验室成为当时世界心理学的中心,为心理科学培养了第一代和第二代心理学家。但冯特的心理学也有许多缺点,他本人是唯心主义者,但有时又是唯物主义者,因此列宁评价他"抱着混乱的唯心主义观点","像只老麻雀",经常在唯心主义和唯物主义之间跳来跳去①。冯特的实验心理学不可避免地产生许多矛盾,存在唯心主义形而上学的片面性,其后期成为心理学进一步发展的束缚力量。不过冯特作为新心理学的缔造者,他的历史功绩永远不会被磨灭。美国心理学史专家霍尔于1921年在哥伦比亚大学讲演时说:“冯特到任何时候都将作为伟大的里程碑而永垂不朽!”②黧黑则非常中肯地评价说:“冯特对心理学的长远重要性在于对社会习俗的影响,因为正是他开创了一个为社会所承认的独立学科,也为从事这一学科的人们创造了一种社会角色。”③

但有一点需要指出,一门科学的建立绝非个人所能左右的,它有人类知识发展的内在机制的支配。在冯特时代,实验心理学也在孔维特小楼之外酝酿发展着,典型的当数艾宾浩斯(Hermann Ebbinghaus,1850—1909)的记忆实验。不过,艾宾浩斯是在受了费希纳《心理物理学纲要》的启发之后开始记忆实验研究的。看来,这个时候,建立实验心理学已是必然的科学运动了。

三、分化期:20世纪上半叶

20世纪前半叶,是心理学继构造主义之后的第一个多学派林立的时代,主要包括机能主义心理学、行为主义心理学、完形主义心理学、精神分析心理学等等。这其中以实验为主要研究方法的心理学流派是行为主义心理学和完形主义心理学。

行为主义心理学(behavioristic psychology)是现代西方心理学最有影响的流派之一。铁钦纳在美国传播的构造主义心理学与美国人的哲学格格不入,受到机能主义哲学的批判,而华生(John Broadus Watson,1878—1958)在对机能主义的极端化改造中干脆放弃了意识,只关注刺激(stimulus,简称S)与反应(response,简称为R)的关系,建立了行为主义心理学派。华生成长于美国机能主义的策源地芝加哥大学,1903年在芝加哥大学获得哲学博士学位,后留校任讲师至1908年,在此期间他经常与机能主义代表人物杜威(John Dewey,1859—1952)、安吉尔(James Rowland Angell,1867—1949)来往。1908年,他到了霍布金斯大学,1913年发表了《行为主义者眼界中的心理学》,这被看作行为主义者的宣言性著作。随后他在《行为:比较心理学导论》(1914)中称:“行为主义是唯一彻底而合乎逻辑的机能主义。”④1919年,他通过《行为主义的心理学》对行为主义的观点做了全面阐述,并于1924年出版了一本通俗的《行为主义》,对他的学说进行宣传,行为主义很快就成了美国心理学的主流。

美国是实用主义哲学盛行的国家,他们把达尔文关于动物的“适者生存”论应用于

---

① 中共中央马克思、恩格斯、列宁、斯大林著作编译局.(1985).*列宁全集(第14卷)*.北京:人民出版社.

② 转引自:黄珉珉.(1990).*现代西方心理学十大学派*.合肥:安徽人民出版社.

③ 高申春.(2002).冯特心理学遗产的历史重估.*心理学探新*,1,3-7.

④ Watson,J. B.(1914).*Behavior:An Introduction to Comparative Psychology*. New York:Holt.

解释人的行为。在政治、经济方面，他们强调心理的功能是适应竞争激烈的社会环境，这便是机能主义心理学，再往前一步就是华生的行为主义心理学。华生否认心理意识的作用，认为如把意识作为心理学的研究对象，心理学就永远不能跻身于科学之林，所以有必要放弃心理或意识，去研究有机体应对环境的全部活动——行为[①]。华生的观点迎合了美国当时的社会哲学，为积累资本，他们强调效率和秩序。当时，美国资本主义已经进入垄断阶段，行为主义心理学把充分利用人的全部潜力来增进生产效率，最大限度地提高利润，稳定地维持社会秩序，作为研究人的总目的。在行为主义者看来，生产效率是直接通过身体动作的效率来实现的，要提高生产效率就要提高动作效率，而维持社会秩序则在于人们的行为符合规范。心理学应该探索行为的规律，以使人的行为更有效率、更符合秩序。可见，行为主义是完全的机械唯物主义和实用主义，它的代表方程式是：$R=f(S)$，其中 S 代表刺激，R 代表反应。它的研究方法就是在心理学实验室里严格控制刺激条件，观察记录人或动物的行为反应，而完全放弃了冯特的内省法。行为主义强调对人或动物的行为进行实际的观察，所以实际上为心理学积累了大量实证研究资料，并对当时的企业管理及其他经济活动产生了非常重要的影响。

华生的行为主义心理学避而不谈人的意识，实在是偏得太远，所以在 20 世纪 30 年代初，托尔曼等人对其理论进行改造，创立了新行为主义心理学派，在 S-R 之间加上了机体变量 O（organism variable），也叫中介变量，使之成为 S-O-R，实验心理学的方程式就成了 $R=f(S,O)$ 。这一公式实际上是重新承认了意识的存在和意识的作用，基本上反映出外界刺激与内在心理活动之间相互作用的一般模式，是至今仍有重要意义的实验心理学方程式。

尽管行为主义从一开始就忽视心理意识的存在和作用，但在其具体的研究中，他们无法避开内在心理活动的影响，所以客观上揭示出许多有价值的心理活动规律。该学派的大量研究极大地丰富和发展了心理学的理论，它的许多经典实验在后来的实验心理学教科书中占有很大篇幅。特别是巴甫洛夫（Иван Петрович Павпов，1849 — 1936）和斯金纳（Burrhus Frederick Skinner，1904 — 1990）反射理论的建立，使心理学在管理、教育和社会服务方面具有广泛的应用价值而具有更强的生命力。

与行为主义心理学同时代，同样在实验心理学史上占有重要地位的是格式塔心理学派（Gestalt Psychology）。构造主义心理学后期，德国政治、经济、科学中一贯的整体观念，特别是胡塞尔（Edmund Husserl，1859 — 1938）的现象学哲学推动惠特海默（Max Wertheimer，1880 — 1943）、考夫卡（Kurt Koffka，1886 — 1941）和苛勒（Wolfgang Köhler，1887 — 1967）等人创立了格式塔心理学，其基本观点是心理现象都是有组织的、不可分割的整体，即是一个完形，所以格式塔心理学也被译为“完形主义心理学”。人和动物都

---

① 车文博.（1998）. *西方心理学史*. 杭州：浙江教育出版社，368.

可以通过内部的心理完形发现外部刺激情境中的完形，于是发生知觉，并解决问题。完形心理学反对任何形式的行为分析和心理分析，它的基本概念是“心理场”（psychological field），研究的主要问题是知觉和问题解决。问题解决方面最著名的是猴子或猩猩解决问题的实验，苛勒由此得出“顿悟学习理论”（insight learning theory），而在知觉方面的许多研究成果还仍然保留在近期出版的心理学教科书中。格式塔心理学反对把现象分解，强调对现象完形进行整体的观察，而不是构造心理学的元素分解的方法。它同时也反对行为主义对意识的否定，格式塔心理学的许多实验可以归为自然实验法或结构化观察法。

实验心理学在这一阶段是积累实证资料的过程，同时它的方法也在不断地复杂化，精密仪器的制造使实验条件得到严密控制，对被试反应的记录也达到相当的精确度，对数据做系统分析的方法使实验心理学趋于成熟。

四、繁荣期：20 世纪 50 年代至今

“心理学流派的时代在 1940 年左右开始衰落了，并且这种严格划分心理学领域的做法也不再有可取之处。”①事实上，实验心理学已经逐渐走出学派的疆域，几乎渗透到心理学研究的各个方面，也渗透到人类生活的各个领域，其研究对象涵盖了心理学所有可能的研究对象。心理实验研究技术的发展更是让心理学研究越来越走到科学世界的前沿。认知领域的多学科整合终于可以让人们对心理学研究有更多期待——揭开“智能”堡垒之盖。这一时代，是从认知心理学（cognitive psychology）开始的。

（一）认知革命的发生

认知心理学是以信息加工（information processing）为核心观点的心理学，兴起于 20 世纪 50 年代，其成熟的标志是美国心理学家奈瑟尔（Neisser）于 1967 年出版的教科书《认知心理学》②，到了 70 年代认知心理学成为美国心理学的一个主要方向，也迅速成为国际心理学的潮流和前沿。认知心理学反对局限于研究孤立的、外部的、可观察的行为，而致力于了解人脑内部发生的信息加工过程，史称认知革命（cognitive revolution）——产生于多学科交叉背景下，人工智能和计算机科学的发展使研究人类思维进程变得可行，这是人类认知科学研究主题的回归。作为这一认知革命的代表性作品，除奈瑟尔的著作外，还有米勒于 1956 年发表的心理学评论文章《神奇数字 7，加或减 2》，唐纳德·布罗德本特于 1958 年出版的《知觉与通讯》，诺姆·乔姆斯基于 1959 年出版的《语言行为评论》和 A. 纽厄尔和 H. A. 西蒙 1972 年出版的《人类问题解决》等。

---

① ［美］坎特威茨等著，杨治良等译.（2001）. *实验心理学：掌握心理学的研究*. 上海：华东师范大学出版社，566.

② Neisser，U.（1967）. *Cognitive Psychology*. New York：Appleton-Century-Crofts.

脑内的认知活动就是传统心理学中称为认识过程的活动，就是全部信息加工活动。它的基本模型如图 1－1 所示。

信号输入→ 信息加工 → 行为输出

图 1－1　信息加工心理学的基本模型

实验中控制信号输入，观察记录被试的行为输出，然后据此推断内部信息加工过程，这就是认知心理学的思路。认知心理学既重视实验室法，也重视主观经验，更多地采用反应时(reaction time，简称 RT)的测定法来建立内部信息加工模型，把实验心理学推进到一个很高的水平，使我们逐渐洞悉了人脑这一“黑箱”内的活动过程。这一发展也是实验心理学不断吸取现代科技成果的结果。

认知心理学广泛采用计算机技术，使刺激呈现、变量控制、反应记录和数据处理都达到非常精确的地步，而且通过模型建立、假设检验等方式，逐渐揭示出人脑内部的信息加工过程，其研究结果具有很强的理论价值和应用价值。人工智能、教学心理是认知心理学中两个重要的应用研究领域，前者可使心理学的研究成果为高技术产业服务、为金融服务、为大众日常生活服务，后者为心理学在教学中的应用提供丰富的理论基础和方法。如 70 年代开始的元认知(metacognition)的研究就是直接与青少年的智能训练及提高学习效率有关的。

（二）回到人脑的神经网络

正当认知心理学家热衷于计算机类比与模拟，在揭示人脑信息加工机制方面的成果快速积累的时候，一种新的认知研究范式即联结主义逐渐形成，导致了认知科学研究的一次重大转向。这次转向是以鲁梅尔哈特和麦克里兰在 1986 年出版的著作《并行分布加工：认知的微观结构之探索》①为标志的。该著作被认为是认知心理学领域一部里程碑式的作品，它集中了许多联结主义心理学家的研究成果，系统介绍了以并行的、多层次的、网络化的神经计算为基础的联结主义认知理论，开始扭转把人脑比作电脑的研究范式，使认知科学研究的取向迅速转向对人脑神经网络本身的探索(余嘉元，邓铸，2001)。

今天，心理学家已不满足于对“黑箱”内事件的间接发现，也不满足于“准科学家”地位，着手将众多人文的、自然的科学成果进行综合，并引入各种大型、精密、高智能化的研究手段，试图直接发现大脑内部的活动。“美国国会曾断言 20 世纪 90 年代是大脑时代。认知心理学家已经热切地抓住神经科学以扩大我们对认知功能的理解。”②现在

---

① Rumelhart, D. E., & McClelland, J. L. (Eds.). (1986). *Parallel distributed processing: Exploration in the microstructure of cognition* (*Vol*, 1). Cambridge, MA: MIT Press/Bradford Books.

② ［美］坎特威茨等著，杨治良等译. (2001). *实验心理学：掌握心理学的研究*. 上海：华东师范大学出版社，567.

看来,20 世纪 90 年代不过是大脑时代的动员期。进入 21 世纪后,多范式、多技术的融合正在造就认知科学研究的新时代。迄今,引入认知科学研究的范式和技术主要包括:“基于反应时测量技术的研究范式;眼动技术;脑电技术(EEG/ERP);医学影像技术,包括 fMRI、PET、rTMS、CT 等,这些技术对认知过程的脑功能定位具有高空间分辨率;视野计;多导生理指标测量技术;听觉与语言分析技术等。”[①]凭借这些技术在不同层面上收集资料,有助于揭示心理活动的机制,包括心理的脑机制,将心理学的实验研究推进到一个新的科学高度,让我们看到了揭示人的高级智能本质的可能性。但是,我们依然不要忘记,心理现象毕竟不是物理现象,它不是力学定律解释得了的,它与物理现象最本质的区别在于文化因素。忽略文化因素,实验心理学就走向了极端,反而不能揭示心理活动的规律。现代认知科学不仅走向了认知神经科学的前沿,而且正在实现心理学、生物学、数学、物理学、计算机科学、语言学、文化人类学、哲学的大融合。真正的实验心理学家不会采用完全的自然科学方法和手段,他必须遵循实验心理学自身的研究逻辑。

心理实验在心理学科学化的道路上不断发展,逐渐形成了自己独特的学科体系,既包括一系列具有一般意义的实验范式、设计框架,也包括各种巧妙的和先进的收集资料与分析资料的技术手段,使其可以应用的领域覆盖了几乎所有的心理学分支,研究的被试群也几乎涉及所有人群。当然,实验心理学的发展与演变,受到来自于学科内部和外部的不同影响和制约,主要包括:(1) 对心理学研究的对象和基本任务的理解上发生着变化,如前述各种心理学派对心理学对象与任务的理解就很不相同,所以他们开展实验研究的方法也不相同;(2) 实验研究方法的应用范围逐渐推广,无论是研究的现象和问题方面,还是研究对象方面都是如此,这种推广对实验心理学提出了更多要求,也因此刺激了它的发展与变化;(3) 在实验研究中力图得到精确可靠和客观的结果,因此实验的设计和控制手段在不断得到改善。显然,随着生命科学的繁荣和现代科技成果的逐渐被采用,21 世纪心理学的普及和繁荣是必然的。

第三节　中国的实验心理学

一、 中国古代心理实验的萌芽

中国古代的“知人之法”,可以有观察法、内省法和实验法。据杨鑫辉先生系统考

---

① 张学民,舒华. (2004). *实验心理学纲要*. 北京:北京师范大学出版社,14.

察,1972 年山东临沂银雀山汉墓出土的竹简《六韬》中载有八种“知人之法”,其中的后四种是“使之以财以观其廉”“试之以色以观其贞”“告之以难以观其勇”“醉之以酒以观其态”,恰是以控制条件来观察人的心理与行为变化,考察其心理特征,具有明显的心理实验的性质。

百科全书式的《吕氏春秋》也有“八观六验”之法。其中“六验”具有实验法的性质,包括:“喜之以验其守,乐之以验其癖,怒之以验其节,惧之以验其特,哀之以验其人,苦之以验其志。”这些方法对后来的中国管理心理学思想和教育心理学均有影响。林传鼎(1980)曾谈到,1928 — 1930 年,美国哈茨霍恩(Hartshorne)和梅(May)设计《品德教育检测表》(CEI Tests)时采用了诸葛亮所用的“临之以利”“期之以事”的技巧①。

就感知及其错觉的研究,荀子和王充均曾设计过实验,其中荀子(约公元前 313 —公元前 238 年)所处的年代与亚里士多德差不多。注意的分心实验,则更有说服力。韩非子(约公元前 280 —公元前 233 年)提出的“左手画圆,右手画方”的实验远早于西方 1887 年普尔哈姆所做的分心实验,而且更有效。张耀翔教授曾说,“左手画圆,右手画方”的分心实验,已被弗朗兹(Franz)、高尔顿(Gordon)等人采纳(见弗氏著 *Psychology Work Book*)②。

中国古代还有过与巴甫洛夫的实验如出一辙的动物心理实验。南宋陈善曾记载过一个有人凿池牧鱼的成功案例。他写道:“有人于庭楹间,凿池以牧鱼者,每鼓琴于池上,即投以饼饵,鱼争食之。如是数矣,其后但闻琴声丁丁然,虽不投饼饵,亦莫不跳跃而出。”这俨然就是巴甫洛夫式的条件反射实验,却至少早于巴氏实验 800 年。

二、 中国现代实验心理学的建立

中国现代实验心理学开始于 20 世纪初,主要是由一批留学回国的心理学家引入。蔡元培先生曾在莱比锡大学聆听了冯特的实验心理学,他后来在北京大学担任校长期间,支持哲学系的陈大齐教授于 1917 年建立了中国的第一个心理实验室。1920 年,南京高等师范学校建立了中国的第一个心理学系,设立了心理学实验室,陆志韦等心理学家开展了现代心理学意义的实验研究和实验教学。随后有七八个高等学校设立了心理系,开设了实验心理学课程,建立了心理实验室。但 1949 年前真正开展系统实验研究的并不多。特别是在抗日战争期间,南京的心理学研究机构被迫迁至重庆沙坪坝,之后战事紧张,心理学的教学和科研基本处于停滞状态。

1949 年后,实验心理学的发展大致可划分为:1951 — 1957 年,学习传统的实验心理

---

① 林传鼎. (1980). 我国古代心理测验方法试探. *心理学报*,1.

② 张耀翔. (1983). *心理学文集*. 上海:上海人民出版社,213.

学,研究简单的感知问题,如中科院心理研究所研究了一些运动知觉方面的课题。这时受苏联心理学的影响较大,特别是巴甫洛夫学说的影响。1957—1961年,进行了一些劳动心理学的研究,这与1957年开展的全民整风运动中理论联系实际的讨论有关。这些研究如炼钢火焰的视觉判断、飞行人员的心理选拔、飞行错觉、听力零级曲线等等,都有重要的实际意义,但同时我国也削弱了基础研究,与国际心理学的距离拉大。1962—1966年,我国实验心理学得到较大发展,在大小距离知觉、深度知觉、空间定位、图形知觉、听知觉、触觉、动觉、感觉相互作用及错觉方面,都有比较系统的高水平的论文发表,研究范围扩大了。从1966年的"陈葛辩论"开始至1976年,心理学的研究工作受到严重破坏。"文革"以后,实验心理学很快得到恢复,1979年正值心理学诞生100周年之际,中国心理学会实验心理学专业委员会成立,中科院心理研究所的工作和高等学校的心理系、教育系也都开始了比较系统的心理学实验教学与研究工作[①]。

从80年代中期以后,中国的实验心理学逐渐与国际心理学的研究潮流接轨,并出现几种重要趋向:① 接受并开展认知心理学的研究成为主流;② 心理学实验仪器的研制初现规模;③ 各心理学科点开始加大投入,建立心理学实验室,并加紧了硕士生、博士生的培养;④ 国家自然科学基金的资助使心理学研究出现专题化,形成了几个内容不同、风格不同的实验心理学研究群体。这些变化给中国心理学带来巨大发展,许多有价值的研究成果得到国际心理学界同行的赞赏,1992年中国心理学家荆其诚当选国际心联副主席。

特别是2004年8月8日至13日,第28届国际心理学大会在北京召开,这是中国心理学走向世界,中国心理学家的工作越来越得到国际心理学界承认的重要标志。此次会议在北京亚运村国际会议中心召开,会议规模空前。会议注册人数达到5000多人,其中国外代表3000多人,国内代表2000多人,另外还有许多未注册的研究生到会听取会议发言。此次会议得到国际心理学界的高度重视,诺贝尔奖获得者卡尼曼教授到会并在开幕式上做了学术报告。与此同时,国际心理学联合会召开了工作会议,在此会议上,中国心理学会理事长张侃教授当选国际心联执行委员。

当前我国实验心理学研究的课题涉及心理学的各分支领域,在人工智能、感知觉、记忆、思维、元认知、神经生理、认知神经科学等国际心理学的前沿领域都取得了很多成果,中国包括港澳台地区在内的实验心理学家,纷纷走进国际心理学实验研究的前沿阵营,在国际心理学的舞台上展示着中国人的智慧。

① 王甦,林仲贤,荆其诚.(1997).*中国心理科学*.长春:吉林教育出版社,1-18.

第四节 实验心理学的内容与逻辑

一、 什么是实验心理学

实验心理学(experimental psychology)有广义和狭义之分。在谈到心理学发展时,实验心理学作广义理解,是科学心理学的代名词,是心理学从哲学的附庸地位独立出来,采用实验为其主要研究方法的心理学体系,它代表了心理学发展的主流,因此从构造主义心理学开始,然后是机能主义心理学、行为主义心理学、完形主义心理学,一直到现代认知心理学都属于实验心理学的范畴。这种意义上的实验心理学与精神分析、人本主义心理学具有某种不相容性,也即存在着心理学领域的文化分裂①。

在实证主义者看来,科学要尽可能贴近可观察的事实及以之为前提的归纳,具有"描述"(description)和"控制"(control)的功能,这也是实用主义者所希冀的。因此,科学主义的心理学接受自然科学的发展模式及研究方法,寻求和建立心理活动的一般法则。科学心理学的缔造者之一费希纳借数学和物理的方法为其"泛灵论"哲学寻找证据,建立了心理物理学,为科学心理学划定了一个基本范式(paradigm)。冯特承继了化学和生理学传统,采用分解、还原的方法建立了实验心理学体系。华生等干脆抛开意识,把人看成"动物"或"机器",刺激与反应的联结一时成为心理学的通用术语。这些研究在追求对心理法则的认识上、对心理和行为的预测及控制上取得了丰硕成果,但同时忽略或放弃了对人的情感、动机的研究,忽略了对整体的、有文化内涵的"人格"的研究,这就必然引起人文主义的批判。

冯特的初衷在于建立完全实验科学性质的心理学体系,但是迄今这一意愿在某种程度上失败了,实验心理学成为心理学科大家族中的一部分,甚至在许多心理学家的眼中,它就是一门工具性的方法类课程。这也难怪,人不是纯粹自然的存在,纯自然科学方法是无法完成探索人的心灵这一最复杂存在的运动机制的;人还是社会性的存在,文化的作用机制在这里无处不有,其中的绝大部分隐藏于我们感官所及范围之外。"感官"②不及的地方,恰恰是实验方法的沼泽地,人文研究的取向理所当然地偏爱这一神奇的领地。多方法共存是人类心灵探索历史最主要的特征,也是当代多元文化社会中心

---

① 邓铸.(2001).文化分裂及对当代认知研究范型的反思.*南京师大学报(社会科学版)*,2,91-97.

② 作者注:此处的感官不仅指我们的生理感官,也包括利用各种仪器设备延伸了的"感官"。

理学家必须承认的历史和现实。就心理学家个人来说，他必须培养关于心理学研究方法论的最合理的信念，然后思考和选择适合于自己的研究取向。

广义理解的实验心理学是与人文取向的心理学体系相对的。但是，此书将其作为狭义的实验心理学来把握：实验心理学是研究心理实验的基本理论、基本技术并概括和介绍各心理学分支领域中实验研究范式的学科。具体来说，其内容包括三大部分：

（1）心理学实验研究的基本程序与实验设计模型。主要讨论心理学实验研究的一般理论和一般方法，核心是心理实验的设计、实施，以及伴随这一过程出现的一般问题，涉及如何选择研究课题、如何分析和处理研究变量、如何抽取研究样本、如何分析研究资料和呈现研究结果、研究者应遵循的伦理规范等等。

（2）心理学实验研究的技术。主要介绍在实验心理学 100 多年的发展历史中，逐渐成形的研究范式和引入的技术手段，其包含的内容极为丰富，如开始于冯特时代的反应时间测定技术，代表了行为主义经典研究范式的条件反射实验装置和斯金纳箱，以计算机模拟为主要形式的信息加工心理学实验技术，还有现代认知科学实验的尖端技术装置等。本书将会有选择地适当介绍当代实验心理学领域典型的、常用的、前沿的研究范式和技术手段。

（3）心理学分支中的研究方法和典型实验及其成果。这是将实验方法具体化并介绍以往研究中的实验，有利于学习者研究技能的形成，包括感知实验、记忆实验、思维实验、情绪实验等，也可以涉及发展心理学、教育心理学、社会心理学和临床心理学的实验研究。本书对此部分内容的介绍相对简略，主要以研究范式例证的形式呈现典型实验。

二、 心理学实验研究的逻辑

观察法、相关法和实验法是实验心理学的三类基础方法，但其核心还是实验法，因为实验才能更有效地探明心理活动的规律。探明了规律，才能深入认识并指导人们的心理生活。实验法与观察法、相关法也存在密切联系，可以相互支持。

（一）观察法与相关法

观察法就是对研究对象进行有目的、有计划、有步骤、较持久的观察，它是出于描述的目的，而且只能达到描述的目的。观察是一种外部知觉活动，为了保证得到客观真实的资料，要做到对研究对象不施加干预或尽量不使其受影响，一般采用的方式包括三种：自然观察、参与式观察、结构性观察。自然观察，是对研究对象进行隐蔽的、远距的观察，保证观察到的活动是自然发生的；参与式观察，就是当隐蔽观察存在困难时，观察者作为活动成员参与到研究对象的活动中去，但要隐蔽自己的身份；结构性观察，也叫作策划性观察，就是创设一定的情境，将研究对象的活动安排在这一情境中。在结构性观察中,有一点非常重要:被观察的对象并未觉察到活动现场的人为性。

为了保证观察资料的真实可信,观察要系统、全面。观察法便于客观地描述研究对象,但是往往较为耗时,而且因为未对任何因素施加控制,也不能探明现象间的因果关系。

相关法是在观察基础上的一种关系描述,它通过统计方法将变量间的关系量化,测量出变量间关系的密切程度和共变关系的方向。这比观察法进了一步,而且常常加进一些测量方法。但是,相关技术也未对研究对象及其环境施加控制,所以也不能获得变量间的因果关系。但是,相关技术能够帮助研究者发现可能的因果关系,可以为实验研究提供先期信息。

(二)实验法

实验法是近现代科学,特别是近现代自然科学普遍采用的方法。在心理学中,它就是有目的地严格控制或创设一定的条件引起或改变被试的某种心理现象从而进行研究的方法。与其他的研究方法相比,它有以下三个重要特点:一是研究者处于主动地位,可以主动引起或改变被试的心理活动,不必消极等待某种心理活动的自然发生;二是研究者可以基本控制偶发的额外变量,保证研究课题的顺利进行及其有效性,科学地揭示心理活动的规律;三是可以主动改变各种条件,多次进行重复实验,对实验结果进行核实和验证,保证实验的可信度。

心理实验有两种形式:实验室实验法、自然实验法。实验室实验法是指在特定的实验室里进行的、借助于各种专门的仪器设备研究心理活动的一种方法。研究者进行心理实验时:(1) 要选择一定的对象,并通过标准化的指示语向这些研究对象宣布他们参加实验的做法,要求其严格按照要求参加实验;(2) 研究者必须严格控制其他因素的干扰,使实验条件保持稳定,然后操纵或改变实验课题所选定的一个或多个实验变量;(3) 充分利用现代化仪器设备,记录通过实验所获得的各项数据,主要是研究对象的心理或行为活动测量数据;(4) 分析整理实验资料,对获取的数据进行统计处理和分析,找出其中的因果关系,得出结论。

实验室实验法的局限性主要有两点:一是对复杂的心理活动的研究还有一定困难;二是由于实验大都是在人为的特殊条件下进行的,常会引起研究对象的紧张情绪和期待的心理状态,这些很难彻底控制或消除。这样,实验室中观察到的心理活动在一定程度上会失去常态,自然就影响到实验结果的可靠性和实用性。

自然实验法是在个体自然的生活、学习或工作条件下,由研究者主动改变或创设某种情境条件,有意引起研究对象某种心理活动的发生,从而研究心理现象的一种方法。这种方法的优点是:既主动创设条件,又是在自然情境中进行的,它克服了实验室实验法明显的人为痕迹。这种方法兼具观察法与实验室实验法的某些优点。

上述两种方法的相同之处在于,都是在控制某些变量的情况下,通过观察研究对象的反应来探求变量间的函数关系，推断人的心理活动规律，这是心理实验法的本质所在。两种实验法的区别是相对的，特别是在现代心理学研究中，常用模拟性实验的方法进行实验室实验，减少了实验室情境与生活情境的差异，克服其局限性，使研究结果更有推广价值。总之，心理实验法与其他心理学研究方法相比是最严密、最有效和最可信的方法，是我们学习和研究心理学问题不可缺少的工具。当然对其局限性我们也要认识清楚，它必须和其他的心理学研究方法相互结合与补充。

（三）心理实验的逻辑

心理实验是一种科学的方法，科学的方法应该能够克服研究者的主观性，保证研究结论的准确可靠，那么心理实验的科学性体现在什么地方呢？为说明这一点，我们先抽取心理实验最典型的程序或规则：实验组与控制组对照实验。

前文说过，人的心理现象不是物理现象，它受到许许多多主客观因素的交互影响，而在这些因素中存在许多随机变量，这使得心理现象的变化也具有随机性，所以必须将心理事件作为概率事件或随机事件来研究。这就是为什么在许多情况下，我们不使用单个人作为研究对象，而是使用成组个体作为研究对象。我们研究的是心理现象变化的概率性，为得到因果关系，我们常常使用两个组或多个组。心理实验的程序可以表示成如图 1－2 所示的通用形式。

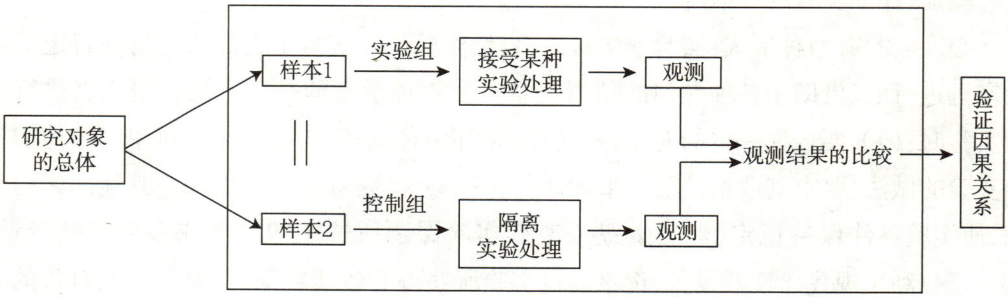

图 1－2　心理实验的通用程序或逻辑

如图 1－2 所示，研究者从研究对象的总体中随机抽取两个相等的被试样本。实验前，这两个样本的心理活动水平和其他特质具有相等性，然后随机选择其中的一个样本作为实验组被试，比如选择样本 1，那么样本 2 就作为控制组。在实验过程中，实验组被试接受特定的实验处理，与此同时，控制组被试未接受这种实验处理，随后再对这两个样本中的个体进行心理活动水平的观测并做差异性比较。因为实验是在隔离的情境中进行的，其他可能存在的环境变化被控制，除接受实验处理的情况不同外，实验组和控制组被试所受到的影响不存在其他方面的差异。如果两个样本的观测结果出现了不同，其原因就具有唯一性，即是否接受了实验处理，由此可以证实因果关系。这就是心理实验的通用程序或逻辑。

实验法的逻辑并不复杂,但对实验条件控制的要求却很高,这样才能保证实验研究所得结论的可靠性。实验方法的应用使心理学的发展大为加快。虽然科学心理学不能就此归为实验心理学,实验方法也不是心理学研究的唯一方法,但任何当代的心理学教科书,都以大量的篇幅证明,现代心理学的大量事实来自实验研究。正如我国著名心理学家杨治良先生指出的:"一位心理学工作者可以对心理学的任一领域、任一分支特别感兴趣,可以专门从事儿童心理、教育心理、医学心理,或知觉心理、思维心理,以至社会心理的研究,但是如果他想成为一个真正严格的科学的心理学工作者,他就必定要很好地掌握实验心理学的研究内容和方法,了解应当如何科学地考察心理和行为的规律。"① 实验心理学是运用实验方法研究心理现象的科学,它概括和总结了心理实验研究的方法和成果,是心理学体系中最基础的组成部分。它代表着心理学发展的主线和发展水平。实验心理学的建立标志着科学心理学的开始,实验心理学发展的三个时期标志着心理学发展的三个阶段。实验心理学既是心理学的基础学科,又是一门心理技术学,它可以在心理学的理论研究和应用研究之间架起一座桥梁。

实验心理学成为心理学专业人才培养的必修课,因为它是心理学家享用广泛领域中的心理学研究成果的基本准备。学习实验心理学的目的和意义,就是要得到一些心理学研究方法的训练,掌握心理实验的基本理论、基本技术,特别是掌握心理实验的设计及操作,逐步形成基本的心理实验技能,培养实事求是的科学态度,并进一步加深对心理学基本概念和基本理论的理解。

关键词

实验心理学、心理实验、实验室实验法、自然实验法、自我观察法(内省法)、实验组、控制组

练习与思考

1. 科学实验的主要特征有哪些?
2. 简单介绍实验心理学的发展史,从中你受到怎样的启发?
3. 你是如何理解实验心理学在心理学专业人才培养的教学体系中所处的位置和作用的?

---

① 杨治良.(1988).*基础实验心理学*.兰州:甘肃人民出版社,7.

4. 你是如何理解心理学实验研究的逻辑的？能否举例说明这样的研究逻辑？
5. 学习实验心理学的目的和意义是什么？
6. 中国实验心理学的发展经历了怎样的过程？

课程资源

1-1
20 世纪影响中国心理学发展的十件大事

1-2
南京师范大学实验心理学发展史

1-3
论冯特在心理学史上的主要贡献

第一章　视频资源

第二章

心理学实验研究的基本问题

内容概览

发现问题和确定选题往往决定着研究中的被试抽样、方法选择等，是一项心理学研究的关键性步骤。就心理学而言，研究课题的来源一般有四个：社会生活现实中的现象启动、研究者的兴趣、文献的阅读与综述、有关机构发布的招标选题。不管研究的问题由何而来，研究者都必须全面系统地进行文献检索与分析，明确研究的主要目标与任务，并经变量分析完成研究问题的操作化转换，形成实验设计方案，该方案必须明确研究者操纵或选择的自变量、需要控制的额外变量、需要观测和记录的因变量。

就心理实验来说，被试样本的抽选、样本容量控制、涉及人类被试的使用伦理以及与被试相关的误差效应控制都是需要认真处理的基本问题，这是实验心理学区别于其他学科的重要特点。其中人类被试使用伦理主要包括无伤害原则、知会同意、欺骗的使用、保密性等方面。

一个发展中的学科,通常存在许多未解问题。发现和选定合适的研究问题,即课题选择(subject selection)对于研究工作能否顺利展开并取得创新性成果具有重要意义。课题选择往往决定着研究中的被试抽样、方法选择等,所以它是决定一项心理学研究的关键性步骤。毫无例外,心理学的实验研究也是从待解问题开始的。有了待解问题,首先需要进行问题分析,找到并聚焦主要矛盾,由此明确实验研究的具体目标,基于研究目标提出需要验证的假设和需要设计验证的方案。

第一节 发现问题和确定选题

学习"做研究",最好的办法就是开始"做研究",正所谓"做中学",那么从哪儿做起呢?研究者会有不同的经历、不同的洞察力、不同的待解问题,对未来的期望或规划也不一样,所以关注的领域、思考的起点、掌握的资源均不相同。选择什么样的课题,主要看要通过研究解决什么问题,或者说发现了什么需要解决的问题。

概括地说,研究问题来自于四个方面:现象启动、研究兴趣、文献阅读、命题任务。

一、 社会生活现实中的现象启动

心理学是研究人类(也包括动物)心理与行为的科学,而人的心理与行为主要是在社会生活过程中发生发展的,所以心理学研究要解决的问题也往往来自于社会生活场景。关注社会生活现实中与人有关的各种现象,容易激发人的探究欲望,启动人的问题意识。

想象一下,你站在车流量比较大的一条马路边,看着无数穿梭而过的各种车辆,你会注意到些什么现象呢?会想起什么样的问题呢?

可以看到,车子的高低不同、长短不同、颜色不同、速度不同、路径不同……你会想到些什么问题呢?最近,我们经常谈论交通事故频发的问题。那么这些车辆的哪些因素会影响交通事故发生率呢?颜色、速度、路径……什么颜色的车辆更安全或更危险?好,问题出现了:车辆喷涂的颜色与行车安全是否有关系?综合众多研究,从安全系数方面分析,可以大致排列出白色、银色、红色、黄色、蓝色、绿色、灰色、黑色的顺序,这是由浅到深。有一项统计发现,喷涂成黄色的出租车被追尾的次数相对最少。这又是为什么呢?黄色刺激与其他颜色的刺激,在视觉上有什么不同吗?于是人们开始探究颜色对视觉的影响,比如在观察不同颜色的汽车时,汽车颜色会影响到速度知觉、距离知觉,还是大小知觉?为此,笔者在2018年春季实验心理学的课堂上,曾做过一个实验:在白色背景上,并列呈现大小完全相同的两个长方形色块,一个是黑色的,一个是黄色的。同时告诉学生说:“这两个长方形的大小略有差异,请你们判断哪个更大?”结果参与实验的50名学生中,48人选择黄色,2人选择黑色。显然,颜色影响了大小知觉。根据心理学中大小-距离知觉关系可知,对于实际大小确定的物体,知觉越大就会将其知觉为越近,驾驶员如果把前车知觉为越近,就会越早地采取措施规避追尾。

在心理学发展中,许多经典研究就是由偶发的现象激发而来的。据说,巴甫洛夫的经典条件反射实验与理论就是这样产生的。19世纪90年代,巴甫洛夫的主要工作是研究消化系统,通过外科手术切开实验狗的胃部,在里面植入一根带管的小囊,以便观察狗的胃液分泌。在这些研究中,巴甫洛夫注意到一种奇怪而又令人烦心的现象①:狗在不喂食时,也会分泌出胃液和唾液。比如,正式的喂食时间还没到,只要看见喂养者或听到其走来的脚步声,它就会分泌唾液和胃液。起初,巴甫洛夫认为它非常烦人,因为这样可能影响消化分泌物的数据。后来他想,一定有什么原因可以解释狗在没有食物时也在嘴或胃里产生分泌物。最后,他决定了解一下这种“精神性分泌”是如何发生的。这就是巴甫洛夫条件反射实验及理论建立的开始。

满足社会生活与生产实践的实际需要,是心理学研究的出发点和归宿,因此,如果我们关注社会生活现实中的各种现象和需求,就容易发现大量亟待探究的问题。例如:① 在各种生产过程中,怎样运用已有的心理学原理,创设出有利于提高生产效率的工作环境,或者在产品设计、工程设计中认真考虑人的心理因素,使人和机器达到最佳匹配状态。这类旨在解决实际问题的课题既可以引发基础研究,也可以导向应用研究,有些研究还可以带来经济效益。② 对工作效率的影响,除硬件外,人的内在愿望和动机也起重要作用。为此,怎样利用激励机制,调动人潜在的工作积极性,以提高工作绩效,实现既定目标,是管理心理学的一个重要研究领域。③ 如何优化人们的心理素质,防止心理异常和不良行为的产生,或者如何矫正和治疗患者的心理疾病,使其恢复心理健康。国内这一方面的研究正得到加强。④ 人际交往中的动机、社会意向、价值观念、态度倾向等。人际关系极为复杂、多变,只要研究者密切关注人际交往中反映出的种种倾向,就能收集到大量值得研究的问题,而这类问题的研究对于维持和协调良好的人际关系是非常重要的。⑤ 提高教学质量和学习效果的研究。⑥ 认识人的潜力(工作能力、天资、特殊才能等)和发展机理。在人才选拔、就业指导、工作安排、干部考核、工作评价中都需要对人进行各种类型的心理研究和测评。

心理学要强化社会服务功能,回归社会生活实际。为此,必须洞察社会现实中的

---

① [美]莫顿. 亨特著,寒川子,张积模译. (2013). *心理学的故事*. 西安:陕西师范大学出版总社有限公司,286.

矛盾和未来社会发展变化的趋势，这样才能保证研究选题的现实性和未来性。就我国现阶段经济和社会发展状况而言，以下几个方面的应用研究还相当薄弱，但又具有突出的迫切性，如环境心理学、老年心理学、创造力心理学、人因工程学、危机干预、城市建设与管理的心理学、家庭婚姻心理学、农村人口心理学等。可以拓展的领域很多，此处不一一列举。单就上述的这八大方面来说，其中都包含大量有待研究的崭新课题。

二、遵从研究兴趣的问题发现

纵观科学发展史，从某个兴趣点出发，进行系统的考察，充分地把握已知的信息，就会发现未解的问题。与其他科学领域一样，心理学的研究也是一项需要花费时间、耗费心神的艰苦工作，选择感兴趣的分支领域有助于研究者保持积极性，减少倦怠感，而且更有可能找到自己愿毕生研究的课题。就心理学而言，不管什么类型的课题，其任务都是揭示人或动物心理或行为发生、发展的机制和规律。

1. 感兴趣的对象类别

心理学的许多分支是通过被试人群界定的，这是社会职业的高度分化和学科自身的高度分化的结果。就被试身心特征来说，可研究不同年龄阶段的人、不同性别的人、有不同身体疾病的人、不同心理障碍的人等；就被试的职业特点来说，可以研究教师、警察、军人、运动员、飞行员、医护人员等。还可以研究其他一些特殊人群，如聋哑人群、色盲人群、自闭症儿童、吸毒者、酗酒者等。每一类特殊人群，其心理或行为都具有普遍性和特殊性的两面，对其研究都可以揭示其特殊行为发生和发展的特点与规律性，同时也能加深我们对人类一般心理活动规律的认识。

心理学也研究动物。在心理学建立与发展过程中，动物心理研究起到过相当重要的作用，有许多无法从人类被试开始的研究，都是经过动物研究获得较为系统认识之后再有限地推广到人类（其中有些研究具有争议，也常常受到动物保护组织的批评甚至极力反对）。行为主义的条件反射理论更多是以动物实验为基础的，涉及灵长类、猫、狗、鼠、鱼等高级和低级动物。格式塔心理学的重要基础就是由苛勒所完成的黑猩猩行为研究，特别是黑猩猩的问题解决行为研究。

当聚焦于一个对象类别后，就要对其进行先期研究，主要是通过文献检索与分析、间接或直接的观察等方式来完成。这一先期研究可以奠定相应的知识基础，并由此发现未解的问题。

2. 感兴趣的主题领域

如果希望把研究置于大的社会背景下，可以分析所处社会生活的现实状况，抓住社会的热门话题或亟待研究的主题，比如，工作压力、员工援助、儿童虐待、老龄化、环境、人格、创新、学习、动机等。在一个大的主题下,可以去收集相关的研究文献,构成一个具有整体意义的知识背景,由此开始的研究就会不断地有话题涌现,形成系统化课题群。

有些课题虽然较为特殊或更为学术化,却在特殊行业或特定人群中具有重要意义。如语言发展、青少年"早恋"、数学焦虑、诚实、饮食过量、颜色偏好、界面搜索的眼动特征、情绪的计算机识别等。

研究者从不同角度罗列可能的研究主题,有助于发现自己的兴趣点。当然,有时兴趣是突然"冒出来"的,比如在看期刊论文的时候,看科普读物的时候,看文学作品的时候,听学术报告的时候,与同行或不同行的朋友聊天的时候……要注意捕捉灵感,同时也要对突然"冒出来"的兴趣进行过滤,然后就其中少数可能比较重要的部分做较深入的思考。这里的关键在于你确实想更多地去了解一个"专题",这才是你的兴趣。在感兴趣的领域进行工作,你才会感到非常有趣和富于激情,要不然,你的研究热情可能会很快消退。

3. 前人的研究或理论

在现代心理学的建立与发展过程中,许多研究是在相互继承、否定之否定中完成的。前人的经典实验或理论往往可以作为一个基础和起点,使后来者可以站在"巨人的肩上"。任何学科门类的发展中,都有大量受到前人研究启发而后展开研究的典范。

在记忆领域,艾宾浩斯关于无意义音节学习之遗忘进程的研究堪称经典,而这一经典研究恰是受了费希纳心理物理学方法的启发。在费希纳的《心理物理学纲要》发表后不久,艾宾浩斯就对其中大量的数量化工作感兴趣,决定要采用自然科学的方法研究比感知过程更复杂一些的心理现象。他在《论记忆》(1885)一书的序言中写道:"我们试图对心理活动深入一步,把记忆的表现做实验的与数量化的处理。……如果把某种无意义音节系列学习到能够背诵,搁置下来不管它,只在时间的影响或充满时间间距内的日常生活的影响下,遗忘的进程是怎样的呢?"①艾宾浩斯"将记忆作为一个心理过程,并将其分成学习(识记)(learning)、保持(retention)、联想(association)和复现(reproduction)四个阶段。他认为这样分段便于控制实验条件"②。他以自己为被试,以无意义音节(nonsense syllable)为材料,采用"节省法"(saving method)系统探究了时间因素在遗忘进程中的作用,绘制出著名的"遗忘曲线"(forgetting curve)。

艾宾浩斯的研究为后来者提供了质疑和批评的靶子,引发了众多的后续研究。被誉为"英国第一位实验心理学家"的巴特利特(Frederic Charles Bartlett, 1886 — 1969)认

---

① Ebbinghaus, H. (1987). *Memory: A contribution to experimental psychology*. New York: Dover Publications.

② 杨治良等. (1999). *记忆心理学(第2版)*. 上海:华东师范大学出版社,9.

为，人的记忆是一个意义记忆过程，而不是无意义记忆过程，使用无意义音节缺乏现实意义。他认为，人们在记忆过程中会有意无意地将记忆内容纳入已有的知识图式（schema）中。从1932年开始，巴特利特集中研究记忆中保持的材料是怎样随时间而变化的，以及材料如何被记忆保持的。艾宾浩斯侧重于研究记忆材料的量的变化，巴特利特侧重于研究记忆材料的质的变化。不过，二者的最大差异还是实验材料的不同。巴特莱特实验中使用的都是有意义的故事和图画，这更符合人们实际的记忆活动，因此更有可能探寻到人类记忆的规律。巴特莱特的研究强调社会文化对人的记忆过程的影响，著有《记忆：一个实验的与社会的心理学研究》（1932）①。

记忆结构的研究也能生动地说明科学研究的承继关系。1890年美国心理学家詹姆斯就提出初级记忆（primary memory）和次级记忆（secondary memory）的概念。1965年，沃和诺尔曼（Waugh & Norman）正式提出两种记忆说，即在人的长时记忆系统之外还存在着短时记忆系统。基于两种记忆说，莫道克（Murdock，1962）、格兰泽和库尼茨（Glanzer & Cunitz，1966）等开展了自由回忆实验研究，为两种记忆说提供了直接的实验支持。不过，斯珀林（Sperling，1960）在研究中提出了两种记忆说的否定性证据——设计精巧的"部分报告法"实验，该实验揭示出视觉系统中存在瞬时记忆，即图像记忆（iconic memory）。参照斯珀林的实验，达尔文（Darwin，1972）等设计了听觉领域的"部分报告法"实验，揭示出听觉系统中的声像记忆（echoic memory）。所有的这些研究孕育出阿特金森和希夫瑞（Atkinson & Shiffrin，1968）的记忆的三级加工模型。

此外，从自己的日常生活、学习、工作和社会交往经验中也会找到有意义的研究课题，"处处留心"对于心理学研究者来说更为重要。好奇心是科学发展的内在动力，对于一个研究者来说，保护"好奇心"，保持"开放"的大脑，才能随时从经验中提炼重要的研究课题。

三、 基于文献阅读的问题发现

类似于上述研究间的相互启发不胜枚举。初学研究者应重视从学科发展的文献背景中寻找研究设想或课题，甚至确定较长期的研究方向。在感兴趣的主题领域中，重视厘清其研究的发展历程，聚焦典型实验和典型理论，在批判性的接受中引发新的研究设想。为使这一过程更为有效，我们提出以下或可借鉴的策略与方法。

1. 关注学科发展的生长点

密切注视现代心理学发展的趋势，结合国情，不失时机地抓住学科生长点上的新问题，是选择新课题的重要策略与思想方法。前沿性课题对学科发展具有战略意义，也常

---

① ［英］巴特莱特著，黎炜译.（1998）. 记忆：*一个实验的与社会的心理学研究*. 杭州：浙江教育出版社.

常存在激烈竞争,同时会有几个、几十个甚至更多的研究者进行竞争性研究。与其他研究者同时挤进一个狭窄的领地里开垦,如果知识储备不足,判断不准,决策不优,都会在竞争中失败。因此,研究这类前沿性问题具有很大风险,要想取得成功,必须有充分的知识储备并接受过严格的科学训练。

2. 寻找学科研究中的“空白区”

科学研究中能得到最大收获的领域是长期被人忽视的“空白区”(“无人区”),那里因长期无人涉足,大多数研究者不敢轻易闯入。然而,“无人区”里任纵横,存在着大量的机遇。勇敢的闯入者能在这无人开垦的领地中搜索到值得研究的问题。诚然,到科学的“无人区”去寻找问题、发掘新课题,必须对当前的学科知识背景和个人的主观条件做出正确估量。那些超前于学科发展水平且不具备研究条件的新课题,或者超出个人学术能力的课题,不宜贸然选定。因为这类课题凭借现有的主客观条件很难在可预见的未来获得有效成果。

3. 重视与邻近学科间的“交叉区”

19 世纪 70 年代,恩格斯就以深邃的目光,洞察了物理学与化学的内在联系,他在《自然辩证法》里曾告诫研究者要注意不同学科间的“边缘区”,在分子科学和原子科学的接触点上,物理学家和化学家都承认自己没有能力,然而就正应在这点上可望取得最大的成果①。由于现代心理学是一门边缘学科,它与许多自然学科和社会学科之间存在接合点,因而有着许多充满生机的“边缘区”和“交叉区”。只要研究者密切注视这些“边缘区”和“交叉区”,值得研究的问题就会层出不穷。这一点不难理解,当代认知心理学与神经生理学的有机结合,诞生了当代心理学领域中最具魅力的研究领域:认知神经科学(cognitive neuroscience)。毫无疑问,认知神经科学也成为当代心理学研究中成果最为丰富的领域之一,成就了一大批中外心理学家。

4. 完善现有理论，解决理论的矛盾

理论的完善是相对的,任何已有理论都可能存在缺陷或需要进一步的完善与发展,比如存在概念及概念关系的模糊,逻辑的混乱、矛盾与不能自洽,无法解释客观事实和新材料或者与观察到的材料相矛盾。而且,许多理论的形成是基于少数甚至个别的实验证据,存在条件制约性,可能造成解释效度的有限性。此类思考常能引导人们深入研究并获得新发现,发展新理论。我们还经常遇到这样的情况,针对同一个问题,存在多种理论解释,而这些理论存在差异甚至矛盾。寻求对矛盾的解决也能够引发新课题。

5. 从其他学科的视角审视心理学问题

任何科学问题的解决总是相对的和不彻底的,在一定的科学知识背景下被认为已

---

① [德]恩格斯.(1971).*自然辩证法*. 北京:人民出版社.

经得到解决的问题，在另一种知识背景下，常常又会重新成为问题，需要从新的角度进行研究和解决。尤其是对于那些长期悬而未决的难题，更应利用现代科学提供的背景知识，重新加以审视。沿着一条思路往前走，固然会有所造诣，但也可能会遇到一些无法超越的障碍。这时如能重新打开一条或几条新思路，运用其他学科的理论和方法，审视长期无法解决的心理学问题，也许就能在诸多研究路线的交汇点上，找到有利于问题解决的新途径与新方向，正所谓“他山之石，可以攻玉”！

四、 基于招标选题的研究问题

也有许多时候，研究问题来自于上级直接下达的任务，或项目申报的指南。作为学生，常常有来自于导师的“命题作文”，这就省却了找选题的艰难。当然，导师下达的选题，也不尽相同。有的只是给出一个课题领域，有的则会把实验方案都定好了再交给学生。如果是后者，学生就只是担任了实验助手的角色。从专业训练的角度来说，这种方法未必就是好的。

申报指南的课题，往往具有这些特点：① 来自相关领域专家的提议。一般基金管理委员会都会定期向有关专家征集选题，然后组织论证、筛选、公布，所以这里的选题在某种程度上代表了学科发展的方向和前沿，具有明显的学术价值。② 这类课题往往考虑到社会发展对教育、文化建设、经济调控、意识形态、科学技术发展方面的要求，具有明显的应用价值或潜在的应用价值。③ 这类课题中的一部分是开放性的，即它规定了一个大的课题领域和选题范围，研究者可以根据自己的研究条件和知识准备自行开发子课题。这样，在基金资助之下，就会形成一个课题组和一个研究群体。④ 研究者可以定期地申请资助，如能获得批准，则可以得到相应的资金支撑，保证研究的顺利进行。

国内目前就心理学而言，可以申请的研究基金主要包括：国家社会科学研究基金项目、国家自然科学研究基金项目、全国教育科学规划研究基金项目、各省市自然科学研究基金项目、各省市社会科学研究基金项目等。此外，还有不同级别的招标课题。

选择了感兴趣的主题领域或课题后，必须对其学术价值、应用价值、是否具备研究的主客观条件等进行初步评估。这种评估能快速地剔除那些研究价值不大，甚至根本没有研究价值的课题，也可以帮助排除那些自身实验条件、知识准备根本不能胜任的课题，提高选题的有效性。例如，你对人类的智力水平感兴趣，想研究不同人群智商的差异性。但是这一课题早就被研究过，对其进行探讨已无新意，学术价值较低；人们对各种职业所需要的能力结构已经有比较多的研究和认识，而且正常人群的智商高低不是其取得学习或工作业绩的最主要的决定因素。所以再进行这样的研究，应用价值相对较低,这一课题就可以放弃。如果你听了某位专家所做的学术报告,对人们在各种运算时的脑内血流变化模式感兴趣,想进一步探讨。然而,你尚未学习过“认知神经科学”的课程,也没有核磁共振成像设备可以利用,很明显,你的知识准备不充分,也没有必要的实验设备可以使用,这一研究设想只能放弃或暂时搁置。

第二节 文献综述与研究目标确定

研究者为了落实所选定的课题,一般都要先进行文献检索(literature search)与分析,这不仅是提出有价值的前沿课题的重要条件,也是课题具体化的必由之路,是明确研究目标、提出假设和设计实验方案的必要准备。

一、 文献的分类

文献可划分为两大类:原始文献(primary source)和二次文献(secondary source)。原始文献一般是指发表在学术期刊上的研究报告,报告的作者正是研究的主要完成者。此类文献的内容是作者描述自己所进行的研究,包括为什么要进行这项研究、如何进行研究、发现的结果是什么,以及如何解释这些结果。二次文献是作者讨论其他人观察结果的第二手报告,这类文献一般是通过三种途径来呈现的:① 作者为了描述和总结过去的研究而撰写的著作或教科书;② 研究报告的“前言”(introduction)部分,其内容是与研究报告主题有关的以前的研究,它为当前研究提供了背景和基础;③ 期刊上关于前人研究的综述性或评述性文章等。

需要指出,原始文献和二次文献的基本差异在于对研究结果的直接报告和二手报告。学生常常分不清这种差异,认为发表在杂志或期刊上的所有文章都是原始文献,其他的所有出版物都是二次文献。这种看法很多时候是不正确的,比如以下的几种情况:① 杂志上有的文章并非原始文献。杂志或学术期刊上也可以发表这样的文章:对其他人的研究工作或某一专题研究状况的回顾,如罗劲(2004)在《心理学报》上发表的《顿悟的大脑机制》;试图解释或建立以前若干研究之间的关系的一种理论,如叶浩生(2004)在《心理学报》上发表的《西方心理学中的现代主义、后现代主义及其超越》;对一个科学领域研究的历史总结,如美国心理学会出版的期刊 *Annual Review of Psychology*,上面发表的不少文章就是对一些心理学分支领域的历史总结。这些都不是对研究结果的第一手报告,所以都不属于原始文献。② 以著作形式出版的一本书或其他类书籍中的部分章节,也可以是原始文献。有时一个研究者或一个研究小组会出版专辑以发表一系列相关的研究,其中的每一章都是由实际进行研究的人撰写的,因此也属于原始文献。③ 杂志上关于研究结果报告的文章,其中的某些部分也可以是二次文献。大多数的研究报告都会有一个“前言”部分,或者叫作“导言”“引言”“问题提出”等,这是对该领域以前研究的回顾,也可成为将要进行的研究的基础。这种对以前研究的回顾是二次文献,因为作者描述的是他人的研究。因此,作为原始文献,它必须是作者描述自己的研究和结果的文献。

在研究工作前期,原始文献和二次文献都非常重要。二次文献能提供关于过去研究的简明概括。比如说一本教材,它常常能以很少的段落总结 10 年的研究,其中还可以引用若干其他重要的研究。杂志上一篇几页甚至几十页的研究报告,在这里常常被概括成一两句话。因此,二次文献能节省大量的检索与阅读时间。但要特别注意,二次文献是不完整的,并可能存在偏差,或干脆就是不准确的。在一篇二次文献中,作者可能只从原创研究中选择了只言片语,这些被选择出来的部分已经脱离了原有的背景,并可能与原作者意图完全不同。总之,二次文献中的信息不完整,可能有被歪曲的部分。为了获得完整和准确的信息,参考原始文献是非常必要的。当然,阅读原始文献可能是一个冗长乏味的过程,因为原始文献一般都比较长,它是聚焦在一个特定主题上的详细报告。通常,可以先利用二次文献获得对研究主题的总体了解,然后据此选择需要详细阅读的原始文献。二次文献为文献检索提供了便捷的起点,但要最终解决问题还必须参阅原始文献。

二、 文献综述的价值

在科学发展中,每一项研究都不是孤立的,它是知识总体的组成部分,它以过去的研究为基础,又为未来的研究奠定基础。图 2－1 直观地说明了当前知识是如何生长的。每一条新的信息都是从以前的知识总体中生长出来的。当阅读文献和提出研究设想时,应该想到,一项新的研究应该是对过去研究的一个逻辑扩展。

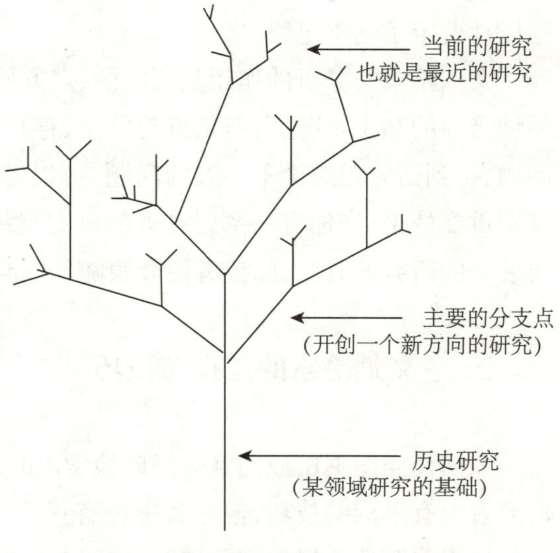

图 2－1　新研究如何从已有的研究中产生

这个树形结构强调了研究之间的关系,并认为当前的研究(各分支的顶端)总是建立在已有的研究基础之上的

文献检索的目标是找到一系列已发表的研究报告,这些报告显示了一个领域中知识的演进过程和现有的知识状态,并能帮助你在这个知识基础上找到

一个尚需探索的空白。此外,你在完成一项研究后,要撰写报告,报告的开头要有一个“前言”用以概括过去的研究,并为你的研究提供理由,这需要文献检索与分析的基础。图 2 – 2 呈现的材料是学术期刊上一篇论文的文献综述部分(姜子云,邓铸,2008),我们以此例说明可以利用文献回顾来介绍一个专题领域,并为新的研究提供逻辑上的合理性。

从影响问题表征的因素看,主要有以下几方面:第一,问题情境,即问题的呈现方式、环境及其结构等。它决定了问题解决者所能感知到的信息和这些信息的时空结构,是表征的基本信息条件。傅小兰(1995)的研究表明,信息遗漏是导致对问题错误或不完整表征的主要原因之一。第二,问题解决者的知识经验,特别是与要解决的问题相关的专门知识经验和解决同类问题的成功经验等。这些经验直接影响知觉系统对问题情境中信息的选择和对觉察到的信息的解释。第三,问题解决者的思维品质和其他个性风格。从目前的这些研究可以看出问题表征都离不开对信息的搜索和提取,而这个过程离不开专门知识也就是领域知识的支持,那么领域知识不同的人在问题表征过程中具有哪些不同的特点呢?他们的信息提取和搜索方式相同吗?问题解决成功与不成功的人在问题表征中对信息的提取又有什么差异呢?本文在前人关于问题表征研究的基础上,通过对应用题不同类型信息的再认探讨领域知识不同的问题解决者解题过程中的表征差异。

图 2 – 2　姜子云等公开发表的研究报告的第一段

由图 2 – 2 所示的这一段文献综述,可以很自然地得到以下简单的逻辑推论:

(1) 问题表征与问题情境提供的信息及其结构有关;

(2) 问题表征与解题者的知识储备、结构,以及内外信息交互作用的方式有关;

(3) 解题成功与不成功者对于问题的表征存在差异,那么这种差异发生的机制应该是在信息搜索与提取阶段。在这个阶段,他们的差异主要是什么呢?

可见,文献的综述为研究目标的确定提供了逻辑基础,也为进一步地研究假设及实验设计奠定了基本思路。

文献检索与分析的作用是明显的、多方面的:它有利于使研究者全面把握某一主题领域当前的知识状况、研究热点与争论、存在的“空白区”、重要而尚未得到充分研究的问题、得到研究但结论不一致的问题、可以继承或需要改进的研究范型与操作方法等。特别重要的是,当你将一系列过去的研究组织成一个逻辑推论以支持和合理解释你将要展开的研究的时候,阅读者便会跟随你一起走进研究的思维历程。

三、 文献检索的过程与技巧

如何使用图书馆或网络数据库检索出与你的研究直接相关的文献呢?虽然不同的研究者会有不同的技巧,但是其中也有规律可循。初学者可按照以下四个步骤完成文献的检索与筛选。根据实际情况,这四个步骤中的某些环节也可省略或跳越。

(一) 利用二次文献限定检索范围

文献检索的起点之一是新近发表的二次文献。例如,找到一本与你的研究主题相关联的最新出版的教科书,利用书中各章标题和小标题使你的检索聚焦到更小领域,在此领域内筛选关键词和作者名录,确定下一步重点搜索的信息线索。最常用的线索是关键词。关键词是用来确认和描述研究变量及被试特征的词汇,可以有效地反映研究的主题领域,以及文献包含的研究对象。研究者常常提出一系列具体的词汇以描述一个主题领域,利用这些词汇很容易找到相关文献的位置。比如,使用词汇"问题表征"(problem representation),就可以很容易地搜索到一系列关于"问题解决"(problem solving)的研究文章。其次,可以有效使用的检索线索是作者姓名(author names)。在一个研究领域中,大部分研究工作通常是由少数几个人来完成的,或者有少数几名研究者代表着这个领域的水平及主要范式。如果在前期阅读二次文献中,不断重复地遇到同样的一些名字,这些人很可能就是当前该领域的主导研究者。根据2~3个不同的资源来确定关键词表和作者名录,然后将这些表列结合成关键项目集。例如,为把握国内学者关于时间认知的最新研究,可以搜索的线索有:黄希庭,时间认知,时间知觉,时间记忆,时距加工2000、2011,等。

(二)使用关键项目集检索并筛选文献

登录大容量的学术文献在线数据库,使用关键项目集进行自动搜索,这样可能就会有成百上千条文献被检索出来,每一条文献又都可能与你的研究主题有联系。但是,这其中的大部分却不是与你的研究主题有直接关系的,因此在你进行全面文献检索的时候,要考虑的一个问题就是剔除其中无直接关联的材料。在决定一篇文章是不是无关或应放弃时没有绝对的标准,必须做出自己的选择。不过,下面一些建议可以帮助你更有效地选择和剔除一些材料。

首先,将论文的标题作为筛选文献的第一个工具。在学术期刊数据库的检索结果中,一般都会按照某种顺序呈现出所搜索到的论文标题。根据标题的相关度,可以排除大约90%的论文。

其次,将论文摘要作为筛选文献的第二个工具。如果标题听起来是令人感兴趣的,那么你就阅读它的摘要来确定论文本身是不是真的有关。有许多文章从标题看好像是相关的,但当你阅读过它的摘要之后,却会将其排除。

再次,如果在查看了标题和摘要后,你还对一篇论文感兴趣,那就要去相应的杂志或对应的电子期刊数据库找到这篇论文。需要提醒的是,当你找到杂志查看具体的论文时,浏览一下这本杂志上的其他材料或许是很有用的。有时整个一本杂志可能都是关于某个特定主题的。在你找到的那篇论文的前后可能还会有许多相关的作品。杂志社还常常会在一本杂志上刊出关于某一主题的系列文章。你找到了想要的文章,首先略读一下,特别是要快速地看一下它的引言部分和讨论部分。

(三)阅读文献并寻找新线索

经过筛选找到了有直接关系的重要文献后,就要仔细阅读这些论文,或者先复制下来。在阅读原始文献时，需要留意，研究报告会被习惯性地编排成几个标准的部分。我们将会在后续章节中详细讨论如何撰写这些部分，现在这里介绍的是你在论文的每一部分能看到什么内容以及它对你有什么作用。

(1) 引言(introduction section)。引言是对这个研究所要调查的问题、研究设想由何而来(是建立在以前文献基础之上的)以及研究的预期(假设)的陈述。引言可以帮助你确定这篇文章在你的研究设想形成方面是否有用。此外，它呈现出来的文献回顾也会给你提供另外的资源。

(2) 方法(method section)。方法是研究报告的第二个主要部分。这一部分详细地描述研究是如何做的，它包括哪些人参加了研究、使用了什么材料，接着是确切的研究程序。你可以利用论文的"方法"部分提供的帮助形成自己的研究方法或程序。

(3) 结果(results section)。结果是研究报告的第三个主要部分。这一部分的内容都是对研究结果的描述，且常常包含一些统计分析的图表。

(4) 讨论(discussion section)。讨论是研究报告的重要部分。这里说明的是作者对结果所指含义的思考。在这里，作者常常还会讨论到其他一些方面的内容，包括对其他一些研究的设想或建议，你很可能会从这些建议中得到有关于某一研究主题的设想。

(5) 参考文献(reference section)。在文章的最后是该文引用的出版物的完整表列，这个表列是按照第一作者的姓氏编排的，包括作者、题目、发表日期，以及发表这篇文章的杂志或书籍的完整信息。参考文献部分可以为你检索文献较好地提供直接帮助。

(四) 扩展性文献检索

在进行一定量文献阅读后，对研究主题范围和主导研究者有了比较清晰的了解，在此基础上可扩展文献检索。尽管这些参考文献列表涵盖的都是"过去的"研究，但它们之中肯定有一些是与你的研究设想有直接关系的，在这种情形下，你就可以找到这些有关的文章，并把它们加到你收集的文献列表中去。另外，你还可以使用文章标题中的新的关键词进行文献搜索，而且参考文献中的作者姓名也构成了在你所愿意研究的那个主题领域中的一个研究者集合，你可以使用这些作者的名字到在线数据库中查找他们最近发表的研究报告。总之，"旧的"参考文献是新研究的很好的资源。从理论上讲，你应该使用过去的参考文献继续追踪新材料。然而，实际上你必须决定什么时候放弃搜索。有些时候，你会认识到你没有新的线索，从而应该继续使用已经找到的项目。

在整个过程中，都要记住文献检索有两个基本的目标：一是对你感兴趣的研究领域有一个总的了解；二是找到数量有限的一系列研究成果，从而为你明确研究设想提供基础。当你在感兴趣的研究领域中丰富了知识而心情舒畅，同时还找到了一些与你的研究兴趣特别切合的研究时，你已经成功地完成了一个文献检索过程。

关于要使用多少论文来构成新研究设想的坚实基础的问题，我们难以给出确定性回答。你可能会找到二至三篇相互关联的论文，它们完全集中于同一研究设想，或者你只找到一篇与你的研究兴趣有直接关联的文章。最关键的是，你要为新研究提供一个文献背景和合理性解释。

四、概括前人的研究

引言部分的另一个任务就是向读者介绍该领域的相关研究和理论背景的信息。在描述前人研究时，必须将讨论的材料限制在与研究直接相关的范围内。例如，研究课题是"老年人的短时记忆问题"，那么相关的材料就是关于"老年人"的"短时记忆"，而不是关于记忆领域的所有资料，也不是关于老年人的一般资料。尽量使背景资料的选择范围聚焦于研究主题，避免宽泛。

对前人研究叙述的详略程度要控制在合适的水平。对于引用的大部分研究，只需简要地概括其研究过程和结果。通常，读者不需要知道原来的研究选取了多少被试、使用了怎样的统计方法、实验中的每个细节等。如果他们想得到全面的信息，会自己去搜索原文。这里，我们举两个例子来说明引用的详略程度：派克等（Pike，et al.，1997）的研究发现，即使提供等量的感觉信息，对运动中的面部识别要比从某些侧面、静止条件下的识别更准确。这表明运动可以为面部识别提供更重要的信息，这可能是三维效果使然。关于"变化盲视"的研究（Rensink，et al.，1997）表明，观察者总是不能注意到连续情景中的明显变化。这里，不需要告诉读者得到这些结果的细节，除非这些细节对讨论很重要。

在有些情况下，如果认为前人的实验程序存在严重缺陷，有加以讨论的必要，这时才考虑对其研究过程进行更详细的介绍。例如，沃尔鲍伯（Rhubarb，2000）的结论是建立在 5 名被试的实验基础上，随后的研究（Custard，2001）使用了更多的被试，却没有得到相同的结论。在这里，被试的数量也许是一个重要问题，就有必要提及。如果研究中使用了足够多的被试，而且也没有因此出现不同的结论，那就没有必要谈及被试人数问题。

如果前人的某一研究也是当前所做研究的核心内容（比如，当前实验就是为了直接验证前人的研究，或者借鉴了前人研究中复杂的实验程序），那就需要对其进行介绍——即使如此，也应该注意到读者需要知道哪些信息，才能理解当前所要做的研究，或者使他们对该领域的争论焦点有所了解。简单地说，对前人研究的介绍要尽可能地简约。

文献回顾的目的在于说明当前研究问题提出的专业背景、理由和论据，一般的逻辑路线是:在相关领域中,前人做了哪些主要的研究;这些研究给予我们什么样的认识;这些研究还有哪些空白区、存在哪些疑惑或相互矛盾的地方;这里的某一空白区或矛盾需要解决,为此需要进行什么样的研究……实际上,就是将读者的思路带入研究主题。文献回顾的常用方式有两种:一种是首先对有关的已有研究进行内容整理、概括和分解,然后按照这些研究内容的内在逻辑关系进行介绍和评述;二是按照研究的历史进程,通过文献回顾勾画出该专题领域的发展图景,这样就可以很自然地把当前研究纳入到已有研究的体系中了。文献回顾的两个大忌是:不加选择地论及该领域的全部或大部分研究,不加整合地罗列文献。

第三节　变量分析与问题转换

通过文献综述,研究者的注意力就会聚焦到问题的主要矛盾上来,根据矛盾的具体内容进行问题转换和具体化,即要进行实验设计,就是对实验可能涉及的各方面因素进行系统分析、筹划和安排,形成实验方案,以保证实验目的顺利实现。实验方案是为实验实施做准备的,所以它必须是可操作的——明确如何设定或控制条件,要对什么样的心理或行为进行观测,观测什么指标,如何进行观测,等等。所以,实验设计主要考虑四方面的问题:实验实施中涉及的变量有哪些,如何处理这些变量;如何抽取和分配观测样本;凭借什么材料与设备来完成实验任务;实验资料的类型、分析方法,以及为了有效地利用统计学手段分析数据而必须考虑的实验设计模式等。本节先就实验中的变量进行分析,并介绍观测样本的抽取等问题,下一章再介绍可选用的实验设计模式。

在讨论实验设计之前,需要先交代主试和被试的概念。主试就是主持实验的人,即直接操控和观测实验中的各种变量的人,也叫作实验者(experimenter)。实验者可以是研究者,也可以是研究助手。被试(participant/subject)就是在研究中被观测的人类或非人类实验对象①。实验对象或被观测的对象不等于"研究对象",而往往只是研究对象中的一部分。通常,潜在的或可能的研究对象的全体叫作总体(population),而从总体中抽取出来实际参加实验的人或动物则叫作样本(sample)。进入到样本中的人或动物才叫作被试。

---

① 在国外同类教材中,或一些作者的研究报告中,对人类和非人类被试做了区分。人类被试叫作参与者,用 participant 表示;非人类被试叫作被试,用 subject 表示。但在行文中又常常发生混淆,所以国内作者一般不对其做区分,不管是人类参与者还是非人类被试,都称为"被试"。

一、心理实验中的变量分类

所谓变量(variable),就是可变的事物属性,包括数量上或性质上的可变性。根据变量源可将其分为三类:刺激变量(stimulus variable,常以S表示)、机体变量(organism variable,常以O表示)和反应变量(response variable,常以R表示)。心理学的实验研究往往是由这三类变量的关系构成的,可以概括为 $R=f(S,O)$,它表示人的心理或行为改变是刺激变量与机体变量共同作用的结果。在具体实验中,研究者就是要考虑对这三类变量进行控制、操纵或观测,以探究其中是否存在某些因果关系。

(一)刺激变量

顾名思义,刺激变量来自外部情境,是在心理实验中对被试的心理或行为可能产生影响的各种外在条件或因素,所以也叫作环境变量。在一项心理实验中,可能的刺激变量很多,如环境光线、声响以及人际交互作用等。但是一项心理实验不可能对所有刺激变量的影响都进行研究,只能根据要解决的问题有选择地考察一个或几个变量,为此又必须同时对其他的刺激变量进行控制,防止其成为实验中的混淆因子。所以,刺激变量又可被分为两类。一类是研究者拟研究并要借助实验过程探明其对被试的心理或行为能否产生影响的变量,叫作自变量(independent variable)。自变量是主试在实验中要进行操纵的、按照主试的意图有步骤改变的变量。除自变量以外,还有一些不拟研究但也可能对被试的心理或行为产生影响的变量,叫作额外变量(extraneous variable),它是主试要控制或平衡的,因此也叫作控制变量(controlled variable)。

未被控制的额外变量,有可能成为混淆变量(confounding variable),因为它可能会与自变量一起发生系统性变化。这种情况下,研究者即使观测到了被试心理或行为的明显改变,也难以确定这种改变是自变量的影响所致,还是额外变量的变化所引起的。

比如,在一项关于模拟驾驶应急反应的实验研究中,研究者想考察驾驶人员在驱车前行过程中,前方突然出现障碍物时的应急刹车反应速度。毫无疑问,潜在的影响反应速度的刺激因素很多,比如道路环境、障碍物类型、障碍物距离、车辆速度、驾驶舱中的布局等等。在一次实验中,不可能同时考察所有刺激因素的作用,研究者必须有所选择。如果研究者想考察障碍物的类型是否影响应急反应速度,那这个变量就是自变量,其他刺激变量均为额外变量。主试必须操纵自变量,让其按照研究者的意图有步骤地发生改变。比如,参与实验的有三组被试,对第一组被试进行测试时,前方出现的障碍物是小动物;对第二组被试进行测试时,前方出现的障碍物是人;对第三组被试进行测试时,前方出现的障碍物是一棵倒伏的树。研究者需要在保证其他因素保持不变的条件下对三组被试的反应速度进行测试和比较。如果在自变量改变时,某一额外变量未被控制,与自变量一起变化,它就会造成混淆。比如说,实验中,对第一、二、三组被试进行测试时,障碍物的距离分别是 2 米、3 米、4 米,三组反应速度即反应时间出现了显著差异,那么这种差异是由障碍物不同引起的,还是由障碍物距离引起的呢?就说不清楚了。很明显,为避免混淆,保证心理实验能有效地揭示因果关系,必须尽可能地控制自变量以外的其他变量,使其不与自变量一起发生系统性改变。

(二) 机体变量

机体变量是指可能对被试的心理或行为产生影响的被试自身的特征或身心状态。如被试年龄、性别、身心健康水平、受教育程度、特殊训练、动机、性格、内驱力强度等,都是常见的对被试的某种反应可能产生影响的变量。在机体变量中,也同样包括研究者拟研究的和不拟研究的,所以机体变量也可被分为两类:自变量和额外变量。但是,当把机体变量作为自变量时,它并不是完全意义上的自变量,因为机体变量是被试固有的或相对稳定的特征,并非由研究者或主试随意操纵的。不少教科书把这样的自变量叫作准自变量(quasi-independent variable)。但从另一方面来说,这类变量虽然是研究者不能随意操纵的,但研究者可以按照实验设计的要求主动选择机体变量的水平并将其作为分组变量。许多情况下,不必对准自变量与自变量做严格区分,它们都笼统地叫作自变量,除非有特别的要求。

机体变量中,除拟被研究的,还存在一些可能会成为混淆变量的机体变量,即额外变量,这些变量也是实验过程中需要加以控制的。如一项研究欲考察性别与形象思维能力、抽象思维能力发展水平的关系,性别就是准自变量,年龄、受教育年限等就是需要控制的额外变量,否则这些机体变量也会成为研究中的混淆变量。

(三) 反应变量

反应变量是指由于自变量的变化而引起的被试反应或内外变化,所以也叫因变量(dependent variable)。反应变量是在实验中需要观测和记录的变量,通常包括被试反应的速度、强度、难度、准确度和频数等。如不同光照条件下的反应时间,这是反应速度;不同刺激情境下皮电测试仪的读数,这是反应的强度;智力测验中完成的作业等级,这是反应的难度;走迷宫实验中完成一次操作走入盲项的次数,这是反应的准确度;不同教育方式下学生利他行为的次数,这是反应的频数。这些变量都是易于观测和记录的,是实验中常用的因变量。

自变量是研究者操纵或选择的,因变量是研究者要观测并记录的,这样做的目的就是要查明因变量是否随着自变量的变化而变化。如果因变量随着自变量的变化而变化,则二者很可能存在因果关系,否则就不具有因果关系。不过,这样的推断需要一个条件,即对实验中的额外变量进行控制,使之不致沦为混淆变量。根据以上的分析,我们可以把心理学实验中各类变量的关系用图 2－3 加以描述。

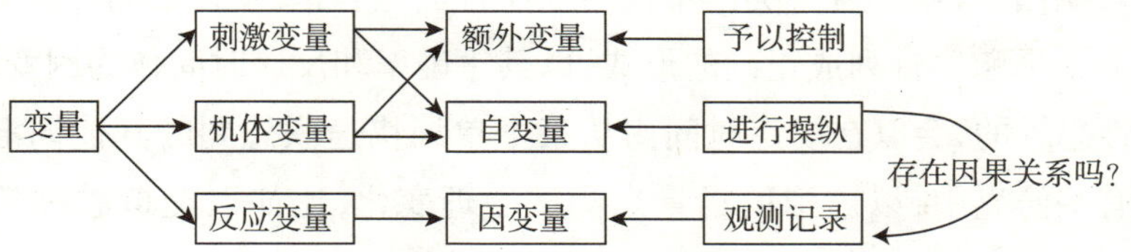

图 2－3　心理学实验中变量的分析与处理

二、因变量的选择与测量要求

心理实验，就是在控制条件下，有计划和有步骤地改变自变量，以探测其是否会引起被试某种心理或行为的变化。实验中的一项重要任务就是观测被试的心理或行为改变，这种改变通过什么指标来记录呢？这就是因变量的选择问题。因变量选择不当，或观测质量得不到保障，都会导致实验的失败，甚至得到错误结论而误导人们的认知。

（一）什么叫作因变量

简单说，因变量（dependent variable）就是实验中需要观测的指标。按照研究者的假设，这些指标可能会随着自变量的改变而发生变化，可以直接或间接地反映自变量改变所带来的被试心理或行为的改变，所以叫作因变量，它包括直接的因变量和间接的因变量两大类。

有些心理实验的任务是直接考察自变量改变对被试生理或行为变化的影响，对应的因变量往往是直接和显而易见的。比如，钟毅平（2018）在研究时间压力对情绪刺激词汇错误记忆的影响时，选择的因变量是被试对情绪词的错误再认数。吕馨等（2019）为了研究多目标追踪任务操作的影响因素，选择固定或旋转观察窗口下不同目标数构成的实验条件，记录被试目标追踪的正确数。这些因变量比较容易确定，也容易得到其他研究者的认可，一般不需要再去论证其构念效度问题。所谓构念效度，就是一个测量指标、工具或量表能够测量到期望测量的心理特质或心理状态的程度，它反映的是测量结果与测量目标之间的相关性。只有选择的测量指标及其测量方法与期望测量的目标高度相关，才能保证测量的有效性。刚才说到的一些研究选择的测量指标都是比较直接的行为指标，测量的方法也比较客观，只要控制好观测的条件和程序，其有效性是比较容易得到保障的，也容易得到同行的理解和认可。

但是，也有一些实验，由于其研究目标中，涉及的心理特质比较抽象或结构复杂，不容易找到直接的指标来进行测试，就需要通过间接手段来进行测试。这时，因变量的选择就相对比较困难，而且需要对这种选择进行解释和论证，以保障其较高的构念效度，也为了让其他研究者认可这一项研究的可靠性。比如，要做一项研究考察创造性问题解决能力的影响因素,研究者将英语单词的顺序打乱,然后要求在不同实验条件下将这些英语单词的字母顺序排列成正确的形式,以其正确率和反应时间作为因变量;也有不少研究创造性思维的,会以在规定时间内从某个单词快速联想到的其他词汇数量作为因变量。还有些研究中,以虚拟的场景来测试心理变化,比如以虚拟激励条件为自变量,来测量被试助人意向的变化,助人意向采用自陈报告的方式进行测量。这些因变量是否有效,往往会引起争议。

(二) 因变量的测量要求

测量指标选择正确,不等于结果就都是有效的,也不等于实验结果就是可靠的。具体测量中,要控制随机误差和系统误差,保证测量的信度、效度和区分度。

1. 随机误差的控制与信度保证

信度(reliability)也叫作测量的前后一致性或稳定性,对于因变量来说,就是其在相同或相近条件下测量结果的前后一致性。比如,一个被试参加灯光刺激简单反应时间的测试,在条件不变的情况下重复测量很多次,但前后结果相差很大,分布在 50~520 毫秒(ms)之间,显然因变量测量的结果不具有前后一致性,这次测量得到的变量值就不能作为因变量,因为这样的测量很不稳定,难以采信,也就是不具有信度。不具有信度的因变量无法用于自变量效应的检测,因此也不能用于对自变量与因变量间因果关系的推断。相反,如果测试的结果在某一个值附近稳定地波动,则测量是可信的,具有测量的信度。

测量信度的高低与测量中各种随机因素的影响有关,一般来自于三方面。首先是测评工具或仪器,其性能稳定性如果比较差,与被试的交互性差,或者中途随意地更换设备,都会导致测量结果的不稳定。比如,在心理学实验室中,使用一台计算机完成对被试反应时间的测试,但是由于计算机较为陈旧,内存较低,键盘老化,计算机对被试的操作响应不稳定,甚至中途死机,就会导致数据不稳定,测量的信度降低。其次是环境中偶发因素的影响,如不良照明、嘈杂噪音、主试操作不熟练、无关人员干扰等。再次是来自被试自身的不稳定因素的影响,如被试在实验进程中身心状态发生了改变、注意力不集中、操作不熟练、参与动机不稳定等。这些不稳定的随机因素会导致测量误差忽大忽小,数据就不稳定。所以保证信度的方法就是要有效地控制各种随机因素的影响,缩小随机误差的波动幅度。

如何判断一项因变量测量信度的高低呢?简单地说,就是看测量条件不变时多次重复测量的结果的变异性大小(统计学上用方差大小来反映,方差越小信度越高)。比如,在条件不变的情况下多次重复测量被试的打字速度,结果如每分钟打字 20 个、85 个、205 个、50 个……信度就很低,结果如每分钟打字 180 个、210 个、227 个、198 个……测量信度就较高。重复测量特定声音刺激下的简单反应时间,得到的结果如 150 毫秒、180 毫秒、89 毫秒、320 毫秒、35 毫秒……测量的信度也很低,数据不可用。像心理量表测量中的折半信度、重测信度、内部一致性等也都是在考察测量的变异性大小。变异性较小则信度就较高。具有较高的信度，这是因变量测量最基本的要求。但是，信度高不代表测量就一定可靠，它还必须具有较高的效度。

2. 系统误差的控制与效度保证

效度(validity)，就是测量的有效性，即因变量能不能确实测量到它想要测量的被试心理或行为的变化。例如，随着作业难度的增加，测得被试在相同时间里识记的项目数减少了，这种结果能够有效地反映作业难度对识记的影响，就是有效的。如果在测量中，较难的识记材料识记的项目数更多，这测量就不能正确地反映作业难度对识记的影响，其中的原因可能是那些较难的实验材料是被试曾经学过的，或被试在学习这一材料中投入的心理资源更多。再假如，有人用磅秤测量人的身高，虽然结果稳定，有较高的信度，但却没有效度。

当测量信度较低时，自然就没有了高效度。但是当信度较高时，又如何判断这项因变量测量的效度高低呢？有时，这种评估很容易，因为它是“显而易见”的，就如上述用磅秤测量身高的例子，其效度显然是不高的。有时，这种评估就较为困难，因为它不能仅从数据变化来判断。除了可以使用同类测量进行佐证之外，还可以聘请专家来评估，即所谓“专家效度”(expert validity)。为什么专家有资格对测量效度做出评判呢？因为专家理解实验所要测量的心理现象或心理品质的本质，以及这些心理现象和心理品质与外部反应之间的关系。比如，一项智力测验是不是真的能测量人的智力水平，这需要真正理解智力本质的专家才能评估。

效度的高低，也受到多方面因素的影响。首先，是构想的有效性，就是前面说的测量指标的选择问题。比如，在研究汉字识别影响因素的实验中，选择反应时间和报告正确率，就能够有效地反映被试汉字加工的速度和准确性，构念效度是高的；选择汉字出现时的血压变化，构念效度就是低的。研究刺激情境对人情绪的影响的实验中，选择血压、脉搏率等生理指标也是具有较高构念效度的；选择被试参与实验的意愿强度，构念效度就是低的。其次，是测量信度高低对效度的直接影响。前文已经指出，信度如果较低，因变量的效度不可能高，这主要是因为因变量测量过程中各种随机因素的影响导致数据不稳定，稳定性差的数据也就是有效性差的数据。再次，测量中的系统误差也会导致效度降低。在心理学实验室里，有的反应时间测评装置测出来的声音刺激简单反应时间的平均值会达到300多毫秒，明显存在设备本身带来的系统测量误差，测量效度不高。

需要特别注意的是，当测量的因变量不具有高效度时，研究可能得到错误的，甚至荒谬的结论。这种错误或荒谬的结论即使在专家评审时没有被发现，也最终会在实践中暴露出来。

3. 测量区间的控制与区分度保证

随着自变量的变化，因变量也随之变化，即因变量对自变量的变化比较敏感，我们说这种因变量具有区分度（discrimination）。比如，在记忆能力的测试中，如果测验材料过于容易或给予被试的学习时间太多，所有被试都取得很高分数，显示不出被试间本来存在的记忆能力差异，这些分数就不具有区分度；或者，在实验操纵中，记忆任务较小或给予被试学习的时间太多，不同处理条件下被试的学习成绩都很高，也不能区分出不同处理条件对记忆和学习的影响。这些现象叫作天花板效应（ceiling effect）。相反，如果记忆任务太难或被试的学习时间太短，被试的分数都很低，这些分数也不能反映被试间记忆能力的差异，或不能显示各种处理条件对记忆和学习的影响，这样的因变量也不具有区分度，这种现象叫作地板效应（floor effect）。天花板效应或地板效应的出现往往与测量区间的控制有关。如果在因变量较小的变化区间内进行测量，数据之间的差异性较小，不能有效反映不同测试条件下应该有的差异性，或者不能有效反映被试之间的差异性，就是区分度较低，这也会影响到研究的结果和结论。

因变量的测量必须同时具备以上三个基本要求，才是心理实验中较好的测量指标。一般来说，信度和区分度是效度的必要条件，但却不是充分条件。当信度和区分度较高时，因变量才可能具有高效度；具有较高效度的因变量则肯定具有较高的信度和一定的区分度。就严格的心理实验来讲，因变量的信度和效度分析是必要的，除非它是"显而易见"的。

三、额外变量的控制

心理实验中，如果额外变量与自变量随系统变化而成为混淆变量，造成因变量的变化出现归因困难，也就是说，由于实验内部结构的问题，自变量与因变量因果关系难以确定，研究的有效性降低，这时可称实验研究的内部效度（internal validity）降低。如果有效地控制额外变量，消除混淆变量，实验可靠地验证了自变量与因变量是否存在因果关系，这时研究的内部效度就比较高。所以，在实验的设计和实施过程中，研究者都要特别重视对额外变量的控制。

为了达到有效控制，先要分析一项研究中可能存在哪些额外变量，这往往需要研究有关的文献资料，掌握一些基础理论知识，根据经验进行估计，进行一些预备实验，并在预备或正规实验中处处留心。但是，有一个问题还需要注意，如果过于严格地控制额外变量，势必会增加实验情境的人为性，实验得到的结论可能因此"失真"，失去了在现实生活情境中的推广价值，研究的外部效度下降。所谓外部效度（external validity），就是研究结果或结论的概括性或可推广性。如果实验研究的结论能够确实反映被试在现实生活情境中的心理活动特点与规律，推广到非实验情境下依然成立，这一实验研究就是具有较高外部效度的;如果研究结论只在实验情境中成立,无法推广到非实验情境的现实生活中,研究的外部效度就低。许多时候,研究的内部效度和外部效度是相互矛盾的,要解决这一矛盾,需要考虑采用更为复杂的实验设计。

下面介绍几种常用的额外变量控制方法。

(一) 消除法

对于有些可能影响被试心理或行为的因素,可采取消除法,使用技术手段避免该因素在实验过程中出现。最常见的是对环境光线或环境噪音影响的处理,方法是将实验安排在暗室或隔音室中进行。消除法的优点在于将某些额外变量的影响完全隔离,缺点是会造成研究情境与现实情境的较大差异,引起研究的外部效度下降。

(二) 恒定法

有些额外变量无法消除或没有消除的条件,则可以使其保持恒定,即在整个实验进程中使其保持在某一恒定水平,以保证其对所有被试的影响基本一致。比如实验中如果没有暗室可用,环境光线对实验可能产生影响,就可以采用恒定法,安排所有被试在同一个实验室中完成实验任务,而且使实验室中的照明条件保持恒定;再比如,如果一个实验无法一次完成,那么在时间安排上要尽量保持一致,如所有被试都安排在每天下午的 15:00 — 17:00 之间参加实验。

(三) 随机法

就是按照随机化的方法抽取被试、分派被试或编排实验程序,这是常用的平衡被试特征、时间顺序、空间位置等因素的方法。如在 50 人中抽取 10 人参加实验,这 50 人中的每一个人被抽取的概率都是 1/5;如有 100 名被试,随机分成两组,每个人都有 1/2 的概率被分到第一组或第二组。具体方法可以是抽签法、随机数表法、随机排队法等。现在有许多心理实验,可以借助 E-Prime 软件计算机化,即在计算机屏幕上呈现刺激和任务,被试通过键盘等完成反应,计算机可以自动完成刺激与任务呈现的随机化。采用随机化方法可以对许多偶然因素的影响进行控制和平衡,特别是能有效地平衡被试组间机体变量的差异性。

(四) 匹配法

在分组实验如实验组-控制组对照实验中,为消除被试组差异对实验结果的影响,要尽可能做到等组实验,即两组或多组被试在有关因素上的平均水平保持一致,这时可采用匹配法。这种方法首先就是要对所有被试的有关因素进行初测,根据初测的结果来对被试进行匹配性分组。匹配中不仅要使各组被试在该因素得分的平均数几乎相等,而且要保证其标准差也几乎相等。如为了研究问题的不同呈现方式是否会引起问题表征难度的变化,要安排两组被试分别在两种呈现方式下解决结构相同的问题。考虑到被试的智力差异可能会造成变量混淆,需要对两组被试进行智力匹配以保证两组被试在智力水平上相当。于是分组前先对抽取来的 20 名被试进行智商测试。假设测试结果为：

108　127　98　85　120　115　105　96　100　90

95　115　114　120　109　95　125　123　108　119

如何进行匹配呢？首先将这20人的智商分数按大小排序，然后两两配对，再将每一配对的两人分别分到两个组：85、90、95、95、96、98、100、105、108、108、109、114、115、115、119、120、120、123、125、127。分组时要注意不能将每一配对中分数高的或分数低的都分到一个组。本例具体的分组结果是：

A组：85、95、96、105、108、114、115、120、120、127　平均数和标准差：108.50±13.26

B组：90、95、98、100、108、109、115、119、123、125　平均数和标准差：108.20±12.21

由于两个被试组在智力水平上取得了较好匹配（平均值与标准差都很接近），智力因素就不会成为实验中的混淆因子，这有利于提高研究的内部效度。

（五）平衡法

这种方法常用于克服实验中的空间位置效应和时间效应。在心理学实验中，空间位置效应往往是指刺激呈现的位置或被试操作键的位置引起的因变量的变化；时间效应也叫作顺序效应（order effect），一般包括练习效应（practice effect）和疲劳效应（fatigue effect）两种。比如一个被试在一项研究中要做A和B两种实验，最后要对这两种实验的结果进行比较，其实验的顺序可以为：ABBAABBA……或BAABBAAB……或ABBABAAB……当然，这种安排有一个前提，即顺序效应呈线性变化。如果是非线性的，则要采用更复杂的抵消方法，此处不做介绍。这种方法既可用于同一被试参加不同实验的实验顺序安排，也可以用于不同被试（A组、B组）参加同一实验时实验顺序的安排。

需要进一步说明的是，通常所称的自变量包括三种情况：第一种情况是自变量属于刺激变量，如灯光刺激的强度、声音刺激的频率、实验环境中的气温等；第二种情况是自变量属于由刺激变量引起的机体变量，如不同的奖励方式引起被试不同的动机强度、不同的环境刺激引起被试不同的情绪状态等；第三种情况是自变量是被试固有的机体特征，如被试的性别、年龄、身高等。前两类自变量是可以操纵的，研究者可以根据研究需要有步骤地改变它，以探测其与被试心理和行为改变的因果关系。第三类自变量不是研究者可以操纵的，所以叫作准自变量。研究者可以利用准自变量对被试进行分组，以探测其与因变量的共变关系，如果二者真的存在共变关系的话，这种关系也未必就是因果关系，可能只是一种相关关系，除非研究者还有其他方面的论据。比如，测量发现，身高在1.2米左右的被试组与身高在1.5米左右的被试组存在显著的智力差异，这里存在的就只是一种相关关系。在此给予特别的说明，是为了提醒读者在阅读研究报告时需注意这一点，在研究中要做出因果关系结论时更要注意这一点，尽量避免错误地将相关关系看作因果关系。

第四节 被试及其误差效应控制

与其他门类的科学实验相比,心理实验比较特殊,接受实验处理和被观测的是有心理活动的人类被试或动物被试,通常均称为被试。这其中有三个问题需要特别注意:一是被试的抽样问题,如何抽样和抽取多少才是可行又能够保证代表性的;二是被试样本使用的伦理问题,特别是对于那些可能会对被试身心造成损伤的实验,必须首先通过伦理委员会的审核方能进行;三是与被试心理活动相关联的可能的误差效应,需要在实验中采取必要的措施进行控制或平衡。

一、被试样本的选择

每一项实验研究都是一个独立事件,它需要一个或多个具体的被试样本。但大部分研究试图要解答的都是关于较大群体的一般问题,而不是关于较小群体的、少数特定人的问题。因此,研究者一般都期望将他们的研究结论推广到被试之外的范围。那么,这就存在一对矛盾:一方面要选取较少被试参加实验,另一方面又期望将从这少量被试中得到的结果推广到一个大的总体。这一矛盾如何解决呢?关键是要使选取来的少量被试能够具有代表性。

在介绍被试选取方法之前,需先澄清几个概念:目标总体(target population)、可得总体(accessible population)、代表性样本(representative sample)、有偏样本(biased sample)等。当研究确定了课题,在进入设计阶段时,都要首先根据研究目的确定研究对象,研究对象的全体构成了研究的目标总体,目标总体的所有个体应该具有某种共同特征。比如,研究某种药物或治疗程序对抑郁症患者是否有效,那么目标总体就是全体抑郁症患者;研究贫困地区学龄儿童的自我意识发展,则其目标总体就是所有贫困地区的学龄儿童。不过,实际研究中很少能从真正的目标总体中选取被试。例如,要研究药物对抑郁症患者的疗效,其目标总体应该是世界上所有抑郁症患者。可是有可能到世界各地去选择被试吗?或者范围再缩小些,把全国的抑郁症患者作为目标总体,那么可能到全国各地去选择被试吗?不可能。最有可能的做法是,去访问本地区的一些心理咨询与治疗机构,也包括一些精神治疗机构、综合医院精神科门诊,从这里所能找到的抑郁症患者就是可能用为被试的研究对象,叫作可得总体。大部分研究者都是从可得总体中选取样本的,因此不仅需要在将研究结果推广到可得总体时谨慎从事,而且在将结果推广到研究的目标总体时更要格外小心。我们在此后讨论中,所谈的“总体”主要是指“可得总体”。

为使研究结果能被推广到总体，选取的样本就要具有代表性，即形成代表性样本。所谓代表性样本，就是在与研究有关的特征方面，样本与总体一致（误差在允许范围内）。相反，如果样本特征与总体特征相差甚远，超出了误差许可的范围，这样的样本就叫作有偏样本。在被试选择中，尽量得到代表性样本，避免使用有偏样本。

需要指出的是，不管采取何种方法，从一个总体中抽取样本，误差总是存在的，所以样本特征与总体特征必然存在差异，而且这种差异符合统计学规律——如果进行多次抽样，抽样的误差分布往往符合某种统计学分布规律。因此，所谓代表性样本是指在统计学意义上该样本能代表总体。那么如何进行被试选取才能保证得到代表性样本呢？心理学研究中，样本选取的方法包括概率抽样（probability sampling）和非概率抽样（non-probability sampling）两大类。其中概率抽样主要包括简单随机抽样、分层随机抽样、按比例分层随机抽样、整群抽样；非概率抽样主要是便利抽样。具体随机抽样方法可参考心理统计类书籍。

一般情况下，研究者都是通过从总体中选择个体而得到样本，但有时个体是以现成整群形式存在，研究者就可以随机地选择整组。比如研究者想从某个城市的学校系统中抽取由 300 名三年级学生组成的大样本，这就不是一次选择一个学生，而是随机地选择 10 个班（每个班大约有 30 名学生），最后也可得到 300 人的样本，这一程序就叫整群抽样（cluster sampling）。只要在感兴趣的总体中存在界定清楚的整群，就可以使用这一方式。这种方式有两个明显优点：第一，它相对快捷，容易得到大样本；第二，对被试的处理和测量常以整群方式进行，可以大大加快研究进程。在整群抽样中，研究者不是选择单个被试，不是对单个被试施加处理，也不是每次只测量到一个分数，而常常是针对整群施加处理，从一次实验中就能很便利地取得 30 个被试的数据。

便利抽样（convenience sampling）是一种非概率性抽样方法，这是心理学实际研究中最常用的抽样方法。在便利抽样中，研究者只使用那些容易得到的个体作被试，被选的人只是那些找得到的、乐于参加研究的。所以，我们看到，在心理学研究中，使用心理系的大学生作被试是最常见的，因为他们通常就是研究者的学生。

便利抽样被看作一种比较弱的抽样方法，因为研究者不试图去了解总体，在选择被试时也不使用随机方法，对样本的代表性很少控制，所以得到有偏样本的可能性很大。例如，人们积极参加的电台听众热线电话的调查，或杂志社使用通信方式进行的调查，结果的可靠性都是特别值得怀疑的。这些情况下，调查样本应该是存在偏差的。因为一般只有那些倾向于收听这个电台节目或倾向于阅读这个杂志又对调查的主题感兴趣的人，才愿意去花费时间接受调查，他们不可能是一般人群的代表。

尽管存在明显缺点，便利抽样可能还是被使用最多的方法。与那些需要详细了解总体中所有成员情况又需要采用费时费力的随机过程来选择被试的方法相比，便利抽样更容易、更廉价、更快捷。便利抽样虽然不能保证总能得到有代表性的无偏样本，但也不能草率地将其看作一种毫无补救希望的抽样方法，大部分研究者都知道，可以使用两种策略来纠正便利抽样中的主要偏差：研究者尽可能地确保他们的样本具有相当的代表性而无大的偏差；详细地说明样本是如何得到的、参加研究的被试是哪些人。

二、被试样本的大小

研究者还常常关心一个问题：如何确定样本容量的大小。样本容量大小没有绝对的标准，也不存在严格的计算方法，但就研究本身的特点和目的而言，确定样本容量实际上是要在可行性与准确性之间进行权衡。实验研究一般都是通过对样本的观测与比较来完成的，但又期望结论能反映总体的特征与规律。这就要求，以样本的统计量估计总体参数时，不要出现太大的偏差，即要求标准误 SE 较小。而标准误 SE 与样本的标准差 SD 及容量 n 存在以下关系：

$$SE = \frac{S}{\sqrt{n}} \qquad \text{（公式 2-1）}$$

由公式 2-1 可知，在确定样本容量时，需要考虑所测量变量在个案间的异质性或同质性。当异质性高同质性低时，样本标准差会比较大，为了降低估计参数时的偏差即标准误，就需要较大的样本容量；反之，样本容量可以低一些。一般来说，样本容量越大，结果准确性越好，但实施的难度也越大；样本容量越小，研究实施的难度越小，但结果的准确性会因此降低。如何取舍，除考虑准确性外，还要看研究的内容与研究的类型，据此去估计观测对象的同质性。以下三个方面的考虑对于确定样本容量是有帮助的：

（1）研究的内容。研究中所要测量的心理现象或心理品质越是受基本神经机制的制约，个体间的差异越小，需要的样本容量就可以较小，如关于感知机制的研究、事件相关电位（ERP）变化模式的研究等；研究中所要测量的心理现象或心理品质越是受到社会文化的制约，个体间的差异越大，需要的样本容量就越大。

（2）研究对象总体中个体间的同质性。总体中个体间的同质性越高，个体差异越小，根据抽样规律，抽样误差也越小，需要的样本容量就可以较小；反之，需要的样本容量就较大。

（3）研究的类型。利用心理实验室严格控制实验条件，对被试的心理活动或心理特征进行观测，测量过程中产生的误差较小，研究样本的容量可以较小；利用自陈量表对被试的心理特征进行测量，被试反应容易受到多种因素的影响，产生的测量误差会比较大，研究样本的容量就需要较大。

三、被试使用的伦理问题

在讨论到被试时，还必须考虑一个问题：被试使用的伦理问题。单就人类被试来说，研究者在选取和使用被试时必须注意以下几点：无伤害原则、知会同意、欺骗的使用、保密性。

（一）无伤害原则

研究者有责任保护被试，使其免受生理或心理的伤害。研究者要对整个研究过程的危险性进行评估，确保被试不会受到伤害或承受的伤害风险最小化。对于无法完全消除的伤害风险，都要说明正当理由，比如研究的科学价值远远超越了可能带来的较小的、暂时的伤害，或者是为了消除更大的伤害才不得已让研究中的被试承受这些较轻微的伤害（如：在医院里，医生和患者明明知道某种药物有副作用，但为了控制迅速恶化的病情，不得已还要选择使用这样的药物）。

在选择被试时，研究者必须告知其参加实验可能承受的风险，同时也要考虑到在实验中采取措施以将可能发生的伤害减到最少。在行为科学领域（心理学与医学交叉的领域除外），生理伤害相对较少，但心理伤害却很常见。研究中或研究后，被试可能感到越来越焦虑、易怒、低自我概念或轻度抑郁，特别是在有些情况下，他们感到上当、受骗、被误导或侮辱。有时，研究者有意创设这些情境，因为这是研究过程的一部分。比如，给被试一些不可能完成的任务，以便观察他们对失败的反应。被试常常会对研究目的进行假设或猜测，给自己造成某些心理压力。在以上两种情况下，研究者可以在研究前准确地告诉被试他将要做什么、为什么做（在许可范围内），或者在研究后尽可能早地提供对研究活动的完整解释和合理性说明，这样可以打消被试的疑虑，目的是要让被试在离开研究情境时的感觉像他们进入研究情境时一样好。最后，包含诸如身体虐待、性虐、对妇女的暴力等敏感话题的研究，会唤醒被试先前所受精神创伤的记忆而使他们再次感受到创伤，此类研究也会给研究者带来严重的道德困扰（Fontes，2004）。

通常，无伤害原则意味着研究者有责任预估和排除研究过程中的任何伤害性因素。在实验过程中，研究者必须时刻关注被试的感受，只要有任何危险的迹象就必须立刻中止实验。这里有一个很典型的例子—— 1973 年黑尼、班克斯和齐默巴多（Haney，Banks & Zimbardo，1973）所做的模拟监狱实验。在这项研究中，任意指定男性大学生来扮演一个星期的囚犯和狱警。除了禁止身体虐待，这些被试没有接受过任何特定的训练。但是，在短短的几天里，那些扮演囚犯角色的人开始表现出沮丧和无助，而那些扮演狱警角色的人则表现出挑衅和丧失人性。扮演囚犯的人中有一半出现严重的情绪困扰，不得不从这种角色中摆脱出来才能获得健康快乐。最后，出于对其他被试的安全考虑，整个实验提前结束。尽管这只是一个极端例子，但它说明，必须在研究过程中进行持续的观察，始终确保贯彻无伤害原则。

（二）知会同意

行为科学研究中，知会同意（informed consent）就是指人类被试在参与研究前应该被告知关于此项研究的完整信息以及他们在其中所起的作用，他们应该理解这些信息，然后自愿决定是否参加。不过，这一点常常难以完全实现，它还会受到多方面的制约。下面我们先介绍知会同意的三个组成部分，并考察每一方面可能存在的问题。

1. 信息

在被试参与研究前，完整告知被试这一研究的全部信息通常是困难的或不可能的。实际研究中，人们常常采用的一种策略就是保持被试对研究目的“盲”。如果被试事先知道研究假设某种实验处理可以提高作业成绩，那么他们就可能在该种处理条件下调整自己的作业水平以迎合实验者。为避免这一问题，研究者通常会采取一定程度的欺骗、隐蔽测量、隐蔽观察等方法，只是清楚地告知被试怎样做，但不会告知他们为什么要这样做。

在需要采取欺骗、隐蔽等方法的研究情境中，知会被试会破坏研究的目的。临床研究中，试验性治疗的结果（风险或受益）也许是未知的，这时研究者可能就不能准确告知被试会发生什么。尽管一些信息可能是隐蔽的、隐藏的或未知的，但有一点是必要的，那就是任何已知的潜在风险必须告知被试。

2. 理解

简单告知被试有关研究的信息也不一定就算是知会，特别是在被试根本没有能力理解的时候。这种情况多半发生在一些特殊人群中，如年幼儿童、智力迟滞者或精神障碍患者身上。在此类情况下，通常的做法是不仅告知被试本人有关研究的信息，而且还要告知他们的监护人，要这些人同意被试参加研究才行。对于特殊人群，研究者需要得到被试本人的同意和法定监护人的正式同意。即使是正常人，也有可能存在一些理解问题，研究者必须使用被试容易理解的话语来解释，并给被试充分的机会提出问题。

3. 自愿参加

知会同意的目的是让被试根据他们自己的意志来决定是否参加实验，但是通常被试会有被强制参加的感觉，他们觉得只能做出有限的选择。例如，当研究者是教师、教授或临床医生时，他就具有特权地位或对可能的被试具有控制作用，这些可能的被试会担心如果不合作会被报复。假设你的教授要求班里的同学自愿协助一项研究课题，你会不会感到有一些额外的压力？你的“自愿参加”是为了避免影响你的课程成绩吗？对于那些特殊机构里的人（监狱里的犯人、医院里的患者等）来说，这一问题特别重要，他们生活中的某些方面难免依赖于其他人。在这种情况下，研究者要向他们说明，他们完全可以拒绝参加，也可以在研究过程的任何阶段退出，这样做不会带来任何消极后果，他们是自由的，这一点非常重要。

在不同研究中，获得知会同意的方法各不相同，这部分取决于信息呈现的复杂性和研究的风险程度。在大部分情况下，研究者可以使用书面的知会同意表（consent form）。知会同意表包括所有知会同意条款的声明和参加者或参与者的监护人签名之处。此表要在研究之前提交给可能的参加者，以便他们获得所需要的全部信息，做出是否参加的有依据的决定。知会同意表会根据具体研究的不同而有一定差异，但通常包括一些共同要素。表 2－1 列举了知会同意表通常会包含的一些要素（Kazdin，2003）。

尽管知会同意重要，但在危险性很小的情况下获得参加者的口头同意就可以了，不一定都需要书面的同意表。还有，在某些情况下（如采用匿名方式的问卷），完全略去知会同意的程序是允许的。

表 2－1　知会同意表的常用要素

表格要素	目的和内容
研究概述	介绍研究的目的、进行此项研究的缘由、谁对此项研究及其实施过程负责
程序介绍	明确说明实验条件、测量程序、对被试的要求
风险估计	说明任何对被试身体的和心理的可能伤害的风险，以及风险的概率
存在不便	说明研究过程中可能给被试带来的不便和对其所做的要求（如：会谈多少次、要求被试做什么、索要家庭联系方式等）
被试受益	说明被试从参加实验中的获益或合理期待，包括心理的、生理的和经济上的受益或补偿
费用说明	明确说明研究中向被试收取的费用或支付给被试的费用
保密承诺	承诺保密，只允许让为了研究目的不得不看数据的人看到信息；实验程序也要保证信息的保密性（如表格中删除被试的名字并及时储存数据）；特别是对一些敏感性信息更要注意保密（如精神病信息、犯罪行为）
可选择性	在干预研究中，要向被试简单介绍哪些处理是他们可以自由选择的
自愿参加	明确说明，是否参加实验被试完全可以自由决定，现在可以拒绝，中间也可以随时要求退出，不会因此而有任何形式的处罚
咨询鼓励	鼓励被试在任何时候都可以就有关问题进行咨询，可以和一个或更多应该回答这些问题的个人取得联系
签名位置	有被试和实验者的签名位置

（三）欺骗的使用

研究目的通常是考察“正常”环境中的行为，研究者有时不得不使用欺骗（deception）。例如，如果被试知道一项研究的真实目的，那么他们可能会改变行为以隐瞒那些让人窘迫的秘密或者要表现得比实际更好一些。为避免这种情况的发生，研究者有时不告诉被试真实的研究目的，使用被动欺骗（passive deception）隐匿研究的某些信息；或者采用主动欺骗(active deception)故意给出错误的或误导信息。简单来说,被动欺骗是保密,主动欺骗是撒谎。

例如,在一项经典的人类记忆研究中,克雷克和洛克哈特(Craik & Lockhart,1972)没有告知被试实际上他们已经参与到一项记忆研究中去了,而是给被试一次呈现一个单词,要求被试按照不同的方式对单词做出反应。有一些被试被要求回答这个词是以大写字母书写还是以小写字母书写,另一些被试则被要求判断每个单词的意义。在被试对大量单词做出反应之后,研究者意外地给被试呈现一项记忆测验,要求他们尽可能多地再认这些单词。事先,这一研究的真实目的——测量记忆没有告知任何被试。这种情况下,欺骗是必要的,是为了防止被试在单词呈现时试图记住这些单词。而且,这里只是隐瞒了某些信息,并无故意编造虚假信息,属于被动欺骗。

主动欺骗会以不同的形式呈现出来。例如,研究者可以直接说些关于研究的谎言,可以给出错误的刺激材料信息,可以给被试的表现以错误的反馈信息,或利用同伙(confederates)来营造一种虚假的情境。尽管有一些迹象表明主动欺骗的使用正在减少,但这一方法已经成为许多研究领域的常见做法,尤其是在社会心理学领域(Nicks, Korn & Mainieri,1997)。例如,阿什(Asch,1956)告诉被试他们正进行一项感知研究实验,被试八人一组,每组被试都要找出跟标准线长度完全相同的那个刺激线。八个人中有七个是阿什的同伙。在刚开始的几次寻找过程中,这些同伙选择了正确的匹配线,在后来的几次实验中,他们一致地选择了那些明显错误的刺激线。那些真正的被试对他们的选择表现出了忧虑和困惑,而且他们中有三分之一的人跟随他们组的普遍做法,选择了那些明显错误的刺激线。通过主动欺骗他的研究被试,阿什能够论证社会性从众的程度。如果只是简单地问被试他们是否会从众,绝大多数人会说"不"(Wolosin, Sherman & Mynat,1972)。

任何包含欺骗的研究都违背了知会同意的原则,因为被试并没有获取完整准确的信息。在这种情况下,研究者有保护被试安全的特殊责任。需要注意三个方面的问题。

(1) 必须说明欺骗的合理性,欺骗带来的好处必须超过被试承担的风险。研究者必须对所有可以使用的欺骗方法进行比较,并对不使用某些程序做出合理性解释。这些欺骗能否使用,最后的决定不是由研究者做出的,而是要经过一个小组的审核与同意,这个小组要确保以人为被试的研究符合伦理要求,并对其负责。这个审核小组也可以建议使用一些不需要欺骗的研究程序,研究者必须对这些建议给予考虑和答复。

(2) 研究者不能向可能的被试隐瞒研究过程中可能会给被试造成的严重的生理或心理痛苦的信息。假如研究者想考察增加焦虑对工作成绩的影响,为了增加焦虑,研究者告诉被试在研究中他们有时会遭受较温和的电击,但实际上并不给予被试电击,研究者采用了欺骗方法。这种没有伤害或危险的欺骗或许是可以接受的。而另一项研究中，研究者想考察突然的、出乎意料的痛苦经历对工作成绩的影响，为了创设这种痛苦经历，研究者有时在没有警告被试的情况下施加轻缓的电击。为了保证这种电击是未预料到的，在知会同意中没有提及任何关于电击的事情。这种情况下，研究者隐瞒了潜在的危险信息，这样的欺骗是不被允许的。

(3) 被试参加完研究后尽快为他们提供关于研究的完整解释。研究完成后，必须给那些受到欺骗的被试提供一个任务解释(debriefing)，对研究的真正目的做完整说明，包括欺骗的使用及其目的。这种任务解释的目的主要包括：向被试传达真正的研究意图、抵消或将研究的负面影响减到最小、解释研究的价值和参与研究的科学贡献、解释研究中使用的所有欺骗的性质和合理性、回答被试的问题。

任务解释的目的就是抵消或降低有害影响。但有时这种解释未必总能达到目的。尽管在有些研究中，任务解释能够有效消除危害，不留下后遗症，但也会有一些研究的任务解释是无效的或者是不被相信的，并可能导致更严重的怀疑，或进一步导致被试的烦恼和窘迫。尽管如此，被试还是应该获得关于研究的完整解释，研究者也有义务尽可能多地保障被试的安全。

（四）保密性

行为科学研究的本质是研究者从参加研究的个体那里收集信息。尽管不同的研究收集的具体信息是非常不一样的，但我们可以对这些不同的信息进行如下的分类：态度和意见，如政治和偏见；成绩测量，如手的灵巧性、反应时间和记忆；人口特征，如年龄、收入和性取向。

对有些人来说，所有这些项目可能都被看作私人的或个人的信息，一些被试不希望公开这些信息是合理的。因此，美国心理学会伦理指南要求研究者要确保被试信息的机密性。保密性(confidentiality)就是确保研究被试的信息的私密性。保密性的约束对被试和研究者都有好处。首先，可以保护被试免受信息公开导致的窘迫和情绪紧张；其次，研究者也更有可能找到乐意参加的、诚实的被试。大部分人在透露个人或私人信息之前都要求有保密性的承诺。

尽管有各种不同的保密技术，但其中最基本的方法还是确保被试记录的匿名性(anonymity)，即在研究过程中或撰写研究报告的时候，从每个被试那里得到的信息和测量资料不要与被试的姓名放在一起。

大部分研究报告是计算并呈现一组被试结果的平均值，在任何地方都不用提及任何单个被试，甚至也不使用他们的姓名代码或编号代码。在需要更详细地讨论单个被试的情况下，研究者必须特别留意要保持匿名，在这些情况下，最多也只能使用被试的姓名代码或编号代码来分辨具体的被试，而且要对被试的描写进行编辑，清除那些能导致单个被试被识别出来的特征描述。

四、主试与被试误差效应的控制

心理实验中,主试与被试的相互作用会导致一些误差,如不有效控制则会影响实验结果。这些误差主要包括三个方面:指示语效应、实验者效应和被试的能动效应①。

(一)指示语效应

这是主试、被试之间围绕实验目的所发生的相互作用,是通过向被试交代任务而实现的主试对被试的直接干预。主试向被试交代任务时所讲的话叫指示语(instruction),指示语对被试心理或行为发生的影响叫作指示语效应(instruction effect)。指示语在告知被试如何参加实验和完成实验操作的同时,也在将被试的心理活动引向有利于实验目的实现的方向,因此,它成为实验研究能否成功的关键因素之一。当然,如果指示语制定得不恰当,也会带来实验误差,严重时甚至导致实验的完全失败。

那么,如何制定指示语才能使实验紧紧围绕实验目的而进行呢?一般要注意以下几点:

(1)指示语要清楚、全面,避免使用专业术语。指示语要完备地、清晰地告知被试参加实验的任务、如何操作,要对被试行为做出明确规定。用语要避免使用专业术语,研究者在制定实验方案时往往会在这一点上出问题。有些词汇在主试看来非常简明、浅显,但对于未学习过心理学的人来说却是深奥难懂的。为了避免出现被试不能理解指示语的情况,研究者除了要充分了解被试的知识水平外,还可在正式实验前,进行预备实验以检验实验程序及指示语是否适当。

(2)指示语要简明扼要,不能使用模棱两可、一语双关的词汇。指示语不必对实验理由、目的、原理做过多解释,因为这种解释会加长指示语,造成识记困难,同时也增加了被试理解的负担,而且会造成被试的迷惑。也不能使用语义含糊、容易发生歧义的词汇,否则会造成不同被试的不同理解,导致被试以不同方式或心理定向参加实验。

(3)指示语必须标准化。主试或研究者在接触被试前要研究、讨论、确定指示语,然后将其写成书面材料或进行录音,以便向被试呈现时不出现差异性。这里的标准化包括指示语呈现的语气、声音高低,甚至发音者也应是同一人。当然,也不是所有的实验对指示语的标准化都有很高的要求,这要根据具体实验的任务、要求和性质而定。

(二)实验者效应

主试在实验中,不知不觉的期待、动机、疲劳、厌倦等心理活动,对被试会起到一种

---

① 黄希庭等.(1987).*心理学实验指导*. 北京:人民教育出版社,5-8.

颇为微妙的作用，这叫作实验者效应(experimenter effect)，如罗森塔尔效应(Rosenthal effect)[①]。许多实验过程是主试和被试共同操作完成的，如果主试操作不熟练，也会对被试的心理活动或操作产生不利影响。心理实验中的主试要训练有素，持中立立场，善于把握实验进程，才能克服实验中的不良效应。

在罗森塔尔的一个研究中，他让选修心理实验课的学生用老鼠做实验，学生(实验者)得到用来做实验练习的老鼠，有些笼子上贴有“跑迷津伶俐”的标签，有些笼子贴有“跑迷津呆笨”的标签(其实，这些老鼠是被随机分配的)。于是，学生(实验者)因为笼子上的标签就误判他们得到的老鼠是伶俐的或呆笨的。他们得出的实验结果是：标记为伶俐的老鼠比那些标记为呆笨的老鼠学习得快。实验者的期望莫名其妙地影响了老鼠的行为，动物的行为居然符合于错误的标签。[②]

(三) 被试的能动效应

人类被试具有主观能动性，并以此对主试及实验结果产生影响，它主要表现在三方面：

(1) 人类被试往往不是被动地参加实验，有时会企图在实验中满足自己的目的。有的被试会自己假定一个实验目的，然后在实验中进行验证；有的被试专门采取与主试对抗的态度参加实验；有的被试则故意迎合主试。这些态度都背离了实验的目的，不利于研究得到可靠的结果。

(2) 实验中的霍桑效应(Hawthorne effect)和安慰剂效应(placebo effect)。所谓霍桑效应，是指美国心理学家梅奥1924—1932年间在霍桑电力工厂开展实验研究时发现的一种现象，“即使在照明条件变坏和福利措施取消的情况下，实验组的生产量仍然上升，其原因就在于这些工人由于受到研究组和厂方的重视，使他们感到自己受到公司的重视，参与了公司重大问题的解决，从而产生了胜任感、成就感、自豪感。这些都激发了工人内在的积极性，从而提高了工作效率”。[③] 在心理实验中，被试由于参加了实验，感到新奇，受重视，也会产生类似于霍桑效应的心理活动，进而影响实验目的的实现。

安慰剂效应是一种因为误认为服用了有效药物而产生的良性心理疗效。在心理实验中，被试也会对实验中可能的影响进行猜测，由此产生某些积极的心理效应。但这些效应本身不是实验处理引起的，反而会造成对处理效应的掩盖或夸大。总之，霍桑效应

---

① 罗伯特·罗森塔尔(Robert Rosenthal，1933—)德裔美籍教育心理学家，以研究教师期望效应(即“皮格马利翁效应”)而闻名。通过实验研究，证明教师对学生的不同期望能轻易地引起“自我实现预言效应”。1979年获美国心理学会杰出专业贡献奖。

② 黄希庭等. (1987). *心理学实验指导*. 北京：人民教育出版社，5－8.

③ 林崇德，杨治良，黄希庭. (2003). *心理学大辞典*. 上海：上海教育出版社，523.

和安慰剂效应都不利于实验目的的实现，是研究者应注意避免的混淆因子。

（3）被试影响主试，再转而影响被试自身。在实验中，被试的良好表现或较差表现、被试的迎合或逆反等会对主试产生影响，引起主试的满意、欣慰、赞赏、不满、焦躁甚至厌恶等心理或生理反应，这些反应又会反过来对被试产生影响，成为混淆因子。

心理实验中的关键因素是人，其对实验的影响，有的可以预见，有的无法预见；有的可以在实验中观察得到，有的则需要等实验结束后向被试询问。总之，心理实验中要时时想到被试不是被动的机器，要从多方面考虑控制条件，以及如何取得和分析与实验结果有关的材料。所以，正式实验结束后，要把实验的原始结果收集、整理好，保持完整，还要对被试做必要的访谈，以了解在实验设计中没有考虑到的一些意外因素和被试在实验中的体验，这些访谈对实验结果的理解和解释有帮助。

关键词

文献检索、原始文献、二次文献、变量、刺激变量、机体变量、反应变量、自变量、因变量、额外变量、混淆变量、构念效度、信度、效度、区分度、内部效度、外部效度、指示语、指示语效应、实验者效应（罗森塔尔效应）、霍桑效应、知会同意、被动欺骗、主动欺骗

练习与思考

1. 如何发现研究问题？如何选择研究课题？
2. 文献检索与分析的目的是什么？
3. 心理实验中因变量的种类和条件有哪些？
4. 心理实验中常用的额外变量的控制方法有哪些？
5. 心理学实验中使用人类被试需要注意哪些伦理问题？
6. 制定实验指示语需要注意哪些问题？
7. 列出至少三个你感兴趣的研究问题，并说明其中的每一主题是如何产生的。
8. 查找一篇研究报告，将其引言部分复印下来，然后用两三句话为“问题提出”写一个简单的、合乎逻辑的推理过程。
9. 从一篇研究论文的“讨论”部分，找一条关于研究设想的建议，将这一讨论部分复制下来，然后把这条建议勾画出来。
10. 列出你在日常生活中观察得到的五种行为，针对每一种行为，确定一到两个可能对其产生影响的变量。

课程资源

2-1

心理学研究的文献资源

2-2

心理学重要期刊简介

2-3

美国心理学会关于被试使用的伦理

2-4

知会同意书的样例

第二章　视频资源

第三章

因素型实验设计

内容概览

如果要探测某些变量是不是个体或群体心理与行为的影响因素，可以操纵该变量，同时观测因变量是否随之改变，这样的实验叫因素型实验。根据研究变量的数量及水平、被试的抽取与测试安排、额外变量的平衡方法，可以将常用的因素型实验设计类型划分为单因素组间设计、多因素完全随机设计、单因素组内设计、多因素重复测量设计、混合设计，以及区组设计和拉丁方设计等。在多因素实验研究中，除考察自变量的主效应外，还要注意考察变量间的交互效应，并在讨论结果时将主效应与交互效应结合起来。因素型实验研究的数据分析主要采用 t 检验和方差分析。

明确研究目标后,经变量分析形成假设,考虑实验中要操纵的自变量、要控制的额外变量和观测记录的因变量,以及可抽取的被试样本,研究方案也就随之明朗了。但是,心理实验中被试的安排、实验因子的操纵也不是随心所欲的,它必须遵循一定的规则,符合一定的结构要求,方能保证实验结果的有效性。实验心理学在发展中,逐渐总结出一些较为可靠的实验编排程序和技巧,形成了固定的实验设计模式(pattern of experiment design),其中主要是因素型实验设计模式。按照观测条件和被试安排,一般将最基本的因素型实验设计划分为两种类型:组间设计和组内设计。其他更复杂的设计都是在这些类型基础上演变出来的。

第一节 因素型实验设计的概念与类型

一、 因素型实验设计的概念

因素型实验(factorial experiment)是在控制条件下,改变实验条件,以观测被试的心理或行为是否随之变化,从而探测二者之间的因果关系。艾宾浩斯关于学习保持量随时间延续而逐渐下降的实验研究,就是经典的因素型实验研究。他控制了学习材料的类型与数量、实验情境和被试变量,操纵了从学会材料至保持量检测之间的时间间距,以观察时间因素对保持量的影响,即验证时距是记忆保持量下降的"因",因此这是一种因素型实验。其中研究者操纵的变量也叫实验因子或因子(factor),这些因子出现的变量值,叫作因子水平(level)。既然是作为实验因子出现,它就不能在实验进程中恒定地保持在一个水平上,而必须在操纵下发生至少一个改变,所以因子水平数至少为2。

比如,心理系一个班级的同学在实验室里进行了一项研究,想考察灯光刺激的颜色对选择反应速度的影响,操纵的灯光颜色条件有四种——红光、绿光、黄光、蓝光,测量的指标是刺激出现到被试做出选择反应之间的时间间距,即选择反应时。实验中,保持了实验室环境的恒定、刺激顺序的平衡等。这一研究中,操纵的自变量是刺激灯光的颜色,它有四种变量值,就叫作四个水平。实验的目的就是探测刺激灯光颜色的改变会不会导致人的反应速度的改变,换句话说,就是看灯光刺激颜色是不是反应速度的影响因素之一。这里的"水平"可以是指量的变化,也可以是指性质的改变。本例中,自变量的四个水平是指四个不同颜色的灯光刺激,构成了可比较的实验条件,也叫作实验处理。这一研究可以叫作单因素四水平的因素型实验,属于单因素实验设计(single-factor experiment)。如果想在研究中同时考察性别差异,可将上述实验扩展:抽取男女两个被试样本,所有被试均接受不同颜色灯光刺激选择反应时间的测试。这一研究中,除灯光颜色因子外,还有一个被试因子,其有两个水平。两个实验因子的变化,共结合成 2×4=8 种实验处理,如表 3-1 所示。这一因素型实验就叫作二因素实验设计或双因子实验(double-factor experiment)。更具体地说,可以叫作 2×4 实验设计。

表 3-1 2×4 实验的实验处理

被试性别	男				女			
灯光颜色	红	绿	黄	蓝	红	绿	黄	蓝
实验条件	1	2	3	4	5	6	7	8

研究者通常用 A、B、C 等字母代表实验因子,以 1、2、3 等数字代表因子的不同水平。就表 3-1 所示的实验来说,如果以 A 代表被试性别,B 代表刺激灯光的颜色,这个实验设计就可以表达为表 3-2 所示的形式。

表 3-2 2×4 实验处理的符号标识

因子 A	A_1				A_2			
因子 B	B_1	B_2	B_3	B_4	B_1	B_2	B_3	B_4
实验条件	A_1B_1	A_1B_2	A_1B_3	A_1B_4	A_2B_1	A_2B_2	A_2B_3	A_2B_4

有时,研究者想要探测一系列 k 个因子是否都是某种心理或行为的影响因子,以及它们之间是否有相互制约性。因为实验因子比较多,如果每个因子的水平数也很多,就会造成实验处理数的急剧增加,比如 4 个因子,每个因子都有三个水平,就会结合出 81 种实验处理,这对于实验的实施来说,简直是难以想象的。为了将实验处理数控制在可行的范围,研究者只就每个因子取两个水平,这时 k 个因子就会结合成 2^k 个实验处理,所以这种设计就叫作 2^k 析因设计,它以最少的实验处理数达到对 k 个实验因子影响效应的分离和比较。

从上例也可看出,研究变量有时是被试的机体变量,如性别、年龄层次、教育程度等。这些变量虽然不能被操纵,但是研究者可以根据比较的任务,从不同对象总体中选取样本,以形成对照,同样可以实现其是否会对被试的心理或行为发生影响的研究,这些被研究的变量应该叫作准实验因子(也有很多教材不做区分,都叫实验因子)。比如,研究男女大学生对线条简图、真实场景黑白照片、真实场景彩色照片的识别或再认成绩是否存在差异,就构成了一个 2×3 的实验设计。其中一个因子是性别,两个水平,属于准实验因子;另一个因子是图形材料的“逼真度”,三个水平。

需要说明的是,在有些教材上会把一些实验叫作函数型实验(functional experiment),它是在控制某些条件下,操纵实验因子,观测被试某些心理或行为的改变,期望能建立二者的函数关系。因为要建立函数关系,所以研究者对实验因子的操纵要更为系统,也就是要设置更多个观测点,这就需要自变量的水平数多一些。从这个角度来说,函数型实验与因素型实验存在目的差异,所以说这是两个不同的概念[①]。如前文介绍,因素型实验中的因子水平数一般比较少,许多时候为了减少实验处理数,因子水平控制在两个。这样的研究是否一定能够探测到自变量与因变量的因果关系呢?可以分析,自变量与因变量之间的关系存在如图 3－1 所示的多种可能(还有更复杂的关系,未全部列出)。

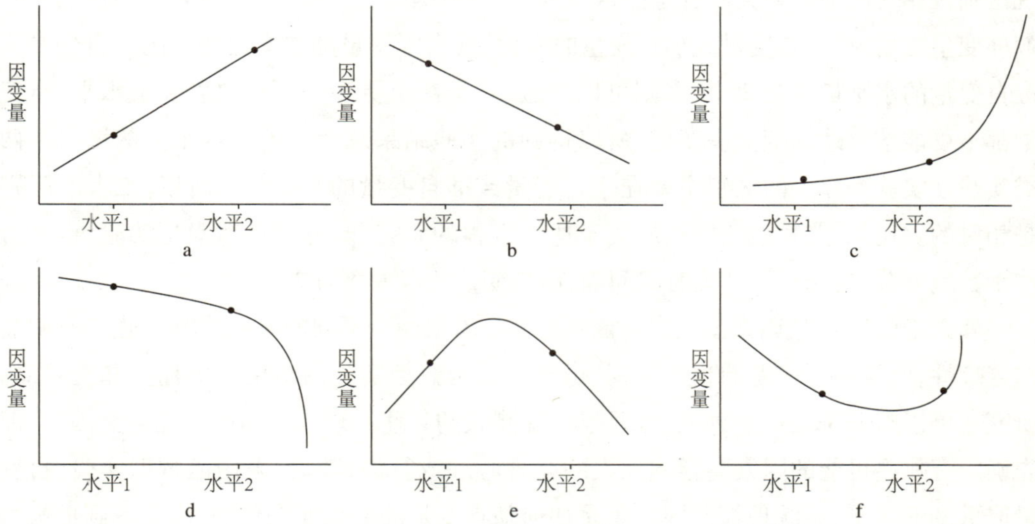

图 3－1　自变量与因变量之间多种可能的关系图

在现实生活中,各种影响变量与人的心理或行为变化的关系是多种多样的,有的较简单,呈线性趋势,如图 3－1 中的 a 图和 b 图,在这些关系中,因子取两个水平,容易看到两个水平间的因变量值有明显差异,这就比较容易探测到变量间的因果关系;有的较为复杂,呈非线性的变化关系,如图 3－1 中的 c 图至 f 图,在这些关系中,因子取两个水平,就未必能看到两个水平间的因变量值有明显差异,也就难以探测到变量间本来存在的因果关系。

图 3－1 中 c 图至 f 图所示的几种情况,如果在自变量的两个水平间未探测到因变量值的差异,就有可能得到实际上是错误的结论——自变量与因变量之间不存在因果关系。怎样才能避免这种错误的发生呢?就其中的 e 图来说,如果在自变量原来两个水平之间再增加一个水平,使水平数增加到 3,就有可能发现不同水平间因变量的改变,避免错误发生。但就 c、d 两个图来说,在原来两个水平间增加一个水平,还未必能发现因变量的改变,这时就需要在自变量原水平 2 之外的位置再取一个水平。概括这些分析,可以发现,要想较为可靠地探测自变量与因变量之间的因果关系,自变量的水平数

① 郭秀艳.(2004).*实验心理学*.北京:人民教育出版社,43－44.

应至少达到3,甚至更多,一般以3~5个为宜。

当实验因子水平数较多时,就可以在更大的范围内、更多的取值点上考察因变量的变化,使其本来具有的函数关系显露出来,这时因素型实验就转化为函数型实验。看来,因素型实验和函数型实验的差异是非本质的、相对的,因为这两类实验的实验程序、操作方法、基本逻辑没有多少区别,所以,不少教材未对二者进行区分,这主要是看作者觉得有无区分的必要。不同作者看法会有些不同,选择的详略程度也不一样。为什么说区别是相对的呢? 因为不管是因素型实验,还是函数型实验,都是研究者在控制一些额外变量之后,操纵自变量或准自变量的变化,观察因变量随之变化的情况。自变量或准自变量的水平最少是2个,多则可以接近10个甚至更多。不管取多少个水平,自变量都不可能按照连续变量去变化,所以得到的实验结果总会是若干水平上的结果。两类实验在实验操作上的区别主要在于自变量或准自变量的水平数。所以,二者的区别是相对的。比如,艾宾浩斯所做的关于遗忘进程的研究,既可看作因素型实验,也可看作函数型实验,他选择了7个时间间隔,即自变量的水平数为7。

郭秀艳(2004)把因素型实验和函数型实验看成两个不同的研究阶段①,也具有明显的合理性,既说明了二者的相对区别,也指出了函数型实验的结果会更翔实和更可靠。研究者可以首先采用一系列的析因设计,探测人的某些心理或行为的可能影响因素,即先确定有哪些可能的因素会影响到人的某种心理或行为;随后,采用函数型实验,自变量取更多的水平,系统地探测因变量是如何随自变量的变化而变化的,由此得到更为可靠的函数关系。

二、 因素型实验设计的主要类型

在因素型实验中,无论怎样控制额外变量和操纵自变量,归根结底,还是要对被试的心理或行为变化进行观测、记录,所以它实际上就是一种有控制的观察。因此,观察法和实验法是具有共通性的,它们可被看作同一维度上的两个不同区,就如图3-2所示的那样。观察法是在保证了被试完全自然存在的前提下,对其心理和行为进行不加干预的直接观察,据此描述其心理活动规律的方法;实验室实验法则是在严格控制的实验室条件下,对被试的心理和行为进行观察,据此推断其心理活动规律的方法;准实验法和自然实验法均为介于观察法和实验室实验法之间的心理学研究方法,这两种方法都是指对被试有一定的干预和影响,但对实验中可能的额外变量未做严格控制的研究方法,其在一定程度上保证了研究对象的自然存在性。在图3-2中的坐标轴上,越靠近右端,实验中对变量的控制或操纵越严格;越靠近左端,实验中对变

① 郭秀艳.(2004).*实验心理学*.北京:人民教育出版社,43-44.

量的控制或操纵越少。

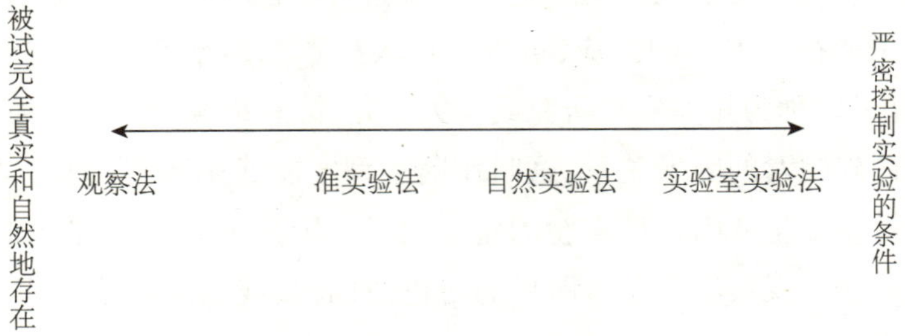

图 3－2　同一维度上的研究方法的比较

本书不讨论观察法，将讨论的范围限定在准实验设计和真实验设计。真实验设计就是要在实验过程中尽量严密地控制额外变量，以探求被试心理活动的因果关系；准实验设计则对额外变量的控制不甚严密，特别是研究中的被试组，往往不是经过随机化或匹配方法得到的相等组，研究中很可能存在成为混淆因子的机体变量或其他变量；自然实验法实验，是在操纵和控制了一系列变量的同时，尽量使研究情境具有自然性和真实性。所以，准实验法、自然实验法、实验室实验法三者间的区别是相对的。

实验设计和准实验设计(quasi-experimental design)存在明显不同，主要是被试组间的相等性(自变量之外的变量的相等性)问题。实验设计的被试组一般有两种组建方式：第一种组建方式是，从同一总体抽取被试，然后按照随机化方法或匹配法将被试分配到不同的实验处理中，形成相等组；第二种组建方式是，根据个体在某一机体特征上的不同而将研究对象划分成子群，然后从每一子群抽取一个被试组，这些被试组除了在分组变量及相关特征的水平上不同外，其他特征基本一致，这里的分组变量是一个准自变量。准实验设计的被试组也有两种组建方式：第一种方式是，由于受某些条件的限制，研究者虽能组建被试组，但却无法做到被试组相等，比如用一组多动症儿童进行相关的药物试验，同时组建一个同年龄的正常儿童组作为对照组，这两个组就不可能是相等的，所进行的研究就属于准实验设计；第二种组建方式是，直接选用现成的不同群体作为被试组，如不同班级的学生、不同工作车间的工作小组、不同医院里收诊的某类病人等，这些被试组一般都很难是相等的组。即使只使用一个被试组，准实验设计也难以平衡某些额外变量。所以准实验设计中往往存在明显的、未加控制的额外变量。概括地说，准实验设计中的混淆变量主要是被试组间的差异性、实验过程中新增的额外变量，这些因素使其结论具有一定程度的不确定性，即其内部效度相对较低。但由于准实验设计的研究情境较接近人们真实的心理生活实际，如果能有效把握实验进程，得到的结果可能会具有较高的外部效度。

现在考虑另外一个问题：心理学实证研究的目的是什么？归纳来说，大概有三方面：第一是测定人的心理特征，如测定感受性、视敏度、记忆力、智商水平、气质特征等，这类研究可以用实验方法进行测试，可以用观察法进行鉴定，还可以使用心理测验量表进行测定，可统称为测验式实验；第二是初步探测某一心理现象的可能影响因素或它对其他心理现象可能存在的影响效应，可以采用大样本的多维度测验，然后进行相关分析，这一类研究可以称为相关实验研究或相关研究；第三是直接探明某种心理现象与其他心理现象或内外因素的因果关系，这叫作因素型实验或函数型实验。我们准备重点讨论的实验设计主要是从因素型实验的角度出发。因果关系的研究可以采用观察法、准实验法和实验法。观察法不在本课程的讨论范围内，我们就讨论因素型实验设计和因素型准实验设计。

那么，因素型实验设计有哪些类型？这要从三个维度来分析。

第一，自变量数。分为一个自变量和两个或两个以上自变量的两大类，即单因素实验设计（one-factor experimental design）、多因素实验设计（multi-factor experimental design），多因素实验设计又可以分为二因素实验设计（two-factor experimental design）、三因素实验设计（three-factor experimental design）……比如，要研究选择反应时间是否受到灯光刺激颜色的影响，自变量就只有一个，即灯光刺激的颜色，叫作单因素实验设计；要研究左右耳对于不同频率的声音刺激的感受性是否存在差异，则自变量有两个，一个是听觉通道（有左耳和右耳两个水平），另一个是声频（声频可以根据研究精确性、条件许可程度设置两个或两个以上的水平，比如低音、中音、高音三个档次，或 500 Hz、2 kHz、10 kHz 等），这一实验设计叫作多因素实验设计或二因素实验设计。

第二，被试选取和分组方法。被试选取和分组方法可以是随机的，即从研究对象的总体中随机抽取一定量的被试数，在分组时也是按照随机的方法；也可以采用匹配法，即对被试先进行某些心理品质的预测，根据预测的结果把某种心理品质接近的被试分配到不同的实验处理中，以使各实验组被试基本相等。当然，还可以使用一个被试组进行实验，那就不需要对被试进行分组。因此，按照第二个维度，就可以将实验设计分为独立组设计（采用随机方法对被试分组）、配对组设计（采用匹配法对被试分组）、单组设计（不对被试分组）。

第三，实验处理的安排。这里有三种情况：第一种情况是，每一被试只完成一种实验处理，这就构成了独立组设计或配对组设计；第二种情况是，一个被试组承担所有的实验处理，这就构成了重复实验设计；第三种情况是，每组被试完成某一个或多个自变量所有水平的实验处理，但只完成另一个或另几个自变量的一个水平的实验处理，这就构成了混合实验设计（mixed experimental design）。

按照上述三个维度，将主要的心理实验设计类型表示成图 3－3。图 3－3 中还列出了区组实验设计和拉丁方实验设计，这是在上述基本类型的基础上扩展出来的较为特殊的研究设计，本书只介绍在完全随机实验设计基础上扩展出来的区组实验设计和拉丁方实验设计。

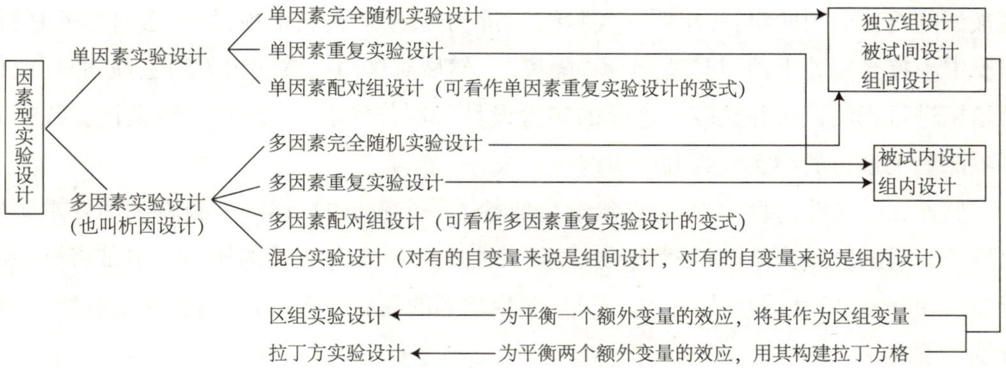

图 3-3　心理实验设计类型简图

按照哪种方法来设计实验，需根据实验的具体任务和实验条件，特别是变量的性质来定。本章中，我们拟按照组间实验设计、组内实验设计、混合设计及其他设计的类别来分别进行介绍。

第二节　组间实验设计

组间实验设计（between-groups design），也叫作被试间实验设计（between-subjects design），其基本原理是：将被试随机分配到不同的自变量或自变量的不同水平上，各自独立地在不同的处理条件下接受因变量的测量。就是说，要把被试随机分成几组，每一组只参加一个条件下的观测，组与组之间的反应结果不产生相互影响，因此是独立的，所以这种设计也被称为独立组实验设计（independent-groups design）。在这样的实验研究中，其难度或关键是被试组间差异的克服，也就是要尽量做到参加实验的各组被试之间，和实验相关联的一些特征是基本相等的。这样，就可以观察接受不同实验处理的各组被试在有关因变量上是否有差异，如果存在差异，就可以认为是实验处理的差异造成的。

根据实验操作的具体不同，可以相对地区分三种不同的单因素组间设计：单因素实验-控制对照组设计、实验-控制对照组前测-后测设计、多因素实验研究中的组间设计等。我们分别以例子说明这些实验的设计方法、数据模式和分析程序。

一、单因素实验-控制对照组设计

当需要考察某一实验干预是否会对目标人群的心理或行为发生影响时，一个简单的实验逻辑就是，当目标人群接受和未接受这一干预的作用时，是否会出现不同的反应或内在变化。通常采用的方法是，从目标人群中随机抽取一定的个体作为被试，再把这些被试随机地分为两组:一组叫作实验组,实验中会接受实验干预;另一组叫作控制组,实验中不接受实验干预,与实验干预"隔离"。然后对这两组被试相关的生理、心理或行为指标进行观测记录并比较。这样的实验设计就叫作实验-控制对照组设计。我们以一项课堂上进行的小实验为例说明这一方法。

例如在一次课堂教学中,主试给学生准备了一个简单的"趣味小测验",即要求学生以两条平行的竖线为基础,任意添加线条,使之成为一个有意义的构图。主试将测验的指导语印制在 A3 大小的白纸上。不过,学生拿到的测验纸上,所印的指导语有所不同,分别如下。

指示语 1:"下面给您一些由两条线组成的素材,请您在两条线的基础上任意添加线条,使之构成一个有意义的图案。您可以画出很多个图案,给您的线条如果不够,您可以自己在这张纸的空白处画上两条线为素材。给您 10 分钟的时间,画得越多、越好,得分越高。"

指示语 2:"下面给您一些由两条线组成的素材,请您在两条线的基础上任意添加线条,使之构成一个有意义的图案。您可以画出很多个图案,给您的线条如果不够,您可以自己在这张纸的空白处画上两条线为素材。给您 10 分钟的时间,画得越多、越好,越新奇、越有创意,得分越高。"

比较一下,你会发现,这两种指导语的唯一区别就是,指导语 2 中包含"越新奇、越有创意"几个字,而指导语 1 中没有。除此之外,没有其他任何差异。主试将这两种不同的测验纸随机混在一起,再随机发给全班学生,要求学生不要互相交流,认真默读指导语后各自独立完成 10 分钟的作图任务。实验结束后,主试查看每一位被试作画的个数,对作品创意水平评定等级,然后对两种不同指示语组被试的数据进行比较,这里的指示语 1 组是控制组,指示语 2 组是实验组。表 3-3 数据就是来自这一实验,即从两个被试组中各随机抽取了 10 名被试,对各被试的作品涉及的领域数进行评定(这一指标可以反映被试思维的发散性)。

表 3-3 单因素对照组实验数据举例

被试	实验组	控制组
1	8	3
2	5	2
3	9	6
4	10	4
5	6	7
6	5	3
7	8	5
8	11	8

续表

被试	实验组	控制组
9	4	5
10	6	4

注:这里,我们把表中数据近似看作连续变化的。

得到如表 3-3 所示的数据后,采用统计学方法分别计算两组被试成绩的平均数和标准差,并通过统计检验(独立样本平均数差异性的 t 检验)确定两组被试成绩是否存在显著性差异。实际研究中,可借助于 SPSS 数据分析软件完成 t 检验的过程。本例中,输出的结果主要包括描述性统计部分和显著性检验部分,可以整体表示成表 3-4。

表 3-4 实验组与控制组的差异性分析($n_1 = n_2 = 10$)

实验组	控制组	差异量	t	df	p
7.20±2.35	4.70±1.89	2.50	2.624	18	0.017

注:检验结果显示,两个对照组的方差齐性成立($F=1.172, p=0.293$)。

根据表 3-4 的信息,可以知道对照的两个样本的平均数、标准差、二者平均数的差异量及其是否达到了显著性水平。本例中,差异程度达到了统计学上的显著性($p=0.017<0.05$)。

二、 实验-控制对照组前测-后测设计

在对照组研究中,有时实验组接受的实验干预是在一定时间跨度中完成的,时间进程本身是带来被试心理或行为变化的可能原因之一,所以研究者必须将实验干预带来的变化与时间进程本身带来的变化分离,需要采用的就是实验-控制对照组前测-后测设计。

例如,研究者(邓铸,1993)想考察大学生课间休息期间,适当的体育活动在消除疲劳和提高思维敏度方面是否有明显效果。研究者在一次课堂教学中做了这样的安排:上午第二节课(9:00—9:50)将要结束时,他让全班同学各自完成 10 分钟的"内田-克列别林性格测查表"①,然后将全班同学随机分为两组:一组作为实验组,随老师一起到操场跑步;另一组作为控制组,与往常一样课间休息。15 分钟后,实验组同学回到教室,所有同学再进行一次"内田-克列别林性格测查表"。实验的结果如表 3-5 所示(表中所列部分实验数据均为被试每分钟的加算次数。此处只列出从实验组和控制组中各随机抽取了 10 名被试的测试结果)。

① "内田-克列别林性格测查表"(U-K character measurement)是日本学者内田勇三根据精神病学家克列别林(Kraepelin, E)提出来的工作曲线理论编制的性格测验。方法是让被试者在印有 15 行数字的纸上快速地做加法作业,依据作业完成情况画出工作曲线,测评其性格类型。测验时要求被试把相邻的一位数字连续相加,一分钟移动一行,最后计算平均每分钟加算的次数,以此作为思维敏度的测量指标。

表 3－5　课间体育活动对学生加算速度的影响

被试编号	实验组		控制组	
	前测	后测	前测	后测
1	85	102	80	92
2	76	110	72	90
3	90	110	95	105
4	69	90	80	87
5	70	108	68	80
6	80	95	76	90
7	95	120	92	98
8	88	110	84	100
9	78	109	70	80
10	82	120	75	80

分析表 3－5 中的结果，首先是要将每一被试的后测成绩减去前测成绩，得到测验成绩的变化量，然后以成绩变化量为因变量进行两组之间的独立样本 t 检验，步骤与前一例子相同。该例分析的结果如表 3－6 所示。

表 3－6　实验组与控制组计算成绩提高量的差异性分析（$n_1 = n_2 = 10$）

实验组	控制组	差异量	t	df	p
26.10±8.54	11.10±4.27	15.10	5.000	13.23	0.000

注：检验结果显示，两个对照组因变量的方差齐性不成立（$F = 8.160, p = 0.010$）。

根据表 3－6 可知对照的两个样本的平均数、标准差、二者平均数的差异量以及差异性是否达到了显著性的水平。本例中，经过 t 检验，在后测成绩提高量的平均数上，实验组与控制组存在极其显著的差异（$t = 5.000, p = 0.000 < 0.001$），反映了大学生在课间休息中开展适当的体育活动，有利于消除大脑疲劳，提高思维敏度。

以上两个例子中，自变量只有一个，而且只有两个水平，是最简单的组间设计实验。许多研究中，自变量的水平数达到或超过三个时，实验操作的逻辑与上述两个水平下的对照组实验是一样的，只是需要的被试组数更多了。自变量有多少个水平，就有多少个实验处理。每一个独立的被试组只在一个实验处理下接受实验任务和被观测。此类设计包括三种情况：(1)在几个独立的被试组中有一个控制组，该组被试不接受实验干预，其他被试组则均为实验组，接受不同水平的实验干预；(2)几个独立的被试组均为实验组，各自接受一个水平的实验干预，该研究中不设控制组；(3)研究变量为准自变量，这种研究考察具有不同特征的独立被试样本间是否存在某种差异。这些研究的实验结果，需要采用完全随机实验设计的方差分析（analysis of variance）程序进行数据处理，必要时还需要进行事后多重比较。

下面以考察中学生学习策略水平发展的年级差异为例说明。

中学生学习策略的研究是教育心理学范畴内的热门课题,其成果可直接用于指导学习。那么这一课题如何设计呢?其中的自变量、因变量及额外变量有哪些?自变量是“发展”,就是中学生的年级变化,它应该包括六个水平:从初中一年级到高中三年级。因变量是学习策略的测量分数,可用量表测量得到。额外变量则涉及学生抽样中应保持一致的诸多因素,如学校类型、男女比例、教师教学水平等。如果把问题简化,可以这样来进行实验设计:从一所中学的初中一年级到高中三年级学生中分别随机抽取10名男生(实际研究中,样本容量要更大一些),这样就有60人的研究被试。测量得到学习策略评估分数,如表3-7所示。

表3-7 中学生学习策略水平的年级间比较

被试	年级1	年级2	年级3	年级4	年级5	年级6
1	30	45	65	60	70	80
2	45	55	45	60	79	70
3	56	65	55	43	55	63
4	60	35	63	53	78	88
5	40	42	75	75	46	58
6	76	56	55	75	50	76
7	25	60	58	58	70	40
8	30	70	60	70	80	75
9	55	45	61	85	65	40
10	45	35	66	78	70	71

在自变量三水平以上的组间实验设计中,要比较各个独立样本平均数之间是否存在差异,不能直接使用t检验,而是要使用完全随机实验设计的方差分析程序。在SPSS软件中,有两个对话框可以完成这一设计的方差分析:一个是通过Compare means菜单中的One-way Anova... 打开的对话框,另一个是通过General linear model→Univariate... 打开的对话框。

本例结果的输出主要包括描述性分析结果(各个样本的平均数、标准差)、方差分析表等,分别如表3-8、表3-9所示。有时还会采用条形图或折线图来直观地反映变量变化关系。

表3-8 中学生学习策略水平测试结果

年级	平均分	标准差
1	46.2	15.87
2	50.8	12.22
3	60.3	7.99

续表

年级	平均分	标准差
4	65.7	12.98
5	66.3	12.18
6	66.1	16.08
总体	59.2	14.94

表 3－9　中学生学习策略水平差异的方差分析表

变异源	平方和	*df*	*MS*	*F*	*p*	η^2
组间	3 810.333	5	762.067	4.395	0.002	0.289
组内	9 362.400	54	173.378			
合计	13 172.733	59				

方差分析，实质上就是方差分解与比较的过程。就表 3－7 所示的数据来说，其来自于中学生不同年级的六个样本，共计 60 个被试的测试结果，表现出大小的不同，也就是存在数据的变异性。根据统计学方法，计算 60 个数据的离差平方和，将其作为数据的全部变异量。然后将变异量分解为组间变异和组内变异并计算方差，其中组间变异方差反映了年级改变带来的数据变异，组内变异方差则反映了多种可能的随机因素（如被试差异、测量时被试的身心状态、环境因素的随机影响等）带来的数据变异。组间变异方差与组内变异方差的比值 F 反映的是：与随机误差相比，自变量的改变是否带来了因变量测量结果的快速改变。本例中，$F=4.395$，$p=0.002$，$\eta^2=0.289$，意即：中学生年级的发展变化，较为明显地带来了学习策略测量结果的改变，其变化速度是随机误差导致其变化速度的 4.395 倍，达到了统计学上的很显著的水平。

三、 多因素实验研究中的组间设计

1. 多因素实验设计的概念

顾名思义，多因素实验设计，就是要在一项研究中，同时考察两个以上的因素对被试心理或行为发生的影响，以及这种影响的交互性。最简单的多因素实验设计是只有两个自变量，而每个自变量又只有两个水平，可记为“2×2 实验设计”。例如，袁登华等（2010）开展的一项关于广告干预对消费者危机品牌态度改变的影响的研究中，他们对实验组被试的实验处理分为四种情况：高渗透-理性广告诉求、高渗透-感性广告诉求、低渗透-理性广告诉求、低渗透-感性广告诉求。因变量为内隐品牌态度、外显品牌态度和品牌信任度。这其中的两个自变量分别为广告渗透度（高、低）、诉求方式（理性、感性），各有两个水平①，就是 2×2 的实验设计，也可以叫作二因素二水平实验设计。如果

① 袁登华，罗嗣明，付春江等.（2010）. 广告干预对消费者品牌态度和信任的影响. *心理学报*，*42*（6），715－726.

二因素研究中的两个自变量水平分别为 2 和 3，那就叫作 2×3 实验设计；如果有三个自变量，自变量的水平数分别为 3、2、3，那就叫作 3×2×3 实验设计。很明显，当有多个自变量在主试的操纵下发生改变时，就会创设出多种实验条件，比如 2×2 设计就有 4 种实验处理，3×2×3 设计就会有 18 种实验处理。也就是说，多因素实验设计的实验处理数等于各自变量水平数的乘积。随着自变量数或自变量水平数的增多，实验处理数就随之迅速增加，这会给被试抽样和实验控制带来困难。所以，一项实验研究的自变量数不宜过多，一般以两个或三个为宜，最多不要超过四个。如果要研究的变量较多，可分为不同的实验进行考察，即采用系列实验研究的方法，分出实验一、实验二等等。

2. 多因素实验中自变量的交互效应

在介绍具体的实验设计前，这里需要对自变量的主效应和交互效应做一些解释。所谓主效应（main effect），就是在多因素实验研究中，当只关注某一个自变量的改变带来的观测数据的变化时，将所有数据只按这一个自变量的不同水平分组，然后比较这些水平之间数据的差异程度，这时评估的就是这一自变量的主效应。交互效应（interaction effect）则反映的是自变量之间，在对观测数据发生影响时的相互制约性或依赖性。比如，在学校里抽取一些男生和女生，男生和女生再各自随机分为两个组，分别接受不同的任务测试：空间关系判断测试、语词记忆测试。更可能的结果是：在前一项任务中，男生成绩高于女生；在后一项任务中，男生成绩低于女生。这明显表现出学生性别与任务类别两个自变量对测试结果影响的相互依赖性。换句话说，学生在测试结果上的性别差异因测试项目的不同而不同，这就叫作学生性别与项目类别对测试结果影响的交互效应，它反映了能力倾向存在性别差异。对此，可以用图 3-4 来直观地进行显示，该图中性别用 A 表示，其中 A_1 代表男生，A_2 代表女生；用 B 代表测试项目，其中 B_1 代表空间关系判断任务，B_2 代表语词记忆测试任务。

图 3-5 显示的两个自变量则没有交互效应，因为该图显示，在一个自变量两个水平之间测试结果的差异程度与在另一个自变量两个水平之间的是一致的，两自变量的变化不互相受影响。图 3-6 显示的两个自变量则有一定的交互效应，但其交互效应的强度是否达到显著性水平，则需要使用统计学方法去检验和判断。

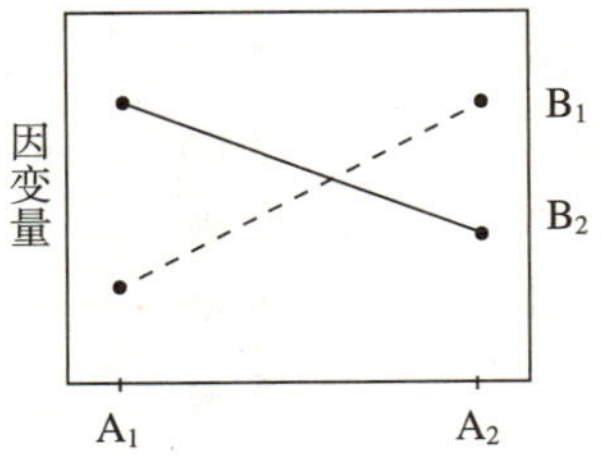

图 3-4　自变量有显著交互效应

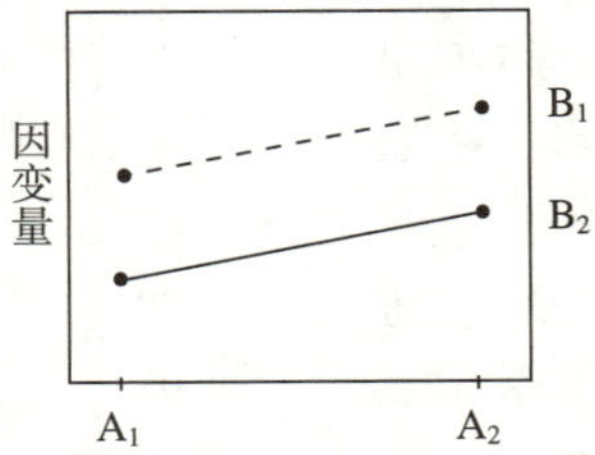

图 3-5　自变量无交互效应

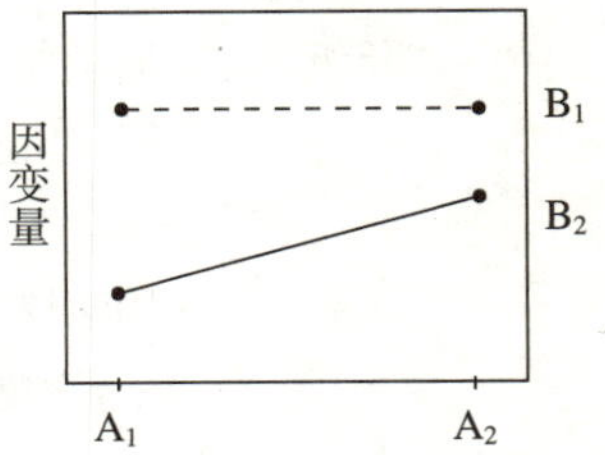

图 3-6　自变量有较小的交互效应

3. 多因素组间实验设计

在多因素实验研究中,操纵多个自变量的变化而创设了多个不同的实验处理,然后要求对被试进行完全随机的分组,再随机地将每一个独立的被试组安排在其中一个实验处理上接受观测,这样就可以得到多个独立的数据样本。在对这些样本进行差异性比较中评估各个自变量的主效应,以及两个以上自变量的交互效应。所以,对于完全随机实验设计来说,有多少种实验处理就要有多少个独立的实验被试组,因为一组被试只参加一种条件下的实验。比如为了要考察灯光刺激的颜色和强度对视觉刺激简单反应时间的影响,可以设置强和弱的红光、绿光刺激,即创设四种刺激条件:强+红光、弱+红光、强+绿光、弱+绿光。将抽取来的被试按照完全随机方法分成四个人数大致相等的组,每一组的被试只在一种灯光刺激下接受简单反应时间的测试,得到四组反应时间的测试数据,然后通过对这四组数据的比较可以评估灯光颜色、灯光强度、二者交互作用对被试反应速度的影响。

例如,我们在一项研究中,考察了生本教学对小学生远距离联想能力发展的影响(邓铸,赵洁,2014)。研究的样本来自于三类教学班级,包括二至五年级的生本教学班、同学校非生本教学对照班、平行学校非生本教学对照班,具体样本构成如表 3-10 所示。

表 3-10 生本教学实验对照研究样本

年级	生本教学班	同学校非生本教学对照班	平行学校非生本教学对照班	合计
二年级	59	52	50	161
三年级	91	81	93	265
四年级	88	88	82	258
五年级	81	85	89	255
合计	319	306	314	939

研究样本中的所有学生均参加了远距离联想能力的测试。具体结果如表 3-11 所示。

表 3-11 三类教学班级的各年级学生测验结果

年级	班级	*N*	*M*	*SD*
二年级	生本教学班	43	23.16	4.48
	同学校非生本教学对照班	50	17.60	6.33
	平行学校非生本教学对照班	48	20.38	5.66
三年级	生本教学班	85	27.07	4.90
	同学校非生本教学对照班	77	22.38	5.88
	平行学校非生本教学对照班	93	23.52	5.45
四年级	生本教学班	88	29.60	3.95
	同学校非生本教学对照班	87	25.94	4.75
	平行学校非生本教学对照班	82	24.89	4.50

续表

年级	班级	N	M	SD
五年级	生本教学班	81	30.23	3.69
	同学校非生本教学对照班	85	27.54	4.48
	平行学校非生本教学对照班	89	27.96	4.59

这一研究涉及两个分组变量:教学班的类别,包括三个水平;被试所在的年级,包括四个水平。各组被试各自独立地参加测试,所以这一研究采用的是 3×4 完全随机实验设计。该实验数据分析的任务就是要考察自变量的变化是否引起了因变量的差异性。具体地说,就是来自于不同教学班级的学生其远距离联想测试成绩是否有差异,不同年级的学生测试成绩是否存在差异,以及这两个自变量对因变量的影响是相互独立的还是相互依赖的。根据统计学方法,拟采用完全随机实验设计的方差分析来确定是否存在上述效应。本例中,可得到的方差分析表如表 3-12 所示。

表 3-12 生本教学实验对照研究的方差分析表

变异源	平方和	自由度	方差	F	p	η^2
教学班类别	1894.390	2	947.195	34.193	0.000	0.069
年级	10408.107	3	3469.369	125.241	0.000	0.288
教学方式 * 年级	505.388	6	84.231	3.041	0.006	0.019
误差	25679.302	927	27.702			
总计	630719.000	939				

从表 3-11 显示的各样本测试结果的平均值来看,生本教学班测试成绩总体上高于其他两类班级,而且成绩也随着年级的提高而提高。从表 3-12 的方差分析来看,两个自变量的主效应均达到了极其显著的水平($p<0.001$),二者的交互效应也很显著($p<0.01$)。因此得到结论:生本教学方式在促进学生远距离联想能力的发展方面效果显著,而且这种效果在不同年级中有所不同。

实际研究中,此类数据分析均可以通过统计分析软件完成。对于多因素完全随机实验设计的方差分析的 SPSS 操作程序,详细过程可参考《心理统计学与 SPSS 应用》(邓铸,朱晓红,2017)的第六章。

这里所举示例虽是最简单的多因素完全随机设计形式,但它足以说明完全随机设计的几乎所有特征,包括如何评估自变量的主效应和交互效应。如果遇到自变量或自变量的水平数更多的实验设计,其实验的原理和数据分析的程序都与这里所展示的示例相同。比如,对于一项 2×3×2×4 完全随机实验设计来说,其自变量是 4 个,实验处理数是 48 个,那么实验就需要 48 个独立的被试样本。在数据分析中,需要分析四个自变量的主效应、两两变量间的交互效应、三个变量间的交互效应、四个变量间的交互效应等,这里需要考察的交互效应就达到 11 项。显然,随着自变量数和自变量水平数的增加，方差分析过程会非常烦琐。不过，不用担心这一点，在实际研究中，研究者可以使用统计软件进行数据分析，使一切都变得相当快捷。

还存在另一个问题：随着自变量数和自变量水平数的增加，被试样本数大幅增加。比如，对于具有 48 种实验处理的实验来说，需要 48 组被试，如果再考虑每一种实验处理下要有相当的被试量（比如每一组被试是 20 人，就需要 960 人），实验的操作工作量太巨大了。这也是实际研究中，当自变量数达到三个以上时，真正使用多因素完全随机实验设计的研究者很少的原因之一。查阅近几年国内发表的研究报告，就会发现，《心理学报》《心理科学》等刊物上很难找到几篇三因素以上的完全随机实验设计的研究，大部分研究采用多因素重复测量设计或混合设计。

第三节　组内实验设计

组内实验设计（within-groups design），也叫作被试内实验设计（within-subjects design），其基本原理是：抽取来的所有被试不再分组，要求其中的每一名被试均要在不同的处理条件下接受因变量的测量。就是说，所有被试作为一个被试组承担全部的实验处理任务，自变量有几个水平，就有多少个实验处理，每一被试就要在这些不同实验处理下被重复测量多少次，因此这种实验设计也叫作重复测量实验设计（repeated-measures design）。又因为，各组数据均来自于同一个被试样本，数据组之间不再是相互独立的，而是存在相互关联性，所以它也属于相关样本的实验设计（related-sample design）。实验中，由于只有一个被试组，所以不会出现造成被试组间差异的混淆因子。但是，由于被试要重复完成不同实验处理下的实验任务，容易出现时间和空间变化带来的额外变量，需要在实验编排上加以平衡。

根据自变量的水平数，我们分三种情况加以介绍：单因素二水平的组内设计、单因素三水平以上的组内设计、多因素重复测量实验设计。

一、单因素二水平的组内设计

一个自变量两个水平，就会有两种实验处理条件。采用组内设计时，只需要一组被试，所得实验数据很可能是具有相关性的两个数据样本，因此需要采用相关样本或配对样本的 t 检验对两个条件下的观测结果进行平均数差异检验。如果所得到的数据是离散变量或有其他不符合参数检验的条件时，也可采用卡方（χ^2）检验等非参数检验方法。

例如某研究者想通过实验证实缪勒错觉，抽取了 10 名被试，每一被试都先后用长度估计测量器测量长度估计误差量、用缪勒错觉仪测量长度估计误差量。两项测试都重复若干次,对数据整理后计算得到每一被试直接进行长度估计的误差量和用缪勒错觉仪估计长度的误差量的平均值,如表 3 - 13 所示。在实验安排上,要特别注意两项测试任务的顺序效应,宜采用平衡法避免顺序效应成为混淆因子。具体做法是:每个被试进行“直接长度估计”(A)测量和“用缪勒错觉仪估计”(B)测量的顺序是:A — B — B — A — A — B — B — A —……或 B — A — A — B — B — A — A — B —……

表 3 - 13 两种条件下长度估计的误差量(mm)

被试编号	直接进行长度估计	用缪勒错觉仪进行长度估计
1	5	6
2	3	13
3	2	7
4	3	9
5	4	10
6	2	11
7	3	9
8	6	7
9	4	9
10	3	8

采用统计学方法分别计算被试在两种条件下测试数据的平均数和标准差,并通过统计检验(配对样本平均数差异性的 t 检验)确定被试在两种条件下的测试结果是否存在显著性差异。实际研究中,可借助于 SPSS 数据分析软件完成 t 检验的过程。本例中,输出的结果主要包括描述性统计部分和显著性检验部分,可以整体表示成表 3 - 14 所示的形式。

表 3 - 14 缪勒错觉量与长度估计误的差异性分析(n=10)

缪勒错觉仪测量	直接测量	差异量	t	df	p
8. 90±2. 08	3. 50±1. 27	5. 40	5. 939	9	0. 000

注:两个数据样本的相关系数为 r=-0. 442,未达到显著性水平。

表 3 - 13 显示,同一组被试在两种测量条件下的长度估计误差存在极其显著的差异,证明缪勒错觉已经不同于一般的长度估计误。

二、 单因素三水平以上的组内设计

同样,组内设计也可用于考察超出两种处理条件的反应的差异性,比如在测量选择反应时间中,测量条件包括红、绿、黄三种颜色的灯光刺激。可以选择一组被试参加选择反应时间的测试,测试中不同颜色的灯光刺激以随机顺序呈现,被试在每一种灯光刺激出现时做出与之对应的反应,最后比较各种颜色灯光刺激下选择反应时间有无差异。当数据超过三组时,需要采用方差分析,但这种设计的方差分析与组间设计的方差分析有所不同,必须考虑到数据样本间的相关性,以及被试个体差异带来的变异量的估计。在 SPSS 统计分析软件中,对应的数据分析命令是:Analyze→General Linear Model→Repeated Measure...

例如心理系某班同学 47 人参加灯光刺激的选择反应时间测定。自变量为刺激灯光的颜色,包括红、绿、黄三种。三种颜色的灯光刺激随机呈现,要求每一被试均完成三种颜色灯光刺激的选择反应时间的测定若干次,整理后得到每一被试三种颜色条件下的平均反应时。此处,我们从该实验结果中随机抽取 10 位同学的数据(如表 3-15 所示)来说明数据分析过程及结果。

表 3-15 不同颜色灯光刺激选择反应时间的比较

单位:ms

被试	红光	绿光	黄光
1	410	539	377
2	341	528	413
3	349	361	640
4	317	537	555
5	431	612	446
6	359	591	524
7	445	598	457
8	431	507	479
9	373	388	446
10	433	574	493

这一研究采用的是典型的单因素组内实验设计或单因素重复测量实验设计方法,调用 SPSS 软件对应的方差分析程序分析实验数据。

三、 多因素重复测量实验设计

多因素重复测量实验设计,也称为多因素重复实验设计,实际上就是前一节所讨论过的组内设计。实验中只有一个被试样本,该样本要接受多个自变量结合而构成的所有实验处理下的测试。比如,有三个自变量,其水平数分别是 p、q、r,则其结合形成的实验处理数等于三者乘积 $p \times q \times r$,被试样本中的每一个被试也就要在所有实验处理下接受测试。显然,这种实验设计需要的被试数较少,因此带进实验的被试间差异也较少。当实验中的自变量都适合作为被试内变量，且实验任务较简单，每次实验不花费很多时间时，就可以使用多因素重复测量实验设计。这种实验设计在实际研究中使用最多，可以很容易地从权威期刊上找到这种实验设计的例子。

如陈燕丽等①采用 4×4 的重复实验设计对阅读四字成语时最佳的注视位置进行了实验研究：研究者从《成语大辞典》中选择了 32 个四类成语，其中：A 类成语是前面两个字一样，后面两个字一样，如“轰轰烈烈”；B 类成语是前面两个字不一样，后面两个字一样，如“目光炯炯”；C 类成语是前面两个字一样，后面两个字不一样，如“津津有味”；D 类成语是第一和第三个字一样，第二和第四个字不一样，如“古色古香”。然后编造了 32 个假成语，共 64 个真假成语构成了实验材料。在电脑屏幕上呈现这些真假成语，让被试判断其“是”或“否”为成语。在每次呈现刺激材料前都要在屏幕上呈现一个注视位置提示标志“+”300 ms。“+”出现的位置对应于成语的四个字中的某一个字，每次出现的位置是随机的，而且在每个字位置上出现的次数相等。然后在出现真成语或假成语时，要求被试通过按键做出“是”或“否”的回答，记录其反应时间和正确性。实验结束后分析成语类型不同、材料呈现前被试注视点位置不同对其判断速度和正确率有无影响。因为每个被试都要完成上述所有 64 个刺激的实验任务，属于典型的 4×4 重复测量实验设计，自变量为两个，分别为成语类型、刺激呈现前被试注视点的位置。研究中虽然只使用了 33 名大学生，但因为每个被试都完成了所有实验处理的实验任务，保证了每种实验操作条件下一组数据的样本容量，提高了研究的可靠性。

例如为了说明重复实验设计数据的分析过程，我们采用一组在教学实验课中获取的数据，如表 3-16 所示，这是一项研究闪烁光点颜色与占空比对闪光融合临界频率 cff 的影响的实验，其中占空比是指闪烁光点闪烁一次中亮与不亮的时间比。实验采用的是 2×2 重复测量实验设计，其中：第一个自变量是闪烁光点的颜色，包括红光和绿光，分别记为 A_1 和 A_2；第二个自变量是闪烁光点的占空比，包括 3∶1 和 1∶3，分别记为 B_1 和 B_2。心理系的 12 名同学参加了测试，每一个同学均要完成四种条件下的测试。如何分析表 3-16 所示的数据呢？

表 3-16　闪烁光点颜色与占空比对闪光融合临界频率 cff 的影响

红色光点(A_1)		绿色光点(A_2)	
占空比 3∶1(B_1)	占空比 1∶3(B_2)	占空比 3∶1(B_1)	占空比 1∶3(B_2)
30.3	34.1	22.3	27.7
34.4	32.4	21.3	36.7
28.3	39.9	25.0	28.3
30.8	30.6	30.7	29.4

① 陈燕丽，史瑞萍，田宏杰.（2004）. 阅读成语时最佳注视位置的实验研究. *心理科学*，*27*（2），278-280.

续表

红色光点(A_1)		绿色光点(A_2)	
占空比3:1(B_1)	占空比1:3(B_2)	占空比3:1(B_1)	占空比1:3(B_2)
32.8	36.7	20.1	29.2
26.8	34.9	24.6	35.4
32.9	34.9	19.5	29.0
25.4	42.3	25.6	23.7
31.7	34.4	25.4	26.5
39.1	34.4	22.5	28.7
33.0	38.2	25.7	29.3
32.8	34.9	22.8	29.1

这组数据分析的目的是要考察两个自变量及其交互作用对 *cff* 的影响,拟采用多因素重复测量实验设计的方差分析程序。在重复测量实验设计中,考察不同的主效应或交互效应时对应的误差项不同,需要分别计算,以便在计算各个效应对应的 F 比值时使用对应的误差项方差作为分母。由于计算相对烦琐,此处不再赘述,读者可参考心理统计学的相关书籍。

很明显,重复实验设计的方差分析中,可以在相当程度上将被试差异带来的数据变异从误差项中分离,使自变量的效应更容易显示出来,且该种设计节省被试,成为最常用的实验设计方法也就不足为奇了。但是当实验顺序效应比较明显,实验任务较大以至于让被试难以负担时,实验进程中会引入新的混淆变量,造成研究内部效度的降低,这时则不宜采用重复实验设计。

第四节　混合设计与其他设计

一、 组间设计与组内设计的比较

组间设计和组内设计各有特点,各有优缺点,各自适合于不同的研究变量。也可以反过来说,有些变量适合于作组间设计,有些变量适合于作组内设计,有些变量既适合于组间设计又适合于组内设计。有时,如果把两种设计结合起来,则可达到两种设计优缺点的互补。

组间设计的优点在于,不同处理条件下的实验由各不同被试组独立完成,得到的各组数据互不关联,相互独立,实验中也不存在各种处理条件间的相互干扰,同时每一被试的实验任务相对较少，易于完成。缺点在于，需要被试数较多，实验成本随之提高，而且如果被试分组出现偏差，则会出现各被试组间的差异，降低研究的内部效度。如果能抽取到的被试较少，或者被试间的差异性较大，实验中顺序效应又不太明显时，可以考虑采用组内设计。

组内设计的优点在于，不同处理条件下的实验均由同一组被试完成，被试差异不会成为混淆因子，研究的内部效度较高，而且这种设计较为节省被试，降低实验成本。缺点在于，组内设计中不同处理条件下的实验并不独立，容易出现相互干扰和顺序效应，被试的实验任务负担往往较大。因此，在被试相对较为缺乏，不同处理间的干扰较小、顺序效应较小时宜采用组内设计，但要注意顺序效应的抵消和平衡。

需要特别说明的是，有些时候，实验设计的选择并不是随意的，它会受到变量性质和实验任务负担大小的制约：(1) 当研究变量为机体变量时，只能将其作为组间变量。如性别、学生年级、职业、智力等级、认知方式等等，均是界定不同被试群的，不可能是重复测量的自变量。(2) 由于顺序效应过强，与适应性比较强的感觉通道相联系的刺激变量不适宜于作为组内自变量，如视觉刺激的明度、味觉或嗅觉刺激的强度等。学习效果明显的材料，也不能作为组内实验设计中先后实验的材料。(3) 当难以找到充足被试的时候，尽量使用组内设计。(4) 当实验被试的任务负担较小时，尽量使用组内设计，而被试实验任务负担较大时，使用组间设计或混合设计。

总之，实验设计模式一定要结合实验情境和变量的性质，综合考量后决定。

二、 多因素混合实验设计

多因素实验研究中，研究者经常会遇到这样的情况：在拟考察的几个自变量中，有的适合于被试间设计，有的适合于被试内设计；或者，研究者更喜欢用被试内设计，以便使用较少的被试。但研究中，有些自变量在被试内设计中会导致不同实验条件间较大的顺序效应，这样的自变量宜采用被试间设计。在一项研究中既包含有被试间设计的自变量又包含有被试内设计的自变量的实验设计，就成为最典型的混合实验设计。用矩阵表示的话，则可以用被试间因子构成行，被试内因子构成列，每一行对应的一个或一组被试必须接受所有列的不同实验处理。

多因素混合实验设计是一种将两种不同的研究策略结合在一起的因素型研究方法，如将被试间设计和被试内设计结合，或将一个实验因子与一个非实验因子结合。

在考察情绪与记忆之间关系的研究中，最具代表性的结果表明：人们倾向于回忆那些与他们当前的情绪一致的信息。因此，心情愉快时人们容易回忆快乐的事情，心情沮丧时人们容易回忆悲伤的事情。在如图 3－7 所示的一项研究中，蒂斯代尔和福格蒂(Teasdale & Fogarty, 1979)通过两种方式操纵情绪，其中一组被试读一系列越来越悲伤沉闷的陈述(例如“回首我的生命历程,我怀疑是否获得过任何真正有价值的东西”),另一组被试读一系列越来越轻松、高兴的陈述(例如“生活是如此的充实、有趣,活着真是太棒了”)。这样,研究者就创设了一个被试间实验因子,包括情绪愉快组和情绪沮丧组,这两个组分别对应于矩阵中的两行。然后向所有被试呈现一个词单,其中包括一些积极的、令人愉快的词汇,也包括一些消极的、令人沮丧的词汇。最后,研究者分别记下每位被试能回忆的正向情绪词数和负向情绪词数。这里,研究者又创设出一个被试内因子,包括正向情绪词和负向情绪词,它对应于矩阵中的两列。

	正向情绪词	负向情绪词
心情愉快	*M*=70	*M*=23
心情沮丧	*M*=48	*M*=35

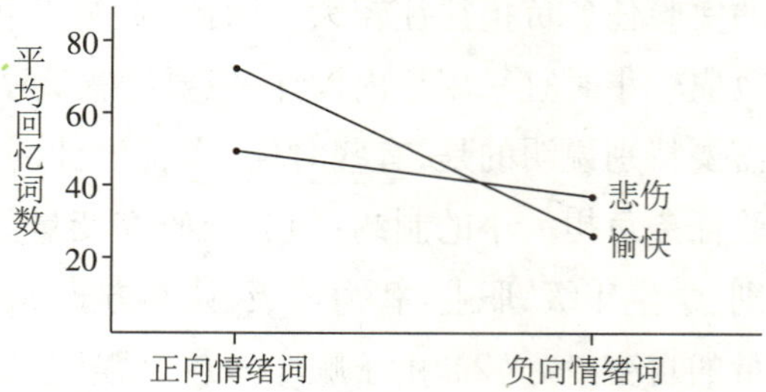

图 3-7 由一个被试间因子和一个被试内因子构成的混合二因素实验的假设结果

注:研究者在一个组引起愉快情绪,在另一个组引起沮丧的情绪,从而创设了一个被试间因子(愉快/悲伤)。然后,检测每组被试回忆正向情绪词和负向情绪词的数量,这是一个被试内因子(正向/负向)。

当然,混合实验设计的含义不仅仅是指被试间设计与被试内设计的混合,也包括实验的与准实验的混合、实验的与非实验的混合、准实验的与非实验的混合等。

行为科学研究中,采用由一个实验因子和一个准实验因子构成的因素型实验设计是很常见的。在这样的混合设计中,有一个因子是真正的自变量,它包括一系列可被操纵的实验条件;另一个因子是准自变量,主要有两类:

一是现成的被试特征,如年龄或性别等。研究者想考察实验处理条件对男性和女性是否会产生同样的效应,或者想知道实验处理的效应是否会随着年龄的变化而变化。现成的被试特征将被试自然分成两组或多个组,因此它是一个准实验因子。

二是时间。如研究者关注不同实验处理的效应会持续多长时间。比如,两种不同治疗技术在治疗结束后会立即产生相同的作用,但经过一段时间后,其中一种治疗能继续产生效应,而另一种治疗的效应随着时间推移而逐渐消退。在这类研究中,时间因素是不受研究者控制或操纵的,因此它也是一个准实验因子。

什拉格(1972)曾对人的行为是否会受观众影响的问题进行研究。他安排被试完成一项概念形成的实验任务,其中有一半被试是独自工作的(无观众),另一半被试则是在有观众的情境中工作的,而且观众都表现出对被试操作成绩的极大兴趣。实验中,有无观众的安排是由研究者掌控的,所以这是一个实验因子。第二个因子是自尊水平,根据研究者事先进行的测量,将被试划分为高自尊组和低自尊组。自尊水平的高低是被试本来已有的机体特征,因此它是一个准实验因子。实验结果如图 3 - 8 所示,两个因子间有明显的交互效应。具体地说,观众在场对低自尊的被试有明显作用,但对于高自尊的被试来说几乎没有什么影响①。

	无观众	有观众
高自尊	M=2.1	M=2.2
低自尊	M=6.1	M=9.5

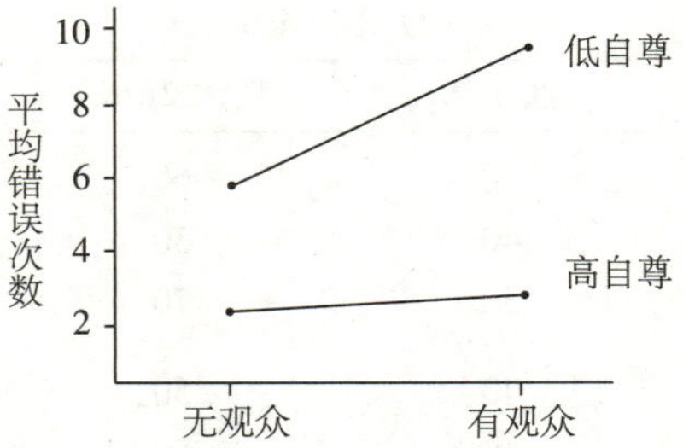

图 3 - 8　由一个实验因子和一个准实验因子结合构成的二因素混合设计的假想结果

注:为了创设一个实验因子(有无观众),研究者可以控制被试是或不是在有观众的条件下操作任务;为了创设一个准实验因子,研究者观测两个不等的被试组(自尊水平的高低)。实验中的因变量是每个被试操作中的错误次数。

前文已经指出,国内心理学家的研究中,除重复实验设计外,混合实验设计的使用频率也较高,对此,国内有研究者专门对混合实验设计的应用做过统计分析②。有兴趣的读者可以在《心理学报》《心理科学》等刊物上查阅一些混合实验设计的研究实例。

三、 区组设计和拉丁方设计

前一章介绍过单因素随机区组实验设计。在学习了多因素研究设计后,下面将进一步考察多因素随机区组实验设计(randomized block experimental design)和拉丁方实验设计(Latin square experimental design)。

1. 多因素随机区组实验设计

当研究的自变量不止一个,同时考虑一个区组变量的时候,就需要采用多因素随机区组实验设计。下面以假想的例子来说明。

例如为试验两种新教材与两种教法的有效匹配关系,研究者同时考虑到学生现有成绩水平的影响而将其作为一个区组变量,选择前测课程成绩相对优秀、中等、不良的各 12 个班进行试验。经过一学年的教学过程后进行学生学习成绩测试结果的比较。教学试验一年结束时课程测试成绩如表 3 - 17 所示。

这一设计不仅考虑了自变量的影响,也考虑了被试本身某些特征的影响,将被试间

---

① 转引自:[美]格雷维特尔著,邓铸等译.(2005).*行为科学研究方法*. 西安:陕西师范大学出版社,213.

② 蔡韦龄,严由伟.(2011).我国心理学混合实验设计的应用现状述评. *心理研究*, *4*(1),30 - 34.

某种差异因素作为一个区组变量，至少可以部分地把被试间差异引起的因变量的数据变异从残差中分离出来。

表 3-17　教材教法实验研究结果

区组	教材 1(A_1)		教材 2(A_2)		Σ
	教法 1(B_1)	教法 2(B_2)	教法 1(B_1)	教法 2(B_2)	
前测成绩	50	60	50	80	
优秀班	40	50	40	70	710
(C_1)	50	70	60	90	
前测成绩	40	50	40	70	
中等班	40	50	50	60	580
(C_2)	30	40	50	60	
前测成绩	20	50	30	50	
不良班	30	40	40	40	450
(C_3)	30	40	30	50	
Σ	330	450	390	570	1740

对于这一实验设计模型，其数据如何处理呢？很显然，如果不去关注学生前测课程成绩层次（区组）之间的差异，这一实验就是一个二因素完全随机实验设计，对其进行多因素方差分析来考察自变量（教法、教材）的影响效应，这时班级前测成绩层次差异带来的数据变异就与其他随机变量带来的变异混在一起作为残差项了。如果把学生前测成绩层次作为一个区组，就可以计算这个区组变量给测量结果带来的变异平方和，然后将其从残差项平方和中分离出来，使残差项方差降低，自变量的效应也因此就更容易显示出来。

完全随机区组实验设计的数据分析与完全随机实验设计的数据分析相比，就是要多计算一个变异平方和——区组变量引起因变量变异的平方和。当然，区组变异的自由度也可以计算出来，它等于区组数减 1。在将区组变量引起的变异从残差中剔除时，也要将区组变量的自由度从残差项自由度中减去。实际上，这里可以检验区组变量的效应是否显著，方法类似于自变量效应的检验。

2. 拉丁方实验设计

区组实验设计是在考察自变量影响效应的实验中，顾及一个额外变量的影响，于是将这个额外变量作为区组变量，对其在各种实验处理条件下产生的影响进行平衡，同时将该区组变量引起的变异部分地从残差中分离出来。如果将区组实验设计进一步扩展，即考虑两个额外变量的影响，而欲对这两个额外变量的影响进行平衡并将其引起的变异尽可能地从残差项中分离，就需要采用拉丁方实验设计。拉丁方实验设计可看作对区组实验设计的扩展。下面以示例说明。

例如某研究者想考察视频材料的愉悦度、真实感两个自变量对大学生情绪激活的影响。第一个自变量为材料的愉悦度，分为积极的和消极的两个水平，分别记为 A_1 和 A_2；第二个自变量为材料的真实感，也分为两个水平，即采用的材料分别为接近现实生活情境的影视作品、虚拟的动画作品，分别记为 B_1 和 B_2。实验仪器为一台 16 通道的生物反馈记录仪。限于实验室条件，一次只能有一名被试参加实验。为了落实实验计划，研究者根据自己其他工作的安排和大学生被试可用的课余时间，选择每周的星期日、星期二、星期四、星期五的下午为实验实施时间，每个下午从 13 点开始，到 17 点结束，每小时安排一名被试，即分别为 13:00 — 14:00、14:00 — 15:00、15:00 — 16:00、16:00 — 17:00 四个时段。很明显，一周中不同的四天时间、一天中不同的四个时段可能会构成对被试身心状态发生影响的额外变量。于是，研究者采用拉丁方实验设计来平衡这两个额外变量的可能影响。

要达到较为理想的平衡，额外变量的水平数最好与实验处理的数量相等。在这一研究中，两个自变量各为两个水平，正好结合为四个实验处理，采用的是 2×2 实验设计。研究者将实验分别安排在四天当中的四个时段，也就正好与拉丁方实验设计的理想情况吻合。

研究者首先以日期作为列变量，时段作为行变量，构成了一个 4×4 的方格，这个方格叫作拉丁方格，如表 3 - 18 所示。

表 3 - 18　4×4 的拉丁方格

时段	日　期			
	星期日	星期二	星期四	星期五
13:00 — 14:00				
14:00 — 15:00				
15:00 — 16:00				
16:00 — 17:00				

然后，将四种实验处理安排在这个拉丁方格中，安排时只要满足一个原则就可以了，即：每一种实验处理在拉丁方格的每一行、每一列出现且只出现一次。就本例来说，实验处理的一种可能的安排如表 3 - 19 所示。

表 3 - 19　实验处理安排的拉丁方格之一

时段	日　期			
	星期日	星期二	星期四	星期五
13:00 — 14:00	A_1B_1	A_1B_2	A_2B_1	A_2B_2
14:00 — 15:00	A_1B_2	A_2B_1	A_2B_2	A_1B_1
15:00 — 16:00	A_2B_1	A_2B_2	A_1B_1	A_1B_2
16:00 — 17:00	A_2B_2	A_1B_1	A_1B_2	A_2B_1

表 3 - 19 所示的拉丁方格实验安排中，任何两列互换，或者任何两行互换，即可构

成一个新的拉丁方格安排，其对额外变量平衡的效果是一样的。

从上述例子可以看出，拉丁方是一个含 P 行 P 列，把 P 个实验处理分配成 $P\times P$ 方格的管理方案，它便于在复杂研究程序中有条理地管理各个实验单元，并平衡两种额外变量的影响。在工农业生产试验和心理与教育研究中，拉丁方都得到普遍应用。在这种实验设计中，首先根据自变量处理的水平数确定两个额外变量的水平数，然后将两个额外变量的各个水平结合在一起构造一个方格，最后再将不同处理平衡地安排在这个方格中，就构成了一个研究方案，其结果要保证每一种实验处理在拉丁方格的每一行和每一列都出现且只出现一次。这种设计中，自变量的水平数或水平结合数、额外变量的水平数最好是相等的。

拉丁方设计常被用于平衡实验安排的时空顺序，但也可用于对机体变量进行平衡。比如研究者想对某品牌手机的六种按键设计进行可用性比较研究，这六种设计是基于按键大小（小、中、大，分别记为 A_1、A_2、A_3）和按键形状（凸形、平形，分别记为 B_1、B_2），是一种 2×3 实验设计。研究中，考虑到两种可能的机体影响因素：使用者的年龄档、平时使用按键方式工作的频率（计算机键盘操作、手机按键操作）。为管理好被试选择及实验任务的分派，可使用拉丁方设计。根据实验处理的数量，将消费者的年龄档划分为六个层次，同时对被试在平时的工作和日常生活中键盘操作频率进行调查并分成六级（分级越高代表使用越多）。利用这两个额外变量构造出一个 6×6 的拉丁方格，接着把六种实验处理安排到这个拉丁方格中，如表 3－20 所示。同样的，该拉丁方格的实验安排中，任何两列互换，或者任何两行互换，即可构成一个新的拉丁方格安排，其对额外变量平衡的效果是一样的。

表 3－20　实验处理安排的拉丁方格之一

年龄档	使用频率					
	一级	二级	三级	四级	五级	六级
15 ~	A_1B_1	A_1B_2	A_2B_1	A_2B_2	A_3B_1	A_3B_2
20 ~	A_1B_2	A_2B_1	A_2B_2	A_3B_1	A_3B_2	A_1B_1
25 ~	A_2B_1	A_2B_2	A_3B_1	A_3B_2	A_1B_1	A_1B_2
30 ~	A_2B_2	A_3B_1	A_3B_2	A_1B_1	A_1B_2	A_2B_1
35 ~	A_3B_1	A_3B_2	A_1B_1	A_1B_2	A_2B_1	A_2B_2
40 ~	A_3B_2	A_1B_1	A_1B_2	A_2B_1	A_2B_2	A_3B_1

拉丁方实验设计，在本质上并不复杂，是在因素型实验设计的基础上，为了平衡两个额外变量而借用拉丁方格。只是形式上看起来比较复杂。也正是因为实验安排中要平衡两个额外变量，容易发生混乱和错误，所以才采用这种方法实现实验的有序管理。

进行拉丁方实验设计时，选取用来构成拉丁方格的额外变量不能与研究的自变量之间存在交互效应，两个额外变量之间也不能存在交互效应。其数据的方差分析方法与随机区组实验设计的相似,可以对数据的变异及其自由度进行分解,计算过程是:首先计算总变异,然后计算自变量及其交互效应引起的变异、两个额外变量主效应引起的变异,再计算误差项变异,即可得到各种变异方差及其与误差方差的比值 F。

拉丁方实验设计既有优点也有缺点。其优点是,在许多研究情境中,这种设计比完全随机和随机区组设计更加有效,它可以使研究者平衡并分离出两个额外变量的影响,因而减小实验误差,可获得对实验处理效应更精确的评估。另外,通过对方格单元内误差与残差的 F 检验,可以检验额外变量与自变量是否有交互作用,评估采用拉丁方设计是否合适。拉丁方设计的缺点是,它关于自变量与额外变量不存在交互作用的假设在很多情况下都难以保证,尤其当实验中含有多个自变量的时候。因此,拉丁方实验设计在多因素实验中不常用。另外,拉丁方实验设计要求每个额外变量的水平数与实验处理数相等,这也在一定程度上限制了拉丁方实验设计的使用①。

关键词

因素型实验、函数型实验、实验因子、准实验因子、水平、组间设计、组内设计、重复测量实验设计、析因设计、主效应、交互效应、多因素完全随机实验设计、多因素重复测量实验设计、混合实验设计、区组实验设计、拉丁方实验设计

练习与思考

1. 因素型实验与函数型实验的区别与联系是什么?
2. 分析组间设计与组内设计的优缺点。
3. 尝试设计简单的单因素实验研究方案。
4. 心理学实验研究的内部效度、外部效度及其影响因素有哪些?
5. 举例说明拉丁方实验设计方法的应用。
6. 查阅权威心理学期刊近 3 年发表的论文,研读一篇采用多因素实验设计的实验报告。
7. 如何理解自变量的主效应与交互效应的关联性?
8. 参照教学示例或心理学期刊上的研究实例,编制一项多因素实验研究方案,要求写明:

---

① 舒华.(1994).*心理与教育研究中的多因素实验设计*.北京:北京师范大学出版社,58.

（1）研究目标和研究目的；

（2）研究的对象，样本的抽取与分组方法；

（3）实验的仪器与材料；

（4）自变量及其水平，因变量及其测量方法，额外变量及其控制或平衡的方法；

（5）采用何种实验设计，实验实施的主要步骤；

（6）数据分析的方法，以及可能的结果。

课程资源

3-1 组间设计的实例学习

3-2 组内设计的实例学习

3-3 混合设计的实例学习

3-4 主效应与交互效应的关联性

第三章 视频资源

第四章

实验研究报告的撰写

内容概览

研究报告是描述研究问题、研究过程与成果，并对结果进行必要讨论的书面文件，研究者将其刊载于学术期刊，或在学术会议上交流，并期望得到同行评判与认同。一篇完整的研究报告通常包括题目、作者姓名与所在机构、摘要与关键词、问题提出、研究方法、结果与分析、讨论、结论、参考文献、附录等。每一部分写作都要符合专业规范，使之更有利于信息传递与交流。心理学类出版物一般都要求按照 APA 格式撰写实验研究报告。

实验完成后，研究者会选用恰当的统计方法对数据进行汇总和分析，有时还会引入质性分析技术，提炼实验结果并得出结论。接着要做的，就是实事求是并符合规范地撰写实验研究报告，以争取将实验发现发表在学术刊物上，或在专业学术会议上进行展示，与有共同兴趣的同行分享成果，展示研究的理论意义和社会价值，并得到公正客观的评价与监督。在专业刊物或学术会议上发表后，实验研究报告就成了后续研究的参考文献之一。

第一节　实验研究报告撰写概述

一、撰写实验研究报告的目的

实验研究报告是描述实验研究过程及其成果的书面文件，它要清晰表达的内容主要包括研究目标、引发研究的相关文献背景、实验研究方法、研究结果与分析以及对研究结果的讨论和解释等。一篇实验研究报告，至少应该为后续研究者提供下列四个方面的信息。

第一，研究所要解决的问题。第一章中，我们已经强调，科学研究的重要特征之一就是以探索未知为目的。研究报告也必须以非常明确的表达方式说明要解决的问题，即研究的目标是什么，希望通过实验或其他方法来收集资料以验证什么假设，以及实现这一研究目标后可以为学科领域或特定实践领域解决什么矛盾或疑难等。

第二，研究的实施过程。在实验研究报告中，应当清楚地说明你已经做了什么，你是如何根据实验目标安排实验操作并最终完成实验过程的。这一过程的描述应翔实，使读者对于你的实验能有一个清楚的了解和把握。只有充分地了解研究的背景和过程，读者或审阅者才能对研究的可靠性进行评估，从而确定对研究结果和结论的接受程度。一般来说，在没有提供详尽研究过程的情况下，科学研究的成果都无法被科学界认可。

第三，实验研究的结果和解释。实验研究报告应当说明，实验完成后采用了何种定性与定量的资料分析方法，以及在分析中发现了什么，得到了什么结果和结论。研究者还要对研究结果进行客观评估和解释，并预测实验结果的推广度。毕竟，研究者就实验课题做过系统的文献分析，有一定的知识储备，再加上对实验过程和结果的直接感知、反复思考，可以对实验结果的发生机制、内在意义、可推广范围做出深入分析和恰当解释，以帮助读者或审阅者更好地理解实验的结果及其价值。

第四，研究在该领域的意义和发展前景。一项高质量的实验研究往往不是孤立的，它是在已有知识体系和研究基础上的进一步拓展与深入。因此,实验研究报告应当体现当前研究和过去研究的关系,并被视为现在和未来的联结点之一,能帮助延续探索。这样的分析和讨论,有助于读者或审阅者把该研究置于一个领域背景中去评判,并有可能引发新的思考与研究设想。

撰写实验研究报告,展示研究的意义与价值,累积科学的点滴进步,可使科学的成果得以传承共享,使科学的研究方法薪火相传,并不断鼓励后来者创新进取,继往开来。

二、实验研究报告的写作风格

实验研究报告不同于其他文体,它不是为了给读者带来消遣和娱乐的,也不能有意让读者感到深奥和充满悬念。它是关于实验研究的简单而直接的描述和解释,文风要朴实、易读易懂。另外,需要强调的是,心理学的研究报告要尽可能符合国际心理学界的通用格式,以便于研究成果的广泛交流和国内外同行的认同。国内中文心理学期刊普遍采纳了《美国心理学会出版手册(第六版)》中提供的写作规则和建议①。实验研究报告写作风格主要包括以下几个方面。

(一)非个人化

实验研究报告出自研究者之手,其中的表述自然被看成研究者的发现或观点,文风上无须个人化,应保持客观而不带个人色彩,尽量少用第一人称代词,如"我""我的"或"我们"等。忌用像"我认为……""我相信……""这对我很重要"之类的语句,可以使用"这些儿童接受了测试"等包含被动语义的表述,而不使用"我测试了这些儿童"。还可以将被试作为句子主语,如"这些儿童完成了问卷"。简言之,撰写研究报告是在客观陈述一项研究而不是在写个人心得。

大多数学术刊物都会定期发布征稿启事,其中多半会要求投稿者在行文中隐去个人的身份信息(比如名字),个人身份信息只能出现在单独的标题页上。这样,把标题页挑出后,文稿就成了"作者不详"。编辑将去掉标题页的文稿寄给审稿人以便于进行匿名评审,使其不受作者名望的影响,保证审稿人对研究报告的评价是基于研究质量本身的。

(二)过去时态

在撰写实验研究报告时,研究实际上已经完成,所以实验的过程和其中的发现均是过去时或完成时。描述或讨论过去的事件宜使用过去时态(举例来说,"他们证明……")或现在完成时态("它已经被证明……")。

从时间维度上分析,实验研究报告的陈述主要包括三方面内容:第一,对文献或过

① American Psychological Association. (2013). *Publication manual of the American Psychological Association*(*Sixth Edition*). Washington, D. C.: APA Books. 或可登录 www. apastyle. org 查阅《出版手册》的详细信息。

去事件的引用，这些材料均产生于正要介绍的这个研究之前，宜使用过去时态；第二，对刚刚完成的一项研究的过程与结果的描述，这是发生在撰写报告之前的，也宜使用过去时态；第三，作者在介绍完研究程序和结果后做出的推断、展开的讨论、得到的结论，这些就不属于过去事件了，则应使用现在时态（如“数据显示……”）。

（三）无偏见的语言

科学成果是全人类的财富，它可以被各种文化背景下的有各种特征的人们所了解和共享，所以实验研究报告中的语言应该是价值中立和无偏见的，能为各种不同的人群所接受，要避免暗示和包含对某些群体的不适当评价。因此，在对被试的特征进行描述或讨论时，要避免隐含涉及以下方面的偏见：性别偏向、人种或种族差异、身体缺陷或年龄等。为避免使用有偏见的语言，美国心理学会的《出版手册》提出三条规则：第一，要使用精确的有专业水准的语言。举例来说，用专业术语代替一般术语来描述人种，如亚洲人或西班牙裔居民，韩国人或多米尼加人。第二，分类命名要谨慎，要以被试最接受的方式命名。比如说，对“亚洲人”（Asian）、“黑人”（Black）、“非裔美国人”（African American）的表述最好分别用传统术语——“东方人”（Oriental），“黑人”（Negro）和“美国黑人”（Afro-American）。第三，尊重参与研究的其他人或被试。举例来说，不要使用“被试被要求在研究中……”这种被动格式，而可以写“这些学生完成了调查”或“被试完成了……”等类的主动形式。

行文中对于特殊人群的表述更要谨慎。比如，“残障人士”不如说成“残疾者”，“患有精神分裂症的”不如说成“被诊断为精神分裂症的”，“衰老的人”不如说成“上年纪的人”或“老年人”。还要尽量避免使用“正常”一词，因为这似乎暗示了其他人是“不正常者”。

（四）引用的方式

在文稿多处，研究者会引用（citation）其他已发表的研究成果。这些成果包括：为当前研究假设提供背景的资料，支持研究者的主张或坚持的事实资料，以及那些为研究奠定了知识基础的他人成果。把他人的观点或文字直接当成自己的就是抄袭——这是严重违背学术规范的。因此，每当提到一项前人研究时，一定要提供这一资料的来源。依照惯例，在引用时要注明所引文献的出处、作者和发表时间。虽然达到这一目标的具体方法有很多，但通用的格式有以下两种。

第一种格式是，在文中陈述一个事实或表述一个观点，然后在同一句中用括号标出文献来源。如：“有研究证实，5 岁孩子的短时记忆非常有限（Jones，1998）……”；“先前的研究显示，人们对听觉刺激的反应快于对视觉刺激的反应（Smith & Jones，1999）……”。要注意，文献作者的姓及发表时间都要放在句子主体以外的括号里。如果有两位以上的作者，则要在最后一位作者的姓之前使用符号“&”（and，即“和”的意思）。

第二种格式是，把引用资料的著作者作为句子的主语，这时只需在括号中注明所引文献的出版日期。如：“在一项有关的研究中，琼斯（1998）发现……”；“在一项有关的研究中，黄希庭和毕重增（2010）发现……”。这里要注意，引用的外文文献的作者的姓已经作为句子主体成分出现，因此括号内只需标明文献发表的时间就可以了。如果有两位以上的作者，就要在最后一位作者的姓之前使用“和”（即“and”）。

不管使用哪一种方式，都还要在论文的最后给出文献列表，为读者提供所引用文献的足够信息，方便读者进一步参考和查阅。而且，我们习惯于对引用的实证材料与理论或诠释性材料做适当区分。比如，你要引用一项实证研究结果，可以使用这样的句式——“琼斯（1998）发现……”；如果引用的是一种理论或推测，你就可以使用这样的句式——“琼斯（1998）认为……”。

在文献引用上也要注意量的控制，特别是在实证研究报告中，一般只选择那些对当前研究的讨论真正有用和有贡献的。如果作者能用自己的语言概括一个论点，就最好不要广泛地借用他人作品中的原句。恰当的直接引用能够给当前研究以有力的支持，但必须保证所引用的材料在语义上的完整性，切忌为了支撑自己的观点而对前人文献采用“断章取义”的引用手法。

（五）数字的写法

规范的实验研究报告对于数字的书写也有具体要求。一般而言，大于等于 10 的，或者虽然小于 10 但却是在和一个更大的数字做比较时，要使用阿拉伯数字而不是中文数字。例如：“有 15 名被试接受高音刺激”，而不说“有十五名被试接受高音刺激”；“从 30 名被试中选择 3 名”，而不说“从 30 名被试中选择三名”。如果一个数是在测量单位之前，也要使用阿拉伯数字而不是中文数字。例如，“5 mg”不能写成“五 mg”。另外，像百分数、时间、日期、年龄、样本大小等情况的表达，以及论文摘要部分的数值都应写成阿拉伯数字而不是中文数字形式。

通常，10 以下的数用中文数字表示，特别是它们不能代表精确测量值时，因此可以这样描写：“只有一位被试退出实验”，“进入实验暗室之前，要询问他们三次”，“被试共完成八份问卷”。处于句首和开头的数，以及常见的分数也多用文字表示，如“百分之九十八的被试彻夜难眠”，“足有四分之三的被试发誓不再光顾我们的实验室”。

三、实验研究报告撰写的伦理要求

一项研究总是建立在已有研究基础之上的，难免会引用或借鉴其他同行的成果。撰写实验研究报告，目的在于将科学研究的成果公开共享并获得监督和评论，在此过程中必须遵守学术界的道德规范。具体而言，务必要注意两个伦理问题。

（一）诚实问题

科学研究具有可重复和可验证的特征，实事求是地报告研究过程与结果，是其中最基本的要求。不管是在研究的进行阶段，还是在结果的发表阶段，都应当遵循客观性原则。心理学家或研究者都不能以任何理由去捏造数据和篡改实验结果。如果在已经发表的数据中发现了明显错误，也应及时采取校对、撤回、勘误或其他公开的合适方式纠正错误，保证结果报告的诚实性。当然，要严格区分误差与欺骗的不同本质。误差是心理学研究中无法避免的结果偏差，几乎在研究的每一环节都会有许多可预料和不可预料的因素给结果带来误差，包括系统误差和随机误差两类。比如，收集资料、测量计分、数据录入、文字排版等都会存在导致错误的可能。这些都是非动机性的偏差，不属于道德问题。当然，研究者有责任采取一些手段来有效降低这些错误发生的概率，如精心设计研究方案、严格控制观测过程、反复检查核对数据、增加重复测量次数等。而欺骗则是为了迎合研究者的预期设想而捏造或修改数据，以"验证"研究假设，这是悖离了揭示真理的科学目标的，是科学研究之大忌。因此，无论研究者耗费了多少时间和精力来实施研究，即使最终没有实现假设验证的目的，也不能抛开诚实而洞开伪造数据之门。此外，研究者不能为了数据的"漂亮"或"整齐"而有意忽略无效数据。比如，在研究中做了三个实验，只有两个实验比较理想，就只报告两个实验的结果而对另一个实验避而不谈，这也是一种不诚实的表现。正确的做法是，既然按照本来的设计方案做了三个实验，就要如实地报告三个实验的完整结果。因为，未能验证假设的实验结果也是科学研究的结果，对后来者也具有借鉴或启发意义，甚至会成为后来者在探索这一实验问题时的重要线索。

（二）原创问题

研究者应当在研究设想与技术手段方面进行创新，在前人研究的基础上不断改进方案，获得更多更有价值的信息，这体现在研究报告中即为原创作品。与此相反，把别人的思想和语言作为自己的作品发表，就是抄袭行为，是不道德的。抄袭行为可以在不同水平上发生，最极端的是将一篇完整的论文直接复制，作为自己的作品发表，这是一种有意识的欺诈。也有很多情况下，抄袭可能是无意间发生的。例如，在撰写论文时，研究者可能受到其他作品的主题或部分语句的启发和影响，对之进行了扩展，随后研究者本人也很难再把自己的语句和思想与别人的区分开，别人的思想或语句就可能出现在论文中，抄袭就在无意间发生了。要防止这些无意的抄袭，有些方法是值得借鉴的：(1) 采用完整的注释，包括引用的原始资料的原文、著作者的姓名、发表年代、论文标题等；(2) 在研究报告或论文中，清楚表明任何不属于自己的思想、语句或信息的来源；(3) 通过在引用的开始和结束处加引号来区分别人的与自己的语句，并给出引用来源；(4) 从原著中获得的整段语句或精彩表述，都要以直接引用的形式给予原著者应有的尊重；(5) 在论文最后提供一个完整的参考文献列表；(6) 如果拿不准某一信息是否有必要做引用说明，应还是以引用为佳，要谨慎对待。无论是直接引用还是重新阐述他人的思想或观点，都应认真表明出处或说明来源，这不仅是对他人劳动的尊重和肯定，也是学术研究健康发展的必要手段，还能避免抄袭。

在研究中引用他人的资料时，还需注意以下几点：(1) 直接引用少于40个字时用引号；(2) 多于40个字应另起一段；(3) 引用要忠于原文，即使原文是错误的；(4) 省略部分用省略号；(5) 额外的解释放在括号内；(6) 不要忽略引用中的引用，但在参考文献中不必列出。①

第二节　实验研究报告各部分的写法

实验研究报告是结构化特征很强的文件，它由若干部分组成，每一部分的内容都有特殊的、明确的规定。研究者需要根据每一部分的要求按部就班地介绍研究的过程和结果。为了帮助研究者更好地完成实验研究报告的撰写，中国心理学会(2002)专门组织编写了《心理学论文写作规范》。我们结合相关学术期刊的投稿要求，下面按照顺序介绍实验研究报告每一部分的具体内容和写作要求。

一、 标题、作者和机构

标题(title)是对文章内容的精练表述，它应明确地显示拟考察的理论、研究变量及变量关系，尽可能完整准确地概括研究的内容，又要避免冗赘。还要特别记住，论文标题中使用的语词将成为他人查阅和检索文献的关键线索，而且人们往往根据对论文标题的第一印象来决定是否还要继续阅读文章的其余部分。中文研究报告的题目长度应尽量控制在20个汉字以内。

就心理学研究报告来说，好的标题通常会尽可能地反映下列信息：研究变量及其因果关系或相关关系、研究领域及核心主题、研究方法及核心实验技术、研究被试的主要特征。在尽可能包含较大信息量的同时，应减少字数，讲究文法，符合专业的表达习惯，不过于口语化。请看下列几个论文标题：

《不同反应方式对双作业操作信息干扰的影响》(葛列众，朱祖祥，1992)

《奖惩频率对3~5岁幼儿完成博弈任务的影响》(李小晶，李红，张婷 等，2010)

《语音回路与阅读理解关系的眼动研究》(丁锦红，王丽燕，2006)

《场依存性认知方式对问题表征及表征转换的影响》(邓铸，曾晓尤，2008)

标题之下是论文贡献者的姓名及其所在的机构或研究实施的机构。论文贡献者"不仅包括执笔人，还包括那些对研究做过实质性科学贡献的人，他们可能参与提出问

---

① 中国心理学会.(2002). *心理学论文写作规范*. 北京：科学出版社，90.

题假设、构思实验设计、统计分析、结果解释以及主要部分的写作”①。有多名贡献者时应按贡献大小排名，排在第一位的应是对研究做出主要贡献或关键贡献的人，通常是那些研究的提出者、设计者或业务指导者。贡献者的排名并非小事，处理不当，会引发许多纠纷，严重时会导致研究团队的解散。这里强调三点：(1) 从实际出发，客观公正地体现合作者对研究贡献的大小，而不以其他标准(如职位高低、年龄长幼、花费时间长短、是否执笔等等)决定排名；(2) 署名范围应包括主要的完成人，而不是所有参与相关工作的人。那些担负一般性的服务或辅助性工作的人不宜全部列入，但应在致谢栏里注明。如果研究的实施需要借助于大型仪器或复杂技术，则实验的主要操作人员应在署名范围内，并且设备所属实验室作为合作机构应一并列入；(3) 为了尽可能地避免不必要的误解和纠纷，可在研究实施之初就明确分工，确定成果的署名顺序。一个研究团队，在尊重事实的基础上，还应互相谦让，不斤斤计较，维持研究团队的共同利益，推动研究工作的良性发展。

在论文中所有署名的作者应对文章的准确性负责，所以，在论文投递前，每个作者都应认真审阅。一旦论文被接收，有的期刊还要求每位作者签名确认。

在标明研究者的机构时，需要加括号，还应附带写明该机构所在的城市和邮编，如“(南京师范大学心理学院，中国南京 210097)”。

二、 摘要和关键词

作者研究机构之后、正文之前，是摘要(abstract)和关键词(keywords)部分。

摘要是用精练的语句表述研究的目标、方法和手段、主要结果或发现、主要结论，它通常是在论文其他部分完成后才写的，是写作中应特别重视的部分。除标题外，后续研究者搜索和阅读文献时都特别关注摘要部分，它可以帮助读者在较短时间内快捷地把握一篇研究报告的主要内容，读者也会根据摘要的内容来决定是否进一步查找和阅读全文。国内大多数心理学期刊要求作者同时提交中英文两种版本的摘要。

一篇实证研究报告的摘要不是论文写作的引导段落、补充说明或评价，而具有相对的独立性，其长度一般应控制在200~300个汉字或500个英语单词以内，中文期刊《心理学报》等少数刊物提倡作者提供较长的摘要，但字数也不要超过500字。完整的论文摘要一般要包括四方面内容：(1) 研究问题、目标或目的，通常用一句话概述，不宜做过多的分解，此处不需要对研究价值和意义做任何讨论和说明。(2) 研究被试与方法，要明确说明被试的数量与相关特征、主要设备与材料、实验设计类型以及其他的特殊处理等。有时为了更明确地突出研究设计的特点，还可以说明被试的抽样与分组情况。此

---

① 中国心理学会. (2002). *心理学论文写作规范*. 北京：科学出版社，90.

部分不能过于详细，要注意控制字数。（3）主要结果，是对实验中观测到的现象的描述，这种描述要客观且简捷。有的研究得到的结果会比较多，也要注意选择那些最能回应研究的核心目标与假设的部分，不宜全部列入。（4）研究结论，是基于研究结果而进行的概括和推断，有的研究者会在结论之后适当指出研究的价值和意义，有时研究目标只在于现象描述本身，其结果也就算是结论了。比如一项研究欲考察空间推理能力的性别差异，观测到的差异表现既是结果也是结论。摘要的四个方面的内容，不一定要按照固定顺序来写，也不必面面俱到，需视具体情况而定。初学者感到最难把握的是“结果”与“结论”的区分，对此，我们再做一强调：“结果”是关于观测到的现象的描述，限于对当前研究中的样本的客观描述；“结论”是对观测到的现象的推断或理论概括，具有一定的抽象和概括性，一般是超越了当前研究的样本本身。

若对于上述内容的把握初学者还是感到存在难度，可参照以下程式来完成摘要写作：

（1）对研究问题的一句话概述；

（2）对研究被试的简单说明；

（3）对研究设计类型、方法和实施步骤的简单描述；

（4）主要结果的报告；

（5）结论或意义的陈述。

行文方式上要尽量使用第三人称，可采用“对……进行了研究”“报告了…的现状”“进行了…的调查”等记述方式，不用“本文”“作者”等作为主语①。另外，需要特别提醒的是，不少“新手”常常会把摘要写成了“引言”或“开场白”，这一点要避免。

摘要之后，给出3~5个关键词。关键词是对描述研究范围或领域、研究的核心内容、采用的方法等起重要作用的词汇，或者其在文中出现的频率较高。关键词在文献搜索中的作用很大，因此撰写实验研究报告时，要重视关键词的选用。

三、引言

摘要和关键词之后就是实验研究报告的正文。正文一般由五个部分组成：引言、研究方法、结果与分析、讨论、结论（与建议）。

引言（introduction），也有的用“序言”“前言”“问题提出”“研究目的”等名称。引言主要是为开展研究提供一个基本的原理或合适的理由，说明为什么要做这一研究，研究的背景是什么，前人做过与此有关的什么研究，等。具体来说，引言的写作可从以下方面展开。

---

① American Psychological Association. (2013). *Publication manual of the American Psychological Association (Sixth Edition)*. Washington, D. C.: APA Books.

（一）给出研究的理论基础

几乎所有的研究都是建立在前人研究结果或者理论基础之上的。研究者需要向读者介绍该领域中相关问题的一些观点:哪些是已经发现的,哪些是正被发现的,哪些是需要再澄清的。向读者说明关于这一特定心理学领域的知识还存在的缺口,当前进行的研究的价值就在于能填补这一缺口。进行一项研究的理由可能有:检验理论、验证结果、补充发现、解决新问题。

检验一种理论。如果一种理论是成立的,借此预测特定条件下可能出现的结果。就是说,理论中可能存在反例。因此,有时候一项实验研究是用来验证一个理论设想的,检验其在现实中是否有效。例如,塔迪夫提出的理论认为“精神分裂症源于高血压”。照此说法,降血压应该是治疗精神分裂症的有效方法。对此进行验证,就需要随机选取两组被诊断患有精神分裂症的被试,一组做降低血压处理,另一组则不做处理,然后测试并比较他们精神分裂症状的程度。

验证一个已有结果。有时,一个实验是为了验证先前的研究结论,可以使用和原来研究者相同的方法。更常见的是,对原有实验方法进行些许改变,增加一些实验的新成分,这有助于发现原有研究产生所得结果的其他原因。

补充前人研究发现。当研究者要证实某个结果时,多半会增加一些新的处理,而不是对前人研究简单复制,从而增进对所研究现象的了解。研究者常常会去检验某种现象是否具有普遍性,他需要查明,这种现象在怎样的条件下会发生,怎样的条件下不会发生,从中得到许多新课题和新认识。假如能够证实,降低血压有助于减缓精神分裂症状,由此就会有很多问题生发出来:它对男性和女性患者产生的效果一样吗?它对早期精神分裂症的治疗效果和晚期的是否一样?血压需要降低多少?降低血压本身重要,还是此过程中伴随的其他因素重要,如降低血压时的心理压力?等等。

解决前人研究中出现的新问题。假设有人发现运动可以调节情绪,而另一些人却得到相反的结果。是什么导致了这些结果的分歧呢?可能是他们都没有考虑巧克力对情绪的影响:在一些研究中,锻炼者在运动前吃了巧克力,而另一些人的研究中则没有这样做。这就需要一项新的研究:在系统地控制前人研究中存在的不同因素后,结果会怎样呢?

（二）概括所做研究的框架

向读者清楚地介绍完讨论的问题及理由后,就应该简单介绍一下研究计划,给出一个当前研究的清晰轮廓,而研究的细节留待“研究方法”部分具体描述。比如,假设我们要解决的是前述的运动对情绪影响的研究中所存在的矛盾。我们需要有四组被试:吃巧克力的运动者、吃巧克力的不运动者、不吃巧克力的运动者、不吃巧克力的不运动者。一周后,我们将测量四种处理条件下每个被试的情绪状态。如果我们的假设是情绪受巧克力和运动的共同影响,那么我们将预测到吃巧克力的运动者是情绪最高涨的,然后是吃巧克力的不运动者和不吃巧克力的运动者,不吃巧克力又不运动的人应该是情绪最低落的。

简单描述研究框架后,可基于某个理论而提出期望的实验结果。例如,我们已经讨论了运动和吃巧克力对大脑内啡肽水平的影响,那么这将是我们预测结果的理由。

不过,这里所做的预期有点“不诚实”,因为研究者一般都是在有了实验结果以后才开始撰写研究报告的,所以也等于是在分析了实验结果之后才进行了“预期”。这是“事后诸葛亮”,你经常可以发现“引言”部分中的“预期”和实际得到的数据惊人地吻合——因为作者在写引言的时候已经知道结果了。

(三)预测实验结果

低年级或刚进入大学的学生经常做的一件事是,在引言部分结束时对实验的(或备选的)零假设做出相当正式而刻板的陈述。比如,给出这样的表述:“我们的实验假设是四组之间存在着显著的统计学差异,而零假设是四组之间没有明显的差异。”

专业心理学家不会这样写,他们会用清晰但非正式的语言对结果进行预测,例如这样:“如果吃巧克力和运动对情绪均具有影响,那么四组被试的情绪将表现出以下的不同:吃巧克力的运动者将得到最高的情绪得分,不吃巧克力并且不运动的人得到最低的情绪得分,其他两组被试的情绪得分处于两个极端组之间。”这里不需要对零假设进行陈述——因为那等于是说不同实验处理之间没有统计学的差异,这种表述完全是多余的。

在引言结束时,最好能制造一个扣人心弦的悬念,让读者迫不及待地继续读下去,并急于知道实验获得的结果。接下来,就需要确切地告诉读者研究怎样展开——到撰写研究方法部分了。

关于引言部分的篇幅和详略程度,要视具体情况而定。有的研究会比较深入,前人的积累也相当丰富,文献回顾会涉及许多专业术语和理论模型。这种情况下,文献回顾的篇幅可能就要多一些,以便为读者提供一个清晰的知识背景,让读者准确把握核心概念的内涵,理解研究主题的意义及研究范式。研究中如果需要使用特殊的实验技术或实验范型,也要在这一部分中进行介绍。有的研究,文献积累较少,或不需要复杂的知识背景作铺垫,则这一部分可以简略一些。有些期刊对整个论文的篇幅有严格限制,这一部分就要简略些。

四、 方法

方法(method)部分是就研究设计及实施过程进行相对详细的介绍,以使其他研究人员根据从中获得的信息能够复制这一研究,如果他想要这样做的话。方法部分一般包括四方面内容:“被试”方面给出参与实验的被试的必要信息,“仪器与材料”方面详细介绍实验中所用到的器材(包括问卷和材料等),“实验设计”方面给出实验整体结构的概述,“实验过程”方面告诉读者研究是怎样落实的。

（一）被试

详细介绍每种实验处理下的被试数量，以及他们的人口学信息，例如年龄和性别。简单介绍一下你是怎样获得被试的。例如，他们是志愿者，还是有报酬地参与实验？他们对实验的目的是否知情等。心理学实验中的被试通常都不知道研究的真实目的，研究者有时用“单盲”或“双盲”来表达，这在心理学的许多研究中是可以被允许的。但是，不管怎样，都要避免对被试造成伤害。

有些时候，你可能会用到特殊的被试群体，例如色盲患者、学习障碍人群、多动症儿童或者人群恐惧症患者。这时，应该提供更进一步的相关细节。例如，就人群恐惧症患者而言，要界定将他们定为“恐怖症”的具体标准，比如在某一“恐怖症”鉴定测验上的分数达到多少。

究竟要给出被试的哪些特征信息，需视情况而定，即要正确识别哪些信息与实验有关，哪些信息与实验无关。既要保证信息的充分性，也要做到无多余信息。

（二）仪器与材料

这一部分相对较简单明了。报告需要提供实验中用到的器材的足够细节，以便他人可以重复这一实验。当然，也不能像写购物清单一样列举器材——要用完整的句子表示。不要写成“摄像机、磁带录音机、问卷”，而要写成“所用器材包括摄像机、磁带录音机和问卷”。

就一些广泛应用的问卷和笔纸测验（例如 EPQ 艾森克人格问卷、威特金镶嵌图形测验等）而言，需要给出它的名称、相关出处、引用的理由，并简要说明其有效性的证据。

普通的项目如椅子、桌子、记录纸等不需要介绍得太详细，越是特殊的器材，越是要给予详细说明。对于定制的设备，还要有图形或图片。如果器材只需简单提及，有时干脆忽略或与方法中的其他部分混在一起。对于使用调查问卷的研究，这一部分就叫作“材料”。在研究中用到的每份调查问卷都要有相应的介绍，并且要对它的作用进行说明（例如：用……来测量……）。对于那些新编制的调查问卷，还必须将其放在附录里（如果涉及保密问题，则可以适当列举一些项目，不用完整列出）。

（三）实验设计

这一部分应给出研究设计的概况。如涉及实验中的“自变量”是什么？共有多少种实验处理？它是一个重复测量实验设计，还是一个完全随机实验设计，或者是更复杂的混合实验设计？哪些量是被测量的——换句话说，因变量是什么？

举例来说，假如你对生产线工人甄别次品的影响因素感兴趣，你设计了一个实验来检查年龄和一天中的时间段对工人甄别次品绩效的影响。抽取年轻组、中间年龄组和最大年龄组工人。每一个年龄组工人再随机分成人数相等的早班组和晚班组。测量每个工人在四个小时的轮班中检查出次品的数量（巧妙地安排实验，使每个工人的轮班时间段内出现的次品数量相等，但不要让工人知道）。就这个实验来说，研究报告的“实验设计”部分就可以这样来写：

研究采用 3×2 完全随机实验设计。自变量有两个，一个是工人年龄段，三个水平：年轻组（21～30 岁）、中间年龄组（31～40 岁）、最大年龄组（41～50 岁）；一个是工人轮班时段，两个水平：早班和晚班，这也为组间自变量。因变量是记录每位工人轮班时间段内检出次品的数量。

（四）实验过程

给出实施实验的实际细节。要对研究中变量的操控程序、设备调试与实验启动、因变量的测量与记录过程进行描述，包括被试实验顺序的编排、给予被试的指示语、呈现的刺激材料、被试如何完成操作和接受测试等。

假如，你想开展一项研究检验脑血流量对记忆的影响。自愿参加实验的被试要接受两次记忆测试，一次是在把脚吊起后头朝下接受测试，另一次是在直立时接受测试。在这一实验过程的描述中，这些细节都是有必要交代清楚的：所有的被试都以相同的顺序呈现刺激，还是刺激随机呈现？一次只测量一个被试还是一组被试？他们被吊着悬垂了多长时间？他们站立了多长时间？这两次测试之间的间隔有多长时间？记忆测试时间有多长以及在时间方面和项目的数量上如何安排？给予被试的指导语是什么？被试如何学习这些项目并接受学习效果测试的？等等。

需要强调的是，方法部分的陈述要保证客观性。除必要的设备、材料的说明外，一般不要做过多的附加解释。如果想对实验操作进行解释和分析，可在后续的“讨论”部分进行。

五、 结果与分析

“结果与分析”（results and analysis）部分要呈现的是研究所得出的结果，也就是要告诉读者研究中发现了什么，但这里不要急于探讨结果的理论意义。结果的呈现顺序通常是：简单地说明要对实验数据或其他资料做什么样的技术分析，概要性描述主要的结果包括哪几个方面，再分别叙述每一方面的研究结果。

在“结果与分析”部分，要特别注意两点：一是客观说明得到的结果，这里的“分析”不是“讨论”之意，而是“统计分析”和“分解呈现”之意，在此部分“切忌夹叙夹议”①，防止将研究者的个人观点和基于结果的推断与研究中得到的客观结果混淆在一起，造成对研究结果的“污染”；二是结果的呈现不能随意罗列，要结合前文提出的研究目标和研究假设的顺序与层次，进行结构上的组织和编排，多数情况下，可以用几个小标题把不

---

① 笔者曾师从黄希庭教授，1996 年初，将一篇自以为还不错的研究报告交到先生手中，几天后先生指导我对报告进行修改。先生对报告做了详细审阅与批注，迄今令笔者印象最深的就是在“结果与分析”部分的页边上的几个大字——“切忌夹叙夹议”。后来，就也学着先生的口气告诉自己的学生：切忌夹叙夹议！

同方面的结果分开呈现。

为更好地呈现实验中的发现,这里还需要说明三个问题:数据的预处理、描述性统计结果的呈现、推断性统计结果的呈现。

(一)数据的预处理

在获得描述性统计量和推断性统计量的整个过程前,需要对数据进行某种预处理。以反应时实验数据为例,偶尔,会有被试产生一个异常的长反应时(与他所得出的其他反应时相比)。这种现象的出现往往是由于一些非常偶然的因素影响了被试,比如被试的分心,或者一时忘记了该按哪个键。这些长反应时数据可能会歪曲研究结论,或是这些数据增添了整个数据样本的"噪音",致使任何隐含在数据中的效应都难以被发现。因此,剔除这些不正常的数据是必要的,也是正确的。当然,研究者不能仅仅因为不喜欢这个数据或是因为数据不符合自己的预期就删除它,剔除数据要遵循科学的规则。通常的做法是,在本来应该具有同质性保证的数据样本中,若出现偏离样本平均值两个标准差以上的特异数据,那这些数据就可以剔除。也有的研究者,对删除特异数据持非常谨慎的态度,只删除那些偏离样本平均值三个标准差以上的数据。这要视具体情况而定。

在剔除特异性数据时,要注意两个问题。第一,如果数据样本本身就没有在抽样中保证同质性,上述数据剔除规则就要慎用。例如,从体育系、物理系、音乐系随机抽取若干名学生参加反应时测定,所得数据样本就没有保证同质性。如果一个被试在两种以上的不同条件下测试得到若干反应时数据,这个数据样本也不具有同质性。这两种情况下都不能使用上述数据剔除规则。第二,对于要参与比较的不同数据样本,需要采用相同的数据剔除规则。例如,要比较声、光刺激条件下的简单反应时间,实验得到两个数据样本,如果采用剔除偏离平均值两个标准差的规则,剔除了声刺激反应时数据样本中的特异数据,那么就要采用同样的方法剔除光刺激反应时样本中的特异数据。

另外,由于各种未预料到的原因,某些被试不能很好地完成实验任务,以致不能提供有意义的数据,那么这些被试的实验数据必须剔除。例如,抽取大学生对名人面孔进行识别以研究面孔识别的影响因素,其中有些被试对实验中提供的大部分名人不认识(可能他们根本没有时间看电视和电影),这些被试的实验数据就不能使用,只能剔除。

类似于上述的数据预处理方法要清楚地加以描述说明,因为这些处理对后来的重复实验者来说是很有必要了解的。

(二)描述性统计结果的呈现

描述性统计结果展现了一组数据特征的概况,主要包括集中量数(平均数、中位数、众数等)、差异量数(标准差、全距、标准误等)和频数分布数据。如果实验结果中只有一两个平均数要呈现,那在文章中就可以很容易表示出来。如果平均数超过两个,那么用图表的方式呈现会比较清晰。究竟是用表格还是图呢?这并没有严格的规定。有时平均数和标准差用表格的方式呈现为宜,有时用图形的形式呈现会更加清晰。如果只有少量的平均数，一般用图形比较清楚。倘若有大量的平均数，或者你还想呈现一些另外的信息，例如标准差、全距、每种实验条件下的被试人数等，采用表格可能更好。不管采用哪种形式来显示结果，都要避免信息的重复表达。

（三）推断性统计结果的呈现

推断性统计量是数据的统计检验结果，目的是揭示实验研究中小组之间或实验条件之间在统计学上是否存在显著性差异。例如，要测量人们在正立和倒立两种条件下的记忆力，就可以用 t 检验来验证两种条件下的记忆差异。

一般而言，推断性检验的结果证明实验是否存在一种“效应”，以及决定了能否把这种“效应”看作确定性的“事实”而不是偶然现象。有时候，学生（也包括一些研究者）浏览了一下收集的描述性数据，就觉得几个条件间的平均数有了一定的差异量。可是当对数据进行推断性检验时，却得到了无差异的结论。如果他们认为检验是烦琐、不合时宜的，可能就会完全无视检验的结果，继续高谈组间产生的“差异”，这就很容易从数据的表面现象得到错误结论。忽视检验结果就是否定了检验的重要性。行为科学的研究中，随机因素的影响是无处不在的。如果统计检验结果显示出差异不显著，那就不得不接受这个事实，也不需要因为结果不显著而羞愧。

和描述性统计结果类似，如何呈现推断性统计结果很大程度上取决于数据量的多少。写作中，可以根据实际需要，采用表格的、图形的或纯粹文字的形式呈现。美国心理学会提议可遵循以下的规则：如果有小于或等于 3 个的数据，就用一句话来概括；如果有 4~20 个数据，就用表格形式呈现；如果数据多于 20 个，就可以考虑用图形的形式来取代表格。如果选用表格形式呈现统计检验结果，那必须确保读者能看懂检验的是什么（例如，要比较的是哪些实验条件）。所以，即使使用了图或表，文字的配合说明往往也是不可缺少的。

需要说明的是，数据结果的呈现通常采用表格形式，而三线表因其形式简洁、功能分明、阅读方便，在科技论文中被推荐使用，如本章中的表 4－1 就是三线表。三线表通常只有 3 条线，即顶线、底线和栏目线。其中顶线和底线可适当粗一些，栏目线为细线。但三线表并不是说只能有 3 条线，必要时可加辅助线。无论加多少辅助线，仍称作三线表。三线表的组成要素包括：表序、表题、项目栏、表体、表注。

呈现统计检验结果最简洁的方式是，首先陈述结果以及相关的描述性统计量，紧接着在括号里附上能提供支持的相应的推断性统计量。例如，服用安非他命小组的平均反应时（977 ms）明显少于未服用组的平均反应时（1004 ms）（$t=2.66$，$df=30$，$p<0.01$，$r=0.44$）。

统计检验中的伴随概率有几种不同的报告方法。有时报告的是精确的概率值，例如“$p=0.024$”或“$p=0.036$”。有时报告的是一个最接近的临界概率值，把几个实得概率都归属于这个临界值，因而，“$p=0.024$”或“$p=0.036$”都可以写为“$p<0.05$”。

还有三点需要说明。首先,给出推断性检验结果时,无须说明这一结果计算的烦琐过程,对统计量的概念也无须再做解释和说明。其次,当数字小于1时,应在小数点前加个0(例如,描写“平均误差率为0.73”)。但是当数字不可能大于1时也可以省略小数点前边的0,如相关系数(区间只能是-1到+1)和概率(不可能大于1),这样的例子就不必在小数点前加0。再次,要有选择性地呈现结果。尽管你可以计算出一组分数的平均数、中位数和众数,但这并不代表必须把这些都呈现给读者。要选择最合适的那个量数及与之有关的其他量数,使结果呈现简洁明了。

结果呈现时经常使用统计符号,这也需要符合规范,不能随意乱用。可参照表4-1选用。

表4-1 一些常用的统计符号和简称

符号	含义	符号	含义
ANCOVA	协方差分析	*ANOVA*	方差分析
df	自由度	*F*	*F* 值(方差分析检验统计量)
M	平均数	*MANOVA*	多元方差分析
Mdn	中位数	*MS*	均方
S^2	方差	*SD*	样本标准差
N	样本总数	*p*	概率
n	分样本的个数	*r*	皮尔逊积差相关系数
SS	(离差)平方和	ρ	斯皮尔曼相关系数(“rho”)
R	多元相关	γ^2	决定系数(皮尔逊相关的平方)
σ	(“Sigma”)总体标准差	η^2	埃塔方,反映自变量的效应量
U	曼恩—惠特尼检验统计量	α	Alpha:第一种错误概率
β	Beta:第二种误差概率	χ^2	卡方检验统计量

六、讨论

讨论(discussion)部分是要对研究发现的意义进行解释和评价。“讨论”应从假设的重述开始(回想一下最初在“引言”部分结束前提出的研究假设),接着简要重述主要的研究结果,指出它们是否支持了研究假设。然后,将结果与其他研究者的结果联系起来,说明其在多大程度上符合该领域现有知识结构。通常,还要辨析研究的所有缺陷,特别是影响结果普遍性的因素。具体而言,可参照以下几个方面来撰写“讨论”。

(一)概述研究结果

在“讨论”的开始部分,可以先简要总结一下研究的主要结果。因为,如果读者的注意广度欠佳,把“结果”中所陈述的内容全都忘记了,或是对“结果”十分迷惑,那么他们在继续阅读“讨论”时,需要对主要研究结果有一个简要的概观。这里的概述不需要再使用任何统计数据或图表，也不宜过分详尽。如果读者需要更多信息，他们会重新阅读“结果”部分。

（二）联系前人研究

解释当前的研究结果与前人研究的关系。例如，运用现有的心理学理论可以如何解释当前研究的结果？新的研究结果是否对当前的理论提出了质疑，或是和这些理论一致？是否只支持一种理论？是否和此领域的前人研究相一致，是反驳还是验证？对于大多数研究报告来说，此部分是“讨论”中所用篇幅最长的。

讨论是整个研究报告里最有趣的部分。有时候你的结果和前人研究非常一致；有时候不符合以往的研究结果，这时就需要对此做出一个合理的解释。这是一个展示你想象力的机会（但叙述不要太多），你可以展示一下你对前人研究和自己研究的深入理解，使你的研究和前人的研究发生联系，成为差不多一致的整体。多数情况下，对前人研究叙述的详细程度要和前言中的相当。但有时需要对一个研究做更详细的介绍。例如，假设你的研究结果和前人的某一研究不一致，这种情况下你可能会说差异来自于实验程序的不同。显然，这时就需要详细说明前人的实验程序了。

（三）当前研究的局限性

在得出结论前，研究者应该对自己研究的局限性有充分的认识。这些局限性可能是研究方法方面的，比如设备的精度有限、额外变量的控制存在缺陷、实验的环境条件不能完全达到要求等等。也可能是样本代表性方面的，比如：只有女性被试，结果不能推广到男性人群；被试的分组不能完全做到等组；等等。

不要因为研究存在局限而过分自责，没有哪项研究可以做到完美无缺。在分析研究的局限性时，不要流于表面地列出一般性的问题，如有些学生会不假思索地这样写道：“增加被试效果会更好”，“实验应该再做一次，选取普通人群中更具有代表性的样本，而不是大学生”。从某种意义上说，增加被试当然有好处，对于任何研究大概都如此，所以不必赘述。或许你想说的是，事后觉得没有使用足够的被试来发掘实验处理的效果。如果应该用更多的被试，那么一个明显的问题是——为什么在开始的时候不增加被试呢？在研究实施前就必须考虑到应该使用多少被试。第二种陈述说大学生不能代表一般人群，这不一定正确，要看观测现象的本质。如果研究的现象受教育程度、智商、守旧性、年龄等因素影响，使用学生样本就会产生偏差。例如，总体看来，学生对于种族关系的看法和一般人不同。但是，如果实验研究的现象不受学生特质的影响，比如测量初级视知觉和记忆广度，那么学生样本就具有代表性。

实质上，讨论部分可以显示自我批判能力，它是研究者对自己的研究进行的评判。你可以先预想读者的批评，然后提前做出解释。“进攻是最好的防御手段。”在研究中亦然。如果往期刊投稿，当审阅人看到你的研究时，他们会指出研究中存在的各种问题，并由此评判你的论文是不是值得发表。因此，研究者可以借助于“讨论”部分的写作让审阅人消除疑问,有力地告诉审阅人:“是的,我已经清楚地意识到研究中存在这些问题,而且实验组的数据也很不理想,但是,我仍然能够说明,我的研究依然有效,结果也仍然值得发表。”审阅者看到这里时,虽然认为研究是存在缺陷的,但还是会给出“同意录用”或“修改后录用”之类的意见。

(四)对进一步研究的建议

在“讨论”部分要结束时,可进行研究展望,就未得到解决的问题提出几点建议。当然,提出的建议也要有充分的理论根据。不要只写“在进一步的研究中,要注意性别差异”或者“用博茨瓦纳被试来重复此实验是很有价值的”。要简要说明这样做的价值,以及可能的不同结果。

初学者在撰写“讨论”部分时最容易犯的错误主要有:(1)分不清主次,理不清结构,把实验中所有可以算作结果的内容变相地再罗列一遍,并在其中夹杂一些个人看法,带给读者更多困惑。(2)撇开研究的目标与假设,不着要领,离题太远,试图说明自己在该领域的知识是“渊博的”。(3)对研究结果做过度的引申和扩展,有时会不顾及当前研究中的各种约束,试图揭示当前研究的“普遍”意义。(4)不理会前人的研究成果,似乎前人的研究都已经过时了,只需在“引言”部分将其作为背景就可以了。这种错误的最明显表现就是,“讨论”部分不再有任何参考文献了。这些错误很容易发生,需要研究者在不断的写作中,随着专业水准的提高和经验的积累逐渐得到改进。

七、结论(与建议)

实验研究报告正文的最后部分是“结论”(conclusion),有时叫作“结论与建议”。这一部分就是将当前研究确实得到的、可以肯定的部分概括性地呈现出来,它是前述“结果与分析”“讨论”后的一个自然总结。这里也需要注意两点:一是不能将前人已有的认识和他人研究的结果作为“结论”,二是不能将研究者的假想、未能肯定的推测、未来研究设想等作为“结论”。结论要简短、肯定。切记,不要把“结论”写成了“结果”的压缩版,它是基于结果的概括和抽象,并超越了样本描述。

在一些应用性研究的报告中,研究者往往根据所得结论针对某一实践领域提出建议。一般情况下,这些建议比较简明、确定,不要做过多的阐释,以防喧宾夺主。

八、参考文献和附录

参考文献(reference)和附录(appendix)已不属于实验研究报告的正文部分,但同样是重要的。参考文献至少有四方面的作用:(1)为自己的研究及讨论提供支持,并证明研究者本人对该领域的了解程度;(2)向被引用文献的原作者表示谢意,并给予应有的尊重;(3) 承认引用,避免“抄袭”“剽窃”之嫌;(4) 为文稿评审者或阅读者提供进一步查阅相关文献的线索。所以,参考文献要为报告中的每一引用项提供完整信息,而且要注意,参考文献里列举的项和论文里引用的项必须一一对应,即每个引用项都必须出现在参考文献列表里,而参考文献列表里的每一项又必须是被引用的。一般参考文献按第一作者姓氏的字母顺序排列。第一作者姓氏字母相同时,独著类的先列,其他则依照时间先后顺序列。也有的是按照引用的先后顺序排列。

详细规定可查阅 *Publication manual of the American Psychological Association* (*Sixth edition*)。建议使用 EndNote、NoteExpress 等软件来管理参考文献。

这里给出各类文献的格式示例,初学者可参照撰写。

1. 中文文献写作格式

● 论著与教材类:作者.(出版年). *著作名*. 出版地:出版单位,页码范围.

荆其诚,傅小兰.(2009). *当代心理学大家*. 北京:北京大学出版社,173 - 176.

● 论文集类:作者.(出版年). 论文题目. 见:论文集编著者. *论文集名*. 出版地:出版单位,页码范围.

陈庆荣,邓铸.(2008). 阅读中的眼动控制理论与 SWIFT 模型. 见:白学军,闫国利主编. *眼动研究在中国*. 天津:天津教育出版社,42 - 48.

● 会议交流类:作者.(会议举办年份). 论文题目. *会议名称*,举办地.

蔡厚德,王伟.(2007). 词汇加工大脑功能偏侧化与相互作用的 ERP 研究. *全国“普通与实验心理学”2007 学术年会*,南京.

● 学位论文类:作者.(完成年份). *论文题目*. 博士/硕士学位论文,学位论文完成机构.

黄荣.(2011). *大学生认知开放性量表的编制及其应用*. 硕士学位论文,南京师范大学.

● 期刊论文类:作者.(发表年份). 论文题目. *期刊名称*,*卷号*(期号),页码范围.

罗鸣春,黄希庭,严进洪等.(2010). 中国少数民族大学生心理健康状况的元分析. *心理科学*,*33*(4),779 - 784.

2. 英文文献的写作格式

● 论著与教材类:作者.(出版年). *著作名*. 出版地:出版单位,页码范围.

Sternberg, R. J. (1985). *Beyond IQ: A Triarchic Theory of Human Intelligence*. New York: Cambridge University Press,56 - 79.

● 论文集类:作者.(出版时间). 论文题目. In:论文集编著者. *论文集名*(pp. 页码范围)出版地:出版单位.

Brown, A. L. (1987). Metacognition, executive control, self-regulation, and other more mysterious mechanisms. In: F. E. Weinert & R. H. Kluwe (Eds.), *Metacognition*,

Motivation, and Understanding (pp. 65 - 116). Hillsdale, NJ: Erlbaum.

● 会议交流类:作者.(会议时间).*论文题目. 会议名称*,举办地.

Dey, P. P., Amin, M., Bright, M. (2008). Multi-model multi-strategy teaching/learning in science, engineering and technology. *Proceedings of the International Computer Science and Technology Conference (ICSTC-2008)*, San Diego.

● 期刊论文类:作者.(发表时间).*论文题目. 期刊名称,卷号*(期号),页码范围.

Helic, D., Maurer, H., & Scerbakov, N. (2004). Knowledge transfer processes in a modern WBT system. *Journal of Network and Computer Applications*, *27*(3),163 - 190.

不过,就国内学术刊物来说,参考文献的编写方式各有不同。投稿前需要查阅相关刊物最新的版式和最新的征稿启事。

"附录"部分是放置其他一些辅助性材料的,它为论文提供多方面的信息支持。一般,下列材料均可放在"附录"中:(1) 统计分析和计算机统计软件包的输出结果。如手工计算 t 检验,可将 t 值、自由度、概率值等列在正文的"结果"部分,演算过程放在附录中;如果使用电脑计算,t 值等列在"结果"部分,电脑程序的输出结果则放在附录中。(2) 原始数据。有时需要提供原始数据(例如被试的得分)。这些数据可放在附录中。但是,如果没有专门要求,就不要列出原始数据①。(3) 问卷和其他一些纸笔测验。如果是自制的或其他一些不常用的问卷或测验,需要在附录中列出。如果是应用广泛的问卷,就不用列了,提供此测验的来源就足够了。(4) 指导语。有时给被试的指导语很长,很详细。这些指导语要念给被试听,或者把它们放在问卷中或计算机屏幕上。这些指导语就不宜放在正文里,而应放进附录中。(5) 刺激材料。如果要做一项言语记忆实验,就要把记忆材料放在附录中。还比如,做一项面孔识别实验,实验中要被试判断看到的面孔是否是名人,附录中就要有一个列表,包括你所用到的名人。如果你的实验要记忆一组抽象几何图形,那么在附录中要列出全部的图片。如果论文包括一个或多个附录,那么你要在论文报告的正文中提及它们。如,在"结果"部分,你写道:"表 1 显示的是各种测试条件下的平均数(原始数据见附录)。"

关键词

《美国心理学会出版手册(第六版)》、研究报告、抄袭、引用、摘要、关键词、结果、讨论、参考文献

① 原始数据的保存是很重要的。论文投递后,在审稿和发表过程中,如果编辑或审稿人员对研究数据的准确性或统计方法提出疑问,作者应随时能够提供原始数据。所以,在文章发表之后,作者还应把原始数据(包括原始的调查问卷、研究程序等原始资料)保存 5 年以上,以备他人查证或重复分析。

练习与思考

1. 在心理学领域中，完整的实验研究报告由哪些部分组成？
2. 确定实验研究报告的“标题”时应注意哪些问题？
3. 实验研究报告的“摘要”主要反映哪些内容？写作时需要注意哪些问题？
4. 实验研究报告的“引言”部分应包括哪些内容？
5. 实验研究报告的“研究方法”主要由哪些内容组成的？
6. 实验研究报告的“结果”呈现需要注意哪些问题？
7. 如何撰写实验研究报告的“讨论”部分？
8. 各类参考文献的撰写格式是怎样的？
9. 哪些材料可以放置在“附录”中？
10. 从国内外学术期刊中选读一篇实验研究报告，分析其各个部分所包含的内容，并对其写作质量进行评判。
11. 设计并实施一项实验研究，然后撰写一篇完整的实验研究报告。

课程资源

4－1 《心理学报》的征稿要求

4－2 《心理科学》的征稿要求

4－3 研究报告完成后的审核

4－4 编辑的一些典型反应

第四章　视频资源

第五章

心理物理学

内容概览

心理物理学是实验心理学的经典内容，近年又获得了新发展，而且在现代心理学的基础研究和应用研究中都有广泛应用。特别是信号检测论，在对被试进行目标信号检测时，建立了噪音概念，综合考虑对信号的击中和对噪音的虚报，实现了辨别力与判别标准的分离。费希纳的心理物理学技术包括三种方法，即最小变化法、恒定刺激法和平均差误法，三种方法各有优缺点，均可用于对绝对感觉阈限和差别感觉阈限的测定。信号检测技术以辨别力指数和似然比分别独立地反映被试在信号检测中的辨别能力与判断标准高低，实验方法主要包括有无法和评价法。

心理物理学(psychophysics)是研究心理量与物理量之间函数关系的科学,包括经典心理物理学和现代心理物理学。经典心理物理学是费希纳1860年发表的最小变化法、恒定刺激法和平均差误法等方法的总称,是其《心理物理学纲要》中最核心的内容,后经修订而沿用至今,成为测定感觉阈限和制定心理量表的基本范式与技术。现代心理物理学是指信号检测论(signal detection theory),是随信息论、控制论的发展而出现的新的理论和方法,在现代心理学实验研究与决策问题研究等方面有着广泛的应用。

第一节　经典心理物理学

一、感觉阈限及其解释

(一)感觉阈限的操作定义

普通心理学中以感觉阈限(sensory threshold)来度量感觉器官的感受性。绝对感觉阈限被定义为"刚刚能引起感觉的最小刺激量",差别感觉阈限被定义为"刚刚能引起差别感觉的刺激物间的最小差异量"①。这里的"刚刚"如何测量呢?无法操作。可以把"刚刚"理解为感觉到的一个临界点,当刺激强度大于此点强度时就能被感觉到,小于此点强度时就不能被感觉到。可是,某一强度确定的刺激能否引起接收者的感觉,并不是绝对的,这里存在一个感觉到和感觉不到的概率问题。强度越大被感觉到的可能性越大,反之可能性越小。

就个体接受某种刺激的情况来说,只要相关因素保持稳定,总能找到一个刺激强度,在此强度时,感觉到和感觉不到的可能性各占50%。如果以此强度作用于该个体,让其报告有无感觉到,重复进行200次,他报告"有"和"无"的次数大约会各达100次。如果刺激强度增加,则报告感觉到的概率就会大于50%;减小刺激强度,则报告感觉不到的概率就会大于50%。很明显,在这个刺激强度的上下,个体的感觉存在质的差异,这个强度将刺激引起的感觉系列划分成性质不同的两大部分:一个部分是其刺激多数情况下能被感觉到,另一个部分是其刺激多数情况下不能被感觉到。经过这样的分析,就不难理解绝对感觉阈限和差别感觉阈限的操作性定义了:多次重复实验中,有50%的概率能被感觉到、50%的概率不能被感觉到的刺激强度叫作绝对感觉阈限;50%的概率能被感觉到、50%的概率不能被感觉到的刺激变化量叫作差别感觉阈限。那么,感觉系

---

①　彭聃龄.(2001).*普通心理学(修订版)*.北京:北京师范大学出版社,78.

统为什么会存在一个阈限，即为什么会存在一个“无感觉”的刺激区域呢？对此，不同的理论假设会做出不同的解释。

（二）感觉阈限的理论解释

具有代表性的阈限理论主要包括：经典阈限理论、神经量子理论和信号检测理论①。

1. 经典阈限理论

经典阈限理论是上述感觉阈限操作性定义的理论基础。可以认为，外部刺激作用于感受器，引起一系列的神经冲动并且冲动传递到中枢系统，在中枢神经系统引起兴奋，即产生中枢效应。中枢效应的大小受到多方面内外因素的影响，主要包括外部刺激的强度、感受器的感受性、传递通道的效率和中枢系统的激活水平等，这些因素的变化存在随机性，使得一个特定强度的刺激引起的中枢效应也会发生一定的随机变化，其强度变化呈正态分布的形态。被试能否感觉到刺激存在，取决于中枢效应的强度是否达到某一特定强度。当中枢效应的强度大于这一特定强度时，被试就会报告“有”；反之，被试就会报告“无”。因此，在刺激系列中可以找到一个刺激强度，在它引起的中枢效应分布中，大于和小于特定中枢效应强度值的概率各占50%，这时的刺激强度就是上述定义的感觉阈限。该刺激阈限值不会是零。

经典阈限理论所揭示的阈限本质可以直观地表示成图 5－1 的形式（孟庆茂，2001）。

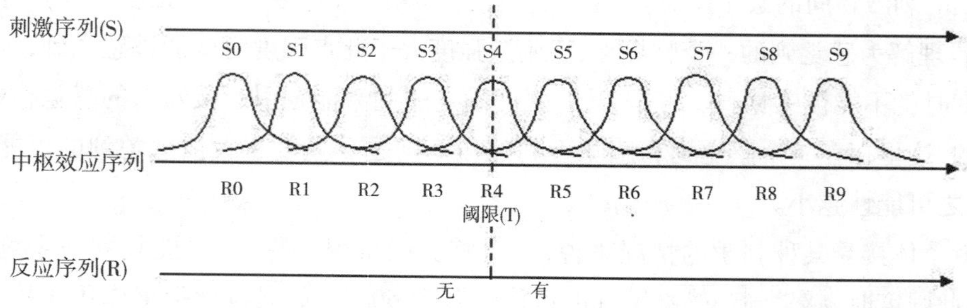

图 5－1 经典阈限理论示意图

图 5－1 中，每一个特定强度的刺激如果不断地重复刺激被试，引起的中枢效应强度也是处于变化中的，其强度变化符合正态分布。假如在 S_4 刺激条件下，其有 50%的概率能被觉察到，这时我们就说 S_4 是该被试的感觉阈限。R_4 是这一刺激引起中枢效应的平均值，被试以此作为判断有无刺激的感觉标准：凡是中枢效应大于 R_4 的，就报告为有刺激；小于 R_4 的，就报告为无刺激。

2. 神经量子理论

早在 20 世纪 40 年代，史蒂文斯（1941）就根据响度和音高辨别实验的结果，推断基

---

① 孟庆茂，常建华．（2001）．*实验心理学*．北京：北京师范大学出版社，47－49.

本神经过程是按照“全或无”的方式进行的，即神经活动及其功能是由许多小的单元完成的，每一单元的兴奋都是按照“全或无”的方式。在某种刺激强度作用下，一神经单元要么达到完全兴奋，要么完全不兴奋。当刺激强度增加时，如果增加的幅度较小，不足以使得激活的神经单元数增加，这时刺激接收者就不能觉察到刺激强度的变化；如果刺激强度增加的幅度较大，足以激活 1 个以上的神经单元（也有人认为至少要能激活 2 个神经单元），这时神经单元的激活数量就增加了，刺激接收者就可以觉察到刺激强度的变化。

如果原有刺激在激活若干神经单元之后还有能量的剩余，刺激强度的增加值与原有剩余值累加在一起可激活 1 个以上的神经单元，那么这个刺激增量也能够被觉察到。可见，在原有刺激强度不同的情况下，引起差别感觉所需要的刺激增量也不同，所以原有标准刺激强度不同时，测量到的差别感觉阈限的实验结果会有所波动。

3. 信号检测论

信号检测论与经典阈限理论很相似，也是认为人类被试在接受刺激信号的作用时会在中枢系统引起一个中枢效应，而且这一中枢效应的强度不断变化。此外，信号检测总是在噪音背景上完成的，而噪音刺激也同样会引起一个中枢效应，信号刺激和噪音刺激引起的中枢效应都呈正态分布。要想感知到信号，信号刺激一般会强于噪音刺激，二者引起的中枢效应分布也会保持一定的距离，而且有一定程度的重叠。人类被试在觉察信号时总是依据统计决策理论，先确定一个中枢效应强度标准，然后当信号刺激或噪音刺激引起的中枢效应强度小于这个标准时判断为“无信号”，大于这个标准时就判断为“有信号”。按照信号检测理论，被试的判断标准对应的刺激值就是一个阈限值，这一阈限显然是波动的，而不是一个固定的值，它使得被试能在各种噪音背景下对信号的判断达到一定的正确率。

上述三种理论的解释都有一定的合理性，但还缺乏直接的实验支持，都尚在探索中。不管怎样，这些理论有助于我们对感觉阈限的理解。

二、最小变化法

最小变化法（minimal-change method），也称极限法（limit method）或系列探索法等，是心理物理学中测量阈限的经典方法之一，它的主要特点就是刺激按照“递增”或“递减”的两个方向逐级等距微小变化，以探测被试对刺激有无觉察的转折点，即阈限位置。利用这种方法既可以测定绝对感觉阈限，也可以测定差别感觉阈限。

（一）最小变化法测定绝对感觉阈限

1. 刺激系列的确定

用最小变化法测定绝对感觉阈限的实验自变量是刺激强度，其操纵方法是将刺激按照递增（可用“↑”标记）和递减（可用“↓”标记）的两种方向变化，刺激系列变化的范围和每次变化的幅度要根据仪器的可操作性和所测感觉通道的性质而定，一般是确定15~20个刺激点形成刺激系列，该系列的最小刺激点应保证远在阈限值之下，最大刺激点应保证远在阈限值之上。比如，根据已有研究了解到人的听觉阈限在16 Hz左右，那么测定听觉阈限的刺激系列就可以确定在6~26 Hz之间的范围，根据刺激点数的要求，每次刺激强度的变化幅度可以控制在1 Hz。

感觉阈限的测定是比较精细的工作，即便是微小的误差都会对测试结果产生明显影响。为了结果的可靠性，需要进行更多重复测量，递增和递减系列各需达到50次以上。

2. 反应记录

用最小变化法测定绝对感觉阈限的反应变量是被试的感觉，即在每次刺激条件下被试有或无感觉的变化。为记录被试的感觉变化，要求被试在每次刺激时报告“有”（感觉到刺激，记为“+”）或“无”（感觉不到刺激，记为“-”）。在递增系列实验中，从较小的刺激开始逐级增大，记录每次被试的反应或报告，被试的报告从“无”变为“有”时终止该系列；在递减系列实验中，从较大的刺激开始逐级减少，记录被试的反应或报告，被试的报告从“有”变为“无”就终止该系列。在实验和反应记录过程中，还要注意以下几个问题：(1) 刺激的改变是等距的。不管是递增还是递减，每次刺激强度的增加量或减少量是固定的。(2) 刺激的起点是不确定的。每一次递增系列或递减系列实验的起点应在一定范围内随机变化，不能每次实验都从某一刺激强度开始，这样做是为了避免被试的反应定势（response set）。(3) 在被试的反应系列中，可能会出现不能确定的情况，即被试拿不准是“有”刺激还是“无”刺激，被试的感觉实际上已有变化，这时可以终止该轮实验系列，并将反应记为“?”。(4) 在递增和递减两种实验系列的实验编排上，也要注意克服系列效应可能带来的误差，如练习效应和疲劳效应等，可采用“↑↓↓↑……”或“↓↑↑↓……”的方法交替使用递增和递减序列，以克服系列效应的影响。

3. 阈限值的计算

根据感觉阈限的操作定义，阈限值应是被试报告“有”反应和报告“无”反应的概率各为50%时的刺激强度。就一轮递减实验系列来说，有一个被试从“有”反应转变为“无”反应，这一转折点之前的刺激被试感觉到了，只就这一次来说被试“100%”地感觉到了，在转折点之后的刺激被试没有感觉到，只就这一次来说被试“0”地感觉到了，于是可以认为介于这两个刺激点之间的中间点就是被试“50%”感觉得到和“50%”感觉不到的点，这一点就是该次实验得到的阈限值位置，类似地，也可以确定在递增系列实验中的阈限值位置，由此可以得到许多个“阈限值”。当所有实验系列的“阈限值”都计算出来后，计算它们的平均值就得到实验的最后结果，即感觉阈限。

表 5－1　音高绝对感觉阈限的测定

顺序		1	2	3	4	5	6	7	8	9	10	11	12	13	14	15	16	17	18	19	20
系列		↓	↑	↑	↓	↓	↑	↑	↓	↓	↑	↑	↓	↓	↑	↑	↓	↓	↑	↑	↓
刺激——纯音频率/Hz	24	+								+											
	23	+			+				+	+											+
	22	+			+	+			+	+				+				+			+
	21	+			+	+			+	+				+				+			+
	20	+			+	+			+	+			+	+			+	+			+
	19	+			+	+			+	+			+	+			+	+			+
	18	+			+	+			+	+			+	+			+	+			+
	17	+			+	+			+	+	+		+	+			+	+			+
	16	+	+	+	+	+		+	+	+	−		+	+			+	+	+		+
	15	−	−	−	+	−		−	+	+	−		−	+	?	+	+	+	−	+	−
	14		−	−	−		+	−	−	?	−	+		+	−	−	+	−	−	−	
	13		−	−			−	−			−	−		−	−	−	−		−	−	
	12		−	−			−	−			−	−			−	−			−	−	
	11		−	−			−	−			−	−			−	−			−	−	
	10		−	−			−	−			−	−			−				−	−	
	9		−				−	−				−							−	−	
	8							−				−							−	−	
阈限值		15.5	15.5	15.5	14.5	15.5	13.5	15.5	14.5	14.5	16.5	13.5	15.5	13.5	14.5	14.5	13.5	14.5	15.5	14.5	15.5
		M=14.8　SD=0.84																			

现在，以音高绝对感觉阈限的测定为例，说明上述关于自变量的确定、反应记录和阈限值的确定等过程。将这些过程全部表示成表 5－1 所示的形式（孟庆茂，2001）。按照表 5－1 中记录的实验结果，先计算每一次实验得到的一个“阈限值”，即表中倒数第二行的数值。最后将全部“阈限值”平均，得到该被试音高绝对感觉阈限为 14.8 Hz。

使用最小变化法测量绝对感觉阈限，要注意对误差的分析和控制。那么如何分析和控制实验中的误差呢？根据实验的操作过程，实验中的误差主要包括习惯误差（error of habituation）、期望误差（error of expectancy）和系列误差（serial error），其中系列误差的产生主要是因为随着实验进程的增加，被试可能出现疲劳效应和练习效应。习惯误差和期望误差可以通过递增和递减的方法加以平衡，但是疲劳效应和练习效应难以得到完全的控制或平衡，只能通过二者相加进行一定程度的抵消，因为疲劳效应和练习效应对测试结果的影响方向相反。另外，实验中采用不确定的刺激起点也是为了克服反应定势可能带来的误差。那么，如何考察实验中各种误差因素控制的效果，即如何从实验结果分析各种误差效应？对此，可做如下分析：

第一，练习效应和疲劳效应的分析。练习效应（practice effect），就是随着实验次数的增加，被试对实验任务操作的熟练性逐步提高，反应的准确性越来越好。对于感觉阈限的测定来说，如果存在练习效应，被试对实验任务及任务操作就会越来越熟练，其对微弱刺激的分辨能力越来越强，这意味着测得的阈限值越来越小。如果将全部实验序列按时间均分为前后两部分，那么前半部分测得的阈限值就会大于后半部分测得的阈限值。如果不存在练习效应，或练习效应被疲劳效应抵消，则不会出现前半部分阈限值大于后半部分的情况。

疲劳效应(fatigue effect),就是随实验次数的增加,被试的疲劳程度越来越高,从而导致实验任务的操作绩效越来越差。对于绝对感觉阈限的测定来说,如果存在疲劳效应,那么实验次数的增加会导致被试感觉分辨能力的降低,测得的阈限值会提高,这时将全部实验均分为前后两部分,则前半部分测得的阈限值应低于后半部分测得的阈限值。如果不存在疲劳效应,或疲劳效应被练习效应抵消,则不会出现前半部分测得的阈限值低于后半部分测得的阈限值的情况。

概括来说,研究者在实验测试结束后,可以将全部实验操作序列按时间顺序均分为两部分,对前后两部分测得的阈限值进行比较并进行差异显著性检验。如果是前半部分测得的阈限值显著大于后半部分测得的阈限值,显示存在练习效应;如果是前半部分测得的阈限值显著小于后半部分测得的阈限值,显示存在疲劳效应;如果差异不明显,则不存在练习效应和疲劳效应,或者两种效应基本达到了相互抵消。

第二,期望效应和习惯效应的分析。期望效应(expectancy effect),是指在实验系列中被试对感觉改变的期待所造成的反应偏差。当采用递增系列实验时,被试期望能早一点"感觉到",这会引起提前反应,导致测得的阈限值低于阈限真值;当采用递减序列实验时,被试则会期望能早一点"感觉不到",这也会引起提前反应,导致测得的阈限值高于阈限真值。这就是说,如果实验中存在期望误差,就会出现递增序列中测得的阈限值偏低、递减序列中测得的阈限值偏高的情况,所以从总体上递减序列的阈限值高于递增序列的阈限值。

习惯效应(habituation effect),是指在一个实验系列中,被试连续采用某种相同的反应方式则会导致一种习惯性偏差,即导致被试的反应改变滞后。如果存在这种习惯效应,那么在递增系列实验中,被试连续"感觉不到"的反应会导致"感觉到"的反应滞后,测得的阈限值高于阈限真值;在递减系列实验中,被试连续"感觉到"的反应会导致"感觉不到"的反应滞后,测得的阈限值低于阈限真值。这就是说,如果实验中存在习惯效应,就会导致递增系列中测得的阈限值偏高、递减系列中测得的阈限值偏低,所以从总体上递减系列的阈限值低于递增系列的阈限值。

概括来说,研究者在实验测试结束后,将实验结果按递增和递减分为两部分,对两部分测得的阈限值进行差异性分析。如果递增系列的阈限值显著大于递减系列的阈限值,显示存在习惯效应;如果递增系列的阈限值显著小于递减系列的阈限值,显示存在期望效应。

(二) 最小变化法测定差别感觉阈限

1. 刺激系列的确定

利用最小变化法测定差别感觉阈限的刺激包括一个刺激强度恒定的标准刺激(standard stimulus,简称 S_t)和一个变化的比较刺激(comparison stimulus,简称 S_v)系列。

比较刺激系列的最小刺激点远在标准刺激之下，被试能明显感觉到其弱于标准刺激；比较刺激的最大点远在标准刺激之上，被试能明显感觉到其强于标准刺激。在比较刺激系列中包括等距的15~20个刺激点，这里有一个与标准刺激相等的刺激。实验中每次呈现一个标准刺激和一个比较刺激，两个刺激可同时呈现也可先后呈现，这需要视具体情况而定。要求被试对二者引起的感觉强度进行比较。比较刺激也包括递增和递减的两种系列，刺激起点也要有所变化。

2. 反应记录

在差别阈限的测试中，被试的反应有四类，即：感到比较刺激"小于"标准刺激，记为"–"；感到比较刺激"等于"标准刺激，记为"="；感到比较刺激"大于"标准刺激，记为"+"；当被试对比较刺激表示怀疑，拿不准时，可记为"?"。以时间差别阈限的测定为例，对被试反应的记录如表5–2所示。

表5–2 时间差别阈限的测定

顺序		1	2	3	4	5	6	7	8	9	10	11	12	13	14	15	16	17	18	19	20
系列		↑	↓	↓	↑	↑	↓	↓	↑	↑	↓	↓	↑	↑	↓	↓	↑	↑	↓	↓	↑
比较刺激系列/s	ST																				
	0.68																				
	0.64		+																		
	0.60		+								+				+						
	0.56		+	+				+			+				+				+		
	0.52		+	+	+		+	+	+	+	+				+	+		+	+	+	+
	0.48	+	+	+	+	+	+	+	+	+	+	+	+	+	+	+	+	+	+	+	+
	0.44	+	+	+	=	+	+	+	=	=	+	+	+	+	+	+	+	=	+	+	=
	0.40	=	?	–	+	=	=	=	?	+	=	=	=	=	?	=	=	=	=	=	–
	0.36	–	–	–	+	–	–	=	–	=	–	=	–	–	–	–	–	–	–	–	–
	0.32	–	–	–	+	–	–	–	–	–	–	–	–	–	–	–	–	–	–	–	
	0.28	–				–			–	–			–				–	–			
	0.24	–				–			–	–			–					–			
	0.20	–				–			–	–								–			
	0.16	–				–				–											
	0.12	–																			
上限 T_+		0.42	0.42	0.42	0.46	0.42	0.42	0.42	0.46	0.46	0.42	0.42	0.42	0.42	0.42	0.42	0.42	0.46	0.42	0.42	0.46
下限 T_-		0.38	0.38	0.42	0.38	0.38	0.38	0.34	0.38	0.34	0.38	0.34	0.38	0.38	0.38	0.38	0.38	0.38	0.38	0.38	0.42
上限平均值 $\overline{T_+}=0.430$　下限平均值 $\overline{T_-}=0.378$　不确定区间 $IU=\overline{T_+}-\overline{T_-}=0.052$																					
差别阈限 $DL=IU/2=0.026$　主观相等点 $PSE=(\overline{T_+}-\overline{T_-})/2=0.404$　常误 $CE=PSE-S_t=0.004$																					

3. 阈限值的计算

在被试反应系列中，存在着一个不确定区间（interval of uncertainty，简称 IU），就是从被试不能判断比较刺激是不是小于标准刺激的下限到被试不能确定比较刺激是不是大于标准刺激的上限之间的区域，该区域的存在就是差别阈限导致的。不确定区间的下限和上限也是一个阈限，可定义：50%判断为"小于"标准刺激、50%判断为"等于或拿不准"的比较刺激强度是不确定区间的下限（T_-）；50%判断为"大于"标准刺激、50%判断为"等于或拿不准"的比较刺激强度是不确定区间的上限（T_+）。不确定区间的中点是被试在比较判断中实际的参照点,也叫主观相等点(point of subjective equality,简称 *PSE*),该点常常与实际刺激的相等点不完全相等,即存在主观相等点偏差,叫作常误(constant error,简称 *CE*),等于主观相等点强度减去标准刺激强度 S_t;不确定区间的 1/2 就是所要测定的差别阈限值(DL)。可得到下列计算公式:

$$IU = T_+ - T_- \quad (公式 5-1)$$

$$PSE = \frac{(T_+ + T_-)}{2} \quad (公式 5-2)$$

$$DL = \frac{(T_+ - T_-)}{2} \quad (公式 5-3)$$

$$CE = PSE - S_t \quad (公式 5-4)$$

现以时间长短估计的差别阈限测定为例说明上述过程,测试中的刺激系列、反应记录和阈限确定如表 5-2 所示。

在使用最小变化法测定差别感觉阈限时,也可能会产生像测定绝对感觉阈限时那样的习惯、期望、疲劳、练习等误差效应,同时还可能出现由比较刺激与标准刺激在呈现时间的先后、空间位置的左右或上下等带来的误差,所以要采取相应的措施,减少误差影响。

采用最小变化法测定差别感觉阈限,除要考虑并设法控制上述误差外,还要考虑被试的主观因素可能带来的影响,比如个性因素对不确定区间大小的影响,也即对测得的差别阈限的影响。有的个体在判断比较刺激与标准刺激是否有差异时较为谨慎,除非是明显感到有差异,否则他不会做出"大于"或"小于"的反应,测得的不确定区间相对较大,得到的差别阈限值也会比较大;相反,有的个体比较自信、冒进,就会在似有若无的差别感觉时做出"大于"或"小于"的反应,不确定区间相对较小,差别阈限值也会比较小。因此,使用最小变化法测定差别阈限的过程中存在一个明显的误差因素,即个性因素。个性与感受性同时对被试的反应发生影响,无法分离,这是最小变化法的一个明显缺陷。

三、 恒定刺激法

前述最小变化法的实验程序相当烦琐,而且存在明显的期望效应和习惯效应,在数据的使用上也很不充分。为克服这些问题,可以采用恒定刺激法(constant-stimulus method)进行阈限测定。恒定刺激法也叫次数法(frequency method)、正误法(true-false method)等,它是以相同的次数呈现少数几个恒定的刺激,通过被试对每一个刺激觉察到的次数来确定阈限。其特点是:(1) 只使用从能经常感觉到的刺激到经常感觉不到的刺激之间的 5~7 个恒定刺激点,这几个刺激值在整个实验过程中固定不变。

(2) 各刺激点是随机呈现的,不像最小变化法那样必须按照某种顺序呈现,这也减少了实验的烦琐性。相对而言,使用恒定刺激法测定感觉阈限更为简单,使用也更加广泛一些。

(一) 恒定刺激法测定绝对阈限

1. 刺激系列的确定

恒定刺激法的自变量也是刺激强度,在强度变化系列中选择 5~7 个恒定的刺激。首先要确定刺激的范围,根据经验和预先测试找到从经常感觉不到(感觉到的概率小于5%)至经常感觉得到(感觉到的概率大于 95%)的刺激范围。范围确定后,确定 5~7 个等距刺激点。刺激的呈现是随机的,各种强度的刺激的呈现次数要相等,而且呈现次数要多,一般每种刺激要呈现 50~200 次。

2. 反应记录

每呈现一次刺激都要求被试报告是否感觉到,即报告"有"或"无"。该类实验同样也要重复很多次,得到每一刺激强度对应的被试报告中"有"或"无"的次数,并求出各自的百分数,以此计算阈限。例如,使用恒定刺激法来测定手背某一部位皮肤的两点阈。实验选定 5 个刺激点,两点阈规的两脚距离分别为 8、9、10、11 和 12 毫米,每个刺激呈现 200 次,共做实验 1000 次,刺激顺序随机。每次呈现刺激时要求被试根据感觉报告"两点"或"一点"。统计被试报告的次数,如表 5-3 所示(Woodworth & Schlosberg,1954)。

表 5-3 用恒定刺激法测定两点阈的实验记录

刺激/mm	8	9	10	11	12
回答"两点"次数	2	10	58	132	186
回答"一点"次数	198	190	142	68	14
回答"两点"百分数(%)	1	5	29	66	93

3. 阈限值的计算

利用表 5-3 所示的实验结果计算被试的绝对感觉阈限,有多种方法可用,其中较为简明和较为常用的是 S-P 作图法和直线内插法、平均 Z 分数法。

① S-P 作图法和直线内插法。不难推断,随着刺激强度的增加,被试感觉到刺激的概率也随之提高,因此刺激强度与感觉概率之间存在着一条关系曲线,即 S-P 曲线,这条关系曲线或其近似曲线可以通过若干实验数据得到。这一曲线经过或近似地经过"感觉到"的概率为 50%的坐标点,该点的横坐标就是感觉到和感觉不到的概率各为50%的刺激强度,这就是绝对感觉阈限。根据表 5-3 的数据,得到两点阈实验中报告"两点"的 S-P 曲线,如图 5-2。从图 5-2 中纵坐标为 50%处作水平线交于 S-P 曲线上,再从交点处向横坐标作垂线交于横坐标轴,该交点对应的横坐标就是所要测试的感

觉阈限值。本例中,阈限值在 10.50 附近,稍偏向 11,约为 10.60。

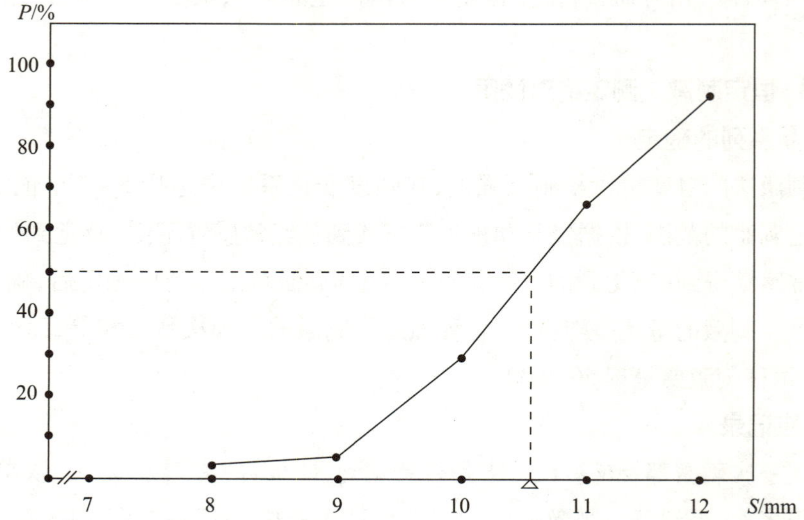

图 5-2 恒定刺激法测定感觉阈限中的 S-P 作图法和直线内插法

作图法是最简单的阈限值确定方法,如果实验次数很多,误差控制比较严密,可以通过 S-P 图得到较为准确的结果。如果在阈限值附近曲线接近于直线,可以直接利用与阈限值相近的坐标点的坐标计算阈限值,即直线内插法。直线内插法是将刺激强度作为横坐标,以相应反应次数的百分数作为纵坐标,画出曲线。然后再从纵轴 50%处画出与横轴平行的直线,与曲线相交于点 a,从点 a 向横轴画垂线,垂线与横轴相交处就是绝对阈限。根据表 5-3 和图 5-2 所示,与阈限值接近的两个坐标点是:$(S_1,P_1)=(10,29)$,$(S_2,P_2)=(11,66)$。

设感觉阈限值为 DL,其对应的纵坐标值为 50%,则根据直线内插法公式得到:

$$\frac{DL-S_1}{S_2-S_1}=\frac{50-P_1}{P_2-P_1} \qquad \text{(公式 5-5)}$$

故 $$DL=S_1+\frac{(S_2-S_1)(50-P_1)}{(P_2-P_1)}=10+\frac{(11-10)(50-29)}{(66-29)}=10.57$$

S-P 作图法和直线内插法在原理上是一致的,也都属于较简单的阈限计算方法。但是这两种方法的缺点比较明显:它没有充分地使用实验数据,容易受到取样误差的影响,尤其是当实验次数相对较少时,影响就会更加明显。下面,介绍一种较为复杂的方法,这种方法更充分地使用了实验数据,可以更好地克服取样误差和随机误差。

② 平均 Z 分数法。按照随机事件的统计规律,随着刺激强度的增加,被试觉察到刺激的概率越来越大,这是一个逐渐累加的过程,而这一累加过程应该是按照正态分布的累加曲线变化的,于是在这一实验过程中就存在着相互对应的三个数据:刺激强度—感觉到该刺激的次数百分数—对应于该百分数的 Z 分数。也就是说,在刺激系

列的某一变化过程中，被试报告“有”感觉的概率呈现正态累加。其报告“有”感觉的概率为50%的位置，就正好是 $Z=0$ 的位置，此时的刺激强度就是我们要测量的阈限值。

根据 Z 分数的计算方法，我们知道刺激强度变化与 Z 分数具有线性关系：

$$S = S_0 + Z \cdot SD \qquad \text{（公式 5－6）}$$

公式中：S 是一刺激的强度，S_0 是刺激平均值即对应于 $Z=0$ 的刺激强度，Z 是刺激变化系列中被试报告“有”感觉概率分布的标准分数，SD 是刺激系列的标准差。于是根据实验得到的数据，可得到如下的方程组：

$$S_1 = S_0 + Z_1 \cdot SD \qquad (1)$$

$$S_2 = S_0 + Z_2 \cdot SD \qquad (2)$$

$$S_3 = S_0 + Z_3 \cdot SD \qquad (3)$$

$$S_4 = S_0 + Z_4 \cdot SD \qquad (4)$$

$$S_5 = S_0 + Z_5 \cdot SD \qquad (5)$$

将上述等式(1)(2)(3)相加并除以3，(3)(4)(5)相加并除以3，即得到：

$$(S_1 + S_2 + S_3)/3 = S_0 + [(Z_1 + Z_2 + Z_3)/3] \cdot SD \qquad (6)$$

$$(S_3 + S_4 + S_5)/3 = S_0 + [(Z_3 + Z_4 + Z_5)/3] \cdot SD \qquad (7)$$

在公式(6)和(7)中，包含了刺激值平均数和标准分数平均数，这些平均数可以由实验数据计算出来，因此利用这两个等式即可计算出 S_0，该值就是我们要测定的阈限值。具体计算过程如表 5－4 所示。

表 5－4 用平均 Z 分数法计算两点阈

S	$\overline{S}$	P	Z	$\overline{Z}$
8		0.01	-2.33	
9	→9($\overline{S}_1$)	0.05	-1.64	→-1.51($\overline{Z}_1$)
10		0.29	-0.55	
11	→11($\overline{S}_2$)	0.66	+0.41	→0.45($\overline{Z}_2$)
12		0.93	+1.48	

平均刺激值9对应的平均 Z 分数为－1.51、平均刺激值11对应的平均 Z 分数为0.45，代入等式(6)和(7)即可计算得到 $S_0=10.54$。这一计算结果与前述的S-P作图法和直线内插法所得结果基本一致，应该说这一计算过程更可靠。

（二）恒定刺激法测定差别感觉阈限

1. 刺激系列的确定

利用恒定刺激法测定差别感觉阈限，需要先根据标准刺激强度确定比较刺激的强度范围，然后在该范围内选择5~7个等距的恒定刺激点。

2. 反应记录

使用恒定刺激法测定差别感觉阈限的过程有多种形式,分为两类反应和三类反应。而不同的方法在阈限值的确定程序上也不相同。

(1) 两类反应的实验。

① 当比较刺激等于和大于标准刺激时,要求被试只做“相等”和“大于”的报告。如果被试“拿不准”或感觉“小于”,则视为“等于”的报告。

② 当比较刺激等于和小于标准刺激时,要求被试只做“相等”和“小于”的报告。如果被试“拿不准”或感觉“大于”,则视为“等于”的报告。

③ 当比较刺激扩展到从小于标准刺激到大于标准刺激的范围,仍然要求被试只做两类反应,即只能报告“大于”或“小于”。这种即使被试难以区分也要在两种反应中选择一种倾向的方法叫“迫选法”(forced-choice method)。

(2) 三类反应的实验。

迫选法有时会带来被试内在冲突,引发被试不愉快的情绪。当刺激系列扩展到大于和小于标准刺激的范围时,被试采用三种反应才是符合实际情况的,即“大于”“相等”和“小于”,可将其分别记为“+”“=”“-”。

但在三类反应的实验中,被试的态度等个性因素会对实验结果产生明显影响。我们在讨论最小变化法时已讨论过这一问题。

3. 差别感觉阈限的计算

(1) 两类反应中差别阈限的计算。

下面就两类反应的两种情况分别举例加以说明:“大于”和“相等”反应(“小于”和“相等”反应的实验过程及计算与此相似,不再赘述);“大于”和“小于”反应。

① “大于”和“相等”反应。如测定质量差别感觉阈限的实验:标准刺激为 200 克,比较刺激系列是 200 克、202 克、204 克、206 克、208 克、210 克,每个比较刺激与标准刺激比较 100 次,共比较 600 次。实验中被试的反应有“大于”和“相等”两种。记录每次实验中被试的反应,然后统计出各种刺激下被试报告“大于”或“等于”的次数及其百分数,结果如表 5-5 所示。

表 5-5 质量差别感觉阈限的测定(“大于”和“相等”反应)

比较刺激/克	200	202	204	206	208	210
“大于”反应的百分数	3	29	45	73	88	96

在这种实验范式中,因为只有“相等”和“大于”两类反应,“大于”反应的概率为 50%的刺激点,实际上就是被试从能够更多感觉到比较刺激与标准刺激的差别过渡到更多感觉不到比较刺激与标准刺激差别的转折点,这一点的刺激值与标准刺激的差异

量就是所要测定的差别阈限。所以,这一结果的计算过程与用恒定刺激法测定绝对感觉阈限的计算过程是相似的。可以利用 S-P 作图法或直线内插法,也可以利用平均 Z 分数法。

②"大于"和"小于"反应。当比较刺激系列是从小于标准刺激至大于标准刺激的范围,而要求被试只做"大于"或"小于"两种"迫选"反应时,如何确定差别阈限呢?

以 200 克的质量为标准刺激,从 185 至 215 中以 5 克为间距选择 7 个质量作为比较刺激。刺激呈现后要求被试以口头报告的方式做两类反应,即"大于"和"小于"。比较刺激随机呈现,分别与标准刺激比较至少 100 次,进而计算每种刺激下上述两种反应各自的比例,实验结果如表 5－6 所示。

表 5－6　另类"迫选"实验的结果

比较刺激(克)	185	190	195	200	205	210	215
"大于"的比例	0.07	0.21	0.28	0.55	0.73	0.79	0.90
"小于"的比例	0.93	0.79	0.72	0.45	0.27	0.21	0.10

注:采自赫葆源、张厚粲、陈舒永,1983

表 5－6 中的数据显示,随着比较刺激强度的增加,被试报告"大于"的次数越来越多,报告"小于"的次数越来越少,可将其变化关系表示成图 5－3 所示的形式。

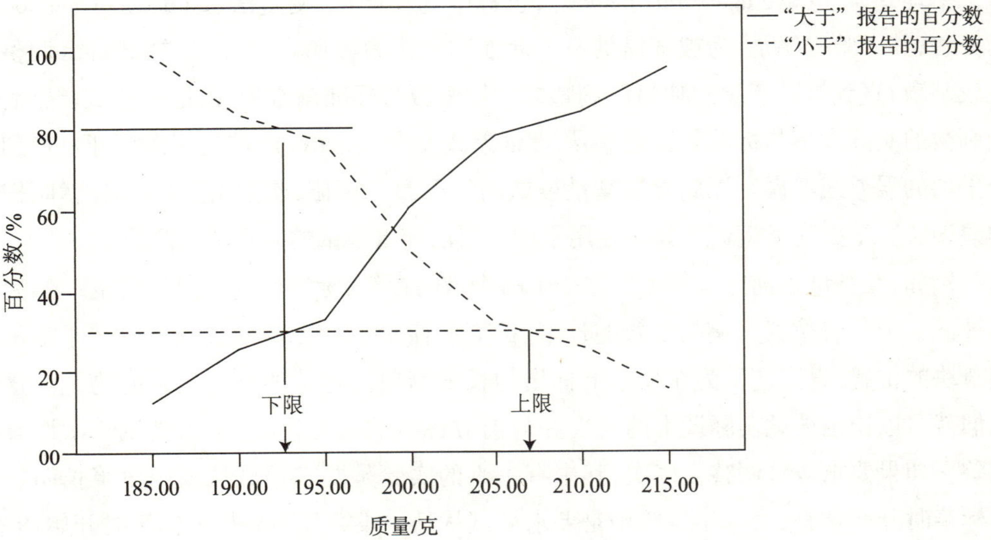

图 5－3　迫选法两类反应的实验结果

图 5－3 中两条曲线恰好在 50%处相交,该交点对应的横坐标约为 199 克。在此点,有一半的次数报告"大于",一半的次数报告"小于",这实际上是被试感觉上与标准刺激相等的主观相等点。在这种实验中,就不能取与 50%的点对应的比较刺激作为上

限和下限。与标准刺激完全能区分的质量在报告“大于”或“小于”的概率为100%之处,与标准刺激完全不能区分的质量在报告“大于”或“小于”的概率均为50%之处。因此,取二者的中间位置,就在报告“大于”或“小于”的概率为75%之处,该位置对应的刺激强度即为不确定性区间的上限或下限。从作图看,大约分别在206.5和192.5附近。于是,可得到差别阈限:$DL=(206.5-192.5)/2=7.0$ 克。

这样测得的差别阈限与前面所提到的操作性定义不太符合,因为上限和下限与标准刺激比较时被试报告“大于”或“小于”的百分数是75%或25%,所以常把这种差别阈限称为75%差别阈限或25%差别阈限。

(2)三类反应中差别阈限的计算。

使用三类反应的实验来测定差别感觉阈限时,要明确地承认被试在知觉判断中存在一个不确定区间。这个不确定区间的上限,应该是有50%的概率感觉到比较刺激“大于”标准刺激;不确定区间的下限,应该是有50%的概率感觉到比较刺激“小于”标准刺激。测得了不确定区间的上限和下限后,就可以计算差别阈限和主观相等点了。而不确定区间上限与下限的确定可以使用前述的直线内插法、平均 Z 分数法或作S-P图等。

四、平均差误法

平均差误法(average error method),也称平均误差法、调整法(adjustment method)、均等法,其实验程序是:为被试提供一个标准刺激作为参照点,然后让被试自己调整一比较刺激,直到被试感觉到他自己调整的比较刺激与标准刺激相等,记录被试调整后比较刺激的实际大小与标准刺激的差异,即误差或差误值(error),重复多次后即可得到一个平均的误差或差误。以此方法测量被试的绝对感觉阈限或差别感觉阈限,就叫作平均差误法。下面先举例说明如何使用平均差误法测量被试的差别感觉阈限。

例如,在被试正前方2米远处立一个高1米的标竿,标竿的高度是固定的。然后交给被试一个装有位置可调的滑块的长竿,长竿带有长度标尺,每一次实验中要求被试调整滑块的位置,直到他认为在长竿上标出的长度与前方标竿的高度一致时为止。这时我们就可以记录被试实际调出的长度并与前方标竿的长度比较,求出被试每次调整的误差。如果要求被试调整很多次,其中有一半的实验是要求被试从某一段竿长明显短于标竿时开始调整,另一半实验则是要求被试从某一段竿长明显长于标竿时开始调整,则可以认为被试调整误差的绝对值的平均值等于被试的差别感觉阈限(每一次调整结果与主观相等点的差值的绝对值平均数也可以算作差别阈限),被试所有实验中调整得到的长竿的长度平均值则为其主观相等点,所有误差的代数和平均值则为被试实验中的常误。

平均差误法测定差别阈限,有两种计算方法(朱滢,2000):

(1) 对每次的调整结果(X)与主观相等点(PES,即多次调整结果的平均数)之差的绝对值加以平均,这个差别阈限的估计值用符号 AE_M 表示:

$$AE_M = \frac{\sum |X - PES|}{N} \quad \text{(公式 5-7)}$$

(2) 对每次调整结果(X)与标准刺激(S_t)之差的绝对值加以平均作为差别阈限的估计值,用符号 AE_{st} 表示:

$$AE_{st} = \frac{\sum |X - S_t|}{N} \quad \text{(公式 5-8)}$$

在使用平均差误法测定差别阈限的实验中,把标准刺激强度设为“0”时,测得的就是绝对感觉阈限。比如明度绝对阈限的测定程序为:当一个刺激的明度较大时,被试可以看到这一刺激,然后要求被试逐渐减小刺激的明度,直到他看不到这一刺激时停止调整;当一个刺激的明度非常小,被试在看不到这一刺激的条件下开始增加刺激的明度,直到刚刚看到这一刺激时停止,如此反复,经多次实验所得到结果的平均值就是该被试的绝对感觉阈限。因为,在这一实验程序中,标准刺激强度为“0”,被试每一次调整的误差就是其调整的结果减去“0”,其值就是被试调整的结果,所以将被试多次调整的结果直接平均也就得到了绝对感觉阈限值。

平均差误法的操作比较简单,而且被试参与程度比较高,积极性也比较高。不过,平均差误法依然存在一些误差,如空间误差、时间误差、动作误差等系统误差。

五、 三种心理物理学方法的比较

费希纳的三种心理物理学方法成为实验心理学中最经典的内容,在现代实验心理学的基础研究和应用研究中仍有广泛应用。这三种方法各有特点,各有优缺点,对此可从以下几个方面来比较①:

1. 从感觉阈限的含义上比较

最小变化法最符合感觉阈限的操作性定义,同时因为被试知道刺激呈现的顺序,能把注意力集中到特别需要注意的地方,从而取得较好的实验结果。但也正是因为被试知道实验的操作顺序,反而容易产生期望误差、习惯误差。这种方法适宜于测定可以按小阶梯变化的刺激的感觉阈限,不适宜于测试连续变化的、适应性强的刺激的感觉阈限。

---

① 杨治良.(1998).*实验心理学*.杭州:浙江教育出版社,186-187.

2. 从被试者方面比较

最小变化法和恒定刺激法都要求较多的实验次数,被试被动参与实验,显得单调,容易造成被试的疲乏和厌烦。但是在平均差误法实验中,被试的主动参与能激发其实验兴趣。从此方面看,平均差误法优于最小变化法和恒定刺激法。

3. 从误差方面比较

三种方法都会产生较大误差。最小变化法易产生期望误差、习惯误差和系列误差。恒定刺激法用于测定那些不能随意改变的刺激的感觉阈限较方便,但是在使用三类反应时,不确定区间受主观因素影响明显。使用二类反应虽然可以避免不确定区间稳定性方面的问题,但是迫使被试做出某种反应很不自然,其容易产生逆反情绪。还有,在恒定刺激实验中,刺激随机呈现,被试具有较多猜测的成分。平均差误法实际上测到的只是一个近似值,结果不能与其他方法的结果相比较。

4. 从效率方面比较

平均差误法的效率最高。恒定刺激法的每一组数据都可以用上,效率也较高,而最小变化法实验次数多,使用数据不充分,所以效率最低。

以上各方法的优缺点都是相对而言的,使用哪一种方法要根据实验要求、被试情况和刺激性质而定。但要对两个阈限值进行比较时,这两个阈限值必须是用相同方法测得的。

第二节　现代信号检测论

经典心理物理学借助于感觉阈限来测量感觉器官的感受性,具有一定的科学性。但在实验过程中,被试的判断与其主观标准有关,明显受到其他心理特征的影响。在经典心理物理学方法中,被试感觉器官的感受能力、主观判断标准等交织在一起而无法分离。例如,采用恒定刺激法中的三类反应方法测量差别阈限时,被试的自信程度或者谨慎态度会对测量结果产生影响。那么如何才能克服主观判断标准对感受能力、信号分辨能力测量的影响呢?与传统的心理物理学法测量人的感受性相比,采用信号检测论(signal detection theory,简称 SDT)方法,不仅可以测量个体的感受性或辨别能力,而且能够测量出个体的反应倾向或者在做出决策时的判断标准。

一、信号检测论的数学基础

二战期间,人的信号接收与分辨能力显示出重要而特殊的意义,成为一些军事科学家特别关注的课题，再加上信息论、控制论和雷达技术的影响，信号检测论的形态逐渐形成，它概括了各种概率(probability)判断事件中的特征和规律，提出了人们在概率事件判断中的基本心理机制：存在一个信号识别的主观标准，以此作为信号识别的判据，人们并不企求每一次信号识别的成功，但追求整体利益最优。所以，信号检测论的数学基础是概率判断。实验心理学教材普遍采用骰子游戏来说明这一概率判断的原理。

有三个骰子，其中两个是正常的，六面分别有1、2、3、4、5、6个点子；一个是特殊的，其三个面没有点子，另三个面都有3个点子。现在，随意抛出三个骰子，报出三个骰子朝上一面点数的总和，让你猜测特殊骰子朝上一面的点数是“0”还是“3”。比如，总点数是5，你猜多少？总点数是11，你猜多少？……在这样的猜数游戏中，你能否保证每一次的回答都是正确的呢？不太可能。但是，能否保证在若干次实验后总体上成功的次数多于失败的次数呢？这却是很容易做到的。现在来分析，各种总点数情况下第三个特殊骰子朝上一面的点数为“0”或为“3”的可能的次数：

三个骰子的总点数：	2	3	4	5	6	7	8	9	10	11	12	13	14	15
特殊骰子为“0”的可能的次数：	1	2	3	4	5	6	5	4	3	2	1	0	0	0
特殊骰子为“3”的可能的次数：	0	0	0	1	2	3	4	5	6	5	4	3	2	1

当三个骰子总点数为2时，只能有一种可能的点数组合方式，即两个正常骰子点数均为1、特殊骰子点数为0而不可能为3；当总点数为6时，存在7种可能的点数组合方式，特殊骰子点数为0的有5种可能，为3的有2种可能；当总点数为10时，存在9种可能的点数组合方式，特殊骰子点数为0的有3种可能，为3的有6种可能……总体来看，当三个骰子的总点数小于或等于8时，第三个骰子点数为“0”的概率大于为“3”的概率；当三个骰子的总点数大于或等于9时，第三个骰子点数为“3”的概率大于为“0”的概率。所以，如果报出的三个骰子总点数小于或等于8，就猜第三个骰子的点数为“0”；如果报出的三个骰子总点数大于或等于9，就猜第三个骰子的点数为“3”。这样就可以保证成功的概率大于失败的概率。在这一骰子游戏中，猜第三个骰子是“0”或是“3”所依据的就是不同情况下事件发生的概率分布。

在现实生活和心理学实验中，类似于骰子游戏的情况很多，比如军事上依靠雷达监视领空、领海，当雷达屏幕上出现某一信号时，雷达兵就要做出判断：在雷达监控范围内是否出现敌机？雷达捕捉到的信号是某种干扰信号或环境噪音，还是有敌方的飞机或舰艇侵入？如何判断，一般是根据经验和以往计算得到的概率分布，但这里总会设定一个标准——感觉强度或雷达检测到的信号强度。在心理学实验中，当被试有一个微弱的感觉时是判断为“有”刺激还是“无”刺激呢？这与用雷达监控的原理是相似的。

在上述信号判断实验中，既可能成功也可能失败，而每一次做出的判断，除与概率分布有关外,还与判断者的分辨能力、主观标准有关。依靠信号检测理论,可以根据被试判断的结果将其分辨能力与判断标准分离出来,这是它优越于经典心理物理学技术的方面。

二、信号检测论的基本概念

信号检测论的基本假设:信号(signal)和噪音(noise)均是可能被信号检测系统检测到的刺激,而信号和噪音在信号检测系统中引起的效应强度往往不是一个确定值,而是一个具有中心趋势的随机变化值,变化呈正态分布(normal distribution),而信号检测系统对刺激做出响应的性质取决于刺激的效应强度和系统设定的判定标准。很明显,在刺激效应分布确定的情况下,判断标准的设置会影响系统响应的正确率。一般而言,系统设定的标准越高,虚报噪音的概率越小,同时漏报信号的概率也会越大;系统设定的标准越低,击中信号的概率就越大,同时其虚报噪音的概率也越大。看来,要准确地描述信号检测系统的性能,必须同时记录其对信号和噪音的响应情况。

(一)基本概率

在信号检测实验中,经常使用的概率如表 5 - 7 所示。这四种概率能有效描述信号检测系统的信号检测能力。在信号检测过程中,刺激条件有两种:一是仅有噪音,没有信号;二是在噪音背景中呈现信号。信号检测系统在这两种情形下,对是否出现信号进行判断:判断为“有信号”,则记为“YES”;判断为“无信号”,则记为“NO”。在实验设计中,一般会先规定信号出现的概率,这个概率被称作先定概率(或先验概率)(prior probability)。先定概率是否要在实验前告知被试,要根据研究的具体目的而定。

表 5 - 7 信号检测过程中的各种概率

	YES	NO
信号+噪音(SN)	击中次数 f_1 击中概率 $P(y/SN)$	漏报次数 f_2 漏报概率 $P(n/SN)$
噪音(N)	虚报次数 f_3 虚报概率 $P(y/N)$	正确否定次数 f_4 正确否定概率 $P(n/N)$

根据信号检测中信号检测系统的反应记录,可计算其击中概率(probability of hit)、漏报概率(probability of miss)、虚报概率(probability of false alarm)和正确否定概率(probability of correct rejection)。击中概率与漏报概率的和为 100%、虚报概率与正确否定概率之和为 100%,所以只取其中的击中概率和虚报概率就可反映被试信号检测的情

况。据表 5-7,可以计算击中概率和虚报概率:

$$P(y/SN)=\frac{f_1}{f_1+f_2} \tag{公式 5-9}$$

$$P(y/N)=\frac{f_3}{f_3+f_4} \tag{公式 5-10}$$

信号检测实验中的击中概率和虚报概率,与被试的分辨能力和辨别标准有关。那么能否根据信号检测判断的结果反过来计算或推断被试的辨别能力与判断标准呢?答案是肯定的。

(二) 似然比 β 和辨别力指数 d'

如果一被试在噪音背景上检测或识别信号,并进行有无信号的判断,就会出现上述四种反应,即击中、漏报、虚报和正确否定。可以设想:如果被试的辨别能力较强,就能更准确地判断有无信号,击中概率就较大,虚报概率较小;如果被试的辨别能力较弱,则击中概率减少,虚报概率增加。因此,击中概率和虚报概率能反映被试信号辨别能力的高低。

被试对信号和噪音的感觉强度均呈正态分布,如图 5-4 所示:(1) 信号和噪音引起的感觉强度的正态分布有一定的重叠,被试判断无法完全避免错误。(2) 被试在进行信号识别时总会有一个标准,当感觉强度大于这个标准时就报告有信号,感觉强度没有达到这样的标准就报告无信号。提高判断标准时,击中概率就会减少,虚报概率也会减少;降低判断标准时,击中概率会增加,虚报概率也会增加。所以击中概率和虚报概率是相互制约的,究竟把判断限定在什么标准,取决于信号呈现的先验概率及被试的价值取向、性格特征和外在奖惩条件(利害关系)等。(3) 噪音感觉分布与信号感觉分布重叠得越多,距离越小,越难区分;相距越远则越容易辨别。因此,可以将两个分布的距离作为信号检测者对信号的辨别力指数。那么,如何计算信号检测者的信号辨别力指数并估计被试判断标准的高低呢?

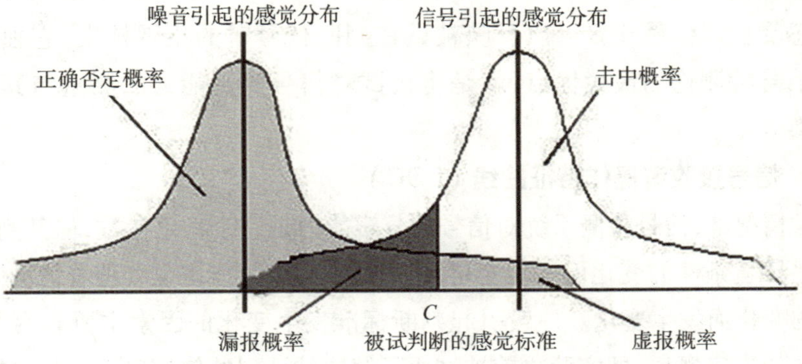

图 5-4 信号检测实验中噪音与信号引起的感觉分布及各概率分布

参照图 5－4，如果被试的判断标准为 C，意味着不管是信号刺激，还是噪音刺激，只要刺激引起的效应强度达到了 C 的水平，则判断为有信号，否则就判断为无信号。只要在检测实验中计算出击中概率和虚报概率，就可以根据正态分布中的 PZY 对应表计算出 C 点到两个分布峰值的距离（以 Z 分数表示）。在信号引起的效应强度分布中，坐标 C 到其峰值的距离等于 Z_{SN}；在噪音引起的效应强度分布中，坐标 C 到其峰值的距离等于（$-Z_N$），所以两个分布峰值的距离为：

$$d' = Z_{SN} - Z_N \quad \text{（公式 5－11）}$$

上式计算得到的 d' 作为信号检测系统对信号分辨能力的测量参数，称为辨别力指数（index of discriminability），表示感知或分辨能力，又称为感觉敏感性。

图 5－4 中，在判断标准 C 处，可以作一条垂直于横坐标的线，得到在判断标准处对应的信号引起的效应分布上的纵坐标，它正好是击中概率 $P(y/SN)$ 对应的纵坐标值，可以记为 Y_{SN}；得到对应的噪音引起的效应分布上的纵坐标，它正好是虚报概率 $P(y/N)$ 对应的纵坐标值，可以记为 Y_N。当判断标准 C 提高时，其在横坐标轴上的位置右移，此时 Y_{SN} 增大，Y_N 减小，二者的比值增大；反之，当判断标准 C 降低时，其在横坐标轴上的位置左移，此时 Y_{SN} 减少，Y_N 增大，二者的比值减小。看来，Y_{SN}/Y_N 比值可以反映信号检测过程中判断标准的高低，信号检测理论将其称为似然比（likelihood ratio），它反映了利益得失、动机、态度等因素对信号检测的影响。记为 β：

$$\beta = \frac{Y_{SN}}{Y_N} \quad \text{（公式 5－12）}$$

辨别力指数 d' 和似然比 β 是信号检测实验的两个基本参数，也是描述信号检测系统的两个最有效参数。辨别力指数 d' 能够直接反映信号检测系统对信号和噪音的区分能力，在具体情境中它又有不同的含义，比如在再认实验中，辨别力指数的大小反映了再认者对学习项目和无关项目的区分能力，进而反映其对学习项目的保持程度，测量人的记忆能力；在感觉器官感受性的测量中，让被试对微弱刺激进行检测，其辨别力指数反映了被试对微弱刺激的辨认能力，也就进一步反映了被试对刺激的感受能力或感受性。似然比 β 可以反映被试在判断信号时的主观标准，它独立于辨别力指数。信号检测论的最大优点，就是将被试对信号辨别能力的测量与其判断的主观标准分离。

（三）信号接收者操作特征曲线（ROC）

在通常情况下，信号检测系统对信号的分辨能力是一个稳定参数，但其判别标准则会随同某些情境条件的变化而发生变化，击中概率和虚报概率也会随着情境条件、主观判断标准的变化而发生变化。一般引起判断标准发生变化的因素主要有两方面：一个是信号出现的先定概率，即实验之前被试所了解或估计到的信号出现的相对概率；另一个是正确反应（击中、正确否定）和错误反应（漏报和虚报）所带来的后果（利害关系）。

研究者在长期研究中,概括出了一个估计信号检测判断标准的经验公式①,即:

$$\beta = \frac{P(N)}{P(SN)} \cdot \frac{V_{n \cdot N} + V_{y \cdot N}}{V_{y \cdot SN} + V_{n \cdot SN}} \qquad (\text{公式 } 5-13)$$

经验公式中:$V_{n \cdot N}$ 为正确否定奖励数,$V_{y \cdot N}$ 为虚报处罚数,$V_{y \cdot SN}$ 为击中奖励数,$V_{n \cdot SN}$ 为漏报处罚数。

从公式可以看出,信号检测者信号判断的标准(β)与信号的先定概率成反比关系,即信号出现的概率越大,判断的标准越低;反之越高。同时也可以看到,信号存在时击中得到的奖励越多、漏报受到的惩罚越大,判断标准越低;反之越高。没有信号时正确否定的奖励和虚报的惩罚数量越大,则判断标准越高;反之越低。

如果改变信号检测条件,包括改变先定概率和奖惩条件,信号检测者判断的标准也会随之改变。一般情况下,信号检测者的信号分辨能力相对稳定,这就意味着条件改变可以导致其判断标准(似然比 β)的改变,但不会导致辨别力指数(d')的改变,于是实现了判断标准与辨别能力测量的分离,这就是信号检测技术与经典心理物理学技术相比的最大优势。

具体地说,可以假设在各种先定概率或各种奖惩条件下对某一被试进行信号检测能力的测试,就可以得到多组信号检测实验的记录,如表 5-8 和表 5-9 所示②。表 5-8 所示的实验结果显示,在先定条件发生变化的情况下,被试的击中概率和虚报概率都发生了改变,计算出来的似然比 β 也发生了变化,但是辨别力指数 d' 却保持稳定;表 5-9 所示的实验结果则显示,先定概率保持不变,但奖惩条件发生变化时,被试的击中概率和虚报概率也会发生变化,计算出来的似然比 β 也发生了变化,但辨别力指数 d' 却也保持相对的稳定。看来,实验条件的改变并没有影响对被试辨别能力的测试。如果以不同信号检测条件下记录的被试的虚报概率为横坐标,以击中概率为纵坐标,则可以得到一条二维曲线,该曲线上的各点反映了被试在不同判断标准时的击中概率和虚报概率,但曲线上各点的辨别力指数是相等的,所以这一曲线被称为信号接收者操作特征曲线(receiver operating characteristic curve,简称 ROC 曲线)。根据表 5-8 和表 5-9 中的实验结果可以作出两条 ROC 曲线,如图 5-5 所示。

表 5-8 似然比 β 与先定概率的关系

各次实验	先定概率		YES	NO	计算的结果
A	0.20	*SN*	0.16	0.84	β=4.481 d'=1.0
		N	0.02	0.98	

① 杨治良. (1998). *实验心理学*. 杭州:浙江教育出版社,235.

② 朱滢. (2000). *实验心理学*. 北京:北京大学出版社,94-97.

续表

各次实验	先定概率		YES	NO	计算的结果
B	0.50	*SN*	0.50	0.50	β=1.649 d'=1.0
		N	0.16	0.84	
C	0.80	*SN*	0.93	0.07	β=0.369 d'=1.0
		N	0.69	0.31	

表 5-9 似然比 β 与奖惩条件的关系(先定概率 P_{SN}=0.50)

各次实验		奖惩条件 YES	奖惩条件 NO		YES	NO	计算的结果
D	*SN*	+1	−1	SN	0.31	0.69	β=4.481 d'=1.0
	N	−2	+2	N	0.07	0.93	
E	*SN*	+1	−1	SN	0.69	0.31	β=1.000 d'=1.0
	N	−1	+1	N	0.31	0.69	
F	*SN*	+3	−3	SN	0.98	0.02	β=0.223 d'=1.0
	N	−1	+1	N	0.84	0.16	

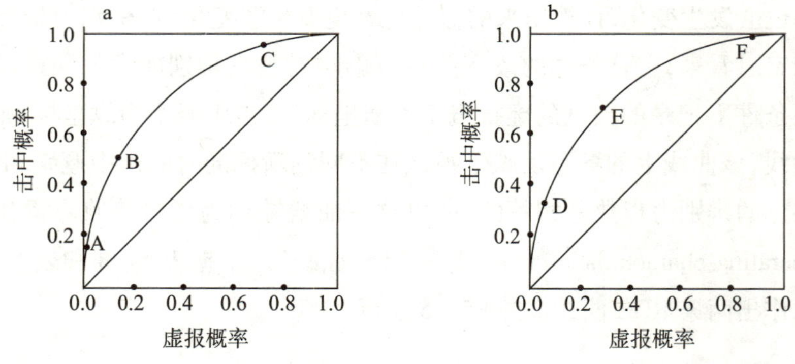

图 5-5 根据表 5-8(左边的曲线)和表 5-9(右边的曲线)所作的 ROC 曲线

在图 5-5 的曲线 a 上,A 点显示的是被试在先定概率最小的情况下的信号检测特征,此时因为信号出现的概率本身很低,所以被试不轻易做出“YES”反应,击中概率和虚报概率都比较低,判断标准比较高;相反,C 点显示的是被试在先定概率最大的情况下的信号检测特征,此时因为信号出现的概率本身很高,所以被试倾向于多做“YES”反应,击中概率和虚报概率都高,判断标准比较低。很明显,被试的判断标准与信号的先定概率成反比。

图 5 - 5 的曲线 b 上,D 点显示的是当虚报的惩罚数相对较大时,被试会提高判断标准而尽量减少虚报,不轻易做出"YES"反应,击中概率和虚报概率都最低;F 点显示的是当击中的奖励数相对较大时,被试会降低判断标准,尽量增加击中数,倾向于多做"YES"反应,击中概率和虚报概率都最大。

此外,被试信号检测的判断标准也与其自身的性格特征有关。一般而言,做事比较谨慎的被试不会轻易做出"YES"反应,除非感觉强度比较大时,所以这类人的判断标准会比较高;相反,性格较为自信或冒进的人,则更容易做"YES"反应,其判断标准较低。

击中概率、虚报概率、判断标准和辨别力指数的关系可以表示成图 5 - 6 所示的形式①。

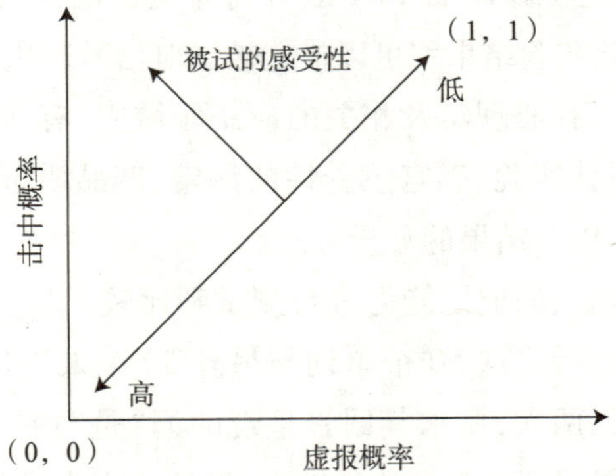

图 5 - 6　ROC 曲线特征图

从图 5 - 6 可知:(1)通过坐标系原点(0,0)和坐标点(1,1)的直线,表示虚报率和击中率是相等的,显示出被试对信号无任何分辨能力,被试采用的回答策略就是根据先定概率而随意地按比例回答"YES"或"NO",其中有两种极端情形:当被试不管感觉强度如何,都回答"YES",就会出现击中概率和虚报概率都等于 100% 的情形,在 ROC 曲线坐标系中为点(1,1);当被试不管感觉强度如何,都回答"NO",就会出现击中概率和虚报概率都等于 0 的情形,在 ROC 曲线坐标中为原点(0,0),这两种情况下被试对信号没有任何分辨能力。(2)被试反应的击中概率和虚报概率均较小时,其在特征曲线上的坐标点靠近左下角的原点,这时显示其判断标准比较高;被试反应的击中概率和虚报概率均较大时,其在特征曲线上的坐标点靠近右上角的(1,1)点,这时显示其判断标准比较低。(3)一个被试的 ROC 曲线越靠近坐标系中的对角线,被试的辨别力指数越低,越接近于无信号分辨能力;ROC 曲线越偏向左上角方向,越远离对角线,被试的辨别力指

① 朱滢.(2000).*实验心理学*. 北京:北京大学出版社,96 - 97.

数越大,信号分辨能力越强。信号检测论的任务在于寻找最佳的 ROC 曲线。ROC 曲线能反映出信号呈现的先定概率对击中概率和虚报概率的影响,也能反映出信号检测标准变化时击中概率和虚报概率的变化,以及不同观察者的敏感性指标(d')。

三、 信号检测实验

利用信号检测论进行心理学研究的实验方法主要包括有无法和评价法,这两种方法既有联系又有区别,评价法可看作对有无法的扩展。

(一) 有无法实验

这是信号检测实验的基本形式,一般的操作程序是:在一定的噪音背景上呈现或不呈现信号刺激,每次实验中都要求被试做出"有"或"无"信号的判断,记录其反应正误,进而确定其击中概率和虚报概率,查 PZY 表并将相应数值带入公式计算被试的辨别力指数 d'和似然比 β。借此实验结果就可以描述被试对信号刺激的分辨能力或感受能力,以及其判断标准的高低。在心理学及相关的应用领域中,有无法实验可被应用于不同的具体情境,如记忆的再认实验、感官感受性的测定、产品质量检验等等。现在举例说明这一实验的操作过程,以及结果的分析方法。

采用再认法对甲乙两人的记忆能力进行测试和比较:甲乙两人同时学习并记忆 50 个单词,所用时间相同,然后将这 50 个单词与另外 50 个未学过的单词混在一起,再一个一个地分别呈现给甲乙两人,要求其回答呈现的词"是"或"不是"前面学习过的,得到如表 5-10 所示的结果。那么按照测试结果,甲乙两人中谁的记忆能力比较强,谁的判断标准比较高?

表 5-10 有无法实验模式及假定的测试结果

被试	被试的反应结果		
	项目	"是"	"不是"
甲	学习过(SN)	45	5
	未学过(N)	15	35
乙	学习过(SN)	30	20
	未学过(N)	10	40

这一实验结果的处理过程包括以下四个主要步骤:

第一步:计算被试的击中概率和虚报概率。

甲的击中概率 $P_{甲}(Y/SN)=45/50=0.90$　虚报概率 $P_{甲}(Y/N)=15/50=0.30$

乙的击中概率 $P_{乙}(Y/SN)=30/50=0.60$　虚报概率 $P_{乙}(Y/N)=10/50=0.20$

第二步：查 PZY 表得到相应的 Z_{SN}、Z_N、Y_{SN} 和 Y_N。

被试甲：$Z_{SN甲}=1.28$　　$Z_{N甲}=-0.52$　　$Y_{SN甲}=0.176$　　$Y_{N甲}=0.348$

被试乙：$Z_{SN乙}=0.25$　　$Z_{N乙}=-0.84$　　$Y_{SN乙}=0.387$　　$Y_{N乙}=0.280$

第三步：将第二步计算的结果代入公式计算辨别力指数和似然比。

被试甲：$d'_{甲}=Z_{SN甲}-Z_{N甲}=1.28-(-0.52)=1.80$

$\beta_{甲}=Y_{SN甲}/Y_{N甲}=0.176/0.348=0.506$

被试乙：$d'_{乙}=Z_{SN乙}-Z_{N乙}=0.25-(-0.84)=1.09$

$\beta_{乙}=Y_{SN乙}/Y_{N乙}=0.387/0.280=1.38$

第四步：根据计算得到的辨别力指数 d'、似然比 β，对相关问题做出具体说明。

根据前述计算的结果，甲对学习项目的辨别力指数大于乙的辨别力指数，说明甲在相同条件下对项目的学习效果好于乙，因此可以认为甲的记忆力好于乙；乙的似然比 $\beta_{乙}$ 大于甲的似然比 $\beta_{甲}$，说明乙的判断标准高于甲，相对而言，乙在做出“是”的判断时更谨慎。

（二）评价法实验

有无法实验要求被试根据自己的感觉判断是否有信号出现。被试在实际操作上是将感觉连续体分为两个部分，即在某一标准之上报告为“有”信号，在某一标准之下报告为“无”信号。然而，实际操作中，被试判断时存在信心水平的不同：感觉强度越大，报告“有”信号的信心水平越高；感觉强度越小，报告“无”信号的信心水平越高。这种信心水平的变化在有无法实验中难以体现。于是有了评价法实验。评价法实验是对有无法实验的扩展，即在有无法实验的过程中，要求被试在报告有无信号的同时评定判断的把握度，即信心指数，这时的实验方法就叫评价法。如当呈现刺激时，被试报告“有”，给出的信心指数是 80%，那就等于说，被试认为此时有信号的可能性达到 80%。也可以要求被试在报告有信号时给出把握等级，比如“非常有把握”的等级为 5，“很没有把握”的等级为 1，两者之间就有比较有把握、中等把握、较没有把握。这样，多次实验就可以得到被试在各种判断把握度上的击中概率和虚报概率，从而评估被试在各种不同判断标准上的信号检测特征。

借用朱滢的《实验心理学》①上的假想数据来说明评价法实验的原理与过程。假设在一个信号检测实验中，*SN* 和 *N* 各呈现 600 次，在总共 1200 次实验中，每一次都要求被试报告其在何种程度上认为有信号或无信号出现，记录其报告结果并将其报告结果汇总，如表 5－11 所示。

根据表 5－11 中的数据，就可以确定如果被试按照不同的标准来判断“有”或“无”信号的话，他就可以得到不同的击中概率和虚报概率。比如，如果被试采用的标准为

① 朱滢.（2000）. *实验心理学*. 北京：北京大学出版社，100－101.

C_1,那么他只有当能非常肯定地认为没有信号时才会报告“无”,否则就会报告“有”,这时其击中数就是556,虚报数就是402,击中概率和虚报概率都非常高,判断标准很低;如果被试采用的标准为C_5,那么他只有当能非常肯定地认为有信号时才会报告“有”,否则就会报告“无”,这时其击中数就是176,虚报数就是24,击中概率和虚报概率都很低,判断标准很高。以此类推,就可以得到表5-12中所示的被试在各种不同判断标准下的击中概率和虚报概率,进而可以计算各种不同标准下信号检测的似然比β和辨别力指数d'。

表5-11 一个假想的评价法实验结果

确信水平	1	2	3	4	5	6
有信号时各评价等级数	44	59	66	101	154	176
无信号时各评价等级数	198	162	96	66	54	24
有信号时各评价等级概率	0.01	0.10	0.11	0.17	0.26	0.29
无信号时各评价等级概率	0.33	0.27	0.16	0.11	0.09	0.04

↑ C_1　↑ C_2　↑ C_3　↑ C_4　↑ C_5

注:此假想数据来自朱滢《实验心理学》的第100页,本书在数据编排的顺序上进行了调整。

表中的确信水平1、2、3、4、5、6分别代表的确信程度是:1认为信号出现的可能性为0(即非常肯定地认为没有信号出现);2认为信号出现的可能性为20%(即肯定地认为没有信号出现);3认为信号出现的可能性为40%(即认为可能没有信号出现);4认为信号出现的可能性为60%(即认为可能有信号出现);5认为信号出现的可能性为80%(即肯定地认为有信号出现);6认为信号出现的可能性为100%(即非常肯定地认为有信号出现)。

表5-12所示的计算结果显示,被试如按照不同的判断标准对信号进行判断,那么他的击中概率和虚报概率就都不同,得到的似然比也不同,似然比的变化反映了判断标准的变化。不过在各种判断标准上得到的辨别力指数是相对稳定的,即可以在误差范围内认为其未发生变化。这一结果再一次表明了信号检测论可以实现辨别能力与判断标准测量的分离。

表5-12 被试在各种判断标准下的信号检测特征

判断标准	C1	C2	C3	C4	C5
击中概率 $P_{(Y/SN)}$	0.93	0.83	0.72	0.55	0.29
虚报概率 $P_{(Y/N)}$	0.67	0.40	0.24	0.13	0.04
击中概率对应 Z 分数 Z_{SN}	1.48	0.95	0.58	0.13	-0.55

续表

判断标准	C1	C2	C3	C4	C5
虚报概率对应 Z 分数 Z_N	0.44	−0.25	−0.71	−1.13	−1.75
击中概率对应纵坐标 Y_{SN}	0.1334	0.2541	0.3372	0.3956	0.3429
虚报概率对应纵坐标 Y_N	0.3621	0.3867	0.3101	0.2107	0.0863
似然比 β	0.37	0.66	1.09	1.87	3.97
辨别力指数 d'	1.04	1.20	1.29	1.26	1.20

与有无法相比,评价法有两个明显的优势:一是信息量大,二是效率高。有无法只要求被试做有无信号的判断,被试就只能以某一标准来判断,但是实际上在不同时刻被试在判断有无时的信心水平是不同的。在评价法实验中,被试不同的信心水平可以得到充分表现,所以评价法实验能够更充分地显示被试信号检测中的心理活动特征。效率方面,一个评价法的实验成效可以相当于几次有无法的实验成效,效率大大地提高了,比如被试对信号判断的确信等级分为 6 等时,其得到的实验结果相当于 5 个有无法实验得到的结果。

最后,综合第一、二节内容,可以看到与经典心理物理学技术相比,信号检测论具有独特的价值和优势。将信号检测论引入心理实验,是心理物理学的一个重大突破①:第一,在感受性的测量上,把主观态度与辨别力分开,获得成功。第二,在解决辨别力指数的问题上,明确地建立起反映噪音变量的虚报概念,这一点对于辨别力的评估不可缺少,而且对于被试主观态度或反应偏好的测量具有重要意义。这里是说,如果不能建立反映噪音变量的虚报概念,只有击中概率,就不能有效估计被试的似然比和辨别力指数。第三,信号检测论不仅把信号当信息,也把噪音当信息,这相对于传统心理物理学来说是一个发展,因为噪音引起的感觉分布是信号检测的主要困难,只有充分地分析噪音信息才能更好地研究被试的辨别力的性质。

第三节 心理量表与心物关系

前述的两种心理物理学技术可用于对感受性的测量。但研究物理量和心理量的关系,仅仅测量感受性是不够的,还需要把握阈上刺激引起的感觉量。由于心理量与物理

---

① 孟庆茂,常建华.(2001).*实验心理学*. 北京:北京师范大学,107.

量不是简单的线性关系，不能直接使用刺激量作为心理量的测度，需要使用心理量表法来建立阈上刺激与心理量的关系定律。

心理量表（psychological scale），就是刺激的物理强度与其引起的心理强度的对照表。有了这种对照表，就可以从刺激量了解相应的心理量，也可以从感觉量了解对应的刺激量。就量表而言，最基本的功能在于测量和比较。心理学或行为科学研究中，量表可分为四种水平，即称名量表、顺序量表、等距量表和等比量表，它们在测量结果的性质和精度上均有所不同。下面，我们结合后三种量表制作方法的介绍，讨论两种有代表性的心物关系定律。

一、 顺序量表及其制作

在心理学领域，顺序量表就是根据引起心理现象的性质差异或强度大小将刺激排序而构成的物理量和心理量的对照表，这种量表既无单位又无零点，量化水平较低。其制作方法有两种：等级排列法（rank-order method）和对偶比较法（method of paired comparison）。

（一）等级排列法

等级排列法就是把许多刺激同时呈现给多名被试，让每一位被试根据自己的某种心理感受将这些刺激排序，然后将所有被试评定的等级进行平均，即得到一个顺序量表。

比如，采用等级排列法对7幅绘画作品进行评估，就可以得到人们对这些作品喜好程度的排列顺序。具体方法是：首先选取 n 个被试组成的样本；然后要求每一位被试独立地对7幅作品进行排序，如表5－13所示；最后计算各作品的平均等级，根据计算结果得到相应人群对这些作品喜好度的顺序量表，如表5－14所示。

表5－13　5名被试对7幅绘画作品的评价等级

被试号	不同喜好程度排列顺序（从最喜欢到最不喜欢）						
	7	6	5	4	3	2	1
1	C	E	D	B	A	G	F
2	A	C	E	D	B	G	F
3	C	G	E	A	D	B	F
4	E	C	G	D	A	F	B
5	D	C	E	G	B	A	F

把每个人评定的各作品的等级相加再平均,得到的结果如表 5 - 14 所示。

表 5 - 14 被评价各绘画作品的平均等级

被试号	A	B	C	D	E	F	G
1	3	4	7	5	6	1	2
2	7	3	6	4	5	1	2
3	4	2	7	3	5	1	6
4	3	1	6	4	7	2	5
5	2	3	6	7	5	1	4
平均值	3.8	2.6	6.4	4.6	5.6	1.2	3.8

根据表 5 - 14 所示的评定结果,从最喜欢到最不喜欢的绘画作品依次是:C、E、D、A/G、B、F,这就形成了一个作品喜好度顺序量表。

使用等级排列法建立顺序量表存在以下两点问题需要我们注意:第一,由于最终的顺序排列取决于所有被试给出的平均等级,因而要求被试样本能够代表实验试图研究的人群总体;第二,由于每一个被试只进行一次排序,所以等级排列法对被试的利用率不高,且难以排除被试在唯一一次排序中的各种随机误差。

(二)对偶比较法

对偶比较法又叫比较判断法,是把所有刺激两两比较,每一次比较都得到一个优势刺激,然后统计各个刺激在全部比较中获得的优势次数,就可以将它们的顺序排列出来。由于每一个刺激都要分别和其他刺激比较,假如用 n 代表刺激的总数,那么两两比较的次数就是 $n(n-1)/2$。

顺序量表的制作方法可用于对刺激引起的心理效应进行评估,也可用于对个体差异进行行为评定,比如研究班级中的人际关系、对管理机构中各位管理者的管理能力与绩效进行评估等。我们假想一个公司的人事部要对公司的 6 名中层领导进行管理能力与绩效评估,组织了 5 名评估专家,采用的方法是对偶比较法,即每一评估专家都对 6 名被评对象做两两比较。每一次比较中,管理能力和管理绩效强者记为 1 分,弱者记为 0 分。具体操作方法和结果记录方法如表 5 - 15 所示。表 5 - 15 中的 A、B、C、D、E、F 分别代表了 6 名被评估者,汇总行的分数是各被评估者所得分数。表 5 - 15 中列出了 5 位评估专家的评估结果,然后将各评估专家对某一被评对象评估的得分相加,就可以得到最后评估结果。表 5 - 15 中的评估结果是:被评对象 A、B、C、D、E、F 得到的总分分别是 19、9、14、13、2、18(这一分数也可以用平均分表示,即各自除以评估专家数 5,这不改变等级评定结果)。据此得到的最终排名顺序是 A、F、C、D、B、E,由此就可知道 A 的评级最高,E 的评级最低。

表 5-15 采用对偶比较法制作顺序量表的过程

	评估者 1						评估者 2						评估者 3					
	A	B	C	D	E	F	A	B	C	D	E	F	A	B	C	D	E	F
B	A						A						A					
C	C	C					A	C					A	C				
D	A	B	C				A	D	D				D	D	C			
E	A	B	C	D			A	B	E	D			A	B	C	D		
F	F	F	F	D	F		F	F	C	D	F		A	F	F	D	F	
汇总	3	2	4	2	0	4	4	1	2	4	1	3	4	1	3	4	0	3

	评估者 4						评估者 5					
	A	B	C	D	E	F	A	B	C	D	E	F
B	A						A					
C	A	C					C	B				
D	A	B	D				A	B	C			
E	A	B	E	D			A	B	C	D		
F	F	F	C	F	F		A	F	F	F	F	
汇总	4	2	2	2	1	4	4	3	3	1	0	4

顺序量表的制作相对比较简单。当然,这类量表所反映的信息也较少,它作为一种评估量表,只能测量不同事物的某种排序和相对等级的高低,不能测量事物间的距离或比例关系。在刚才列举的例子中,B 的评价等级分合计为 9,F 的评价等级分为 18,只能说 F 明显强于 B,但不能说 F 比 B 高出 9 个单位,也不能说 F 的能力是 B 的 2 倍。

二、 等距量表与对数定律

等距量表是一种没有绝对零点但有相等单位的量表,它可以确定两个刺激引起的心理量的相对大小,但不能确定二者的绝对大小和比例关系。等距量表的制定方法有感觉等距法(equal sense distance method)、差别阈限法(differential threshold method)等。

(一) 感觉等距法

感觉等距法就是根据刺激引起的感觉增加强度,找到刺激的增量序列,使得每一次增加的刺激量引起的心理量增长幅度相等。比如采用二分法是比较直接和简便的,操作方法:选定两个强度不等的标准刺激,其引起的感觉强度有明显差异,然后调整另一个比较刺激,使其引起的感觉强度正好介于两个标准刺激引起的感觉强度的中间,这样就可以把原来的感觉强度差分成相等的两个单位,接着再对两部分分别进一步二分,以此类推,就可以得到一个等距量表,该量表上的感觉量是有相等单位的。假设我们要把一个完全的黑色和完全的白色分成 8 或 16 个等距,就可以采用二分法。

（二）差别阈限法

差别阈限法是在某种强度上测量其差别阈限,然后以原来的刺激强度加上一个差别阈限的值作为标准刺激再求差别阈限的方法。以此类推,就可以制定一个等距量表,在这个等距量表上,刺激增加一个差别阈限,感觉量就增加一个可觉差,费希纳就是采用差别阈限方法来研究刺激量与心理量的函数关系的,并由此得到了著名的对数定律。

费希纳认为,差别阈限(ΔI)引起感觉量增加一个可觉差量(JND),因此 JND 可作为单位来测量感觉量的大小。费希纳使用差别阈限作为刺激测量单位,最小可觉差作为感觉量的测量单位,对阈上刺激进行了大量研究,并采用数学方法对结果进行归纳与推导,得到了刺激量与心理量的对数关系定律:随着刺激强度以几何级数增加,刺激引起的心理量则以算术级数增加,即刺激引起的心理量与刺激强度的对数成正比。其表达式为:$S=k\cdot\log R$。其中,S 代表心理量,R 代表刺激量,k 为常数。

这一函数关系反映在二维直线坐标系中就是一个抛物线形的对数关系曲线,反映在半对数坐标系中则为一条直线,如图 5－7 所示,其中的 a 线是二维直线坐标系中的曲线,b 线为半对数坐标系中的直线,二者显示的都是对数函数关系。

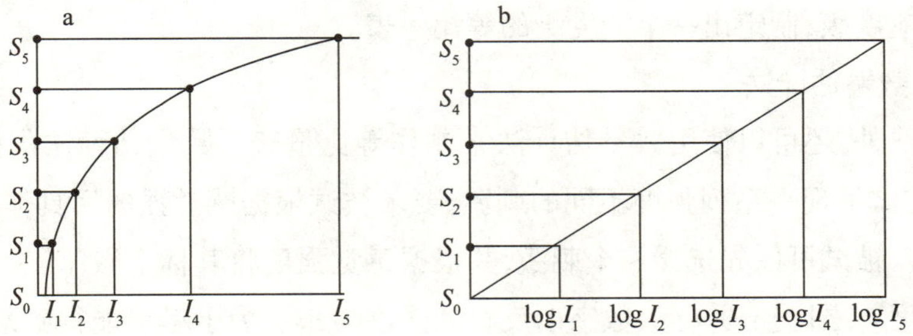

图 5－7　心理量与刺激量的对数关系图示

注:(a)在二维直线坐标系中,二者的关系曲线为一抛物线形对数曲线;

(b)在半对数坐标系中,二者的关系曲线为一直线。

费希纳继承了韦伯的研究,他的对数定律可由韦伯定律推导而来,所以费希纳定律也称为费希纳—韦伯定律(Fechner-Weber's Law)。该定律有两个假设前提:首先,假定在一种特定的感觉范畴内,差别阈限与标准刺激之比的韦伯分数是一常数;其次,在所有刺激强度水平上,最小可觉差在心理强度上是相等的,即它是一个心理量的度量单位。

费希纳定律后来得到大量研究的证实,被看作一种经典的心理物理学定律。但也有研究认为,费希纳定律只在中等刺激强度范围内才成立,在强刺激条件下不成立。所以,费希纳定律也受到许多批评,特别是史蒂文斯认为刺激量与心理量之间不是对数关系,而是幂函数关系,这就是有名的史蒂文斯定律。

等距量表比顺序量表的信息量大一些,它不仅能反映刺激引起的心理量的强弱顺序,而且能够使用相等单位来测量两个刺激引起的心理量的具体大小。

三、 等比量表与幂函数定律

等比量表是一种既有绝对零点又有相等单位的量表,它不但可以比较各刺激引起的感觉量的相对大小,而且可以确定它们之间的比例关系。与上述两种量表相比,等比量表是一种更为理想的量表,其制作方法有两种:分段法和数量估计法。

(一) 分段法

分段法通过把一个感觉量加倍或减半或取任意比例来建立心理量表。比如要制定响度等比量表,就要先确定响度零点,然后确定响度单位,具体方法是:先规定 1000 Hz 40 分贝纯音的响度为 1sone,然后让被试调整一个 1000 Hz 的纯音的声级,使之听起来是 1sone 的响度的一半,响度就是 0. 5sone;再调整一个声级,使之听起来是 0. 5sone 响度的一半,响度就是 0. 25sone……听起来是 1sone 响度的 2 倍,响度就是 2sone;接着再调整一个响度为 2sone 的 2 倍,则其响度就为 4sone……如此不断地进行下去,就可以找到各个强度的响度级,制定出一个响度级的等比量表。

(二) 数量估计法

除分段法外,还可以使用数量估计法来制作等比量表。数量估计法的操作比较简单,就是给被试呈现一系列强度不同的刺激,要求被试根据感觉强弱用具体的数字来标记每一刺激。被试可以先选择一个刺激,并根据感觉强度将其标上数字,然后将其他刺激的感觉强度与之比较,并标上数字以反映其强度大小。为了尽可能得到准确结果,允许被试使用小数。

史蒂文斯(1975)在使用数量估计法制作响度的等比量表中,发现了心物关系幂函数关系定律,即史蒂文斯定律(Stevens’ Law)。史蒂文斯认为,刺激量与心理量的数量关系并非如费希纳定律所描述的那样是对数函数关系,而应该是幂函数关系,其表达式为:

$$S=b \cdot I^{a} \qquad \text{(公式 5-14)}$$

其中,S 代表心理量,I 代表物理量,a、b 为常数。对该公式两端求对数,即可得到:

$$\log S=b+a \cdot \log I \qquad \text{(公式 5-15)}$$

也就是说,当刺激按几何级数增长时感觉量也按几何级数增长,比如刺激量按照 k 的倍数增加时,心理量就按照 n 的倍数增加:

$$\frac{I_i}{I_0}=k \qquad \text{(公式 5-16)}$$

$$\frac{S_i}{S_0}=n \qquad \text{(公式 5-17)}$$

分别以 log$I$ 和 log$S$ 为横坐标和纵坐标作曲线，得到的是一条直线，即在双对数坐标系中得到一条直线。而按照费希纳的对数关系定律，则应是在半对数坐标系中得到一条直线。

一定的心理量总是由一定的物理量引起的，但是二者之间究竟是一种什么样的数量关系，现在并没有确定的结论。一般认为，在心理物理学研究的历史中提出的费希纳定律和史蒂文斯定律，都在一定范围内和在一定程度上揭示了心理量和物理量的关系。不过，这两个定律虽然都有实验数据的支持，但是它们获取数据的实验方法并不相同，得到的数据性质也不同，所以，各自站在自己实验结果的基础上来建立物理量和心理量的关系定律，互相否定是没有道理的。只能说，这一关系还有待进一步的研究。

关键词

感觉阈限及其操作性定义、心理物理学、最小变化法、恒定刺激法、平均差误法、25%的差别阈限（或75%的差别阈限）、信号检测论、似然比、辨别力指数、信号接收者操作特征曲线（ROC 曲线）、有无法实验、评价法实验、心理量表、对数定律、幂函数定律

练习与思考

1. 如何使用最小变化法测定绝对感觉阈限和差别感觉阈限？
2. 如何利用恒定刺激法测定绝对感觉阈限和差别感觉阈限？
3. 如何利用平均差误法测定绝对感觉阈限和差别感觉阈限？
4. 三种经典心理物理学方法各有什么优缺点？
5. 如何根据信号检测实验的数据计算似然比和辨别力指数？
6. 信号检测实验中，被试信号判断的标准如何测量？其影响因素有哪些？
7. 如何进行有无法和评价法的实验？二者有什么区别和联系？
8. 与经典心理物理学相比，使用信号检测论测量感受性的优点是什么？
9. 使用心理物理学技术，设计一项心理学的基础或应用研究。

课程资源

5－1
费布纳和经典心理物理学

5－2
感受性及其变化的条件

5－3
信号检测论方法的应用

第五章　视频资源

第六章

反应时技术

内容概览

反应时是心理学研究中重要而特殊的领域，一方面它是心理学基础研究与应用研究的重要专题，另一方面它又是最常用的实验因变量，成为许多研究范式的基础。反应时主要包括简单反应时和复杂反应时，复杂反应时常见的有辨别反应时和选择反应时等。影响反应时测量结果的因素包括客观因素如刺激的性质、强度、持续时间、呈现模式等，主观因素如年龄、性别、个性差异、高级神经活动类型、动机、身心状态等。对于心理学研究来说，减法反应时法、加因素法、开窗实验是三种经典范式，而启动实验也更多地将反应时作为启动效应的测量参数。就实践应用来说，在人才选拔、工业设计和交通运输领域，反应时测量都具有直接或间接的意义。

反应时即反应时间(reaction time 或 response time,简称 RT),是指个体从接受刺激到做出相应反应的时间间距,也叫反应潜伏期。反应时测量在实验心理学中地位特殊,它是其最早的研究课题之一,也是心理学实验中最常用的反应变量,成为追索人类信息加工内部机制的有效“探针”,并衍生出许多精巧的实验范式与应用技术。

第一节 反应时间的早期研究与测量

一、反应时间的早期研究

(一)天文学家的人差方程式

把反应时间作为研究对象,开始于天文学家,其次是生理学家,然后才是心理学家。1796 年,格林尼治天文台的台长马斯基林(Maskelyne)发现助手金内布鲁克(Kinebrook)观测一些星体经过子午线[①]的时间总是比自己的观测结果慢 0.8 秒(s)左右,因此认为这名助手的工作不严谨而辞退了他。二十多年后,德国天文学家贝塞尔(Bessel)注意到这一事件的档案资料,洞察了其中的特殊意义并开始进行系统思考和研究。他对当时天文学家采用“眼耳法”观察天体运行的数据进行比较,发现不同观测者所记录的时间普遍存在差异。“眼耳法”的操作是这样的:观测者在大致知道某一天体经过望远镜中法线的时间的情况下,当天体接近中法线时,先看钟表指针所指时钟的位置,然后边通过望远镜观察天体的运动,边用耳听时钟的“咔嗒”声并计数,再通过计算就可以得出天体经过望远镜中法线的时刻。1823 年,贝塞尔发表了他的研究,他对自己与另一位天文学家阿格兰德(Angalander)观察的 7 颗天体经过望远镜中法线的时间进行比较,看到两人每一次的观测时间几乎都相差 1.2 s 左右,是一个相对稳定的差异量。他认为这种差异并非个人细心或粗心所致,而是源于个体差异。他把自己与阿格兰德在观察时间上的平均差异表示成公式 $B-A=1.233$ s,即贝塞尔-阿格兰德人差方程式,人差方程式的概念由此而来。贝塞尔的发现激发了天文学家对反应时间的研究兴趣。不过天文学的研究多是从时间测量及测时工具改进的角度展开的,还较少具有心理学的性质。

(二)生理学家对“生理时间”的测定

生理学家开展的“生理时间”的研究开始带有明显的心理学性质,特别是荷兰生理

① 子午线即 0 度经线,亦称格林尼治子午线,是位于英国格林尼治天文台的一条经线(亦称本初子午线)。本初子午线的东西两边分别定为东经和西经,于 180°相遇。

学家唐德斯(Franciscus Cornelis Donders,1818—1889)的反应时间测定,简直就是现代信息加工心理学方法的雏形。不过,这方面的测定最早开始于赫尔姆霍兹。

1850年,德国生理学家赫尔姆霍兹成功地测出蛙的运动神经传导速度约为26米/秒(m/s)。此后,他又在人体不同部位的皮肤上接上电极,施加电刺激,并要求被试在感受到电击时立即做按键反应,由此推算人的神经传导速度约为60 m/s。这一结果后来虽被证明不太精确,但这一测量本身在心理科学诞生中具有重要的奠基意义,它使人们相信神经过程和心理活动的时间特性是可以测量的。

根据测定,赫尔姆霍兹认为神经传导所用的时间有限。但是,完成整个反应过程所需要的时间却较长,那么这些时间被耗费在什么环节呢?引出此类课题是很自然的事。1868年,唐德斯第一次试图把心理因素加进去以研究其对反应时间的影响,提出了简单反应时、选择反应时、辨别反应时的实验范式。通过研究,他认为,一个复杂反应只是在一个简单反应上加一些别的动作,这些动作所用时间等于复杂反应的全部时间减去简单反应所需的时间,该时间差也就是加进去的这种动作或心理活动需要的时间。与此同时,奥地利生理学家埃克斯纳(Exner,1873)指出了被试反应定势的重要性,并最先使用了"反应时间"的概念。

1868年,唐德斯发表《关于心理过程的速度》一文,介绍了三种反应时间的测定。

A-反应时间:只有一个反应对应于一个特定的刺激,当该刺激呈现时,被试就立即做出规定的反应,这时测得的反应时间就是简单反应时间(simple reaction time)。比如,短跑比赛中,运动员听到裁判的发令枪声后迅即起跑,从发令枪响到运动员脚离开起跑器之间的时间间距就是一种典型的简单反应时间。

B-反应时间:有多个反应,各自对应于一个指定的刺激,当某一刺激呈现时,被试必须做出与之对应的反应,这时测得的反应时间就叫作选择反应时(choice reaction time)。在选择反应时中包含简单反应时间、辨别刺激的时间和选择反应的时间。比如,设计红、绿、黄三个颜色的灯光刺激,分别与1、2、3号按键对应,三种颜色的灯光按随机顺序呈现,每一次灯光亮时,被测者都要尽快地按下与该颜色灯光对应的那个键,每一次灯光亮与被测者按下对应键之间的时间间距就是典型的选择反应时间。

C-反应时间:只有一个反应,它仅与多个刺激中的某一刺激相对应,只有当对应的这个刺激出现时,被试才做出规定的反应,这时测得的反应时间叫作辨别反应时(identification reaction time),其中包含简单反应时间和辨别刺激的时间。如果对上述选择反应时测定的程序进行适当修改,三种颜色的灯光刺激还是随机呈现,但要求被测者只有当某一颜色的灯光亮时,才能迅即按下与这个灯光对应的那个键,其他两种灯亮均不按键,这时测出来的反应时就是典型的辨别反应时间。

有了上述三种反应时间的数据,就可以计算出被测者用于辨别刺激的时间和用于选择反应键的时间。辨别刺激的时间可以用C反应时减去A反应时得到,选择反应键的时间则可以用 B 反应时减去 C 反应时得到。唐德斯的研究，是从已知的心理过程测量其所需要的时间，后来这一研究范型扩展到用反应时间差来推断信息加工的过程，成为现代信息加工心理学研究的典型技术。

（三）心理学家测定的“知觉长度”

1879 年，当冯特在德国莱比锡大学一座破旧小楼上开始勾画心理学大厦的时候，就注意到了唐德斯的工作，认为唐德斯指出了实验心理学的一条重要途径，即心理活动的时间测定工作。他们把唐德斯的反应时间测定方法移至正式的心理学实验室，使其成为实验心理学最早的实验专题之一。不过，当时，他们把这个实验测定的结果叫作“知觉长度”①。

实验心理学建立初期，冯特的学生对简单与复杂反应时间进行了一系列研究，但他们在注意、知觉、联想和选择等过程上却未测出确切的反应时间。在冯特的早期学生中，有的后来建立了专门的反应时间研究实验室，卡特尔（James McKeen Cattell，1860—1944）在此方面的工作最为系统。他认为被试在做简单反应测验时，其注意力完全集中于那个将出现的刺激和那个将要做出动作的手指。当刺激到来时，眼睛-大脑-手指间的神经通路早已准备好了，反应时间就短。在辨别和选择反应的实验中，需要有更多的神经通路接通，这时被试的心理状态就比较复杂，会产生焦虑、怀疑等复杂心理状态，反应时间就会延长。从卡特尔之后，研究已不仅仅停留于分析原因，而是转向测量技术的改进，以及深入到实际的应用领域。

心理学家在总结反应时间研究的早期历史时，把自 1850 年赫尔姆霍兹的研究至 1969 年斯腾伯格（S. Sternberg）的研究之间长达一百多年的时间，称为唐德斯反应时 ABC 时期。这是反应时研究的第一阶段，这一阶段方法学的核心是减法反应时法。1969 年以后，由于认知心理学研究中普遍将反应时间作为因变量，使反应时的研究进入新阶段，被称作加法反应时时期②。

二、反应时间的种类

上述早期研究已经表明，当刺激信号和反应任务不同时，反应潜伏期中的内部过程差异很大，需要的时间长度也有很大差异，表现为不同的反应时间类型。

实验任务有任何改变，得到的反应时间都会有所不同，所以难以对反应时间做出系统的分类，也没有必要这样做。我们可以简单地将其划分为简单反应时间和复杂反应时间（complex reaction time）两大类。其中，复杂反应时间又包括许许多多的类型，如选

---

① ［美］墨顿·亨特著，李斯译.（1999）. *心理学的故事*. 海口：海南出版社.

② 孟庆茂，常建华.（1999）. *实验心理学*. 北京：北京师范大学出版社，140.

择反应时、辨别反应时、被动反应时、综合反应时等,如图 6－1 所示。

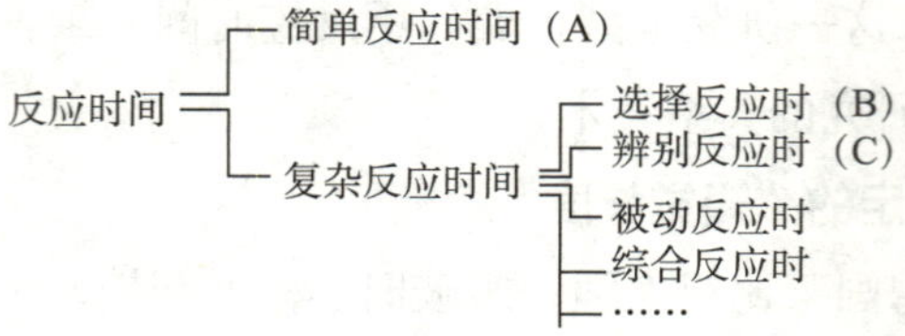

图 6－1　反应时间的分类

被动反应时,是指当刺激出现的时间和位置事先都不确定的情况下,被测者在刺激信号出现后被动地做出反应的潜伏期。比如在警匪枪战片中,一方在明处,一方在暗处,前者对后者突然袭击的反应就是一种被动反应,其反应时间的长短直接关系生命的安全和搏击的胜负。体育中的飞靶射击比赛也带有被动反应的性质。

综合反应时,是指刺激和任务比较复杂,被测者需要多种心理活动参与,调动多个运动系统或动作方式才能做出恰当且完整的反应时测得的反应潜伏期。如图 6－2 所示就是体育运动训练机构使用的一种综合反应时测定系统,它由三个主要的部分组成:主试控制面板、刺激呈现显示屏、被试反应键。测试的过程是:被试坐在刺激呈现显示屏前,左右手各握一个反应键,左右脚各踏一个反应键。主试向被试说明操作任务后,接通电源,从 1~8 号刺激材料选择按钮中随机选择一个按下去,于是被试面前的显示屏就会显示出六个英文字母式样,同时在屏幕的左上角点亮一个红色指示灯。主试发出"预备"口令后,随即按下"启动"按钮,内置的计时器开始计时。被试的任务就是根据红色指示灯的位置尽快地选择按四个反应键中的一个,每一次做出正确反应后指示灯才会移动到相应的下一个位置,反应错误时指示灯不移动,但计时器会继续计时。下图中,刺激是按照 M — U — N — E — W — S 的顺序呈现,灯光在每个字母处会先后出现在四个位置,如在字母"W"处,指示灯出现的位置顺序为"左上—左下—右下—右上"。

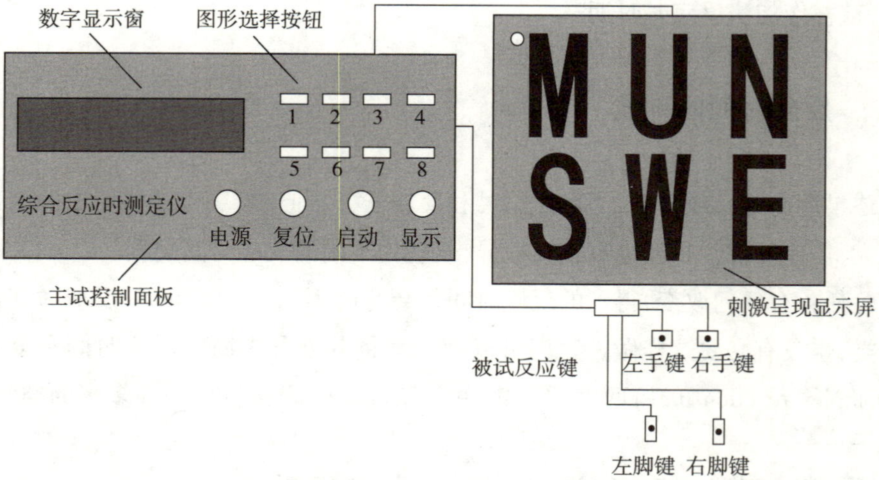

图 6－2　综合反应时测定装置模式图

当被试完成指示灯出现在S字母的左下的反应后，计时器停止计时，显示器可以读出完成这个系列任务的反应总时间。记录结果后，主试按“复位”按钮，数据回零，再选择另一个刺激系列进行测试。这一装置测试的结果就是一种综合反应时，被试操作中需要手脚有效配合，其结果可以显示被试的反应速度和动作协调能力。

三、反应时间的测定装置

计时活动和计时工具的发明与制造均可追溯到久远的年代，但是反应时间具有特殊的意义，它特指人从受到刺激作用到做出某种反应的时间间距，所以反应时间的测量装置必须包括三个基本的部分：刺激键、反应键和计时装置。

（一）刺激键与反应键

刺激键（stimulus key）与反应键（response key）是控制计时器启动和停止的装置，常常使用电键来替代。不过电键存在一些缺点，比如接触不良、噪音大等，很难保证实验数据的质量。例如，使用普通电键来完成视觉刺激条件下的反应时间测定，如果被试和主试都在同一个实验室内，主试操作刺激键时发出的声音就成为一种额外刺激，被试就未必按照视觉刺激来反应。这时就要使用不会引起噪音的开关。在某些运动反应时测定中，也可以采用光电开关，这种开关不用手操作，而是用被试肢体遮挡照射到光电管上的光线，或从遮挡处移开让光线照射到光电管上引起光电流的变化控制计时电路。如果要测定言语反应时，还可以使用声音开关，即用话筒输入被试的语音以控制计时器。

随着计算机技术的发展，许多反应时间的测量任务可以由计算机及其程序来控制，即以显示器或耳机作为提供刺激信息的刺激键，而以计算机键盘、鼠标、反应盒等作为被试操作的反应键，也可以使用麦克风来完成语音反应的反应时间测试。

（二）计时装置

与刺激键和反应键相连接的是计时装置。心理实验室中使用较多的是数字计时器，它利用电路中的电流脉冲数来记录时间。刺激出现时，通过刺激键发出的信号激活计时器开始计时；随后被试操作反应键做出反应，使电路系统终止向计数器发送脉冲信号，计时器就停止计时，这样就可以记录从刺激呈现到被试做出反应的时间间距。不过，随着实验精度或实际应用中对时间测量要求的提高，特殊摄影和计算机自动计时逐渐被应用于反应时测量。

特殊摄影就是使用摄像机将被试从接受刺激到做出反应的过程录制下来，必要时还可以改变拍摄的采样率和摄像画面的播放速度，非常准确地计算出某一反应的时间。而且在摄影时，也可以将被试的操作及计时器上的显示数字同时摄入画面，对时间的读取就更加方便了。对于一些特殊计时领域来说，使用摄影手段是非常必要的，比如在短跑比赛中，就可以使用摄像技术准确地记录运动员从发令枪响到起跑间的反应时间。

（三）反应时测量应注意的问题

第一，避免过早及其他错误反应。实验前，或许有些被试对反应时间长短不以为然，但在实验开始后几乎所有的被试都希望自己测得的反应时间越短越好，因此实验中常常控制不住自己，甚至在刺激出现之前就做出了反应，或者在刺激刚刚出现就完成了反应，这就是所谓的"假反应"或"抢码"。如果实验中刺激呈现的时间间隔固定，这种"抢码"现象就更为频繁。为了避免这种现象的发生，通常可采用两种策略：一是插入"侦察刺激"，即在实验中随机地插入几次只给"预备"信号但不呈现刺激的操作，以观察被试是否会在未接受到刺激时做出反应；二是不断地改变刺激间的时间间隔，或者不断地改变从给予被试"预备"信号到呈现刺激之间的预备时间（一般在 1.5 s 到 2 s 范围内变化为宜），这可以在一定程度上避免被试形成反应定势。

第二，要选择的反应与要辨别的刺激一一对应。在选择反应时间测定中，要选择的反应的数量和要辨别的刺激的数量相等，二者有一一对应关系。为什么一定要相等呢？如果选择反应时间的测试装置上可以呈现红光和绿光两种刺激，但却只有一个反应键，然后要求被试在实验中必须看清刺激光的颜色时才能按键，那这样的装置就是有缺陷的，因为即使被试能自觉地按照主试的要求参加实验，实验中也总有一种尽快反应的倾向，就很容易使实验变成简单反应时间的测试，或者被试会因为担心过早反应而使反应滞后。这一装置必须再增加一个反应键，然后要求被试看到什么颜色的灯光刺激，就按与之对应的那个键，如果按错就不会停止计时，被试必须尽快纠错。利用这样的装置进行选择反应时间测定就能比较有效地控制被试"抢码"的次数。

第三，使用计算机程序测定时要注意计算机的配置和设置。国内许多心理学实验室配备了反应时间的计算机测试程序，同时有许多研究者在进行认知心理学研究时要使用计算机程序控制实验过程，并记录反应时间。在这些实验中，要尽量做到让所有被试使用的计算机的配置和设置一致。计算机的配置和设置主要是指计算机的 CPU（中央处理器）速度、内存大小、显示器的大小、显示器的分辨率和刷新速度、键盘响应速度、安装和启动的操作系统等，这些因素或多或少与时间记录的准确性有关。如果用 E-Prime 软件编写反应时测试程序，最好使用与该软件配套的反应盒。所以在购买 E-Prime 软件时，最好同时购买相应的反应盒。

第二节 反应时间的影响因素

反应时间与刺激条件、主体因素均存在密切联系。刺激条件主要是指刺激信号本身的特点和呈现刺激的环境因素，如刺激的性质、强度、作用时间、呈现的背景等；机体因素主要包括被测者的年龄、性别、知识经验或动机因素、个性特征及身心状态等。

一、 影响反应时间的刺激因素

（一） 刺激的通道效应

刺激的通道效应就是指反应时间因刺激的感觉通道不同而不同。表 6－1 是概括了许多测试结果而得到的，反映了不同感觉通道对应的简单反应时间①。不同感觉通道对应的简单反应时间差异很大，原因是多方面的，如：刺激的方式与能量性质不同，感觉器官接受刺激的方式、能量转换方式和传递方式不同，刺激信息对机体来说其意义大小不同，等。有人以猫为被试进行研究，使用声音直接刺激猫耳，可以在 1~2 毫秒（ms）引起神经冲动，从发出声音信号到猫竖起耳朵只需要 8~9 ms 的时距；用光刺激猫的眼睛，神经冲动被引起并传递到大脑视觉皮层则需要 20~24 ms；如果绕过视网膜，用电极直接刺激视神经，则神经冲动可以在 2~5 ms 达到视觉皮层。可见，信息在视网膜上的接收、转换和传递消耗的时间较多，这是视觉通道反应时间长于听觉通道反应时间的重要原因。一般，光线经过眼球折光之后直接刺激视网膜，但在视网膜上不能立即引起神经冲动，而是需要完成光化学反应这一中介过程。其他通道间的差异亦各有其不同的原因。

表 6－1 简单反应时间的刺激通道效应

感觉通道	简单反应时间/ms
触觉	117~182
听觉	120~182
视觉	150~225
冷觉	150~230
温觉	180~240
嗅觉	210~390
痛觉	400~1 000
味觉	308~1 082

同一感觉通道中，刺激的性质不同（如味觉刺激中的酸、甜、苦、辣），刺激位置不同（如视觉刺激作用于视网膜的不同点），反应时间也不同。还有研究表明，刺激的不同组合作用引起的反应时间也有差异，比如声音加电击刺激的反应时间比单独使用声音刺激或电击刺激的反应时间都要短，光、声、电击三种刺激同时作用时反应时间更短。

（二） 刺激强度与反应时间的关系

刺激强度通常反映的是刺激的能量大小，一般情况下刺激能量越大，反应越快，反应时间越短，反之则反应时间越长。研究表明，刺激强度与反应时间呈现非线性变化关

---

① 朱滢.（2000）. *实验心理学*. 北京：北京大学出版社，148－149.

系,如图 6－3 所示。

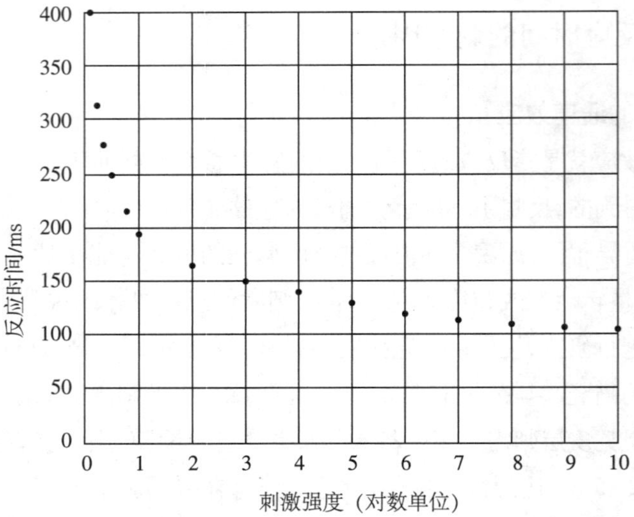

图 6－3　对不同强度的 1 000 赫兹(Hz)纯音刺激的反应时间

图 6－3 显示,从较弱的 1 000 Hz 纯音开始,随着刺激强度增加,反应时迅速缩短。但随着刺激强度的继续增加,反应时间缩短的速度越来越慢,逐渐接近一个极限值。当 $\lg I=0$ 时,表示刺激强度接近于阈限值,对应的反应时间为 402 ms;当 $\lg I=1$ 时,刺激强度大约是阈限强度的 10 倍,反应时间缩短到 193 ms,约为阈限强度时的一半;当 $\lg I=2$ 时,刺激强度又增加了 10 倍,反应时间缩短到 161 ms,与 193 ms 相比只缩短了 30 ms。$\lg I$ 取值在 8～10 范围内变化时,反应时间几乎没有什么变化。

（三）刺激的时空特征对反应时的影响

刺激呈现的时空特征主要包括刺激呈现的位置、面积大小及时间长短等。比如,当刺激强度不变,刺激呈现时距一定时,增加视觉刺激的面积,由于感觉器官的累积效应,也会增加刺激的心理强度,进而影响反应时间,表 6－2 所示的实验结果说明了这一点。随着刺激面积的增加,反应时间逐渐减少。但是面积累积效应是有限的,当面积增加到一定程度时,反应时间就难以继续缩短。研究也发现,空间累积效应也表现在双眼视觉和双耳听觉上。在一个实验中,对同一个光刺激,双眼观察时的反应时间比单眼观察时的反应时间更短。在听觉方面也有类似现象,同样强度的声音作用于单耳的反应时间为 147 ms,而作用于双耳时的反应时间为 133 ms。

表 6－2　方形视觉刺激的面积与反应时间的关系

方形视觉刺激的边长/mm	3	6	12	24	48
反应时间/ms	195	188	184	182	179

此外,改变刺激的时间特性也会引起个体反应时间的变化。当刺激强度不变时,增

加刺激作用于感官的时间，可造成刺激的累积效应。Froeberg（1907）曾做过一个关于光作用于眼睛的久暂对反应时间影响的研究，结果如表6－3所示[①]。刺激持续的时间越长，反应时间越短，但是这种变化关系也有一定的限度。表中数据显示，当刺激作用时间从24 ms增加到48 ms时，反应时间并没有再随之缩短。

表6－3 光刺激的久暂与反应时间的关系

光刺激的持续时间/ms	3	6	12	24	48
反应时间/ms	191	189	187	184	184

（四）刺激复杂度对反应时的影响

反应时间不仅受到某些刺激因素的单独作用，而且会受到刺激因素组合的作用，包括刺激材料复杂度的影响，这主要是指对辨别反应时和选择反应时等的影响。显然，对于辨别和选择反应时来说，刺激的数量越多，可分辨性越差，复杂度越高，反应时就越长，默克尔（Merkel）的早期研究（1885）说明了这一点[②]。默克尔要求被试对阿拉伯数字的1~5分别用右手的五个手指做反应，对罗马数字的Ⅰ~Ⅴ分别用左手的五个手指做反应。整个研究包括很多个实验序列，每一实验序列中使用的刺激选择数目各不相同，分别为1~10。在每一个实验序列开始前都会告知选择刺激的数目，实验结果如表6－4所示。

表6－4 可供选择的刺激数目与反应时间的关系

刺激数	1	2	3	4	5	6	7	8	9	10
反应时间/ms	187	316	364	343	487	532	570	603	619	622

Henmon的实验则能说明刺激辨别难度的变化对反应时的影响。方法是：在被试的前面一左一右呈现两种不同颜色的刺激，主试指定的颜色出现在哪一边，哪一边手就做反应。例如，当主试指定被试要对红光做反应时，就让红色与其他各种颜色配对呈现，红光出现在哪一边，被试就用哪一边的手做反应。实验结果显示刺激之间的差异性越小，辨别反应或选择反应时间就越长，如表6－5所示[③]。

表6－5 刺激辨别难度与反应时间的关系

要辨别的刺激	平均反应时间/ms
白和黑	197
红和绿	203
红和黄	217
红和橙	247

① 转引自：孟庆茂，常建华.（1999）．*实验心理学*．北京：北京师范大学出版社，146.

② 转引自：孟庆茂，常建华.（1999）．*实验心理学*．北京：北京师范大学出版社，148.

③ 张庆云.（1993）．*普通实验心理学*．开封：河南大学出版社，163.

二、影响反应时的机体因素

（一）被试的适应与准备状态

被试对外界环境的适应水平不同,反应时间也会不同。例如,被试在光适应和暗适应的不同水平上进行实验:被试在 250 勒克斯(lx)照度条件下对一个距离眼睛约 30.48 厘米(cm)的白色圆盘做反应。如果实验前被试所在环境的光照度条件不同,则反应时间也不同,如表 6－6 所示。实验前被试所在环境光线越强,被试的适应水平越低,其反应时间越长;反之,实验前环境光线越弱,被试适应水平越高,反应时间越短。这一规律也适合于其他感觉通道,因此可以将反应时间作为个体适应状态的一个测量指标。

表 6－6　反应时间与被试对光适应水平的关系

实验前所在环境的光照度/lx	200	150	100	50	0
反应时间/ms	154	146	144	140	131

反应时间除与被试的适应状态有关外,也与准备状态有关。在简单反应时测试中,从预备信号发出到刺激呈现之间的时间间隔叫预备时间。预备时间的长短影响反应时间。预备时间过长或过短都会使被试的反应时间延长。预备时间过长,被试在注意力高度集中后很快处于心理疲劳或松懈状态,反应时间会加长;预备时间过短,被试来不及做好反应准备,也会造成反应时间延长。许多研究表明,预备时间在 1.5 s 左右最有利于被试的反应。有人记录运动员起跑的反应时间,将预备口令到鸣枪声的时间间隔定为 1 s、1.5 s 和 2 s 三种时间,结果如表 6－7 所示,当预备时间为 1.5 s 时反应时间最短①。

表 6－7　预备时间与被试的反应时间

时间/秒(s)	反应时平均数/ms	标准差/ms
1.0	198.92	19.75
1.5	170.75	11.35
2.0	201.87	18.21

（二）年龄与教育训练

人在 25 岁以前,随着年龄的增长,个体反应越来越快,反应时间逐渐缩短,此后一直到 60 岁左右则是反应时间相对稳定的时期。60 岁后,人的反应逐渐迟缓,反应时间会随着年龄增长逐渐延长,这也是机体衰老的表现。

当然,在人的发展中,教育训练也会促进反应速度的提高。许多体育项目都具有这

① 张庆云.(1993).*普通实验心理学*. 开封:河南大学出版社,160.

种效果，如武术、球类、击剑等。对于特定的反应任务来说，短时间的练习也会提高反应速度。当然，教育训练和练习对反应速度的促进总是有限的，当其达到一定水平后就难以继续提高。

（三）动机因素

在反应时实验中，可以采用不同的奖惩措施引起被试的额外动机，以观察不同动机水平下被试的反应时间。如利用被试在反应时间实验中一般都期望自己的反应又快又好的心态，对被试的反应进行奖惩。“奖”是每次反应后及时告诉被试反应的结果，“惩”是当被试反应慢于某一水平时利用电击给予反馈。这两种条件下的实验与不给任何诱因的实验交替进行，借以抵消练习效应，其实验结果如图 6－4 所示。在有“惩”的条件下，被试反应时间在 120 ms 左右；在有“奖”的条件下，被试反应时间在 140 ms 左右；在无赏罚的正常条件下，被试的反应时间在 150 ms 左右。

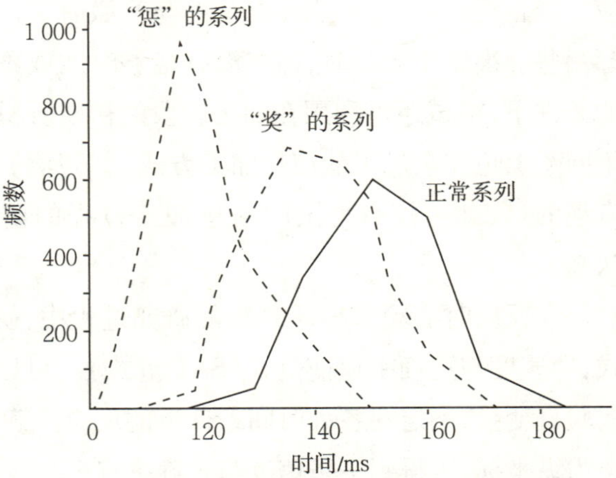

图 6－4　附加动机对反应时间的影响

（四）个体差异

个体差异作为被试变量，也是难以控制的，这种变量表现在反应时间上，不仅个体之间存在差异，同一个体在不同条件下，由于心理和生理状态的变化，反应时间也有所不同。研究表明，反应时间的个体差异反映了个体神经活动类型的不同，一般可将个体的神经活动类型分为三种：感觉型、运动型和平衡型。感觉型的人在反应时实验中，会将注意力更多集中在刺激感知上，刺激出现时需要较多时间将注意中心转移到运动系统，反应时间往往较长；运动型的人在反应时实验中则会把注意力更多集中在运动系统上，刺激一旦出现就会更快地发动反应，反应时间较短。但是，由于分配较少的注意力给刺激感知，所以对刺激的判断容易出现错误，出现“抢码”或“抢跑”现象。平衡型的人则较好地把注意力分配给刺激感知和运动系统，既能较快地发动反应，也较少出现“抢码”的情况。

（五）被试心向：速度与正确率权衡

在信息加工心理学中，常常把反应时间看作信息加工复杂度的指标，根据反应时间的延长推断信息加工阶段的增加。但反应时间是受多方面主客观因素影响的，除前文讨论的一系列因素外，还明显受到被试心向的影响，即：追求高速度还是追求高正确率。在反应时实验中，被试有时会以牺牲反应速度为代价去换取高的反应正确率，有时会以牺牲正确率为代价去换取反应速度。在不同的实验要求和条件下，被试会综合考虑多种利弊,建立一个权衡速度与正确率的标准来指导反应,这就是反应速度与正确率权衡现象(speed-accuracy trade-off,简称 SAT)。

一般而言,被试可以在准备充分的情况下反应,也可以在准备不充分的情况下反应。准备充分时,因其能提取全部与刺激有关的信息而做出反应,正确率会很高,速度却慢些。准备不充分时,即在没有足够时间或不允许被试提取全部与刺激有关的信息的条件下,被试还可利用在加工阶段的初期所积累的部分信息去反应,也可以利用某种不同于上述完全加工的信息加工方式(如猜测)去反应,反应加快了,但正确率会下降。有趣的是,对这种不完全的信息加工过程的研究,可以获得对信息初级阶段特性的认知。

在反应时实验和 SAT 现象的研究过程中,研究者们形成了一种新的反应时实验范式,即速度与正确率权衡范式(SAT 范式)。可以通过将被试做出反应的时间长短作为实验自变量,测定在各种时间条件下的反应正确率。然后以反应时间为横坐标,以正确率为纵坐标,可得到一条速度与正确率权衡曲线(SAT 曲线)。图 6-5 是一条用信号检测法进行再认实验的 SAT 曲线,它反映了各种反应时间下的反应正确率(d')。在这条曲线上,可以用三个参数来描述 SAT 现象:I 表示截距,R 表示正确率(d')随反应时间(RT)的变化而变化的速率、A 表示正确率的渐进值即在无限延长提取时间的条件下的最高正确率。

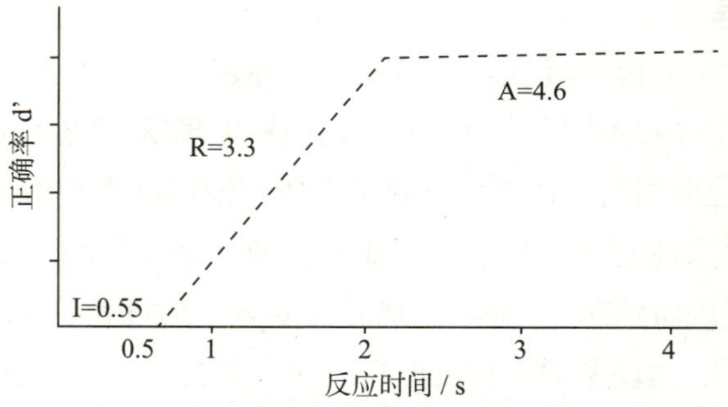

图 6-5 再认实验的 SAT 曲线(Wickelgren et al. ,1977)

图 6-5 显示,在信息加工的早期,反应时和正确率之间的权衡关系是非常显著的。当接近或达到 A 值之后,随着反应时的延长,正确率的变化很小。

第三节 认知研究中的反应时范式

反应时间是内部信息加工过程的有效探测变量,曾一度成为认知心理学的方法学基础,并逐渐发展出三种经典范式:减法反应时法、加因素法、开窗法。随后,启动效应实验范式被广泛用以验证内部信息激活的易化或抑制现象。

一、减法反应时法

减法反应时法(method of minus reaction time),也称为减法法则(minus rule),由唐德斯的实验范式扩展而来。许多关于人的信息加工内部机制的发现就是通过减法反应时实验完成的,比如心理旋转、短时记忆编码方式、语义层次网络模型等。减法反应时法的基本原理是:当两个信息加工系列具有包含和被包含关系时,即其中一个信息加工系列除含有另一个信息加工系列的所有过程以外,还存在一个独特的信息加工阶段或过程,这两个加工系列需要的时间差就是这个独特信息加工阶段或过程所需要的时间。如辨别反应包含简单反应的全部加工阶段,同时它还有一个刺激分辨的心理加工阶段,这是简单反应所没有的,那么通过反应时间的相减就可以得到刺激分辨的心理加工时间。

(一)心理旋转实验

所谓心理旋转(mental rotation),是指在空间知觉加工过程中进行的一种心理上的表象旋转操作,从而获得正确的知觉经验。那么,这种心理旋转是否真的存在呢?20世纪70年代初,库柏(L. A. Cooper)和谢波德(R. N. Shepard,1973)用减法反应时法为心理旋转提供了有力的支持证据①。他们使用左右不对称的字母或数字(如R、J、G、2、5、7等)以及这些字母或数字的镜像作为实验材料,以六种不同的倾斜角度将其呈现,如图6-6所示。

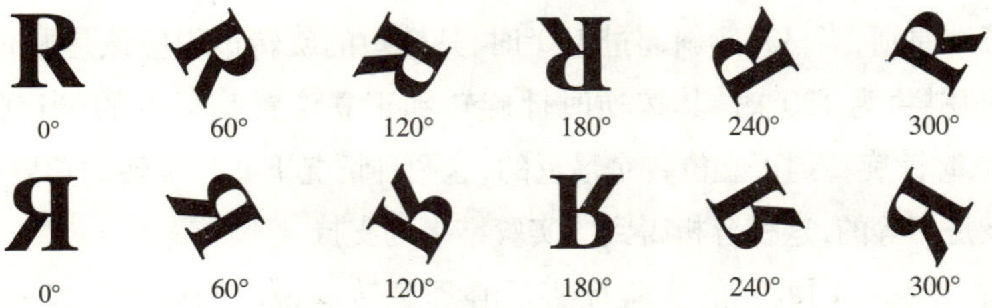

图6-6 Cooper和Shepard(1973)使用的实验材料示例

注:上行是六种倾斜角度的大写字母R(也称为正R),下行是六种倾斜角度的字母R的镜像(也称为反R)。

实验中在电脑显示器上按随机顺序给被试呈现图6-6中的12种刺激材料,每次呈现时要求被试判断其是正写的还是反写的,并要求尽快按相应的键做出反应,电脑自动记录反应时间和正误。实验结束后,计算被试在每一种倾斜角刺激条件下的平均反应时间(将同一种倾斜角的正写和反写刺激材料条件下的反应时间相加平均),得到刺激

① Cooper,L. A., Shepard,R. N.(1973). Chronometric studies of the rotation of mental images. In:W. G. Chase.(Ed.). *Visual information processing*,New York:Academic Press, 75-176.

倾斜角度与被试反应时间的关系曲线,如图 6-7 所示。

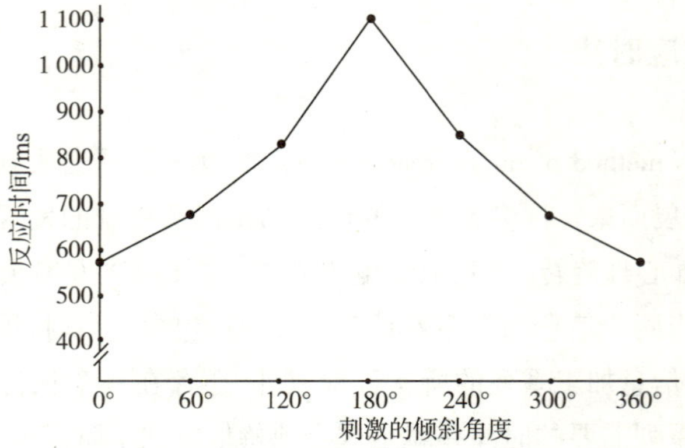

图 6-7 Cooper 和 Shepard 心理旋转实验结果

图 6-7 显示,当呈现材料的倾斜角度不同时,被试的反应时间也不同,而且正立位置(正 R 和反 R 的倾斜角为 0°)的反应时间最短,倒立位置(正 R 和反 R 的倾斜角为 180°)的反应时间最长,整个曲线在 180°形成左右两边对称。这一结果如何解释呢?库柏等认为,刺激材料正立时,被试可以快速地将知觉印象与相应的记忆表象进行对照,对刺激获得快速识别,反应时间就短;当刺激材料以一定的倾斜角度呈现时,其获得的知觉印象不能立即与相应的记忆表象匹配,需要将直接获得的知觉印象进行心理操作,即对其进行心理旋转,等其旋转到正立位置时就可以和相应的记忆表象匹配,获得识别,所以这时的反应时间加长了。材料倾斜度越大,心理旋转的角度越大,消耗的时间就越多,所以反应时间越长。但是当倾斜超过 180°时,随着材料倾斜角度的增加,反应时间反倒缩短。根据心理加工的经济性原则,当材料倾斜超过 180°时,其较短的旋转过程应该是顺时针的。具体地说,当刺激倾斜角为 120°时,其按逆时针旋转到正立位置是最近的;当刺激倾斜角为 240°时,其按顺时针旋转到正立位置是最近的,这两种情况下心理旋转的角度应该相等,反应时间也应该是相等的,这种分析得到了实验结果的支持。

概括来说,库柏和谢波德的实验证实了心理旋转假说。当以一定倾斜角呈现刺激时,被试获得最初的知觉印象后,对该知觉印象进行心理旋转操作,获得与相应记忆表象的匹配后即可完成识别和判断,心理旋转过程消耗的时间等于该种条件下的反应时间减去正立位置刺激条件下的反应时间。

(二)短时记忆编码之争

20 世纪 60 年代以前,研究者多半认为短时记忆中的文字信息是以听觉编码储存的。但是波斯纳等人(Posner et al. ,1969)的减法反应时实验表明,其中也存在视觉编码。实验的具体做法是:同时或先后给被试并排呈现两个字母,要求被试指出这一对字母是不是同一个字母并按键作答,记录反应时间。所用材料包括:读音和书写都相同的字母(如 A-A)、读音相同书写不同的字母(如 A-a)、读音不同的字母(如 A-B 或 A-

b)。读音相同的即为同一字母,被试应做出“是”的判断;读音不同的即为不同的字母,被试应做出“否”的判断。在先后呈现的实验中,两个字母呈现的时间间隔包括 0.5 s 和 1 s,或 1 s和 2 s。被试的反应时间是指从第二个字母呈现到其做出按键反应的时间间距。波斯纳及其同事的实验结果如图 6 - 8 所示(图中只显示了 A - A 刺激序列、A - a 刺激系列的结果)。图 6 - 8 显示,当两个字母同时呈现时,A - A 刺激条件下的反应比 A - a 刺激条件下的反应要快得多;当两个字母先后呈现时,A - A 刺激条件下的反应时间开始增加,但 A - a 刺激条件下的反应时间变化不大,而且两个字母时间间隔越大,A - A 刺激条件下的反应时间增加越多,比如在间隔 1 s以上时,就与 A - a 刺激条件下的反应时间接近了。波斯纳认为,视觉刺激的短时记忆编码既有听觉的也有视觉的,一般先是视觉的,然后向听觉编码转换。在 A - a 刺激条件下,两个字母的视觉编码不同,但听觉编码相同。接受刺激后,前期形成的视觉编码不匹配,还不能做出是否为同一字母的决策,随后,编码形式向听觉编码转换,转换基本完成时就可在听觉编码上实现匹配,被试做“是”的回答,这一过程消耗了时间,所以反应时间延长。如果 A - a 采用间隔呈现,其决策也是在听觉编码匹配后完成的,所以反应时间与同时呈现时的反应时间相比差异不大。对于 A - A 刺激系列,情况则有所不同:当同时呈现时,两个字母首先就会在视觉编码上完全匹配,被试在刺激编码尚未向听觉编码转换时就可决策;如果两个字母先后呈现,当第一个字母呈现后获得视觉编码时,第二个字母尚未出现,这时第一个字母的视觉编码开始向听觉编码转换,第二个字母随后出现时形成的视觉编码就与短时记忆中前一个字母的编码形式无法匹配了(前一个字母在一定程度上已经是听觉编码形式了),所以第二个字母也要向听觉编码转换才能与之匹配,需要的时间增加了,而且字母呈现的间隔越长,第一个字母向听觉编码转换越彻底,反应时间就越长。两个刺激间隔时间达到 1 s以上时,A - A 系列也基本上都是在听觉编码上进行匹配的,所以其反应时间与 A - a 系列相近。

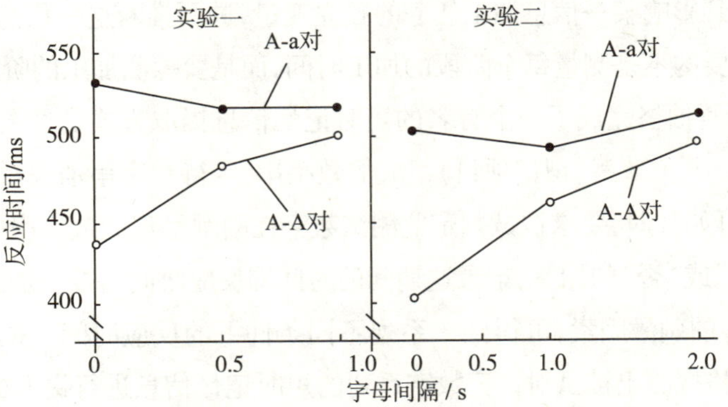

图 6 - 8　反应时间是字母时间间隔的函数(Posner, et al. ,1969)

波斯纳等的反应时实验证实了某些短时记忆信息可以有视觉编码和听觉编码两个连续的阶段,这也是信息加工心理学中的重大发现。

以上两个实验都是减法反应时法的典型范例。减法反应时法实验的逻辑是:安排两种反应作业,其中一个作业包含另一个作业所没有的一个加工阶段,其他方面均相同,从这两个反应时间之差来判定此加工阶段。信息加工心理学也主要是用减法反应时实验提供的数据来推论人脑内部的信息加工过程的。

减法反应时实验的使用,要求实验者对实验任务引起的刺激与反应之间的一系列心理过程有较为明确的认识,并且要求两个相减的任务中共有的心理过程严格匹配,这一般是很难的。此外,减法反应时法还有一个致命缺陷,即它的假设前提是:信息加工是系列化的,也就是由一系列前后相连的多个加工阶段构成,这一观点受到越来越多的研究发现的挑战。这些弱点大大限制了减法反应时法的使用。

二、 加因素法

20 世纪中期,斯腾伯格(Sternberg,1969)在唐德斯减法反应时法的基础上,提出加法法则,被称为加因素法(additive factors methods)[①]。这种方法是对减法反应时法的发展和延伸。加法反应时实验认为完成一个作业所需要的时间是一系列信息加工阶段分别需要的时间的总和,如果发现可以影响完成作业所需要的时间的一些因素,那么单独地或成对地应用这些因素进行实验,就可以观察到完成作业时间的变化。实验的逻辑假设是:如果两个因素对某一信息加工任务的影响具有交互性(交互效应明显),它们导致信息加工过程时间的变化不具有可加性,那么这两个因素作用于信息加工的同一个阶段;如果两个因素对某一信息加工任务的影响是相互独立的(交互效应不显著),它们导致信息加工时间的变化具有可加性,那么这两个因素作用于信息加工过程中两个相互独立的不同阶段。按照这一逻辑,通过单变量和多变量实验,测量被试完成作业的反应时间的变化,就可以探测到影响某一信息加工任务的独立变量,进而推断这一信息加工阶段。在加因素实验中,重要的不是测量每个阶段的加工时间,而是要探测加工的阶段及顺序。

1969 年,斯腾伯格完成了一个有名的短时记忆信息提取方式的经典实验。他先给被试呈现一个由 1~6 位数字(识记项目)组成的数字串,等待数字串消失后再呈现一个数字(测试项目)并开始计时,要求被试判定此测试数字在刚刚呈现的数字串中是否出现过,通过按键做出“是”或“否”的回答,记录这期间的时间即反应时间。按照加因素法实验设计,改变实验过程中的刺激因素,可得到一系列不同条件下的反应时间。根据反应时间的变化关系,斯腾伯格探测出被试对识记数字系列的短时记忆信息进行提取的独立影响因素,推断出其中四个独立的加工阶段:刺激编码阶段、顺序编码阶段、二择一的决策阶段和反

---

① Sternberg,S. (1969). The discovery of processing stages:Extensions of Donders' method. *Acta Psychologica*,31, 276 - 315.

应组织阶段。对应的影响因素分别为测试项目的质量、识记项目数(记忆集大小)、反应类型(即肯定和否定)、反应类型的相对频率。这一研究结论可表示成图 6-9 的形式。

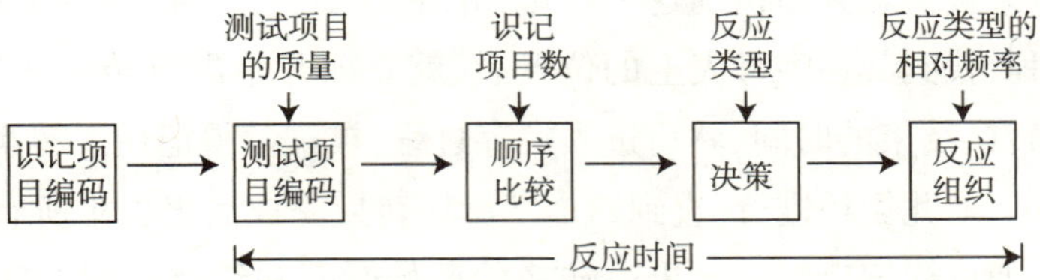

图 6-9 Sternberg(1969)加因素实验的结论:短时记忆信息提取的过程及影响因素

实验中得到的结果主要包括:① 测试项目的质量较低时(残缺的或模糊的),反应时间较长;② 记忆集越大,反应时越长,表明顺序比较阶段主要是系列扫描的;③ "是"反应快于"否"反应,这说明两类反应的难度不同,"否"反应难度较大;④ 反应类型的相对概率影响反应时间,一般某种反应概率增加时,其对应的反应时间会缩短。

斯腾伯格的加因素法引起了许多心理学家的兴趣,激发了一系列类似的研究,同时也招致许多质疑和批评。一些心理学家指出了加因素法实验中的三个致命之处:首先,它是以系列加工假设为前提的,这对其应用范围是一个制约,因为认知心理学的研究提供了越来越多的证据证实信息加工过程并非只是系列性的,也存在平行加工(parallel processing);其次,变量操纵带来的反应时间变化的可加或不可加性,能否作为确认信息加工阶段的依据,还缺乏足够的论证;最后,它还没有解决如何确定加工阶段的顺序问题。这些批评意见是有道理的,值得重视。但不管怎么说,加因素法是对反应时法的一次发展,也因此促进了认知心理学的发展。

三、 开窗法

开窗法(fenestra methool)是心理学中发展较晚的一种反应时法,这种方法既和减法反应时法有相似之处,也和加因素法有共同的地方,但又有其独特性。减法反应时法和加因素法都很难直接得到某个特定加工阶段所需要的时间,都需要通过间接的比较才能得到,并且这个加工阶段还要通过严密的推理才能确认。有的实验能直接测量每个加工阶段的时间,而且也能明显地看出这些加工阶段,就好像打开窗户一样,故称为开窗实验。开窗实验的典型例证是汉密尔顿(Hamilton,1977)和郝奇(Hockey,1981)开展的字母转换实验。

研究者给被试呈现 1~4 个字母,并在字母后面加上一个数字,如"F+3""GNEC+4""FQ+2"等。当给被试呈现"FQ+2"时,就是要求被试转换并报告出与 F 和 Q 对应的后边第二个字母,即"HS"。实验中要求被试一个字母一个字母地进行出声转换,等全部转换完成后报告结果。以"GNEC+4"转换任务为例,来说明借助于计算机完成的实验过程和结果①。

如图 6－10 所示，被试做好准备后按键（电脑在程序控制下开始计时），显示器上呈现出第一个字母，被试就开始识别这一字母，并在字母表上寻找该字母的位置，这是对刺激的编码过程；找到其在字母表上的位置后，就立即开始出声转换，转换出相应的字母的时间就是转换结束的时间，然后进入贮存过程；被试觉得记住了转换结果后再次按键看下一个字母，如此循环进行，直到四个字母均转换完成后报告出所有结果。对实验过程进行录音，即可标记出每一次出声转换的开始时间和结束时间。这一实验可以直接记录字母转换经历的加工阶段、每一阶段消耗的时间。具体地说，字母转换任务的信息加工包括三个阶段：从按键呈现字母到开始出声转换是刺激编码阶段，从出声转换开始到转换结束是信息转换阶段，从出声转换结束到再一次按键是转换结果的贮存阶段。

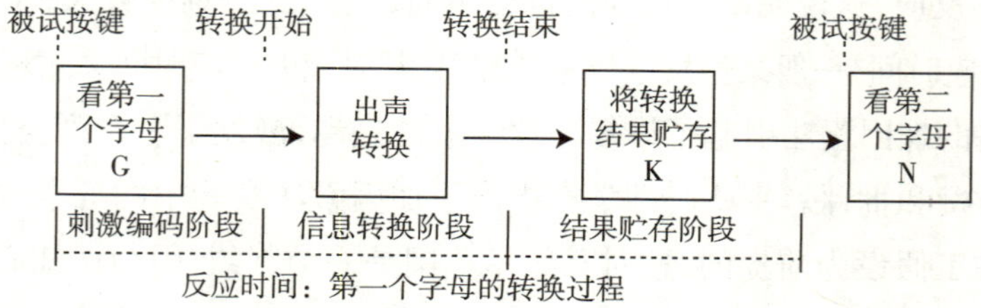

图 6－10　开窗法的实验过程和结果（以 GNEC+4 为例）

当然，每个加工阶段并非如实验过程直接看到的那样界限分明，一个加工阶段的出现有可能是对前一阶段的复查，而贮存阶段也会包含对以前转换结果的提取、复述和归并。所以，只能把开窗实验看作对信息加工过程简化的、直接的测量。

认知心理学研究中的反应时实验法将反应时间置于重要地位，也因此促进了反应时间相关因素的研究和反应时间测量技术的发展。同时必须看到，上述反应时实验法均有值得进一步探讨的问题，比如反应时实验均把信息加工看成是由多个界限分明、相互独立、顺序排列的加工阶段组成的，这种观点已被证明并非完全正确。

第四节　启动效应实验范式

1935 年，斯特鲁普（Stroop）发现，给用红墨水写成的有意义刺激“绿”字的颜色命名要比给用同样颜色写成的无意义刺激“××”的颜色命名用的时间长，这可能是因为前者的颜色信息与语义信息发生了相互干扰，这就是斯特鲁普效应。20 世纪 60 年代后，斯

① 转引自：张庆云.（1993）. *普通实验心理学*. 开封：河南大学出版社，152－154.

特鲁普效应引发了大量研究,逐渐成为心理学研究的一种范式——启动效应实验范式。启动效应(priming effect)是指先前的加工活动对继之而来的加工活动所起的促进或抑制作用,起促进作用的叫正启动效应(positive priming effect),起抑制作用的叫负启动效应(negative priming effect)。

一、斯特鲁普与启动效应实验

(一)斯特鲁普简介

斯特鲁普于1897年出生于田纳西州路斯坦县一个名叫霍山的农庄,是家中六个孩子中的老二。他于1921年毕业于大卫·里普斯库初级大学,1924年又从乔治·彼博迪学院获得学士学位,次年获硕士学位,1933年获博士学位,主修实验心理学,辅修教育心理学。早在大学时代,斯特鲁普就开始了长达40年的教师生涯。起初在中学执教,后来回到乔治·彼博迪学院教数学、英语和现代语言学等。1928年以后,斯特鲁普成为心理学和教育学教授。在乔治·彼博迪学院,斯特鲁普担任了11年的教务长。1948—1964年的16年间任心理系主任。1967年退休后担任大卫·里普斯库初级大学的圣经学名誉教授直到1973年9月1日逝世,终年76岁。斯特鲁普以博学和对宗教的信仰为人称道,富于幽默感和喜用双关语。作为教师,斯特鲁普严厉而公正,被认为是学院里最好的教师之一①。

斯特鲁普于1935年发表的经典论文是他的博士论文,这一研究是在约瑟夫心理学实验室完成的,导师约瑟夫(Joseph Peterson)教授对他选题影响很大。斯特鲁普仅发表过三篇心理学论文,其中两篇涉及色词问题(1936,1938)。他后来没有继续这一工作,而视宗教为毕生使命。即使在他的经典论文发表30年后,斯特鲁普注意到自己的工作对心理学产生了深远影响时,他也还是表示对自己开创的工作已没有兴趣。

(二)斯特鲁普效应实验

由于无法查阅斯特鲁普本人的研究报告,在此不能复现这一经典研究。事实上,基于斯特鲁普实验的基本逻辑,后来的研究者已经设计出各种启动效应实验的变式,其中的许多研究已远远地超越了感知领域,深入到内隐人格特质领域。

为了体验斯特鲁普实验的基本过程,我们介绍一项国内学者设计的实验教学项目:以汉字为材料,以反应时为指标,再现字色矛盾时的斯特鲁普效应。以下这个实验的材料均来自于杨博民(1989)主编的《心理实验纲要》②。

实验被试:3名。

---

① 王才康.(1994).Stroop其人和Stroop效应.*心理科学*,*17*(4),232-236.

② 陈舒永,杨博民,高云鹏.(1989).*心理实验纲要*.北京:北京大学出版社,357-359.

实验器材：速示器、至少 0.01 s 精度的电子计时器、音键[①]。

实验材料：印刷有相同字号的白色卡片两套，每套 144 张。按卡片上的字色关系，每套又包含三类材料：

（1）字色一致的，包括红、黄、绿、蓝各 12 张，共 48 张；

（2）字色矛盾的，在“红、黄、绿、蓝”中，字义和颜色不一致的组合有 12 种，每一种组合均有 4 张，共 48 张；

（3）字色无关的，分别用红、黄、绿、蓝四种颜色书写“约、留、缓、董”四个字，共有 16 种书写组合，每一组合有 3 张，共计 48 张。

实验操作：卡片置于速示器内，刺激呈现时计时器同时启动，被试的言语反应可通过音键使计时停止，计时器上显示的时间就是被试的反应时间。

实验程序：

（1）分别将两套卡片按随机原则排好顺序。第一套卡片为顺序 A，用来测试被试报告字义的反应时。按排好的顺序将被试报告的字义依次记入表 6－8 中 A 顺序下的“应做反应”栏。第二套卡片为顺序 B，用来测试被试报告文字书写颜色的反应时，按排好的顺序将字的书写颜色依次填入实验记录表中 B 顺序下的“应做反应”栏。为了消除顺序效应，将两套卡片按顺序各分为相等的两部分，每部分 72 张，实验按 $A_1B_1B_2A_2$ 的顺序编排；

表 6－8　斯特鲁普效应实验记录表

实验顺序	A_1			B_1			B_2			A_2		
	应做反应	RT /ms	错误反应	应做反应	RT /ms	错误反应	应做反应	RT /ms	错误反应	应做反应	RT /ms	错误反应
1												
2												
3												
…												
72												

（2）让被试坐在速示器前，与刺激成 2°视角，音键放在被试面前的桌子上，给被试的指示语是：“这是一个测定你反应有多快的实验。实验时我喊‘预备’，你就看这个屏幕（指速示器）中心，当看到屏幕上出现彩色字的时候，就尽快大声把这个字念出来。既要念得准，又要念得快。”然后让被试练习使用音键，做到每次言语反应都能使计时器停止计时；

① 速示器，就是一种能够快速呈现视觉刺激材料的心理学实验器材，它可以将刺激材料呈现的时间最短控制在 1/10s；音键，就是麦克，与计时器连接，借助于它，可以通过语音反应使计时器停止计时。

(3) 主试将卡片 A_1 放入速示器内,每次喊"预备"口令后约 2 秒呈现刺激,刺激呈现的时间为 2 秒,两刺激间相距约 10 秒。被试反应后,主试记下反应时,并把计时器的指针回零。做完 A_1 后休息 5 分钟;

(4) 将卡片 B_1 放入速示器内,并对被试说:"下面的实验还是给你看彩色的字,但不要求你念字,而是要求你尽快说出字的颜色。例如,你看到的是一个紫色的'上'字,你要说'紫',而不要说'上',要说字的颜色,说字就错了。要在保证准确率的情况下,尽可能地快速报告;"

(5) 操作与程序(3)相同,但在被试反应错时,除记反应时外,还要记下它的反应词。做完 B_1 后休息 5 分钟,再用卡片 B_2、A_2 进行实验;

(6) 换其他两名被试用同样的程序进行实验。

实验结果:

(1) 分别统计在三种刺激条件下对字和对色的平均反应时,并将结果记入表 6-9 中;

表 6-9 在三种刺激条件下对字和对色的平均反应时

实验条件		字色一致		字色矛盾		字色无关	
		念字	说色名	念字	说色名	念字	说色名
平均反应时/ms	被试甲						
	被试乙						
	被试丙						

(2) 根据表中数据说明本实验中有无干扰或启动现象发生。

很明显,这一实验过程可以通过计算机系统来更好地实现,即使用实验设计(如前文提到的 E-Prime)软件编写计算机程序,利用计算机实现刺激呈现、反应记录等。

二、 启动实验的变式与应用

蒂帕(Tipper)等人①将负启动效应作为一种实验技术应用于选择性注意机制的研究后,出现了许多不同的实验变式。这类实验都是成对显示刺激的,分先后两次。前一次为启动显示,后一次为探测显示,每次显示均包含目标和干扰物两种刺激,要求被试对目标进行反应,同时忽略干扰刺激(即分心物),并设实验组和控制组两种条件。在实验组条件下,探测显示的目标与启动显示的干扰物有关;在控制组条件下,这两种显示的刺激无关。探测显示的目标是否与启动显示的干扰物有关会影响被试对探测目标的

---

① Tipper S P ,Cranston M. (1985). Selective attention and priming : Inhibitory and facilitatory effects of ignored primes. *Quarterly Journal of Experimenta lPsychology : Human ,Experimental Psychology* ,37 (A) ,581 - 611.

反应。当二者有联系时，探测显示中的目标由于在启动显示作为干扰物而受到抑制，这种抑制持续到探测阶段，影响了被试对探测目标反应任务的完成，反应要慢些。与控制条件下的实验结果相比，被试在实验条件下对探测目标的反应延迟可作为负启动效应测量的指标[①]。

尼尔(Neill,et al.，1987)使用斯特鲁普实验的变式比较了两种条件下的实验结果[②]。一种条件是当前刺激的颜色与此前刺激词不匹配，另一种条件是当前刺激的颜色与此前刺激词匹配。例如，先向被试呈现红色墨水印刷的“GREEN”(绿)，紧接着向被试呈现用绿色墨水印刷的“BLUE”(蓝)，要求被试说出启动刺激(先呈现的刺激)的颜色。他发现，在后一种条件下，被试的颜色命名变得特别困难。Neill 认为起干扰作用的启动刺激词(“GREEN”一词)受到抑制。

20 世纪 80 年代中期以来，关于选择性注意的研究，开始从关注所选信息(目标)逐渐转向关注非选信息(分心物)。蒂帕等(1985)首先采用负启动技术研究分心物的加工特点，并提出在目标选择期间，分心物也同时受到加工。这种加工表现为分心物的内部表征受到抑制，即当启动显示中的分心物作为随后的探测显示中的目标时，被试对其的反应时间延长。这种现象也称为分心物抑制效应。此后，研究者们在不同的实验材料和不同作业中都观察到了负启动效应。因此，负启动效应作为一种实验技术，在选择性注意的研究中得到广泛应用。有一些研究表明，特定人群往往表现出分心物抑制能力较小，如老年人的负启动量小于成年人(West,1998)，精神分裂患者的负启动量小于正常人(Beech,1989)；在学生被试中认知失败问卷得分高者的负启动量小于得分低者(Gernsbacher,1991)。负启动效应现象说明分心物受到抑制，而这种抑制现象恰恰说明它也成为信息加工的“目标”。对分心物的抑制能力存在个别差异，显示出负启动效应量的差异。

第五节　反应时测量的实践应用

由于反应时间是在某种任务情境中对刺激的快速应答过程中测量的，它能够有效地反映机体发展的水平、身心状态和完成任务时信息加工的复杂性，所以在心理学基础研究和实际应用中有着特殊地位和价值。下面，我们从三个方面讨论反应时测量的实际应用。

---

① 张丽华，白学军.(2006).负启动效应的抗抑制理论及其新进展. *心理科学*，*29*(4)，998－1002.

② Neill W T, Westberry R L. (1987). Selective attention and the suppression of cognitive noise. *Journal of experimental psychology: learning, memory, and cognition*, 13, 327－334.

一、人才选拔中的反应时测量

由于反应时间是个体差异的重要方面,它不仅能间接反映个体内部的信息加工能力、技能水平,而且能够直接影响到许多领域的工作绩效,对个体在特定任务情境下的工作绩效具有一定的预测功能。因此反应时间成为人才选拔工作中一项常规的测试指标。就国内情况看,人才选拔中使用反应时间测量的领域主要包括:航空航天招飞(要求在复杂而快速多变的条件下迅速决策与操作)、运动员选拔(短跑运动员起跑要快,但又不能经常"抢码",击剑运动员、球类运动员要有较短的"追踪反应时间"和"综合反应时间"等)、公务员选拔(需要思维敏捷流畅)等。这些领域一般都希望选拔出具有"思维敏捷""反应灵活,动作协调""处事大胆果断""反应速度快"等心理品质的人员,而这几方面的心理品质都可以直接或间接地用反应时间来测试。比如"思维敏捷"可以通过抢答反应时、联想反应时等来测试;"反应灵活,动作协调"可以通过复杂反应时间来测试;"反应速度快"可以通过简单反应时间来测试。具体测试的手段很多,有时需要一些专门的仪器设备,有时也可以"就地取材"。这里再介绍一种言语(联想)反应时的测量方法。

言语反应时,也叫联想反应时,是指通过视觉或听觉通道给被试呈现一个语词刺激并同时开始计时,被试接收到刺激后尽快地作自由联想或控制联想,并通过音键(麦克风)报告联想到的语词,计时装置即停止计时。这一过程记录的时间即为联想反应时或言语反应时。

联想方式包括自由联想和控制联想两大类。自由联想就是不对被试联想的方向施加任何限制,要求被试在接收到刺激词语后,尽快报告其最先想到的那个词语。"自由联想能够反映被试思维的敏捷性和灵活性。一般来说,智力高的反应时间短;智力低的反应时间长。"①控制联想则是对被试的联想方向提出明确要求,被试接收到刺激词语后尽快报告联想到的符合要求的词语,通常会被要求回答刺激词语的同义词、近义词、反义词或有对比关系的词语等。具体的测试材料和测试程序一般包括以下几个方面。

材料与呈现:词语与呈现程序。在实验前为被试准备好要其做联想反应的词语,同时设计好词语呈现的方法和程序。呈现方法和程序要依据实验条件而定,比如可以由主试读给被试听(或播放录音给被试听),可以在光电速示仪上一个一个地呈现给被试看,可以利用计算机程序在显示器上呈现或通过耳机呈现,等。

被试的反应操作与计时:根据材料呈现方式,被试按要求完成对词语刺激的联想反应,并记录反应时间。

---

① 陈舒永,杨博民,高云鹏.(1989).*心理实验纲要*.北京:北京大学出版社,401.

实验设备与操作：较为传统的方法是通过速示仪呈现刺激，通过音键（麦克风）来记录被试的反应和反应时间，即刺激呈现时计时装置开始计时，被试对着音键做出语音反应即停止计时，这样就很容易记录反应时间，这里都是利用被试报告的语音信息控制计时的。也可以利用录音或摄像手段记录时间，比如将听觉的刺激呈现和被试的言语反应全程录下来，然后利用语音分析软件来计算刺激语音与反应语音之间的时距，这一方法简便易行，只需要一支采样率较高的录音笔和较好的语音分析软件就可以了[①]，还可以使用计算机程序控制实验的进程和记录实验数据。

实验结果的分析：对于联想实验的结果，除对反应时间进行计算和分析外，还应对反应的内容进行分析，这不仅包括对反应词语的质量进行分析，也包括对反应词语中所表现出来的知识范围、情绪状态等进行分析。

二、 工程设计中的反应时测量

反应时测量也属于工程心理学（engineering psychology）或人因工程学（ergonomics）研究中的基本技术，比如利用测量反应时间对人机系统的设计进行评估，根据在特定条件下人的反应速度的有限性进行人机系统设计，等等。这里，我们对国内外工程心理学研究中的反应时测量问题进行简单介绍，比如刺激—反应相容性研究。

刺激—反应相容性（stimulus-response compatibility，简称 SRC）是人在对刺激进行加工的过程中所表现出来的一种现象，它是工程心理研究的最核心问题（Alluisi & Warm，1990）[②]。可以认为，当一定的刺激和反应匹配会产生较好较快的结果时，这样的刺激—反应匹配就具有了相容性（刘艳芳，1996）[③]。很明显，刺激—反应相容性是工程设计中应追求的重要目标。

刺激—反应相容性研究源于第二次世界大战美国空军对显示屏的研究需要，但真正使其成为心理学研究课题的是费茨等的研究[④]。费茨等（Fitts et al.，1953）系统地研究了空间刺激和动作响应之间的相容性问题，结果发现[⑤]：当刺激的空间位置与动作反应的空间模式一致时，可获得最佳和最快的反应结果，即反应时最短、错误率最低。而且在这一过程中，操作成绩并不是由刺激模式或反应行为单独决定的，而主要是受二者匹配关系影响的。还比如，葛列众、朱祖祥等人（1992）关于不同反应方式对双作业操作

---

① 南京师范大学建立了“语图分析实验室”，可以对语音材料进行时长的分析。

② Alluisi，E. A.，Warm，J. S.（1999）. Things that go together，stimulus-response compatibility. In：R. W. Proctor.（Ed.）. *Stimulus-Response Compatibility：An Integrated Perspective*，*North-Holland*，*Elsevier Science Publisher*，BV，33－86.

③ 刘艳芳.（1996）. S — R 相容性：概念、分类、理论假设及应用. *心理科学*，*19*（2），105－109.

④ 张学民 舒华.（2004）. *实验心理学纲要*. 北京：北京师范大学出版社，201－202.

⑤ Fitts，P. M.，& Seeger，C. M.（1953）. S-R compatibility：spatial characteristics of stimulus and response codes. *Journal of Experimental Psychology*，46，193－210.

信息干扰的研究发现[①]:如果采用相同的反应方式,同时操作的两种作业就会产生相互干扰,导致反应减缓、降低作业绩效;而采用不同的反应方式,将减少两种作业的相互干扰,提高反应速度和作业绩效。

我国心理学家张侃等人也在此方面进行了卓有成效的研究,得到一系列重要成果。他们重点研究的内容包括[②]:(1) 易用性原则与空间刺激—反应相容性;(2) 可懂性原则与语义刺激—反应相容性;(3) 重要性、功能和使用与群体模板相容性;(4) 信息冗余原则与刺激—刺激相容性、反应—反应相容性;(5) 警告信号与线索相容性;等。这方面的研究对于人机系统的设计来说意义重大,许多人机系统就是一个刺激—反应的操作系统,其设计方面能否实现刺激呈现与反应操作的最佳匹配,直接关系人机系统是否能满足刺激—反应相容性的要求,也就直接关系到其是否能在使用中获得最佳效果。因此,人机系统设计要在具体情境中进行大量的试验,以寻求最佳的设计方案。在对各种设计方案进行评估和筛选时,反应时间是其中最重要的衡量指标。

工业设计中反应时间的应用当然是非常广泛的,不只是刺激—反应相匹配的问题,还有人因限制性问题。在特定系统中,人受到生理和心理资源的限制,其反应速度是有限的。虽然可以通过人机系统匹配性的提升来提高操作者的反应速度,但这种改进和提高必然有限。我们要研究在各种特定情境中人的反应速度极限,以便在系统设计和参数设置时防止操作人员的负荷超载。

三、 交通领域的反应时测量

交通领域中的反应时间因素的应用主要包括三个方面:道路设计,包括道路的宽窄、曲直,交通信号及各种路标的配置;驾驶员的测试与培训;驾驶员的疲劳测试与告警等。

(一) 道路设计与各种信标配置

从道路设计来说,必须考虑人的反应速度的有限性。首先,要根据人的反应速度来设计交叉路口及相关信号。比如在驾驶员到达交叉路口时,要能提前看清交通信号及相交的其他路段的交通状况,包括行人情况和来往车况,提前做好必要的准备。在一些道路状况较差的路段,要设置警示标志和限速标志,而且这些警示标志的位置要前移,即驾驶员可以提前看到。其次,在高速公路设计中,要注意直行路段不能过长。因为在直行路段,驾驶员的警觉水平下降,遇到紧急情况时其反应时间会较长。还要对高速公路的行车距离加以限制和提示,降低追尾等交通事故的发生频率。

---

① 葛列众,朱祖祥.(1998).不同反应方式对双作业操作信息干扰的影响.*心理科学*,*21*(3),226-230.

② 张侃.(2001).刺激—反应相容性原理与工程心理学研究.见:中国心理学会.*当代中国心理学*.北京:人民教育出版社,513-519.

我国心理学工作者詹美莎曾利用反应时间的测量对道路标志的易懂度进行了研究①。有40名20~52岁的职业汽车司机参加了实验。实验材料是将未达到理解度标准的15种交通标志图示制成带有各种街景、广告及人物等背景的幻灯片,共3套,每套15张,如图6-11所示。每种标志在各幻灯片画面上出现的位置是随机的,3套幻灯片中每种标志在画面上的位置又各不相同。用幻灯机将刺激物呈现于30厘米×20厘米的屏幕上。用数字计时器及自动控制装置记录被试回答标志图示的意义的声音反应时。被试座椅距离屏幕2米,话筒放在座椅前的桌子上。在主试向被试说明本实验的目的在于测定15种标志的辨认时间后,接着将15种标志依次呈现给被试并解释每种标志的意义及用途。然后,要求被试在听到主试预备口令后注视屏幕,当画面出现时迅速从中寻找交通标志并回答其意义,尽量做到又快又准。

图6-11 各种交通标志物示意图(詹美莎,1987)

结果发现:(1) 除9号“解除禁止超车”标志,其他标志的再认正确率均超过85%,9号标志的再认正确率最低,为82.5%;(2) 各标志平均反应时间差异显著,其中9号标志反应时最长,为2.38秒,4号(单行路)、6号(快速路终点)、11号(山旁险路)标志的反应时也较长,均超过2秒;5号(快速路)、14号(学校)、15号(施工)、3号(只准两种车通行)、8号(准试刹车)和13号(村镇)标志的反应时都比较短,在1.48~1.75秒之间。这些实验结果告诉我们,不同路标的易懂度是不一样的。

除对易懂度进行实验研究外,我们还可以对路标设计的大小、颜色、背景、安置的位置等开展研究,研究中可以将反应时间作为重要的反应变量。这样的研究可以为改善路标设置提供非常直接的、有价值的数据。

---

① 詹美莎.(1987).北京市道路交通标志的心理学评价.*心理学报*,*19*(2),167-174.

（二）驾驶员的测试与培训

驾驶员有较快的反应速度是保证交通安全、减少交通事故的重要因素。随着社会经济发展，我国私家车数量迅速增长，驾驶员的数量相应迅速增加。根据前文论述，反应时间与个体的神经活动类型和个性特征关系密切，有些个体的反应速度较慢，遇到紧急情况时甚至会出现应激性“休克”，不能采取有效措施处理应激事件。所以，可以说，有些个体是不适合驾驶车辆的。目前，我国驾照考试还缺少必要的心理测试部分，使得一些“很不适合”开车的人成为驾照持有者，这一部分人成为公路上的潜在“危险者”。

我国汽车销量猛增，汽车驾驶员的培训也成为非常重要的任务。培训中，应该增加对这些人应激反应的训练，使其缩短反应时间，以提高其紧急情况下的反应速度。当然，反应速度的提高也不能仅从应激训练方面来做，还需全面地提高驾驶员的整体心理素质，包括责任心。比如培养其酒后不驾车的自觉性，因为“酒精在脑神经系统达到一定浓度时，中枢神经系统逐渐迟钝，对周围情况变化的反应速度大大下降”①。

（三）疲劳测试与警告

有相当多的交通事故就是由疲劳驾驶造成的。疲劳情况下，驾驶人员的反应速度会下降。所以，有必要设计出相应的检测设备，通过检测驾驶员的反应时间来评定其疲劳水平，以确定其是否还能继续驾驶车辆。

肌肉的紧张度与反应时间有关，肌肉的紧张程度可以作为疲劳的指标②。日常生活中，当一个人昏昏欲睡或丧失警觉时，有一个东西使他警觉起来是非常必要的。如司机长时间驾驶车辆、监测人员长时间监测某种机器或仪表都容易感到疲劳，这时需要一种设备能在工作者困倦超出一定指标限度时发出警告，使人振作精神。有研究者使用颈部肌肉的肌电记录来完成这一警告任务。实验时模拟驾驶员的工作方式，当肌电降到某一水平时即给予警告（红灯），司机必须做出抬脚反应。在不同张力情况下测出的反应时间表明，随着颈部肌电张力的降低，脚的反应速度相应地变慢，反应时间延长，甚至不做反应。由此可见，肌电可以作为疲劳或觉醒的一种指标，从而人们可以根据肌电水平发出警告信号，预防在某些操作中由困倦导致的不能正常工作或者事故。

关键词

反应时间、简单反应时间、选择反应时间、辨别反应时间、减法反应时法、加因素法、开窗实验、速度—准确性权衡、斯特鲁普效应、启动效应、负启动效应

---

① 杨治良.（1998）. *实验心理学*. 杭州：浙江教育出版社，140.

② 张庆云.（1993）. *普通实验心理学*. 开封：河南大学出版社，164－165.

练习与思考

1. 简述反应时间研究的历史。
2. 如何测定简单反应时间、选择反应时间、辨别反应时间？
3. 反应时测量中需要注意的问题主要有哪些？
4. 影响反应时间的因素有哪些？
5. 认知心理学研究中的反应时间方法主要有哪些？
6. 使用 E-Prime 软件编写本章中所举字色矛盾的斯特鲁普效应实验程序。
7. 说明负启动效应的实验逻辑及其实际应用。
8. 反应时测量在实际中的应用主要有哪些？

课程资源

6－1
酒精及药物对反应时间的影响

6－2
常见的反应时法研究范式

6－3
运动员的反应时间

第六章　视频资源

第七章

心理学实验新技术

内容概览

任何能与人的神经系统发生联系的技术手段都能演变为心理学的实验技术。事件相关电位技术是利用连续呈现相同刺激并引发个体相同心理事件、神经活动来诱发脑波。因与刺激的锁时关系，可从头皮多个记录点间接记录脑波变化，进而制作与事件相关的脑电地形图，实现对脑功能的定位分析。在视觉任务的研究中，则可以利用高频率的眼动仪，实时记录视觉信息搜索过程，揭示视觉任务加工的内在机制。将眼动技术与事件相关电位技术结合，可以获取内外事件的关联性。脑成像技术则代表着当代心理学实验的最高技术水平，特别是功能磁共振成像，利用无创的功能磁共振原理，可实现对脑功能区高空间分辨率的研究。将功能磁共振成像与事件相关电位技术结合，无疑会在脑功能定位研究中同时达到高的时间和空间分辨率。

实验心理学从诞生的一开始就在追随当时最先进的技术手段。还记得,1879 年末,冯特与他的两位学生在实验室里,把发报机的按键接到了他们的实验装置上,来测定“知觉的长度”。随后的发展一直如此,录音、摄影、计算机等都在心理学的研究中发挥了重要作用。目前,在心理学的最前沿领域——认知神经科学中越来越多地使用了复杂的计算机技术、光学技术和生物学技术。本章选择脑电记录与分析、眼动追踪与分析、脑功能成像等三方面的技术加以简单介绍,以便能管中窥豹。

第一节 脑电记录与分析技术

脑神经元与组织活动总是伴有生物电现象,脑电与心理事件的关联性是必然存在的,这为心理活动脑机制的探索提供了独特有效的路径。脑电记录与分析技术是心理学中比较成熟的现代实验技术之一。“生物心理学研究中常采用的脑电记录法有单细胞记录、多细胞记录和脑电图描记与分析技术。”[①]在这里我们只对脑电图描记与分析加以介绍,即重点介绍无创的事件相关电位(event-related brain potential,简称 ERP)技术。事件相关脑电位是从自发电位(EEG)中经计算机提取而获得的认知脑电位,ERP 的问世开创了神经电生理学的新时代。半个世纪以来,ERP 被广泛应用于脑功能研究,被誉为“脑功能的窗口”。

一、 脑电图的诞生

(一) 脑电波形图的诞生

生物电现象最早发现于 1786 年,意大利解剖学教授伽伐尼(Galvani)观察到青蛙外周神经和肌肉的带电现象。此后,同时代的人纷纷推测大脑也存在电现象。1804 年,伽伐尼的侄子阿尔迪尼(Aldini)采用把电极放置于刚被处决的犯人的头颅上,试图测出脑电位,然而一无所获。1875 年,英国利物浦皇家医学院的助教凯登(Caton)在兔脑上观察到了脑电反应,并发现这些电活动的波频主要取决于动物的精神状态。同年 8 月,33 岁的凯登在爱丁堡第 43 届医学会议上及《英国医学杂志》上,发表了论文《脑的电流》。1877 年,凯登又意外地发现了脑的诱发电位及皮层活动时的直流电位偏转,遂将这两个发现公布于世。凯登是用草图呈现结果的,加之当时他还只是一位不知名的小人物,这两个发现未立即引起人们的重视。1888 年,一位年轻的波兰人——雅盖隆斯基大学的

---

① 蔡厚德.(2010).*生物心理学:认知神经科学的视角*.上海:上海教育出版社,12.

助教贝克(Beck),也独立地发现了狗的脑电现象,并将其撰写成博士论文,在较有影响的德国《中枢》杂志上发表,并声称他是世界上第一个发现脑电的人,结果引起一场发现权的争论。

贝克发表论文后不久就受到了奥地利生理学家弗利斯(Fleischl)的挑战,弗利斯提请学术界注意他于1883年在维也纳科学院所写的一封未启信件。于是,这封信被拆启并被发表在《中枢》杂志上。弗利斯在这封信中报告了刺激感官所引起的各种脑电变化,预言在头皮上也许能记录到由各种刺激所诱发的脑电位活动。正当贝克和弗利斯争论时,《中枢》杂志编辑部又收到凯登的急件,他指出了13年前他发表的论文。毋庸置疑,凯登是脑电第一发现人。1924年,德国精神科医师伯格(Berger)博士以儿子为受试者获得了世界上第一张通过在头皮上安放电极描记到的人类脑电活动图。他很谨慎,1929年才发表这一成果。从这时至1938年间,伯格发表了20篇均以"论人类脑电图"为标题的论文。他说:"我想人类的脑电图已发现了,而且是第一次在此公布出来。"他也最先使用词汇"脑电图"(electroencephalogram,EEG)。伯格在此领域的研究是系统的,他的论文内容包括了脑电流描记技术及其相关的知识基础、大量临床例证,还指出了这一技术可以广泛应用的领域,包括心理学。伯格之后,这个领域的知识迅速增长,而且几乎所有的工作者都能基本证实伯格的见解,伯格也就成了"人类脑电图之父",他工作开始的1924年2月4日,被人们称为人类脑电图的诞生日①。

科学研究揭示,人类EEG的波幅(amplitude)达10~100微伏(μV),EEG的基本波形包括图7-1所示的几种。而且,EEG与人的意识水平相关,当大脑活动增加时,EEG节律频率增高而波幅降低。如深度睡眠中,以δ波为主;清醒闭目的放松状态下,α波出现②。

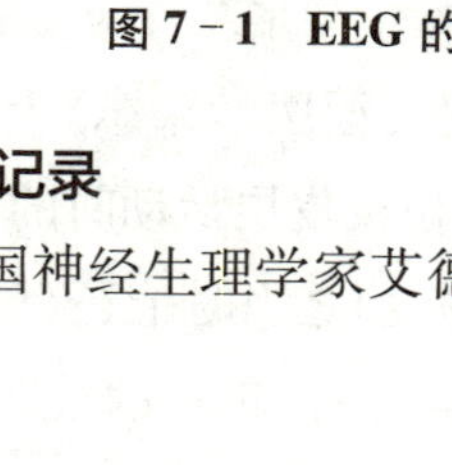

图7-1 EEG的几种基本被形

(二)脑诱发电位的记录

伯格的研究鼓舞了英国神经生理学家艾德里安(Adrian,1934),他设想将声、光、嗅

① 陈兴时,张明岛.(1996).脑电学发展史实.*国外医学(精神病学分册)*,*23*(2),95-99.

② 罗跃嘉.(2006).*认知神经科学教程*.北京:北京大学出版社,129-130.

等外界信号通过感官传入大脑，这会在人脑的相应部位诱发电信号，即诱发脑电波。对这些诱发脑电波进行分析便能进一步揭开神经精神病的奥秘。但是艾德里安发现，由头皮记录的诱发电波在 0.3～20 微伏①，完全被淹没在高达 30～100 微伏的自发脑电活动的“噪声”(noise)背景中。如果采用信号放大技术，自发脑电信号也一同被放大，结果什么也得不到；如果采用频谱分析技术，自发脑电信号的频谱范围很广，还是无法分离诱发脑电波。因信号检测技术的限制，艾德里安等无法突破这一难题。直到 20 世纪 40 年代末，伦敦大学年仅 37 岁的美国学者道森(Dawson)从叠加照相法中得到启发，他将多次刺激引起的脑电变化在示波器上重叠摄影于一张照片上，果然观察到了脑诱发电位波形。50 年代初，道森研制的一种瞬时诱发电位的信号平均电—机械处理装置，开创了脑诱发电位记录技术的新纪元。该装置按照固定的时间间距连续对受试者施加刺激，于是，诱发电位被相加平均后从自发脑电背景“噪声”中显现出来。道森装置成为现代各种叠加平均仪的雏形，至今仍被珍藏在伦敦南肯兴顿 South-Kensington 科学博物馆内。

随着计算机的问世，1958 年，美国麻省理工学院的克拉克(M. A. Clark)成功设计出平均反应计算机 ARC。当记录一种诱发电位时，ARC 能在刺激后预定的不同时间间隔，从脑电波自动连续取样，进行模—数转换后，可储存叠加上百次，最后变为平均诱发电位显示出来，把自发脑电的干扰削减到很低限度，描绘出十分鲜明的诱发电位及脑波。此后，技术发展推动了其商业化及其在神经生理学研究和神经精神病学中的应用，道森也因此被认为是临床诱发电位(evoked potentials，简称 EP)的创始人。脑诱发电位的方法逐渐渗入到心理学领域，脑诱发电位与治疗中枢神经系统某些慢性疾病所采用的长期的脑内电极方法相结合，为研究皮层及皮层下相互关系、脑深部结构的病理生理学以及不同脑系统的病理学提供了广阔的可能性。

（三）脑电地形图技术的发展

自发和诱发脑电波的发现在探索神经功能与精神疾病方面意义重大，由此开始的进一步研究逐渐集中到脑电的空间定位问题。但是在 20 世纪 30 年代至 60 年代期间的持续工作始终难以突破计算的瓶颈，未取得实质性推进。直到 60 年代中期，电子计算机的引进改变了该领域的格局，逐渐形成了新的脑电地形图(brain electrical activity mapping，简称 BEAM)技术。“脑电地形图技术是在脑电图和脑诱发电位的基础上，运用计算机技术而发展起来的一种新颖技术。它是以二维形式分析和显示自发脑电和诱发脑电活动信息的成像技术。”②这一技术的发展是在 20 世纪 70 年代末基本完成的，其基本原理是：采用多导联方式在头皮的多个位置安放电极，以便可以在同一时刻记

---

① μV 为电压单位“微伏”。1 伏＝10^3 毫伏＝10^6 微伏。

② 陈兴时，张明岛.(1996).脑电学发展史实. *国外医学(精神病学分册)*，*23*(2)，95－99.

录头皮多个位置的自发或诱发电位,这样可以获得脑电波平均频谱的空间表示。将脑电信号放大后进行数值化处理,经频谱分析后再按地图绘制的原理,以不同色差表示大脑各区域的脑电功率分布,所绘制的图形就称为脑电地形图。随后技术发展,可以在时间坐标上连续获取脑电频谱空间分布,制成脑波电压“时间—空间分布图”(Remondc,1969),即从某一时间点开始,随着时间推移而记录导联中的一系列脑电波电位位置分布,把它们制成等电位图。这种等电位图可以用二维显示法显示头部某一区域或整个头部的电位分布。

脑电地形图将脑电按 δ(0.5~3 赫兹)、θ(4~7 赫兹)、α_1(8~10 赫兹)、α_2(11~13 赫兹)、β_1(14~20 赫兹)、β_2(21~30 赫兹)六个频段进行时域波形功率谱分析。脑电地形图仪的硬件结构包括脑电图仪与信号处理两大部分,脑电图仪完成脑电信号的放大、采集、显示、存储等。信号处理部分完成脑电信号的数值处理;信号处理部分既有硬件,也有软件,常以软件更为重要,通过软件可完成大量的数学运算得到所需的结果。

二、 事件相关脑电位记录与分析技术

(一) 事件相关脑电位

事件相关脑电位(ERP),是与实际刺激或预期刺激(声、光、电)有固定时间关系的脑反应所形成的一系列脑电波(Vaughau,1969)。它属于诱发电位,可以通过技术处理,将其从自发脑电“噪音”背景中提取出来。在反复呈现相同刺激的过程中,与刺激有锁时关系的、时间和方向一致的电位活动逐渐叠加增大,而与刺激无锁时关系的随机的背景电活动则出现时相错位,相互抵消,波幅逐渐减小。这样,经过信号放大,那些与事件相关的脑电波就显现出来。

(二) ERP 实验方法

事件相关脑电位中的“事件”,既指外源事件,也指内源事件。外源事件主要包括刺激的呈现与撤销,内源事件主要包括预期、注意、惊异、认知加工等。这里的“相关”既指时间的相关,也指空间的相关。ERP 实验技术就是通过有无“事件”条件下脑电波或脑电地形图的变化来探索脑区的心理机能或心理活动的脑机制。

ERP 实验主要由四个阶段的工作组成:刺激材料与呈现、多导脑电记录与分析、ERP 识别与源分析、结论推断。

1. 刺激材料与呈现

(1) 刺激材料的种类。

理论上讲,各种类型的刺激都可以引起被试的心理事件,所以都可以作为 ERP 实验的刺激材料。但由于可操作性的限制,截至目前,ERP 研究文献中使用较多的实验材料

主要包括三类:视觉刺激、听觉刺激、体感刺激。

视觉刺激。存在的所有物体都可能成为视觉刺激,包括图形和非图形。图形刺激,如二维和三维的图形、文字、景观、人的面孔等等,静止的和运动的都可以;非图形的,如闪光。以往,视觉刺激都是指可视的刺激。但随着内隐认知研究的展开,视觉刺激也包括一些"不可视"的,如隐藏于背景中不可识别的刺激、呈现时间少于 40 ms 的不可识别刺激等。视觉刺激设置时,除考虑其结构及意义外,还要注意大小、亮度、照度、对比度等参数。

听觉刺激。声波是物体振动在弹性介质中激起的纵波,其物理特征包括频率(frequency)、振幅(swing)和波形(wave shape)。其中频率反映了声源的振动快慢,振幅反映了振动波的能量,波形则反映了波的成分。一般来说,人的耳朵所能接收并产生声音感觉的声波频率范围为 16~20 000 Hz[①]。日常工作和生活中,人们每天都要接收大量声波刺激。根据声波的波形特征和听觉效应,可以将听觉刺激划分为两大类:纯音(pure-tone)和复合音(complex tone)。其中复合音又包括乐音(musical tone)、噪音(noise)和语音(voice)三种类型。

纯音是单一频率的声波,波形为正弦波。不过,在实际生活中,人们能听到的声音极少是纯音,绝大多数都是不同频率和振幅的声波混合而成的复合音。

复合音是由不同频率的多种声波复合而成的复杂声波。任何复合音都可以分解为两种或两种以上频率不同的纯音,而按照组成复合音的各纯音的频率之间的关系,可以把复合音进一步划分为三种类型:乐音、噪音和语音。

乐音(musical tone)。"波形呈周期性变化的声音。通常指听起来和谐悦耳的纯音和由具有谐波关系的纯音所组成的复合音。"[②]所谓的谐波关系,就是指组成乐音的各纯音的频率之间具有简单的倍数关系,其中有一种频率最小、振幅最大的基音和一种以上的频率为基音频率整数倍的陪音,这些纯音复合在一起,依然可以构成一种有周期性变化的复合音。

噪音(noise)。它也是由多种纯音复合而成的,但由于这些纯音间没有谐波关系,所以组成的复合音不再具有周期性,呈现出不规则的波形。临床上常采用白噪音(white noise)来测量耳朵的听力。白噪音是由各种振幅接近、频率不同的声波复合而成的,其中各种声波成分不具有谐波关系。

语音(voice)。是乐音与噪音的复合音,由元音(vowel)和辅音(consonant)两部分构成。其中元音是一种乐音,具有周期性;辅音是短促的噪音,不具有周期性。元音与辅

① 很多文献介绍说声波的可听范围是 20~20 000 Hz,但是心理学研究发现,在比较精细的研究中,不少被试的音高绝对阈限可以达到大约 16 Hz。

② 林崇德,杨治良,黄希庭.(2003). *心理学大辞典*. 上海:上海教育出版社,1617.

音复合组成语音音节,波形具有一定的规则性,但不具有完全的周期性,图 7－2 就是元音“a”的一小段波形。

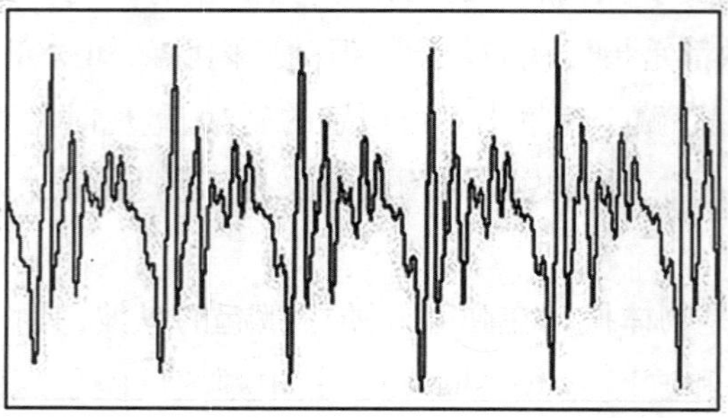

图 7－2 元音“a”的波形图

听觉刺激的设置参数主要包括频率构成、声压级等。

体感刺激。指人体所能承受的微弱脉冲电流,刺激时程 0.1～0.5 毫秒,频率 1～5 赫兹,电压 50 微伏①。

(2) 刺激呈现的序列。

如前所述,为了得到诱发的 ERP,相同的刺激必须重复呈现以得到增强的平均电位。刺激呈现系列的设计主要考虑每一次刺激呈现的时间,以及相邻两次刺激的时间间距。

在刺激呈现时间的安排方面,需要注意的问题有②:

第一,任务难度的控制,在刺激材料和被试任务确定的条件下,刺激呈现时间与任务难度成反比,即呈现时间越短难度越大,反之难度越小。

第二,呈现时间少于 40 毫秒时,人眼无法识别刺激。也就是说,这种刺激引起的视觉处于无意识状态,但也会引起一定的神经电活动。在研究内隐认知或启动效应时可考虑此种设计。

第三,有刺激的呈现,随后必然有刺激的撤销。刺激撤销也是一种事件,也会引起相应的诱发电位,但它与刺激呈现的性质不同,引发的 ERP 也会不同。有时为了消除脑电撤反应,可以延长或缩短刺激呈现的时间。

相邻两次刺激的时间间隔(时距)有两种表示方式,如图 7－3 所示。一种叫作 SOA(stimulus onset asychrony),是指从一个刺激开始到下一个刺激开始的时间间距;一种叫作 ISI(inter-stimulus interval),是指从一个刺激结束到下一个刺激开始的时间间距。在

① 罗跃嘉.(2006).*认知神经科学教程*. 北京:北京大学出版社,133－134.

② 罗跃嘉.(2006).*认知神经科学教程*. 北京:北京大学出版社,136.

刺激间隔的设计中要考虑任务难度、被试操作需要预留的时间、整个实验时间长度的控制等因素。

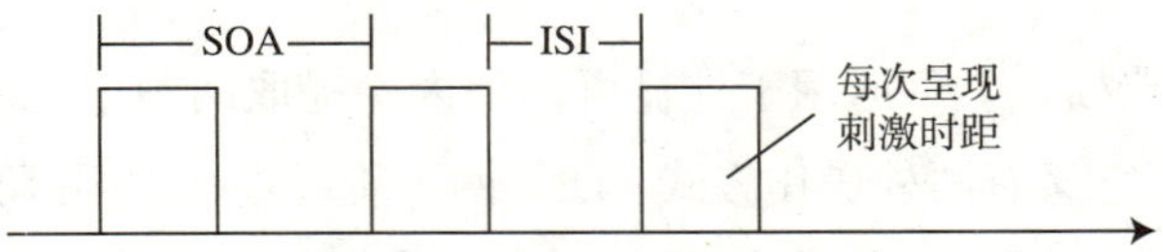

图 7-3　刺激呈现时距的两种表示方法

(3) 实验模式。

实验模式是指刺激呈现与被试任务编排的时间进程模式。它服从于研究的问题本身,研究者可以根据研究目标进行创新设计,是 ERP 实验创新成果发现的关键。根据已有研究,可概括出四类有效的实验模式。

Oddball 模式。两种或两种以上的视觉或听觉刺激持续地交替呈现,不同刺激的呈现频率相差较大。其中,呈现频率较大的叫大概率刺激或标准刺激,呈现频率较小的叫小概率刺激或偏差刺激。这种模式可获得由刺激频率差异而引起的 ERP 成分,如 P300(详见后续说明)等。因为实验中一般都是要求被试对小概率刺激进行反应,所以它又叫作靶刺激或目标刺激(target stimulus)。实际应用中,Oddball 模式又包括以下几种操作方式:① 两种刺激物,标准刺激的概率大于 70%,偏差刺激的概率小于 30%,要求被试对小概率刺激做按键或计数反应;② 两种刺激物,在呈现的系列中,偶然缺失一些刺激物,缺失的就是靶刺激,要求被试对之进行反应;③ 三种刺激物,其中一个是大概率刺激,其概率为 70%,另外两个都是小概率刺激,一个概率为 20%,一个概率为 10%,要求被试对其中一个小概率刺激做反应,这就是靶刺激,另一个小概率刺激就叫非靶刺激;④ 如果在上述三种实验模式中偶然插入一种新奇刺激,就可以构成一种新的实验模式。这种新奇刺激可引起更明显的 P300 成分。

Go-Nogo 模式。两种刺激物,但二者的呈现概率相等,这样就消除了概率差异引起的 ERP 成分。要求被试对其中一个刺激做反应,这个刺激叫作 Go 刺激或 Go 作业,另一个刺激就叫 Nogo 刺激或 Nogo 作业。此种设计需要的实验时间也可以相对缩短。

视觉空间注意研究的经典模式。要求被试注意左右视野中的一侧而忽视另一侧,闪光则随机呈现于被试的左右视野。这样就会出现四种组合:注意左视野—闪光呈现于左视野、注意左视野—闪光呈现于右视野、注意右视野—闪光呈现于左视野、注意右视野—闪光呈现于右视野。不同组合的实验条件下,可得到不同的 ERP 成分,以探测视觉空间注意的某些脑区。以这种模式也可以设计出线索提示有效或无效的实验,即"注视点—线索提示—目标"范式(Posner, et al., 1978, 1980)。在电脑屏幕上设置一个注视点(多数情况下是在屏幕中央),首先在注视点处呈现一个提示箭头,呈现时间 200 毫秒,箭头方向随机地向左或向右。箭头消失后再间隔 600~1 000 毫秒,在左视野或右视野呈现靶刺激。靶刺激出现的方位与提示箭头方向一致为有效提示,相反则为无效提示,提示箭头方向同时指向左右两边则为中性提示。一般会将有效提示设置为大概率刺激,出现概率大于70%。

记忆研究的经典模式。可运用于外显再认和内隐提取两种记忆的研究中。这里以外显再认实验为例,它又有两种操作方式:① 分两个阶段进行,学习阶段,给被试呈现一系列学习项目,被试只学习,不须反应;测试阶段,再呈现一系列项目,其中有一半项目是刚刚学习过的旧项目,另一半是没有学习过的新项目,要求被试对项目进行再认。如此连续反复地进行学习和测试,获得对新旧项目引发的 ERP 进行比较的结果,被称为"新旧效应"。② 对第一种操作方式进行修改,测试阶段呈现的项目中,一半是刚刚学习过的,另一半是新的项目,而这一半新的项目又是下一轮测试中的旧项目,如此连续进行下去。

2. 多导脑电记录与分析

(1) 电极安放。

要记录脑电位,就需要在被试的头皮安放电极,以便记录某种条件下头皮不同位置的电位变化。现在安放电极的操作已经简化,使用特定规格的电极帽,就可以快捷地在被试头皮接通最高达到256通道的电极。截至目前,电极帽的制作所依据的还是国际脑电图学会在40多年前制定的10-20国际脑电记录系统,如图7-4所示。

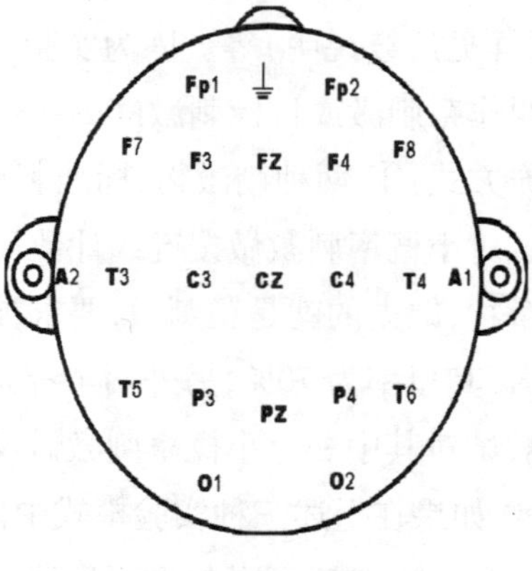

图7-4 10-20国际脑电记录系统

图7-4中,鼻凸至枕外隆凸的连线为中线,在中线上从前往后标出5个记录点:Fpz、Fz、Cz、Pz和Oz。Fpz(如图中的Fp1、Fp2)至鼻凸、Oz(如图中的O1、O2)至枕外隆凸的长度各占中线全长的10%。其余点间长度占20%,即Fpz — Fz — Cz — Pz — Oz线上的四个间距均占中线长度的20%。

两外耳道之间的连线叫冠状线。从左至右也是5个记录点:T3,C3,CZ,C4和T4。与中线分割类似,外耳道至T3或T4的距离占冠状线长度的10%。其余点间长度占20%,即T3 — C3 — Cz — C4 — T4线上的四个间距均占冠状线长度的20%。该记录系统也因记录点的距离分割而得名。

被试戴上电极帽后,就可以在多点同时记录脑电位。根据实验设计,选择一个基准点,该点电极的电位设为0,其他各点的电极就叫记录电极,这些电极与基准点的电位差就是记录到的各点脑电位数据。CZ是矢状线与冠状线的交叉点,因而常被用作基准点。

记录的时间通常是以刺激前的 100~200 毫秒为起点,开始后的 1 000 毫秒内的波形作为分析的时间段。

(2) ERP 数据的提取与处理。

ERP 数据的提取与处理是一件复杂度很高的工作,需要专门的技术培训,这里只简略地概述,以使读者对 ERP 技术有一定的理解。数据提取与处理包括以下主要的步骤和方法。

第一步,单个被试数据的提取与处理。在一个完整的实验中,刺激—反应是连续重复进行的,单个被试的数据也是连续记录的,形成一个脑电记录文件。打开文件后,对数据进行预处理以剔除如眼电等其他噪音成分。然后按照预设的分析时间,对连续记录的脑电文件进行分段,每一段应伴随一个完整的"刺激—反应"过程,它是以刺激发生为起点的。这样就可以形成一系列包含相同过程的 EEG 文件。再对这一系列 EEG 文件进行滤波等处理后就可以进入到叠加和平均的程序。经过叠加与平均,那些与"刺激—反应"有固定锁时关系的波会加强凸显出来,而与刺激无锁时关系的自发电位及其他偶然因素导致的诱发电位得到削弱。

第二步,ERP 波形的总平均和脑电地形图制作。将同一条件下所有被试的 ERP 波形进行二次平均,得到各记录点电位的平均波形,以此可以得到最后的总平均的脑电图。使用样本平均的脑电图制成脑电地形图。在时间坐标中,可以分析脑电地形图的形态变化与"刺激—反应"之间的相关性。

第三步,源定位与 ERP 成分分析。源定位就是基于电场理论和数学原理,运用计算机处理系统从头皮表面记录的电位推算颅内发生源的位置,这样就可以通过 ERP 技术,探测心理事件所依赖的脑功能区。当然,由于是一种推定性质的定位方法,再加上各种干扰因素引起的电位噪音,目前,ERP 的空间定位准确性还不是太高,即空间分辨率不高。

另外,在脑电信号的测量中,由于观察到的信号往往都是由多种独立的源信号成分叠加而成的,因此需要采用多种有效方法将这些叠加在一起的信号分解,才有助于把握真正有意义的脑电活动信息,推动心理活动脑机制的研究。

在实验观察过程中可分离出不同的 ERP 成分,而不同的 ERP 成分在波形、波幅、出现时间等方面均会有所不同。脑波强度用波幅表示,单位为微伏;出现时间叫潜伏期,指从刺激开始到波峰出现的时距,单位为毫秒;电位极性分正(P)负(N)两个方向。软件界面可设定,"正上负下"或"正下负下"均可。ERP 成分的命名就是根据其极性、出现顺序、潜伏期等进行的。如 Pa、P1、P2 就是正性电位,Na、N1、N2 就是负性电位;P300 就是潜伏期为 300 毫秒的正性电位,P400 就是潜伏期为 400 毫秒的正性电位,N400 就是潜伏期为 400 毫秒的负性电位。

ERP 成分的分类可以按照不同的标准。比如按刺激源,可分为视觉诱发电位、听觉诱发电位、体感诱发电位、味觉诱发电位等;按照潜伏期,可分为早期、中期和晚期诱发电位;按照心理因素,可分为外源性成分、内源性成分,外源性成分主要与刺激的物理特性有关,而与心理过程无关,内源性成分主要与心理过程如认知功能有关。

大量实验已经逐渐揭示出不同的 ERP 成分表征着不同的心理功能,使得 ERP 技术成为认知神经科学的最常用技术。例如,P300 与不同声调的识别、注意、辨认、决策、记忆等有关(Sutton,et al. ,1965;Polich,1991;罗跃嘉,1996),这已被广泛应用于心理学、医学和测谎等领域。N400 主要反映语义等言语认知加工过程(Kutas & Hillyard,1980),围绕 N400 开展的一系列研究促进了对人脑语言加工机制的认识(罗跃嘉,魏景汉,1998)。

关于 ERP 技术应用的实际范例,此处不再专门罗列,读者可系统阅读罗跃嘉教授(2006)的《认知神经科学教程》及其他同类著作,也可以阅读《心理学报》等专业刊物上发表的实验报告。

第二节　眼动追踪与分析技术

视觉系统是人类个体获取外部信息的重要通道。在实验心理学的早期历史中,心理学家就开始注意到视觉搜索的心理学意义,利用眼动追踪技术记录人在各种任务情景中的眼动信息,进而探索其内部的信息加工机制。此类研究已经成为当代实验心理学中较为成熟的研究范型。随着前沿科技成果的不断渗透,眼动追踪和记录技术在时间敏感性、空间准确性、操作便捷性上均得到显著提升,已被广泛应用于语言加工、广告设计、运动训练、交通管理、航空航天、人机交互等领域的研究及技术开发。这里简要地介绍眼动的基本模式、测量指标、实验技术及其在心理学研究中的应用。

一、眼动的基本模式

人类的眼球运动有三种基本类型:注视、眼跳和追随运动。注视(fixation)是指将眼睛的中央凹对准并接受目标刺激。在注视静止目标时,眼球并非静止不动,它仍然存在三种微小运动:漂移(drift)、震颤(tremor)和不随意眼跳(involuntary saccade)①。视轴的漂移是不规则的、缓慢的视轴变化,这由道奇(Dodge)在 1907 年发现。漂移的速度差异

① 阎国利. (1998). *眼动分析法在心理学研究中的应用*. 天津:天津教育出版社,5 - 7.

很大,从每秒 0 分度到 30 分度不等。震颤是一种高频率、低振幅的视轴振动,由 Adler 等最早发现。视轴震颤的振幅为 20~40 秒度①。当对静止物体上的某一点注视超过一定时间(约 300~500 ms),或者当注视点在视网膜上的成像因漂移而呈现出远离中央凹的趋势时,会诱发微小的不随意眼跳。这种现象最早也是由道奇在 1907 年发现的。一般而言,大多数注视都伴有漂移和震颤性的眼球运动。当长时间注视静止物体时,会同时出现漂移、震颤性和微小的不随意眼跳现象。

眼跳(saccade)是注视点的快速转移,使需要注视的对象成像在视网膜的中央凹,获得清晰的视觉(Schall,2002)。眼跳有两个特点:一是双眼眼跳几乎完全一致,二是眼跳的速度非常快。杰特西沃尔等(Gerathewohl et al.)发现:水平方向 5°~20°的眼跳需要 35~96 ms,垂直方向 5°~20°的眼跳需要 35~108 ms②。日常生活中,每秒钟大约会有 3 次眼跳运动。但是,人们主观上很少甚至不需要认知努力就可以完成眼跳运动,因此在相当长的时间内,研究者认为眼跳不是研究认知的可靠工具。然而,过去 30 年的研究结果表明,眼跳在很大程度上受多种认知因素影响,涉及注意、工作记忆、学习、长时记忆和决策等。因此,研究者逐渐认识到眼跳运动系统为研究者探索行为的认知控制机制提供了有力工具,并设计了指向不同认知功能的眼跳实验范式,如视觉导向眼跳范式、预测眼跳范式、记忆导向眼跳范式和反眼跳范式③。

追随运动(pursuit movement)是指眼睛追随一个运动的物体移动。它在个体的场景知觉和行为控制方面具有重要作用。有研究表明,物体运动速度在 50~55°/s 以下时,眼睛以追随运动的方式跟踪目标。当物体的运动速度过快,人们会以追随运动和追赶性眼跳的方式跟踪物体。通常,研究者将慢速的、平稳的追踪眼球运动称为平滑追随眼动(smooth pursuit eye movements, SPEM)。人类平滑追随眼动的潜伏期为 80~150 ms (Carl & Gellman,1987)。SPEM 是日常生活中对运动目标最常见的行为反应,是为了使视线保持在运动的物体上而产生的较慢的眼睛转动,从而表现出补偿物体运动,以提高视敏度的作用(Spering & Gegenfurtner,2008)。上述三种眼动模式经常交错在一起,主要目的均在于选择信息,将要注意的刺激物成像于中央凹区域,以形成清晰的像。

二、 眼动测量指标

眼动可以反映视觉信息的选择模式,对于揭示认知加工的心理机制具有重要意义。

---

① Miles, W. (1928). The peep-hole method for observing eye movements in reading. *Journal of General Psychology*, 1, 373-374.

② Yarbus, A. L. (1967). *Eye movement and vision*. New York: Plenum Press, 20.

③ 陈庆荣,谭顶良等.(2009).眼跳的研究范式及其主要认知功能. *心理科学进展*, *17*(6),1197-1210.

大量研究证实,两眼的跳动几乎完全一致,这为眼动研究提供了便利。那么眼动记录的参数有哪些?从近年来发表的研究报告来看,利用眼动仪进行心理学研究常用的资料或参数主要包括以下几方面。

(一)眼动轨迹图

它是将眼球运动信息叠加在视景图像上形成的注视点及其移动的路线图,能最具体、直观和全面地反映眼动的时空特征(Sperati, 2003),由此判定各种刺激情境下、不同任务条件下、不同个体之间、同一个体不同状态下的眼动模式及其差异性。如图 7-5 所示就是被试完成空间推理题时的眼动轨迹图。

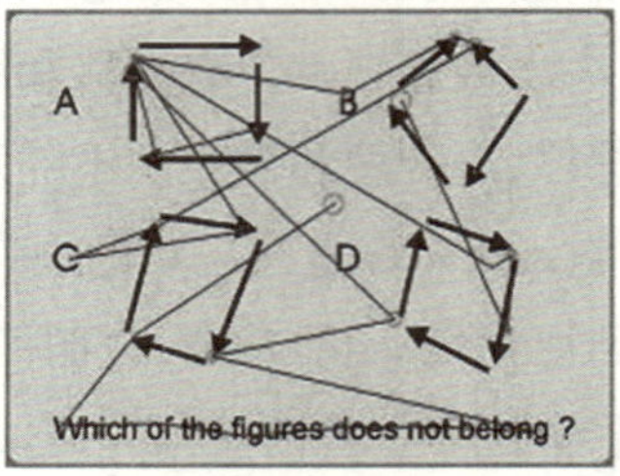

图 7-5 问题解决中的注视轨迹图

(二)眼动时间和次数

将眼动信息与视景图像叠加后,利用分析软件提取多方面的眼动时间数据,包括注视时间(或称注视停留时间)、眼跳时间、回视时间、追随运动时间以及注视过程中的微动时间,包括自发性高频眼球微颤、慢速漂移和微跳时间。同时,可以提取各种不同眼动的次数,主要是在不同视景位置或位置间的注视次数、眼跳次数、回视次数等。这些时间和频率信息可用于对各种不同眼动模式的精细分析,揭示各种不同信息的加工过程和加工模式。在此基础上,研究者可以根据拟解决问题的性质设置更加具体的精细测量指标。譬如,研究者将注视时间分解成单一注视时间(single fixation duration)、首次注视时间(first fixation duration)、凝视时间(gaze duration)、总注视时间(total fixation duration)、第一遍通过时间(first pass time)等;将回视时间和次数分解成回视路径时间(regression-path duration)、第一遍回视率(first pass regression)、回视入次数(regression in count)和回视出次数(regression out count)等。

(三)眼动方向和距离

眼动方向和距离可以帮助研究者在二维或三维空间内考察眼动方向与角度。这方面的信息与视景叠加可以揭示注意的对象及其转移过程,而且可以结合时间因素计算眼动速度。

(四)瞳孔直径

瞳孔直径在一定程度上能反映个体某些心理活动的情况。研究表明,个体的信息加工负荷、动机、兴趣、态度、疲劳程度、非言语沟通、记忆、思维、语言加工等均会在瞳孔直径的变化上有所反映。

不同类型的眼球运动受到自上而下或自下而上信息的驱动,因此研究者可以借助眼动仪来记录认知过程中的眼动特征，根据眼动数据推断心理加工过程。较之于传统的提供反应时和正确率指标的行为测量方法，眼动记录方法具有三方面的优势：(1) 对视觉搜索信息进行实时记录，生态效度较高；(2) 时间精度和空间分辨率高，有的眼动仪采样率可达到 2 000 Hz，空间精度低于 0.01°，凝视位置误差小于 0.2°；(3) 资料丰富，可提供时间、空间和生理维度数据。

三、当代眼动实验技术

（一）眼动实验装置

随着科学技术的发展，眼动实验技术也在不断升级，先后经历过直接观察法、机械记录法、光学记录法、影视记录法等换代，现在主要是使用集成了光学技术、摄影技术、计算机硬件和软件技术的眼动记录系统——现代大型精密眼动仪。国内也有系列的眼动仪产品，但其商品化进程缓慢。心理学研究中使用的还多为进口设备，比如，近年出现在国内心理学实验室的产品主要有：加拿大 SR 公司生产的眼动追踪记录系统，主要型号有 EyeLink－Ⅱ、EyeLink－1000、EyeLink－2000 等；美国"应用科学实验室"(Applied Science Lab，简称 ASL) 研发的 ASL－504 和 ASL－501 型眼动仪；德国 SMI 公司研发的眼动追踪系统，主要型号有 iView X Hi-Speed 1250、RED 500、iView X MRI/MEG 等；瑞典的 Tobii 眼动追踪系统等。这些都是集成的眼动追踪系统，如图 7－6 所示。现代眼动仪一般由四个系统构成：光学系统、瞳孔中心坐标提取系统、视景与瞳孔坐标叠加系统、图像与数据的记录与分析系统①。

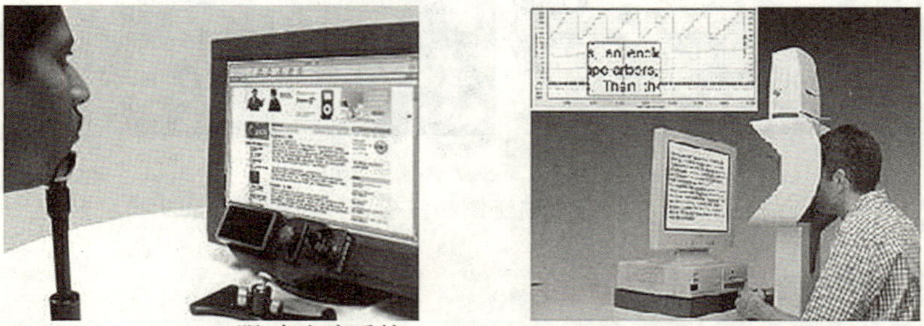

(a) EyeLink 1000眼动追踪系统　(b) SMI iView Hi-Speed 1250眼动追踪系统

图 7－6　当代眼动追踪系统举例

光学系统。该系统是在一个特定的支架结构中装载三个微型摄像机，其中一个指向视景，一个对准左眼眼球或来自左眼眼球的反射光路，一个对准右眼眼球或来自右眼

① 邓铸.(2005).眼动心理学的理论、技术及应用研究.*南京师大学报(社会科学版)*，1，90－95.

眼球的反射光路。(有的只装载两个摄像机,除一台用于拍摄视景之外,就只有一台摄像机记录一只眼睛的眼动)像加拿大 SR 公司生产的 EyeLink - Ⅱ是在头盔式支架上装载三个摄像机,其中有两个摄像机直接对准左、右眼眼球;德国 SMI 公司生产的 iView X Hi-Speed 型眼动仪是在固定式支架上装载两个摄像机,其中有一个是对准来自左眼或右眼眼球的反射光路。

瞳孔中心坐标提取系统。该系统是利用图像扫描及其信号转换,将眼动录像中瞳孔中心方位的信息转换成表征二维坐标的数字信号,然后传送给计算机处理并贮存。

视景与瞳孔坐标叠加系统。这是一个计算机软件系统,它能将表征瞳孔中心及其移动的数字信号进行适当变换,与来自视景摄像机传送的数字信号匹配,将瞳孔中心坐标叠加在视景图像上,从而直观地标记出某一时刻瞳孔中心对准场景的哪一个位置即注视点,以及随着时间的推移注视点的移动路线。

图像与数据的记录与分析系统。这也是一个计算机软件系统,它能将叠加后的图像呈现在显示器上,并将其数字化以表征注视点的时空特征。由此,可以得到的主要结果或参数包括注视点随时间变化的轨迹图,注视点分布的三维和二维密度图,各种不同形式眼动的位置、速度和时间等等,如图 7-7 所示①。

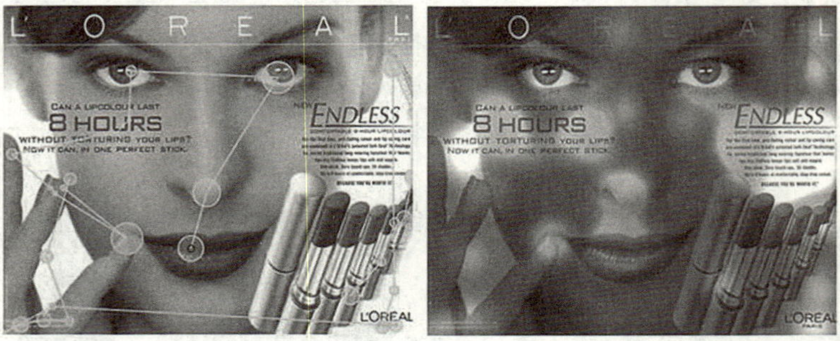

图 7-7 广告注视轨迹图和注视点分布热图

(二)眼动技术和 ERP 技术的结合

眼动属于外部事件,而 ERP 揭示的是外部事件与脑电位的相关关系,所以将眼动技术与 ERP 技术结合是一种非常有价值的研究策略。结合的路径主要有三种,即眼动和 ERP 单独记录、ERP 结合 EOG 分析、眼动和 ERP 同步记录(陈庆荣等,2011)。

1. 眼动和 ERP 单独记录

眼动和 ERP 单独记录时,采用相同或相似的实验材料和实验设计,由两个不同的被试样本分别完成眼动和 ERP 实验,然后对不同实验处理下得到的眼动数据和 ERP 数据

---

① 图片来源:http://www.smivision.com.

进行比较。这种眼动和 ERP 分别记录的方法,可以分别获得相同任务操作下的眼动资料和诱发电位资料,实现行为和电生理层面研究结果的相互印证,有助于揭示其中的心理活动本质(Raney & Rayner, 1993; Sereno & Rayner, 2003; Sereno, Rayner & Posner, 1998)。

2. ERP 结合 EOG 分析

在记录 EEG 的同时,用眼电图(EOG)标记眼球运动,对 EEG 数据的处理不是从刺激呈现后开始,而是从对刺激的注视开始,表现为 EEG 和注视(水平眼球运动)的锁时关系,从而获得注视相关电位(Eye Fixation Related Potential, EFRP),如图 7-8 所示(Engdahl, Bjerre & Christoffersen, 2007)。分析 EOG 数据时,需要特别设置双眼的时间常数(time constant, TC),有的研究将双眼 EOG 的 TC 设置为 5 秒(Yagi, Imanishi, Konishi, Akashi & Kanaya, 1998),有的将左眼 EOG 的 TC 设置为 0.1 秒,右眼 EOG 的 TC 设置为 5 秒(Kazai & Yagi, 1999)。

较之前一种技术,ERP 结合 EOG 的分析有三方面的优势。首先,用 EOG 记录眼球运动对被试眼睛的状况要求较低。有的被试戴着高度近视眼镜,有的被试眼睫毛较长,这些个体在很多眼动研究中不能作为被试,因为上述特质会影响眼动数据采集,可能产生数据丢失的结果,但这些因素不会影响 EOG 记录。其次,应用范围更广,研究者甚至可以考察睡眠时的眼球运动。最后,允许的眼动范围较大,一般的眼动仪采用摄像头捕捉眼睛的瞳孔反射和角膜反射,因此其允许的眼动范围受到一定限制(±30°),而 EOG 直接采集眼动生物电,其范围可以达到±70°。但用 EOG 记录眼球运动的精度不是很高,误差大约在 1°~2°。EOG 数据和实际注视角度的误差大约在±1.5°~2°(Joyce et al., 2002),远远低于眼动仪的注视位置精度(如 0.25°~0.5°)。

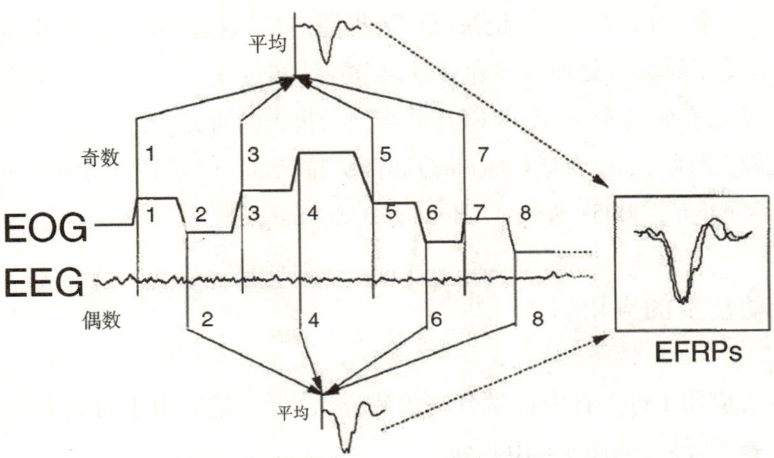

图 7-8　ERP 结合 EOG 分析获得的 EFRP(Yagi, et al., 1998)

3. 眼动和 ERP 同步记录

眼动和 ERP 同步记录时,眼动仪和 ERP 设备的采样率相同或者相近。如图 7－9 所示,电脑 A 连接两台显示器,一台用来呈现刺激,一台用来完成眼动实验,如定标,实时检测眼动轨迹,实时储存按键反应的数据和眼动数据。电脑 B 用来收集 EEG 信号。两台电脑通过并口连接,实现同步信号(TTL 脉冲)传递,刺激一旦呈现,同步信号使得眼动和 ERP 同时被记录。与单一的 ERP 研究方法不同,在脑电信号分段时,把刺激的首次注视时间作为参考标记,然后根据需要将脑电信号切分成不同的时间窗口(Simola, Holmqvist & Lindgren,2008)。

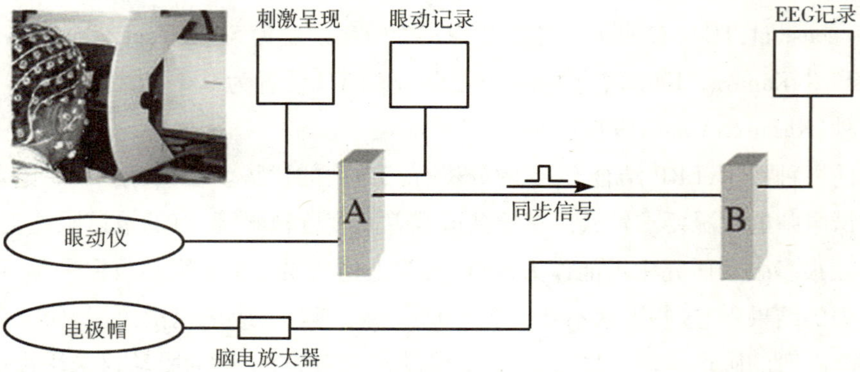

图 7－9　眼动和 ERP 同步记录(Baccino & Manunta, 2005)

综上所述,三种眼动技术和 ERP 技术结合的路径各有特点,其中第一种方法使用较多。确定了实验材料和实验设计,研究者通过比较眼动和 ERP 数据,从行为和电生理层面为研究结论寻找可靠依据(Camblin, Gordon, & Swaab, 2007;Ferguson, Sanford, & Leuthold,2008)。眼动和 ERP 同步记录可以采集同一被试接受同一实验处理的眼动和电生理数据,有助于研究者更加直接和有效地考察认知过程,但目前只有少数研究者做尝试性研究。从已有研究看,眼动和 ERP 同步记录报告的研究结论不是十分稳定,同一研究之间存在较大分歧,如巴奇诺(Baccino)和西莫拉(Simola)等关于副中央凹效应的研究(Baccino & Manunta, 2005; Simola, Holmqvist & Lindgren, 2008)。

四、 眼动技术的应用

眼动技术可应用于许多行为科学分支的研究,也可广泛应用于对社会实践中人的活动的研究及技术开发,如图 7－10 所示。

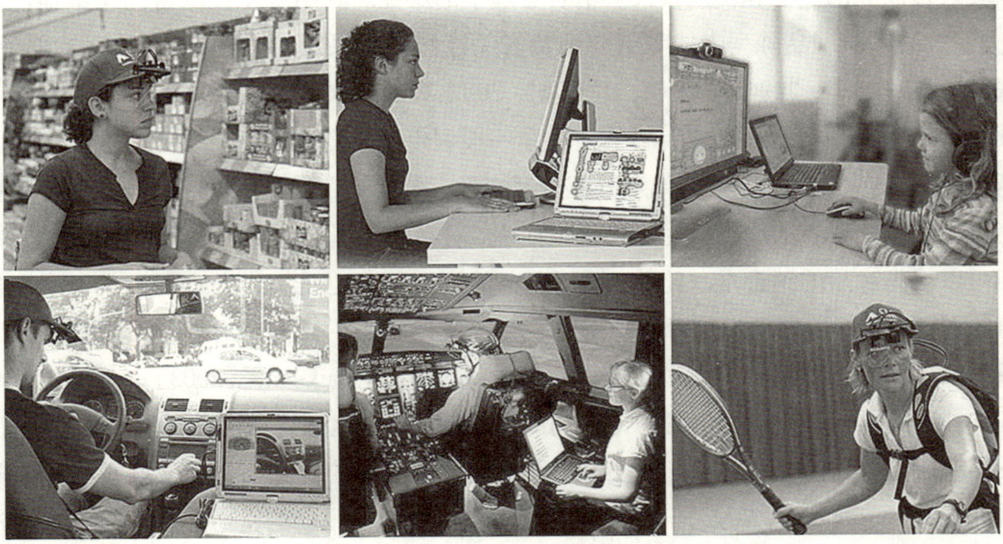

图 7 - 10　眼动技术可用于对各种社会实践活动的研究

仅就心理学科来说,可以罗列很多眼动研究领域。(1) 视觉基础研究。如里格斯(Riggs)和赖特利夫(Ratliff)等(Riggs & Ratlitf, et al., 1953)在眼动研究中发现,光刺激如果持续作用于视网膜的同一个区域,该区域会在几秒钟内发生适应,观察者就看不到这个刺激光点了,这种视觉系统的适应性现象可以解释许多相关的视觉现象。(2) 动机与态度的研究。在相同情境下,记录被试的眼动信息,可以探测到被试对信息的选择取向,从而研究不同个体在相同情境下的动机与态度取向。比如,对不同阅读内容的注视时间、对不同商品的注视时间等可以反映被试的阅读动机、消费动机,对相同客体或文字材料的注视时间及其伴随的视轴漂移可以反映被试的态度特征。(3) 发展心理学的研究。认知发展是儿童心理发展的核心成分,通过记录不同年龄的儿童及青少年在各种不同条件下的眼动信息,可以探测其信息加工能力、学习能力的发展水平。比如,青少年在阅读中的系列加工和平行加工是同步发展的,还是存在一个平行加工出现的转折期或关键期,这一问题可以由比较不同年龄的儿童阅读中眼跳的次数与时间来获得一定程度的解决。(4) 教育心理学的研究。此方面的研究是国内外当前眼动研究的主要领域,特别是在阅读的眼动研究方面成果丰富(陈庆荣, 邓铸, 2005;闫国利, 白学军, 2007;Rayner, White, Kambe, et al., 2003)。"在阅读一个材料时,我们的眼睛移动到文章的不同位置以获取必要的信息,来帮助理解这一材料","阅读中的眼动行为由连续的注视点和眼跳构成"(Tsai & McConkie, 2003),其中每一次注视的时距和每一次眼跳的方向与时长是阅读眼动研究的基本参数,它可以反映阅读中的认知和知觉加工过程(Inhoff, Starr & Shindler, 2000)。如果将眼动分析应用于学科问题解决的研究,则可以探究并比较不同学生在解决各种问题时对外部信息的提取方式,并由此推断其表征问题的过程和机制。(5) 消费心理学的研究。利用眼动技术可以精细地研究不同产品包装、产品陈列方式等引起消费者关注的程度以及广告设计策略等(白学军，张钰，姚海娟等，2006；王怀明，马谋超，2002；Chen，Qingrong & Jiang Zhijie，2010；Stewart，Pickering & Sturt，2004)。研究中一般假定消费者对某一广告元素注视的时间越长、回视的次数越多，那么他对其就越感兴趣，而这一广告元素对应的产品特征就更有可能影响消费者的购买行为。广告设计中，有策略地引起消费者更多的注视和回视，则可以提高产品的销售量。此外，网页浏览的眼动研究也是广告心理研究中一个有价值的课题，它可以揭示浏览者注视得更多的区域以及为了回避广告尽量不去注视的区域等(程利，杨治良，王新法，2007；Stenfors，Morén，& Balkenius，2003)。(6) 工程心理学的研究。工程设计中经常考虑人的因素的制约性，比如视觉信息搜索的速度、范围及其快捷性等，利用眼动研究可以探测人机交互作用中的视觉信息提取及视觉控制问题(Crosby & Sophian，2003)。(7) 交通心理学的研究。眼动的交通心理学研究主要涉及驾驶舱内的表盘设计问题、道路建设及路标设置问题、驾驶者在驾驶过程中的视觉信息搜索及其培训问题等等。国内西安交大建有“眼动仪实验室”，进行一些交通心理研究及相关设计问题研究。(8) 体育心理学的研究。在各种体育运动过程中，视觉信息的提取是其基本的心理支持，而视觉信息提取的不同模式可能正反映了高水平运动员与一般水平运动员或新手之间的运动能力的差异性。所以，记录不同水平的运动员在运动训练或比赛过程中的眼动模式，有利于提供新手有效训练的模式和策略。有些体育运动项目，如球类、拳击、击剑甚至高尔夫等都可以采用眼动仪进行研究。(9) 病理心理学的研究。不难假设，面对同样的视觉图景，具有病理心理特征的观察者与正常状态下的观察者相比，必然具有不同的眼动模式。所以，可以采用眼动技术进行病理心理学的研究，制定更为可靠的病理心理筛选的眼动标准。

第三节　脑功能成像技术

近 30 年来，脑功能成像技术的进展令人振奋，其中涌现出一批功能强大的无创脑成像手段，这些手段也已经成为当今脑科学研究，特别是人脑高级认知功能研究不可或缺的依托。目前，广泛应用的功能影像技术主要包括：(1) 电、磁生理成像技术，包括脑电图成像(EEG)、事件相关脑电位(ERP)、脑磁图(magnetoencephalography，MEG)①。EEG 和 ERP 直接记录大脑皮质大量神经元活动所产生的电位，MEG 则捕捉大脑工作时

① 唐孝威. (1999). *脑功能成像*. 合肥：中国科学技术大学出版社.

所形成的电流在头颅外表产生的微弱感应磁场，来反映大脑内部的神经活动。(2) 光学成像技术，主要指近红外光谱成像技术(near-infrared spectroscopy，NIRS)。NIRS 是一种新的无创性研究脑功能的成像技术，其通过进入组织的光和未被组织吸收而散射出的光的密度的变化反映组织的氧合程度，进而反映脑血流活动状态[①]。(3) 正电子发射断层成像技术(positron emission computerized tomography，PET)。PET 是通过注射能够产生成对正电子的化合物到人体内，在体外测量正电子湮灭射线而获得这种化合物在体内分布的断层图像[②]。(4) 血氧水平依赖的功能磁共振成像(blood oxygenation level-dependent functional MRI，BOLD-fMRI)等。本节介绍除 ERP 以外的其他脑成像技术，重点是介绍 fMRI 技术。

一、 脑磁图技术

脑磁图(MEG)是近年来发展起来的一种脑功能测量手段，它是利用低温超导来检测脑内生物磁信号，具有时间和空间分辨率高的特点，已经引起国际上的广泛重视。其基本原理是：神经细胞的活动不但会产生可测量的电活动，还伴随磁场信号的产生，脑磁图便是通过捕捉这种极微弱的磁信号来反映大脑内部的神经活动。通过对皮层脑区组织产生的磁场信号，可以研究脑与行为和心理活动的关系，如图 7－11 所示。

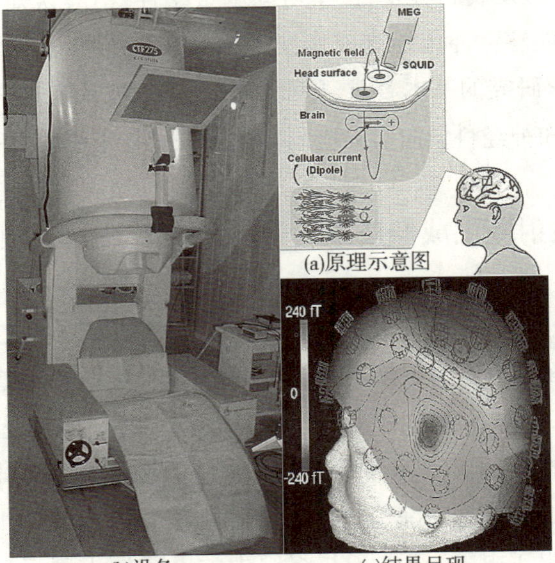

(b)设备　　(c)结果呈现

图 7－11　MEG 的基本原理与结果呈现示意

---

① Strangman G.，Boas D. A.，& Sutton J. P..（2002）. Non-invasive neuroimaging using near-infrared light. *Biol Psychiatry*，52，679－693.

② 唐孝威.（1999）. *脑功能成像*. 合肥：中国科学技术大学出版社.

该技术可以用于功能区的定位,例如听觉皮层、视觉皮层、体感和运动中枢定位,以及语言功能的研究。临床上,MEG 可以用于癫痫患者术前定位,并用于评价患者的皮层功能区,以免手术切除癫痫灶时损伤脑的重要功能区而造成功能障碍。通过 MEG 检测获得的脑磁波与 MRI 相融合而得到的磁源成像技术,是集病灶与脑重要功能区为一体的解剖功能形态学影像技术。

二、 近红外光谱成像技术

近红外光谱成像技术(NIRS)是近年发展起来的一种动态检测脑功能的无创成像方法。其基本原理是,大脑的细胞活动、能量代谢和血液动力学与其光学特性参数变化紧密相连,通过对光学参数的检测,可以推知脑功能的改变。光子进入脑组织后,被脑组织吸收、散射,能量减小。生物组织对 700~1 000 纳米区域的近红外光具有相对透明性,借此可以无创地实现对人脑的观察。将光源置于头部某一部位,距其 2~7 厘米处放置近红外光的探测器。光源发射的光子除经脑组织吸收、散射外,还有一部分到达皮层表面,探测器就可以接收到光信号。依据修正的 Lambert-Beer 定律可以得出光的衰减量。其光学信号与细胞能量代谢的 NADH、细胞色素氧化酶、血流量及氧合和脱氧血红蛋白的情况有关,进而间接反映神经元的活动,在特定行为特征和脑功能之间建立联系。其可用于儿童心理发展和脑发育、学习与脑可塑性、语言认知、视觉刺激等相关科学研究。由于 NIRS 能够弥补传统脑成像技术(如 PET、fMRI 和 EEG/ERP)的不足,同时满足认知神经科学研究的基本要求,因此,NIRS 技术被认为是未来推动认知神经科学基础研究,促进认知神经科学向实际应用转化的关键技术手段之一。

三、 正电子发射断层成像技术

正电子发射断层成像技术(PET)是核医学成像的重要技术之一。其由于定位准确,在脑功能研究方面是重要的工具。20 世纪 70 — 80 年代,PET 曾经是脑成像的主要手段。虽然现在血氧代谢成像方面大部分被 fMRI 所取代,但在受体、能量代谢方面,PET 仍有不可替代的作用。其基本原理是,通过静脉注射放射性核素(如 F - 18、O - 15、N - 13、C - 11 等)作为示踪药物。当放射性核素进入人体组织,其在体内衰变时,原子核内会放射出正电子,正电子与组织中的电子发生湮灭反应,同时产生速度相等、方向相反的一对能量为 511 keV 的强光子。这对光子可通过高度灵敏的闪烁探测器捕捉,并经计算机进行散射和随机信息的校正。经过对不同方向的正电子进行处理和分析,可以得到脑的平面断层图,如图 7 - 12 所示,再通过计算机重建得到三维脑图。

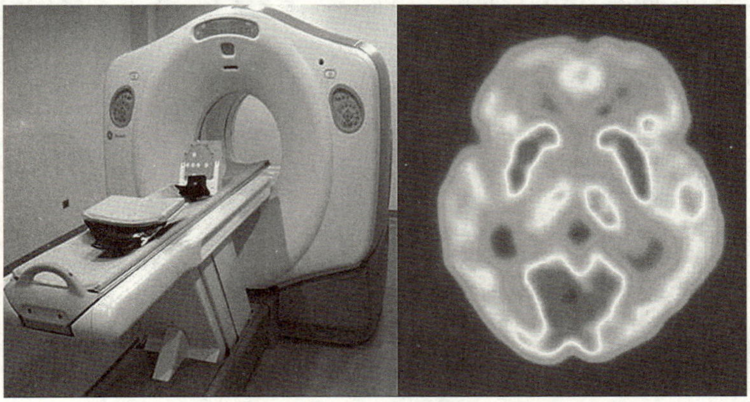

图 7 - 12　PET 设备(左)及脑代谢水平结果呈现图(右)

由于脑消耗的能量大约占全身的 20%,所以 PET 可以测量大脑的各种活动,包括葡萄糖代谢、耗氧量、血流量等指标。在使用 PET 进行心理学研究时,实验一般采用组内设计,被试需要进行两次注射:对照任务和实验任务。通过两幅图像相减,图中"亮"的区域便是实验任务下的激活区域。PET 具有灵敏度高、特异性高、全身显像等优点,在视知觉、听觉、表象、记忆、注意、情绪等方面都有很多重要发现,但同时存在成像时间长、费用高、有创伤等不足。特别是实验中给被试注射放射性核素,限制了它的使用范围。

四、 功能磁共振成像

(一) 发展简史

功能磁共振成像(BOLD-fMRI)以脑血氧、血流等综合反应为成像原理。早在 19 世纪末,研究者就发现局部脑血流会随脑活动发生改变。20 世纪 30 年代,鲍林等(Pauling,et al.)发现不同氧合状态的血红蛋白具有不同的磁性。随着放射自显影、PET 技术的出现,20 世纪 80 年代福克斯等人(fox et al.,1988)提出了 BOLD 现象①;90 年代初,Ogawa 首先采用 MR 观察到此后,fMRI 技术很快就在神经科学、认知心理学、医学领域得到广泛应用,并在 HBM(human brain mapping)领域逐渐取代 PET 成为最具活力的神经影像技术。其时间分辨率可达到数十毫秒级,空间分辨率可达到亚毫米级,其技术由

---

① Fox,P. T.,Raichle,M. E,,Mintun,M. A.,et al. (1988). Nonoxidative glucose consumption during focal physiologic neural activity. *Science*,241,462 - 464.

初期的功能区定位发展到对功能区之间的连通性和脑网络结构的观察。BOLD 现象[①]。虽然现在相当大的部分应用在神经心理基础研究方面,但越来越成熟的技术使其具有良好的应用前景。图 7 - 13 为西门子 3. 0T 核磁共振机。

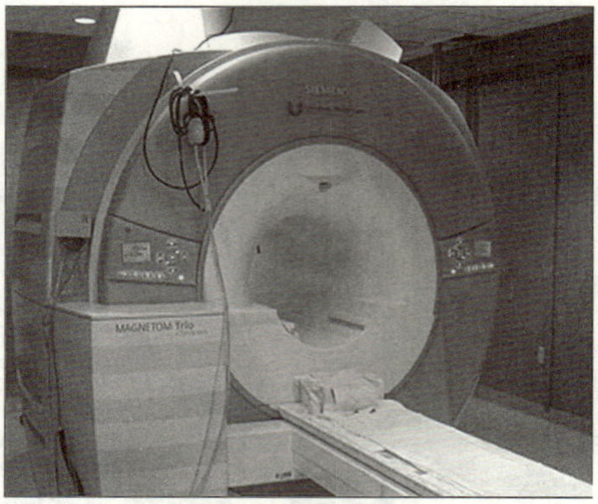

图 7 - 13　西门子 3. 0T 核磁共振机

（二）成像的基本原理

功能磁共振成像是在磁共振成像(magnetic resonance imaging,MRI)的基础上发展起来的。MRI 是自旋的原子核在磁场中与电磁波相互作用的一种物理现象。从理论上讲,能反映脑组织功能情况的成像方法均可称为 fMRI。广义上的 fMRI 主要包括五种:基于血氧水平依赖(BOLD)的,即 BOLD-fMRI 技术;磁共振波谱成像(magnetic resonance spectroscopy, MRS);磁共振灌注成像(perfusion weighted imaging, PWI);磁共振弥散加权成像(diffusion weighted imaging, DWI)以及磁共振弥散张量成像(diffusion tensor imaging, DTI)。狭义上的 fMRI 仅指 BOLD-fMRI,只能应用于中枢神经系统,目前研究及应用最为广泛。本文中所指的 fMRI 就是狭义上的 fMRI。

fMRI 通过检测局部区域的血液含氧量的变化来检测脑内神经细胞的功能活动[②]。神经细胞的功能活动需要周围血液提供能量,主要体现为葡萄糖和氧的供应与消耗。因此神经细胞的功能活动会引发周围局部区域的代谢水平及血氧含量的变化。当某个局部区域的神经细胞发生活动(被激活)时,其周围局部区域的血流量增加以便为神经细胞的活动提供能量。细胞活动所引起的耗氧量小于所供应的氧,引起神经细胞周围区域血液中脱氧血红蛋白浓度下降。氧合血红蛋白与脱氧血红蛋白具有不同的磁性:氧合血红蛋白是一种逆磁性物质,而脱氧血红蛋白则是一种顺磁性物质,它的浓度变化会引起加权磁共振信号的变化。因此,脱氧血红蛋白可以被看成一种人体固有的内源性对比增强剂,无须从体外注入示踪剂即可成像。神经细胞的功能活动会引起血液含氧量的变化,而血液含氧量的变化又会引起磁场中磁信号的变化,我们可以通过检测由血液含氧量变化所引起的磁信号的变化来间接地测量神经细胞的活动。所以 BOLD 是氧合血红蛋白和脱氧血红蛋白浓度差异、神经活动引起的血流变化、血氧浓度及氧代谢率变化的综合机制。图 7 - 14 较形象地说明了脑血管中脱氧血红蛋白(黑色圆球)和氧

---

① Ogawa, S. , Lee, T. M. , Ray, A. R. , et al. (1990). Brain magnetic resonance imaging with contrast dependent on blood oxygenation. *Proc Natl Acad Sci*, 87, 9868 - 9872.

② 唐孝威. (1999). *脑功能成像*. 合肥:中国科学技术大学出版社.

合血红蛋白(白色圆球)分别在神经活动和静息时的浓度差异①。

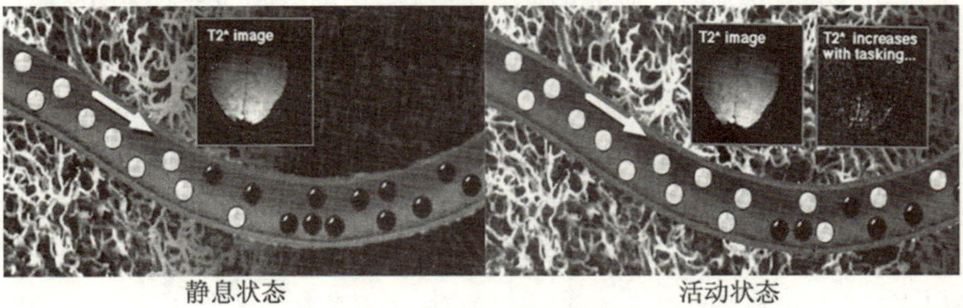

图 7-14　静息状态和活动状态血氧浓度的对比

(三) 信号及数据特点

fMRI 信号具有数据量大、信号强度低、响应延迟、时间有波动、信号空间分辨率高于时间分辨率等特点。fMRI 实验数据由空间三维和时间一维构成,具有海量的数据。在大脑活动期间血液的变化很小,所以在磁共振中测量的血液动力学信号变化很小,大概占到信号比例的 2%~5%。在刺激开始后,信号需要经过几秒才能达到峰值,即具有响应延迟。图 7-15 大体反映了刺激引起的血流动力学响应函数(Hemodymamic response function, HRF)的模型②。通常可以在 2~3 s(Repetition time,RT,重复时间)内采集一卷(volume)全脑的图像。尽管这个速度不是很快,但血流动力学反应较之更慢。例如,当给被试呈现一幅情节记忆相关的图片时,脑的某些与记忆相关的区域(比如海马)的 BOLD 信号开始从基线上升,大约在 6 s 时达到最大值,然后开始下降,在大约第 12 s 时回到基线。随后的 12~24 s 中,BOLD 信号继续下降到略低于基线的水平,然后再回到基线。相对于认知加工的速度(通常短于 1 s 或者更短),这个血流动力学反应速度太慢。因此,这给脑功能磁共振成像实验设计带来难度。

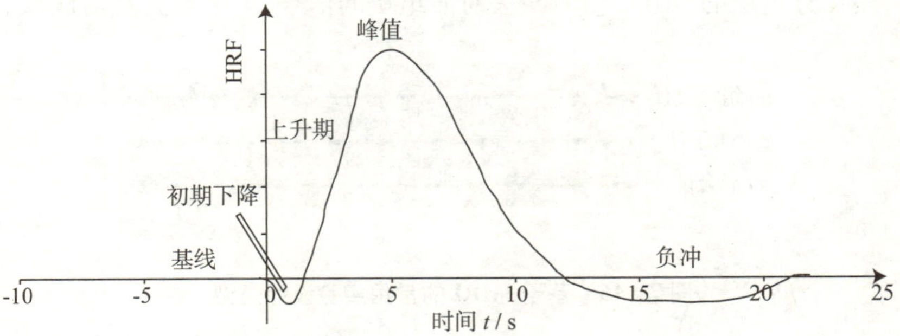

图 7-15　血流动力学响应函数

① Moseley, M. E., Glover, G. H. (1995). Functional MR imaging. Capabilities and limitations. *Neuroimaging Climics of North America*, *5*(2), 161-191.

② Vazquez, A. L., Noll, D. C. (1988). Nonlinear aspects of the BOLD response in functional MRI. *Neuroimage*, 7(2), 108-118.

（四）实验任务设计

基于 fMRI 的脑功能研究需要进行实验任务设计。研究者通过合适的实验任务刺激被试，进而检测出参与任务的脑区。自变量是操作任务引起的行为或认知加工过程的变化，因变量是脑功能区域的“激活”（activation）或者“失激活”（deactivation）。脑认知加工最常用的实验设计是采用减法反应方法，即先定义一个基础的认知活动，然后再定义一个以此为基础的附加的活动。例如，采用经典的 Stroop 色词干扰实验范式研究冲突解决的脑认知加工机制，可以先定义一个无冲突的一致的实验条件，用与“红”“黄”“黑”字对应的颜色分别显示该字。然后再定义有冲突的实验条件，比如用黄色显示的“红”字、用红色显示的“绿”字、用蓝色显示的“黑”字等。一般认为，念字和说出字体颜色是两个不同的认知加工过程。所以可以用有冲突的实验条件所引起的脑激活减去无冲突的一致的实验条件引起的脑激活，从而得到由解决冲突所引起的额外的脑的神经活动模式。

受限于 BOLD 的时间分辨率，fMRI 实验设计不同于通常心理行为实验，一般包括三类主要的设计方法：组块设计（block design）（Farran, Jarrold & Gathercole, 2001）、事件相关设计（event-related design）（贾富仓，翁旭初，2001）和混合实验设计（mixed design）（Talaraich & Tournoux, 1988）。三种设计的原理略有不同，应用的范围也不相同。一般情况下，需要根据具体实验进行综合考虑，以确定对应的设计方法。

组块设计是常规的 fMRI 方法，也是最早应用的方法。该设计来源于 PET 认知实验，是基于心理学上的认知相减原理。它是将相同的条件、事件或者实验放在一个组块中，如图 7－16 中的（a）设计。实验中两种条件交替出现，是“对照组块—任务组块—对照组块—任务组块”范式。这就要求一次扫描中要有实验组块及对照条件组块。在任务条件下，要求被试完成某种操作，如对某种刺激做出反应或者进行某种认知心理活动。这样，用任务组块的 BOLD 信号减去对照组块的信号，可以得到激活成像。

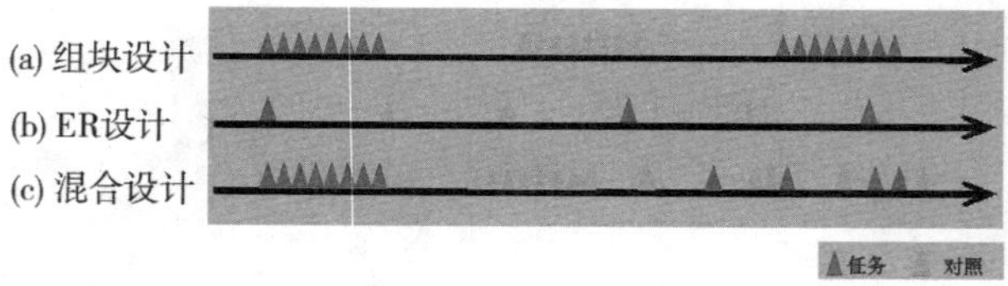

图 7－16　基于 fMRI 的常用实验设计类型

ER 设计即事件相关设计，每个观察点是一个单独的刺激而非一系列连续相同的刺激，这些刺激的呈现可以是等时距的，也可以是经过随机化的不等时距的，如图 7－16 中的（b）。因每次刺激呈现时间较短，造成的神经 BOLD 效应也较小，故在一个实验中，刺激事件至少要达到 15 次以上。ER 设计可以锁定感觉或认知加工事件与 HRF 的关系。呈现顺序、线索性质和呈现的起始及结束时间可以预先确定。在统计分析时候，不但可以得到不同实验条件下的脑功能激活,同时还可以分析和比较不同线索条件下的血流动力学反应。ER 设计按照实验设计长度可以划分为三种:等长度 ER 实验设计、变化长度 ER 设计及交错 ER 实验设计。

混合设计是采用组块设计与 ER 设计相结合的设计,以达到折中的和相对优化的估计效率和探测效率,如图 7-16 中的(c)。在这种实验中,组块设计和 ER 设计都被使用,其中组块设计可以评估状态依赖的效应,而 ER 设计可以评估时间相关效应,所以这种设计把任何一种单独的设计的统计效能最大化了。

(五)数据分析方法

fMRI 信号的分析要先进行预处理,包括空间预处理和时间预处理。空间预处理包括:(1) 头动校正(realign)。在扫描过程中被试头动会导致 fMRI 信号的偏差。据估计,1/10 像素大小的头动在脑内会产生 1%~2%的 BOLD 信号变化,而且空间分辨率越高,这种变化越明显。因此,有必要对 BOLD 信号进行头动校正。(2) 空间标准化(normalize)。把个体被试的脑 fMRI 信号往标准脑模板上配准。目前被广泛接受的标准模板是 Talairach(1988)模板和加拿大蒙特利尔神经科学研究所提出的 MNI(montreal neurological institute, MNI)模板(Collins, et al., 1998)。(3) 空间平滑(smooth)。空间平滑处理的过程就是滤波过程,它可削弱随机噪声对 BOLD 信号的影响,提高信噪比与功能激活数据的检测能力。比较常用的空间平滑方法是采用三维高斯函数对图像进行滤波。(4) 时间预处理,包括利用带通滤波器去除低频和高频噪声的影响,去除全局信号和线性漂移信号的影响,等。

对 fMRI 数据的分析有两类方法:基于假设驱动的分析方法和基于数据驱动的分析方法。基于假设驱动的方法需建立模型(设计矩阵),根据此模型分析采集到的 fMRI 数据,得出的结论取决于所建立模型的合理性。其中包括相关分析以及规范相关分析方法、统计参数图法、广义线性模型、动态因果模型、反卷积法等。

基于数据驱动的方法弥补了传统假设驱动方法的缺陷,不需要对 HRF 做出假设,不需要先验的神经理论模型假设,从数据内部特征得出网络激活或连接。这类方法主要有主成分分析、独立成分分析、盲源信号分析、聚类分析和脑功能复杂网络分析技术等。

对于上述数据分析方法,这里不再展开详述。有需要进一步了解的读者可查阅有关论著。实际研究中,数据处理的实现步骤及结果可视化都靠计算机软件及工具完成。国际较为通用的 fMRI 计算软件如英国伦敦大学神经影像科学系 Wellcome 实验室的 SPM(statistical parametric mapping)系列软件(处理流程如图 7-17 所示)、美国 Wisconxin 医学院生物物理研究所 AFNI 软件及美国商用软件 Brain Voyager 等,多是开放的软件,可以在相关网站上免费下载。

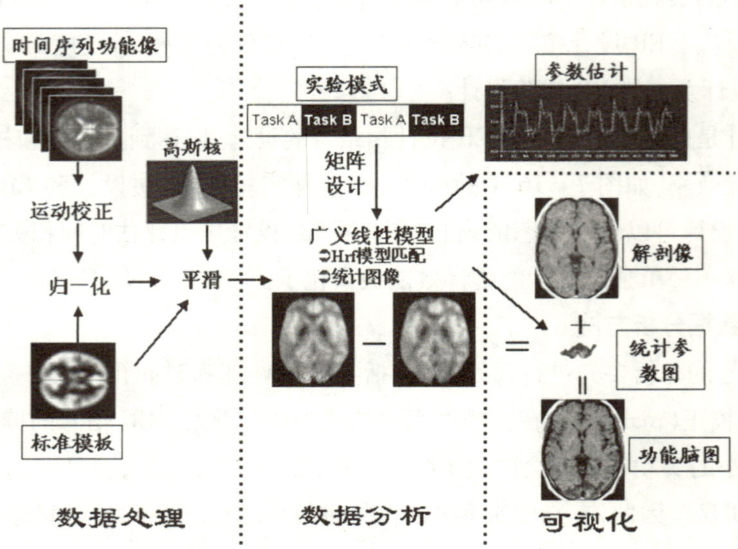

图 7-17　功能磁共振成像处理与数据分析流程图

（六）实例：工作记忆的 fMRI 研究

我们使用 fMRI 手段进行了一项有关工作记忆的研究，现以之为例说明 fMRI 在心理学研究中是如何应用的。人类的记忆根据不同的标准可以有多种分类，其中依据记忆内容维持时间的长短可分为长时记忆和短时记忆。工作记忆属于短时记忆，主要用来描述记忆活动中的短暂性的存储与加工过程。大量研究证实，工作记忆对于人们的学习、思维及问题解决等高级认知活动起着重要的作用。近年来，国内外关于工作记忆的测量和评估方法很多，基本上有两大类：单套实验和成套测验。传统的工作记忆研究方法主要集中在神经心理学领域，难以进行随意设计和控制，满足不了脑研究者的需要。fMRI 则利用脑活动时血氧代谢不匹配导致 MRI 信号改变的原理进行成像，以其高空间分辨率、高信噪比和无创伤等特点，为工作记忆的研究提供新的方法和途径，因此在认知神经科学研究中得到了很好的利用。此研究采用 fMRI 技术，以参数性数字 2-back 作为目标任务，探讨正常被试数字 n-back 工作记忆脑神经影像基础。

1. 研究方法和实验材料

20 例健康志愿者参与此研究，所有被试均为右利手，以书面形式告知研究内容并签署知情同意书。

实验采用组块设计，如图 7-18 所示。所有刺激内容在一台电脑上按一定时距连续出现在屏幕中央，由接有液晶显示器的投影系统显示出来，被试者通过头线圈上固定的反射镜观看，并通过配套的按钮反应盒做出反应。实验步骤通过 E-prime 软件编程实现。

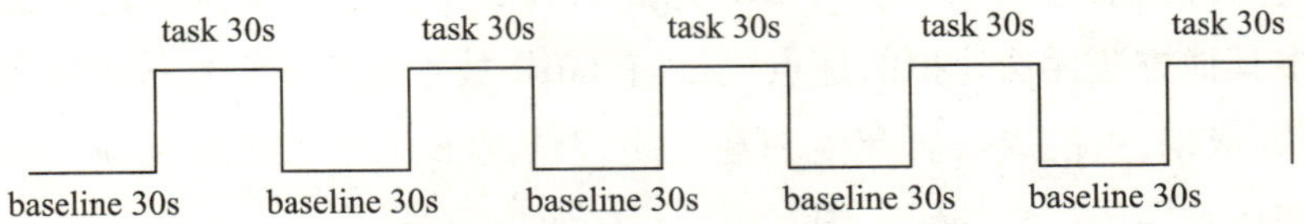

图 7－18　刺激呈现与实验设计示意图

刺激程序开始后，屏幕呈现"请休息"1 s 钟，提醒被试基线任务开始，接着屏幕中央持续呈现注视点"+"27 s，要求被试注视，不做其他特定的思维活动；随后屏幕中央呈现"请开始"2 s 钟，提示 2－back 目标记忆任务开始。此阶段为基线刺激，共持续 30 s。2－back 目标记忆任务开始后，屏幕中央会随机呈现阿拉伯数字 1、2、3、4 中的任何一个，数字之间用注视点"+"相隔，每个注视点呈现时间为 1 s，从每个数字呈现至注视点"+"出现的时间为 2 s。其中从数字呈现至被试按键的时间为反应时间，被试按键后至注视点出现，屏幕会呈现白屏。此阶段要求被试从每个组块中的第三个数开始比较屏幕中央出现的数字与其倒数第二个数字是否相同，如果相同则按左键，不同则按右键。此阶段为记忆任务，每个组块共出现 10 个数字，共持续 30 s。基线和记忆任务各交替出现 5 次，采集 150 个时间点。实验共持续 300 s。

所有被试均用 SIEMENS MAGNETOM Trio Tim 3. 0Tesla 超导磁共振扫描仪进行功能像数据采集。受试者平躺在磁共振扫描仪中，头部固定，刺激图像通过核磁兼容的投影仪呈现。利用基于梯度回波的平面回波（GRE-EPI）序列进行功能像采集，扫描参数如下：TR = 2 000 ms，TE = 30 ms，视野（FOV）= 240 mm×240 mm，FA = 90°，matrix = 64×64，共 30 层，层厚 4 mm，间距 0. 4 mm，扫描方位平行于前后联合，共采集 300 s。

对于工作记忆任务状态的 fMRI 数据的处理主要包括两个部分：预处理和统计分析。通过 SPM8 软件来处理[①]，详见图 7－18 所示。将所有预处理完的数据用 SPM 软件做组内单样本 t 检验，并采用 FDR 校验（$P < 0.05$，体素数 > 5），最后将检验结果叠加在标准 MNI152T1 平均像上显示其伪彩图。

2. 实验结果

单样本 t 检验分析结果如图 7－19 所示。在工作记忆任务中，激活升高的脑区主要包括双侧背外侧前额皮层、双侧顶下小叶和双侧丘脑。负激活的脑区分布在双侧扣带回和楔前叶等脑结构区域。通过 fMRI 分析，可以基本掌握工作记忆脑功能定位及工作机制。但对于工作机制的神经网络分布，包括各个脑功能区域之间的连接关系，以何种方式联系，它们之间在整个记忆、学习中的作用如何，都有待进一步设计 fMRI 实验，并

---

① 参见：http://www. fil. ion. ucl. ac. uk/spm/.

结合神经计算方法进行深入研究。fMRI 为揭示人的工作记忆等认知过程提供了新途径，具有许多其他方法无法比拟的优点。目前，fMRI 技术在工作记忆等研究领域已取得了一定的研究成果，可能成为研究生理甚至病理情况下学习记忆的无损伤技术的发展趋势之一，在认知神经科学的研究中有较广泛的应用前景。

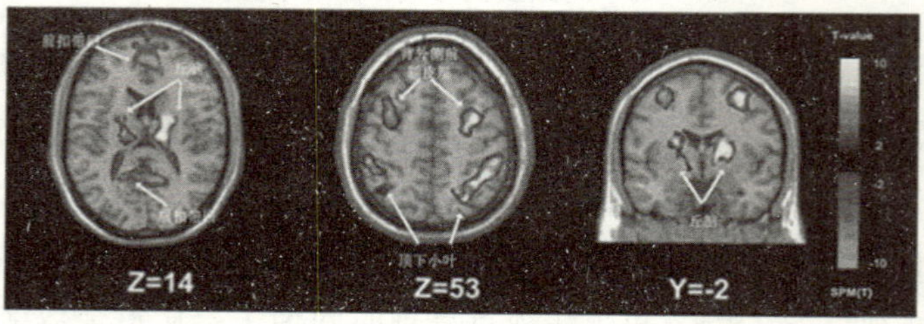

图 7－19　20 例被试 2－back 任务的平均激活脑区

与其他各种脑功能神经影像学方法进行比较，发现相对于 MEG、ERP、PET、光学成像等方法来说，fMRI 技术具有更大的空间分辨率和最小的创伤性，如图 7－20 所示(Belliveau, Kennedy & McKinstry, 1991)。fMRI 的发展使得检测脑的高级功能活动、理解脑的工作机制和探索脑的功能网络变得日益成熟和广泛。在认知神经科学方面，通过对任务和静息状态下的脑功能定位的研究，可以确定从事特定认知任务和脑静息状态下的脑活动的脑区，理解特定脑区的功能。通过对脑网络区域功能连接的研究，可以探索脑在不同任务和静息状态下形成的功能网络，更好地了解脑的工作机制等。在临床神经科学领域，可以通过 fMRI 进行手术前重要脑功能区的定位；通过对正常人群和疾病患者脑功能区的检测、脑网络功能连接的分析，揭示疾病造成的脑功能异常，尤其

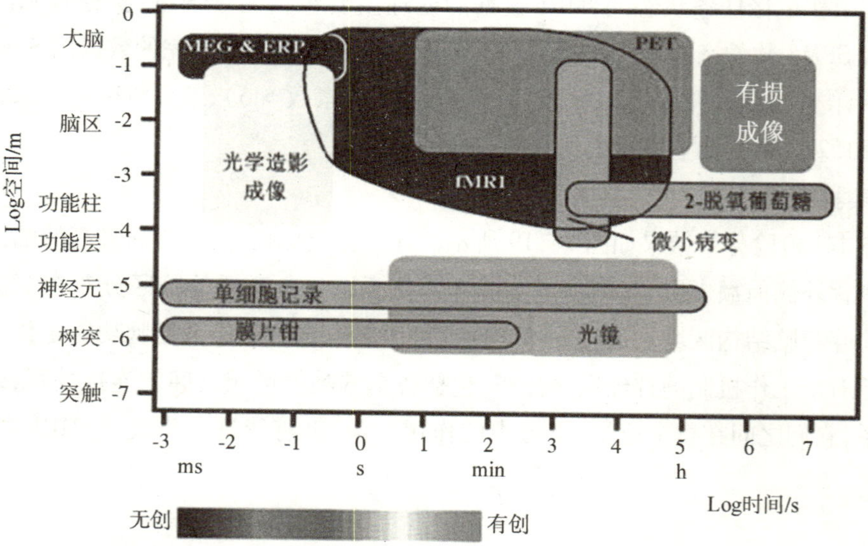

图 7－20　脑功能神经影像方法时空分辨率及创伤性对比图

是没有明显器质性病变的脑疾病，如癫痫、阿尔茨海默症、抑郁症、精神分裂症等，为疾病的早期检测提供量化指标，为病因和病理的研究提供依据。

脑功能神经影像技术作为当前发展最为迅速和热门的技术之一，是伴随着心理学、认知神经科学、计算机科学、物理、电子工程、生物医学工程等学科的发展而进步的，充分体现出认知神经科学的多学科、多技术交叉的特征。但是，任何一种脑功能成像技术都有其局限性，想要得到一个比较完善的脑功能成像结果，从技术层面可采用多模态神经影像学方法，例如，进行神经影像学指标同认知心理测评的相关性研究。联合 EEG 和 fMRI 采集方法，利用 EEG 的高时间分辨率特性和 fMRI 高空间分辨率的特性对人脑功能进行分析，不仅可以得到认知活动的脑功能精确定位信息，同时可以观察脑活动动态过程。

关键词

EEG、ER、ERP、脑电图、脑电地形图、Oddball 模式、Go-Nogo 模式、视觉空间注意研究的经典模式、记忆研究的经典模式、10－20 国际脑电记录系统、注视、眼跳、眼动仪、脑磁图、正电子发射断层成像、功能磁共振成像（fMRI）

练习与思考

1. 就你的了解，哪些现代科技手段可以应用于心理学的研究？
2. 脑电波与人的意识活动有什么关联？
3. EEG 的基本波形有哪些？
4. 相对于自发脑电位来说，诱发脑电位很弱，如何才能获取诱发电位的清晰波形？
5. 运用 ERP 技术进行心理学的实验研究，基本的实验范式和步骤有哪些？
6. 眼动的基本模式有哪些？
7. 心理学研究中，眼动的测量指标有哪些？
8. 国内心理学实验室装备的眼动仪主要有哪些类型？
9. 眼动技术与 ERP 技术结合的基本方式有哪些？
10. 举例说明眼动技术应用的心理学分支。
11. 脑成像技术主要包括哪些类型？
12. 功能磁共振成像的基本原理是什么？
13. fMRI 的技术优势是什么？
14. 心理学研究中，fMRI 与 ERP 结合的优势是什么？

课程资源

7－1

认知神经科学的技术与学科趋势

7－2

《脑研究的前沿与展望》"前言"

7－3

南京师范大学心理学院实验中心简介

第八章

记忆研究的实验范式

内容概览

记忆是过去经验在头脑中的反映，它是人或动物借助神经系统对信息进行各种形式、不同程度加工的结果，成为人或动物适应环境和进一步学习与活动的重要条件。 它能将有机体心理生活的过去、现在和未来连接起来构成整体，使人或动物的认知及个性得以形成和发展。 传统心理学将记忆划分为识记、保持、回忆或再认。 因此，记忆实验研究的基本操作包括实验材料的选择、呈现以及保持量的检测等，还有错误记忆的检测；记忆实验的经典范例是艾宾浩斯开展的长时记忆的实验研究，以及巴特莱特关于错误记忆的研究。 这些研究揭示了内部信息量变与质变的特点与规律；自由回忆实验中的系列位置效应、临床观察及动物实验，均证明了短时记忆的存在及其与长时记忆的分离，由此引发记忆微观结构的探索，逐渐形成了三级加工模型。 此外，本章还简单介绍了内隐记忆及记忆老化的研究方法。

由于与人的经验积累、才智发展密切相关,记忆研究自古以来都备受关注。但是,对记忆进行科学的实验研究是在 19 世纪末才开始的。德国心理学家赫尔曼·艾宾浩斯(Hermann Ebbinghaus,1850)开创了这一领域,并于 1885 年发表《论记忆》一书,首次提出和运用了实验研究方法,系统总结了记忆的实验研究成果。艾宾浩斯的记忆研究范式一直持续到 1965 年前后才发生根本改变。1965 年,记忆研究领域出现了两个完全崭新的方向,即两种记忆(dual memory)研究和元记忆(metamemory)研究。也由此开始,记忆领域开始出现了多种完全不同的研究方向,这些研究都深刻地丰富和发展了实验心理学。

第一节　记忆实验研究的基本方法

传统实验心理学把记忆划分为三个阶段,即识记、保持、回忆或再认。因此,记忆的实验过程一般也被划分为三个阶段:材料的呈现与学习、一定的时间间隔、保持量的检查。研究者通常将研究变量结合在这三个阶段的过程中,考虑的问题主要有:被试者因素,如年龄、性别、健康状况、教育程度、认知方式、信念和价值观、动机系统等;学习材料的性质、难度、总量及呈现方式,如言语或图形材料、简单或难学的材料等;时间间隔的设置及插入其中的其他因素,如较短的或较长的时间间隔、即时回忆(immediate recall)或延迟回忆(delayed recall)、时间间隔中插入干扰因素或不加入任何干扰;保持量(retention value)的检查方式,如回忆法(recall method)、序列重建法(series reconstruction method)、节省法(saving method)或再认法(recognition method)等。

一、　实验材料的选择与编制

可用的记忆实验材料十分丰富,从理论上说,凡是能被人们学习的事物都可以成为记忆实验的材料,如语言文字的、图形的、场景的等等。不过,为便于实验的操作,实验心理学中一般要求记忆材料的选择与编制要符合以下标准(杨治良,1998)。

第一,对每个被试来说,实验材料在熟悉度上应基本相等,最好对于所有被试都是新颖和不熟悉的。这样才能保证所有被试都是从同一基线开始学习,最后观测到的保持效果才能归于实验过程中学习的效果和实验条件的控制作用。

第二,所使用的材料,在数量上或意义上容易被分割成相等的、较小的单元,以便将被试在保持量检查阶段提取的资料数量化。当然,这不是绝对的,若以掌握全部材料所需要的时间或尝试的次数作为记分标准,就无须把材料分割成相等单元。

第三,所使用的材料,应是被试能在较短时间内学会和掌握的。如果一次使用的材料太多、费时太长,势必会影响实验的效果,同时把被试长时间留在实验室内也是不可能的。

根据以上标准,在记忆实验中可选用的材料仍是很多的,概括起来有两大类:言语材料和非言语材料。

言语材料是指语音音节、字母、单字、单词、句子、诗歌、散文和数字等。这些材料又可分为无意义的和有意义的两种。如无规则组成的音节、无规则排列的字母和随机数组都属于无意义的言语材料,而短语、句子、诗歌和散文等则属于有意义的言语材料。

运用言语材料对记忆进行系统的实验研究,始于艾宾浩斯。他为了排除联想的影响,首创了无意义音节。但是,无意义音节只是对被试所熟悉的语言来说没有意义,并不意味着被试对这些音节就真的不产生任何联想,有些音节的联想值还可能很大。由于人们对联想值大的音节的学习速度比联想值小的音节的学习速度快,因此在使用无意义音节作为实验材料时,最好对使用的音节加以定标,即预测一下每个音节联想值的大小,以确定其难易和取舍。测定联想值的方法是把每个音节分别呈现给若干被试,令其在一定时间内(一般为2~3 s)说出对这个音节产生的联想,然后根据对每个音节产生联想的人数来计算各音节的联想值。联想值可用百分数表示。

非言语材料主要指各种实物、图形和“感知—动作”性的学习工具(如迷宫、镜画、积木、打字、投球等)。这类材料在学习和记忆实验中都是常用的,尤其是在研究学前儿童和动物学习、记忆实验中使用得更为频繁。

在人类记忆的实验中,上述两类材料的区分只是相对的,因为人有第二信号系统。人的第二信号系统是与第一信号系统是协同活动的,即使在学习和记忆一些非言语性材料时,也离不开言语的活动。例如,在迷宫的学习活动中,被试的整个操作过程虽然主要依靠触觉和动觉,但是也伴随言语活动,被试常常用言语来支配和调节自己的动作。因此在使用非言语材料进行实验时,也应考虑到言语活动的因素。

二、 实验材料的呈现

在实验中,以什么方式向被试呈现材料,这是需要慎重考虑的问题。因为材料呈现方法本身就是一个可研究的变量,不同的呈现方法会导致不同的学习方式,也会产生不同的记忆效果。记忆心理学中常用的材料呈现方法包括:全部呈现法、提示法、联合对偶法等。

(一) 全部呈现法

这种方法是把需要被试学习和记忆的材料一次性全部呈现给被试,让其识记。在具体使用这种方法时又可分两种情况:一种是限定时间的学习,要求被试在规定时间内学习全部材料,然后测定其掌握的程度;另一种是不限定时间的学习,只是要求被试的学习效果达到某一标准时停止,根据被试所用时间的长短来衡量其记忆效果。

全部呈现法的优点是:简便易行,不需要什么特殊的仪器设备就可进行;能充分发挥被试学习的主动性,使被试可根据材料的数量和性质自由地运用一些学习方法进行学习和记忆。因此,在研究不同被试对同一材料或同一被试对不同材料的学习方法时,这是一种较好的材料呈现方式。当然,通过这种呈现方式获得的数据,只能显示被试在一定时间内学会多少项目或学会全部材料所需的时间量,不能显示被试对材料的各个项目和全部材料的学习进程。

（二）提示法

提示法(anticipation method)又称为预测法或系列学习法。这种方法是把材料的各个项目按一定的速度依次向被试呈现,让被试学习和记忆。第一遍呈现时,要求被试按顺序记住各个学习项目;从第二遍开始则要求被试在每个记忆项目呈现时尽量正确地说出下一个即将出现的项目是什么,不管其报告是对还是错,下一个项目都会按照事先规定好的速度呈现出来。这种呈现方法可以对被试的报告起到一种强化、纠正和提示的作用。如此一遍一遍地进行下去,直到被试能无误地报告出整个刺激系列。

在记忆实验中,为了让实验者能更好地记录被试的反应,通常要借助于一些仪器设备呈现学习材料和记录被试的表现。记忆实验室常备的实验装置主要包括:投影机、摄像机、录音机、计算机、速示仪(tachistoscope)、记忆鼓(memory drum)等。

图 8－1 是说明采用提示法学习一个无意义音节序列的实验程序①。图的中间一列是要被试学习的 12 个无意义音节;左边一列数字是每个音节在刺激序列中对应的位置,也是呈现的顺序号;右边一列音节则是在刺激项目呈现时,被试应报告的下一个将会呈现的音节。实验开始后,先从起始的提示信号(XXX)开始,以 3 s 呈现一个项目的速度向被试呈现整个学习系列,然后再从提示信号开始进行第二遍学习,呈现速度与第一次相同,从这一遍开始要求被试在每个项目呈现时说出与其相关联的下一个项目。例如,当提示信号呈现时,被试要说出第一个音节“HIG”,而当第一个音节(HIG)呈现时,被试要说出第二个音节“WUG”,如此一遍一遍地进行测试,直到被试能完全正确地报告出每个音节。

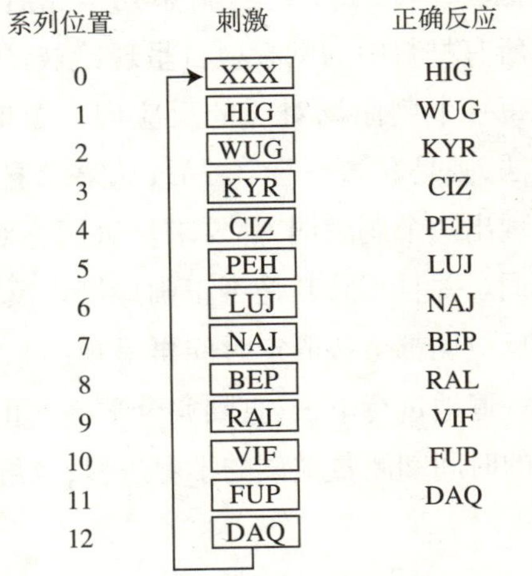

图 8－1　系列学习的提示程度(杨治良,1988)

采用提示法可有效控制每个项目呈现的时间,以及整个刺激系列呈现所需要的总时间,而且因为每学习一遍的同时,也对被试的学习程度进行了一次测试,所以可以利

① 杨治良. (1988). *基础实验心理学*. 兰州:甘肃人民出版社,281－289.

用这种实验的结果绘制出学习的进程曲线，即学习曲线(learning curve)，借此了解系列位置对记忆的影响。

（三）联合对偶法

联合对偶法(paired association)是在记忆实验中将刺激材料成对组合，要求被试学习时记住一对刺激项目的对应关系的方法，如图 8－2 所示。成对材料的前一个项目叫作刺激项目，后一个项目叫作反应项目，在记忆效果检查过程中一般是给出前一个项目，要求被试报告其对应的另一个项目。采用这种方法的实验中，被试要记住两个项目的对应关系。就像记忆英语单词一样，它要求学习者将一个中文词汇与一个英文字母串联起来，建立二者的对应关系。图 8－2 中的两个词汇组成一个对偶，前一个是刺激词，后一个是反应词。学习时向被试呈现成对的两个词，然后呈现每对词的刺激词，要求被试报告对应的反应词，比如主试给出“黄山”，则被试就应回答“电视”；主试给出“广州”，则被试应回答“课本”。

采用联合对偶法进行记忆实验时，可以使用两种方法检查被试的保持量，一种是“回忆法”，另一种是“提示法”。图 8－2 所示的就是回忆法，即当成对的材料系列学完后，实验者将所有材料中的刺激项目呈现给被试，被试回忆每一个刺激词对应的反应词。如果采用提示法，则是在第一遍学习后，从第二遍开始，每呈现出一个刺激词，都要求被试回答对应的反应词。并且不管其是否正确地答出反应词，这个反应词都会按既定时间再呈现出来，如此一遍一遍地进行下去，直到完全学会为止。如前所述，采用这种提示法有利于控制被试学习的时间和测量被试的学习进程，也可以进行项目难度分析等。

学习的对偶项目	检查学习效果
失路——教师	橘子——
黄山——电视	数目——
北京——教授	鲜花——
桔子——桃子	铁路——
蔬菜——大米	蔬菜——
广州——课本	黄山——
鲜花——太阳	火车——
围裙——战争	北京——
数目——动作	围裙——
火车——毛皮	广州——

图 8－2　联合对偶法实验材料示意图

三、保持量的检测

在记忆实验中，检查记忆效果的方法很多，而且保持量的检查方法与刺激材料呈现的方法是相互关联的。记忆实验中常用的保持量检查方法有：回忆法、序列重建法、节省法、再认法、反应时法等。

（一）回忆法

回忆法(recall method)又称再现法或重现法。在被试识记了某一材料系列后，间隔一定的时间，然后让其把所识记的材料以口头或书面的形式重现出来，以其回忆的正确率作为被试对学习材料保持量的测试结果。

回忆法又分为两种:无凭借回忆和有凭借回忆。前者是对被试所要回忆的材料不加任何提示,只要求被试把识记过的材料写出或说出来;后者则向被试呈现部分识记过的信息,要求被试以此为凭借回忆出对应的其余材料①。以上所讲的"提示法""联合对偶法"均可算作有凭借回忆的方法。

回忆法测试得到的保持量等于被试正确回忆的项目数占全部学习项目数的百分比,即:

$$保持量=\frac{正确回忆的项目数}{全部识记的项目数}\times 100\% \qquad (公式\ 8-1)$$

(二)序列重建法

序列重建法就是先向被试呈现一个刺激序列,要求被试在一定时间内记住刺激项目间的位置关系,然后将这些刺激的顺序打乱再呈现给被试,让被试根据自己保持的信息恢复刺激材料的原有顺序。这种方法一般适用于非文字的实验材料,因为非文字的实验材料不便于使用口头报告或书面报告。图 8-3 所示的过程能够说明序列重建法实验的程序:将刺激材料按照确定的顺序呈现给被试,然后将其顺序打乱以形成任务序列,被试按照保持的信息尽量将任务序列中的项目顺序恢复成如刺激序列的顺序。被试恢复的结果称为重建序列,重建序列中可能会存在错误,错误越多说明记忆效果越差。

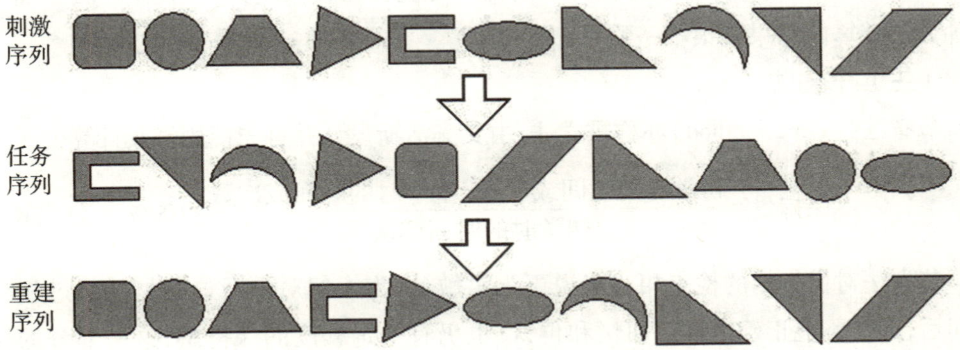

图 8-3　序列重建法实验过程示意图

序列重建保持量的计算可以有三种方法:重建正确顺序百分数法、等级相关法和学习次数或时间法。从图 8-3 中看到,被试重建序列与原来的刺激序列相比存在差异,如果采用最简单的正确顺序百分数方法,则利用下列公式计算其保持量:

$$保持量=\frac{重建序列中正确的顺序数}{原刺激序列中全部的顺序数}\times 100\% \qquad (公式\ 8-2)$$

图 8-3 中,被试重建正确的顺序数只有 3 个,而刺激序列的全部顺序数是 9 个,所以该被试学习的保持量等于 33.3%。

---

① 杨治良. (1988). *基础实验心理学*. 兰州:甘肃人民出版社,293.

其次，可以采用等级相关（即斯皮尔曼相关）法，计算各刺激项目在原序列中的位次数列与其在重建后位次数列的相关系数，该系数反映了重建序列与原刺激序列的近似程度。当其达到1时，就说明重建序列与刺激序列完全一致。等级相关的计算公式如下：

$$r_R = 1 - \frac{6\sum D^2}{n(n^2-1)} \quad \text{（公式 8－3）}$$

式中 D=对偶等级之差，即同一个刺激项目在两个序列中的位次之差。如图8－3中倾斜的三角形在刺激序列中位次是4，在被试重建序列中的位次是5，则二者的位次之差 D=1或−1；n 是刺激序列中的项目数，在图8－3所示的实验中 n=10。

图8－3中刺激序列中各项目位次数列是：1、2、3、4、5、6、7、8、9、10。

重建序列中与原序列各项目位次数列对应的是：1、2、3、5、4、6、8、7、9、10。

两个对应数列中各项目位次的差异数D分别为：0、0、0、1、−1、0、1、−1、0、0。

代入等级相关公式即可得到：$r_R = 1-\frac{24}{990}=0.976$。

最后，如果刺激序列较为复杂，可以要求被试不断地重复学习，直到能完全重建刺激序列为止，并以被试学习的次数或时间来衡量被试的学习效果。

需要指出的是，按照不同方法计算的结果可能存在较大差异，不宜做比较。如上述两种方法计算的结果就很不一致。

（三）节省法

节省法（saving method）亦称重学法，由艾宾浩斯设计并首先使用。其计算公式为：

$$\text{保持量}=\frac{\text{初学时的时间或次数}-\text{重学时的时间或次数}}{\text{初学时的时间或次数}}\times 100\% \quad \text{（公式 8－4）}$$

节省法对保持量的检查相对来说更为灵敏，因为人们对学习过的材料经过相当长时间后，即使不能正确地进行回忆和再认，也仍有一定程度的保持量，这一部分的保持量成为重学时的基础，它使得重学时所需要的时间或次数减少。这就是说，节省法测量到了那些未达到回忆阈限的信息项目。

以艾宾浩斯的研究为例，他使用德文字母编制“无意义”的实验材料：在两个辅音字母之间插入一个元音字母构成无意义音节（nonsense syllable），如RAF、NUZ、ZUP等。以13个无意义音节组成一个音节组，8个音节组作为一次实验学习的材料。在一次实验中，他规定自己要学习的音节组和每个音节呈现的速度，一遍一遍地学习直至连续背诵两遍都正确，然后将这组学习材料搁置不管。间隔一定时间后他再回忆这组音节就会出现困难，于是重新一遍一遍地学习，直至能连续背诵两遍都正确，比较前后两次学习所使用的时间或遍数，就可以计算出第二次学习中节省的时间或遍数。艾宾浩斯使用第二次学习节省的时间或遍数的百分比来测量对第一次学习材料的保持量。假如他最初学会一组无意义音节耗费了 1 156 秒，间隔 20 分钟后重学时耗费了 467 秒，第二次学习节省了 1 156-467=689 秒的时间，占最初所耗费时间的 64.3%，这就意味着他第一次学习的材料在经历 20 分钟时间间隔后依然保持了 64.3% 的量。艾宾浩斯在这项研究中使用的时间间隔有 7 种：1/3 小时、1 小时、9 小时、1 天、2 天、5 天、31 天。每次实验均使用新的无意义音节组。在这项研究中，艾宾浩斯先后学习了 1 200 个以上的音节组，共计背诵了 15 000 多个无意义音节，如此辛苦地工作帮助他绘成了经典的遗忘曲线（forgetting curve），也叫作艾宾浩斯曲线（Ebbinghaus curve）或艾宾浩斯保持曲线（Ebbinghaus curve of retention），如图 8－4 所示。

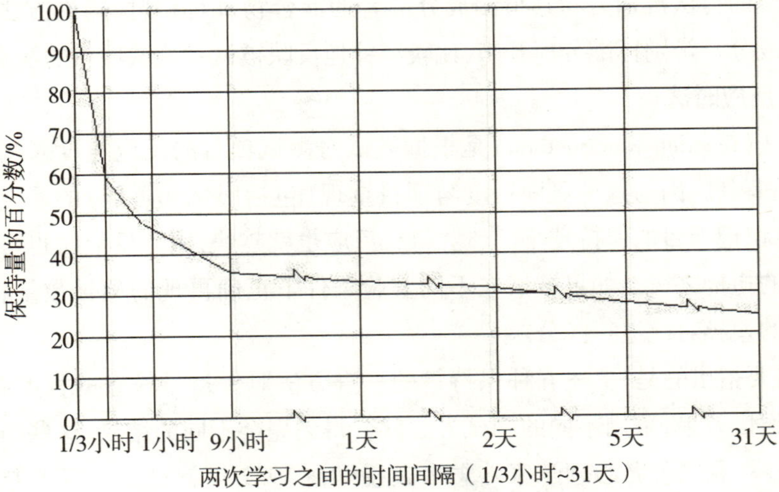

图 8－4 艾宾浩斯遗忘曲线（Ebbinghaus，1985）

图 8－4 清楚地表明，艾宾浩斯在学习一组无意义音节后，较短时间内发生了快速遗忘（forgetting）的现象，而随着时间的推移，遗忘的速度会越来越慢，一个月后保持量稳定在 25%左右，但依然会缓慢下降。

（四）再认法

再认法的操作过程是：让被试学习一系列项目，然后将这些项目与一些未学习过的项目混合在一起，再一一呈现给被试，要求其对项目进行再认。这种方法在具体运用时，又可以有许多不同的变式，例如相互混合的新旧材料的数量、相似程度均是可以改变的，而且在材料的呈现方面，可以把混合后的材料一个一个地依次呈现，要求被试判断是否学过。一般来说，混入的新材料的数量越多，其与原学习项目的相似程度越大，呈现的时间越短，再认的难度也就越大。

再认法计算保持量的公式有两种：

第一，在原识记的项目与混入的新项目数量相等的情况下：

$$\text{保持量}=\frac{\text{正确再认数}-\text{错误再认数}}{\text{原识记的项目数}+\text{混入的新项目数}}\times 100\%$$

第二，在原识记的项目与混入的新项目数量不相等的情况下：

$$保持量=\left(\frac{原识记项目正确再认数}{原识记项目数}-\frac{新混入项目的错误再认数}{新混入的项目数}\right)\times 100\%$$

这一公式显示的计算方法实际上就是：被试的击中概率减去虚报概率。

此外，再认法的实验结果也可以使用信号检测论方法进行处理，即根据被试再认时的击中概率、虚报概率计算被试的辨别力指数和似然比，辨别力指数反映了被试对识记项目记忆的牢固程度，似然比则反映了被试在再认测验中判别标准的高低。

采用信号检测论方法来处理再认实验的结果更精确、可靠，因为传统的再认法所得的分数是被试的再认辨别力和其猜测成分二者的混合物，但信号检测论方法可将再认能力与猜测成分及辨别标准分离开来，比较纯粹地反映被试对测试项目的辨别能力。

（五）反应时法

反应时法（reaction time method）是根据被试对测试项目的反应速度来测试其对识记项目的巩固程度，因为这种巩固程度与项目重现（包括回忆和再认）的速度有密切关联。显然，对识记项目的保持越牢固、越清晰，反应也就越快，因此反应时也可以作为检查记忆效果的指标之一。如果被试在不同实验条件下正确再现的项目数量相等，就可根据反应时的差异对此进行区分。

最后，需要指出的是，上述五种保持量的检查方法对保持量检查的程度有所不同，所以同样的记忆效果，采用不同的测试方法就会得到完全不同的结果，这些结果之间几乎没有可比性。我国著名心理学家陆志韦教授早在 1922 年就对此进行了专门的测试和比较，得到了如图 8－5 所示的结果。

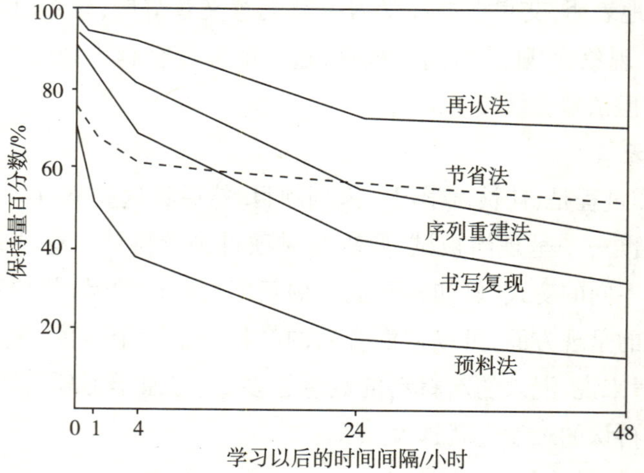

图 8－5　用五种方法测量得到的无意义音节的保持加线（陆志韦，1922）

在陆志韦的研究中，我们看到不同保持量的检查方法所得保持量的稳定性存在差异，这意味着不同的信息提取方法对信息储存的方式提出了不同的要求，而不同方式储存的信息牢固性也因此存在很大差异,显然,它们所依赖的心理机制可能有所不同。相对而言,再认法和节省法所看到的信息保持量比较稳定,再认法对储存信息的精确性要求较低,更多的是一种整体特征的把握,节省法则可以充分地测量到那些未达到回忆阈限的信息。

四、错误记忆研究范式

(一)巴特利特的开创性研究

1932年,英国著名心理学家巴特利特(Bartlett)针对记忆的建构问题进行了系列实验研究,开创了错误记忆(false memory)的研究范式,其中最为著名的是"幽灵的战争"实验。实验的具体步骤是:先向被试阅读印第安民间故事《幽灵的战争》(*The War of the Ghosts*),然后让被试经过不同的时间间隔后对故事进行回忆。结果发现,随着时间的延长,被试的记忆出现了大量的错误。被试回忆的内容和原故事的内容相比有很大差异,他们加入了许多自己主观臆想的细节。他们在回忆过程中会出现替代性错误,即在故事复述中添加一些内容而使其听起来更合理、更连贯,换句话说,在多次重复回忆后,被试的记忆发生了系统性失真,故事原有的内容在被试的记忆中被有规律地重构[①]。巴特利特因此认为:回忆过程中包含了许多对学习内容重新构造的成分,人们倾向于利用自己头脑中已有的图式(schema)来重新加工所获得的新信息。

巴特利特的另一类记忆研究使用的是图画材料。实验方法是:首先让一个被试观看一幅图画,然后要求其凭记忆将这幅图画回忆并勾画出来,再将他勾画的图形交给第二个被试观看并也要求他根据记忆勾画所看的图形,如此在多名被试间传递和勾画图片。结果发现,最后一名被试勾画的图片已与第一个被试所看的图片大相径庭了。

在对"幽灵的战争"实验结果进行解释时,巴特利特将心理"图式"的概念引入到记忆心理学中,并明确提出"表征"(representation)概念。他假设"感觉信息和心理图式一起被结构化和储存,而心理图式本身被表征在记忆之中"[②]。很显然,图式概念能够有效地解释巴特利特在使用故事或图画为材料所做的错误记忆实验研究的结果。

巴特利特在记忆研究中,选用有意义的故事和图画作为实验材料,这更符合人们实际的记忆活动,因此更有可能探寻到人类记忆的规律。巴特利特更强调社会文化对人的记忆过程的影响,著有《记忆:一个实验的与社会的心理学研究》(*Remembering: A Study in Experimental and Social Psychology*,1932)[③]。巴特利特开创性的实验为后续研究

---

① 杨治良等.(2012).*记忆心理学*.上海:华东师范大学出版社,241.

② 杨治良等.(1999).*记忆心理学*.上海:华东师范大学出版社,10.

③ [英]巴特莱特著,黎炜译.(1998).*记忆:一个实验的与社会的心理学研究*.杭州:浙江教育出版社.

提供了参考,研究者们在借鉴的基础上进行了改进,先后使用句子、散文段落、幻灯片和录像材料等,进一步验证了错误记忆现象的存在。

(二)误导信息干扰范式(MEP)

20 世纪 60 年代末至 70 年代,研究者对错误记忆表现出极大兴趣。其中,洛夫特斯等人(Loftus,1974)的研究成为错误记忆研究的又一个里程碑。洛夫特斯的观点与巴特利特一致,她也认为人们对事件的回忆是一种对现实发生事件的重构,而不是完全准确的再现,人们会用以前的经历或经验来填补对新信息的遗漏,最终导致记忆发生调整和改变。但是,洛夫特斯关注的主要是干扰信息对记忆的影响,她首次提出了一种重要的研究范式——误导信息干扰范式(misinformation effect paradigm,简称 MEP)。

该范式的实验程序为:先让被试观看关于某事件的录像或幻灯片,然后向实验组被试提供含误导信息的描述或问题,而对控制组被试不提供误导信息。另外,在范式的变式中,有的还会设计在一段时间间隔后要求被试根据记忆回答一些问题,最后对回答的准确性和自信水平进行分析。该研究范式得到的结论是,误导信息导致实验组被试记忆成绩更差。

在洛夫特斯等人的研究中,他们先让所有被试观看一段关于汽车交通事故的简短录像,然后要求被试回答问卷中的一些问题。其中一个关键问题是:"当两辆汽车________时,汽车的时速大约为多少英里?"画线位置出现的动词对于实验中不同组的被试不相同,对于其中一组被试,画线部分的动词为"碰撞";而对于另一组被试,画线部分的动词为"撞毁";控制组被试则不提问关于汽车时速的问题。结果表明,第一组被试对汽车时速的估计为 3. 40 英里,第二组的为 4. 08 英里。一周之后,向三组被试询问同样的问题:"上次的录像中,你是否在交通事故现场看到了撞碎的玻璃?"随后的结果表明,第一组被试有 14%做了肯定回答,第二组被试有 32%做了肯定回答。事实上,录像中并没有撞碎的玻璃,因此被试的肯定回答是由错误记忆所致。洛夫特斯等人认为,是动词("撞毁"或"碰撞")的暗示导致了错误记忆的发生,由于动词"撞毁"意味着更大程度的损坏,从而使被试更有可能"记得"有碎玻璃,也就是说,诱导性实验材料使人们对事件的记忆发生改变。①

MEP 范式提出之后得到了广泛应用,所得结论揭示了误导信息改变和塑造记忆图式的过程和机制,并在司法领域产生了重要影响。

(三)集中联想范式

集中联想范式(converging associate paradigm)又称 DRM 范式。在经典 DRM 范式中,实验材料是 36 个关联词表,每个词表由一个目标词(也称关键诱饵,如寒冷)和与之相关联的 15 个单词(如冬天、冰雪、霜冻、感冒、发抖等)组成。具体实验程序是:首先,

---

① 杨治良等.(2012).*记忆心理学*.上海:华东师范大学出版社,242 - 254.

在学习阶段要求被试记忆关联词,而关键诱饵不被呈现;然后,让被试进行即时回忆测验和再认测验;通过关联词的错误回忆指标和关键诱饵的错误再认指标来分析错误记忆的产生条件和特点。DRM 范式为错误记忆的实验研究提供了有效方法,是错误记忆研究的经典范式。

（四）类别联想程序范式

类别联想程序范式(category associate paradigm)也是基于单词错误记忆的一种典型研究范式。欣茨曼(Hintzman,1988)向被试呈现一个包含熟悉名词的多种类别的词表,每个类别中含有 1、3 或 5 个范例,在学习中随机呈现。比如词表上属于“阅读材料”这个类别的范例是“小册子、喜剧书、报纸”。结果发现,在随后的测验中,被试对于学过范例的再认要多于对未学过相关范例的错误再认,但正确和错误再认均随着学习过程中同一类别范例数量的增加而增加,有时候错误再认率甚至超过了正确再认率。

第二节　记忆结构的实验研究

一、自由回忆实验与短时记忆

早在 1890 年,詹姆斯(James)就提出记忆结构的多成分性,但这一观点在后来的半个世纪中都未受到心理学家的注意,20 世纪前半叶的记忆研究都是沿着艾宾浩斯所开拓的长时记忆研究范式而展开的。到了 20 世纪 50 年代后期,临床心理学和认知心理学不断提出证据证明:在长时记忆的结构之外,可能还存在着另外一种完全不同的记忆系统。

1954 年,美国神经心理学家米尔纳(Milner)为一名癫痫病患者实施了海马切除手术,成功地治好了他的癫痫病。但是,这位患者在术后却出现了一系列特殊的遗忘现象,比如他能毫不困难地回忆起手术前的各种丰富经历,也能像正常人那样即时回忆刚经历的各种刺激信息,而且只要采用复述方法,他也具有很好的信息保持能力,但当他不再对信息进行复述的时候,这些信息就会很快被忘掉,即这位患者对新近经历的过去事件没有任何记忆(Milner,Corkin & Teuber,1968)。很明显,患者的长时记忆是基本完好的,短时间内信息的保持也是正常的,但他不能顺利地将短时间内的信息输送到长时记忆中去。此类现象也在其他案例中表现出来,甚至在动物实验中也都得到了验证。这些研究使心理学家重新想到了詹姆斯的初级记忆与次级记忆概念,从而开始了对两种记忆理论与实验的研究,其中最经典和最直接的证据来自于自由回忆实验(free-recall experiments)中关于系列位置效应(serial position effect)的研究。

自由回忆实验的基本操作是:先按一定顺序向一个或一组被试呈现一系列学习项目,然后要求被试尽量回忆出这些项目,而且不必按原先呈现的顺序来回忆。将被试自由回忆的结果与学习项目进行对照,就可得到原刺激系列中各位置刺激的回忆正确率。以刺激系列的位置为横坐标,对每个项目正确回忆的人数百分比为纵坐标,就可得到自由回忆实验的系列位置曲线。莫道克(Murdock,1962)在自由回忆实验中选用的材料是30个单词,呈现速度是1秒呈现一个单词,其结果绘制成了图8-6所示的曲线。

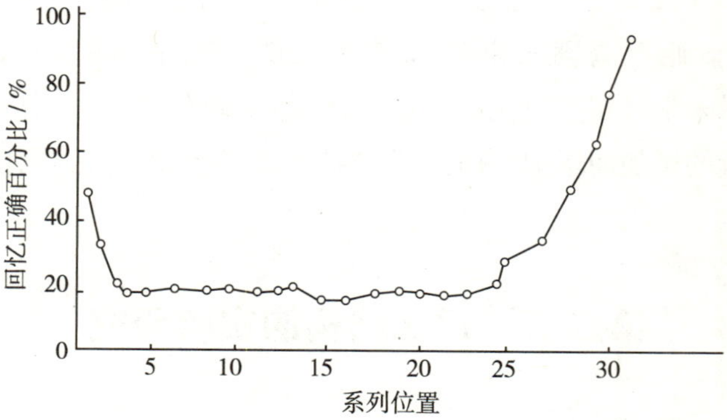

图8-6 自由回忆的系列位置曲线(Murdock,1962)

由图8-6看到,刺激系列起始部分和结尾部分单词回忆的正确率较高,中间部分单词回忆的正确率较低,这种现象就是所谓的系列位置效应。起始部分单词的回忆正确率较高,叫首因效应(primary effect);结尾部分单词的回忆正确率较高,叫作近因效应(recency effect)。那么为什么会出现这种系列位置效应呢?根据遗忘的干扰说(interference theory),中间部分项目的学习与回忆既受到系列起始部分刺激的干扰(前摄抑制),又受到结尾部分刺激的干扰(倒摄抑制),即受到的干扰总量较大,所以被试回忆的正确率较低。然而,两种记忆说却对此有着不同的解释,该理论认为自由回忆的系列位置曲线实际上可以分为两部分——起始加中间部分、结尾部分,这两部分分别反映了两种不同记忆系统的效果,其中起始加中间部分反映的是长时记忆效果,结尾部分反映的是短时记忆效果。类似研究均能证实,系列位置曲线中近因效应部分对应的刺激项目数恰好与短时记忆的容量基本一致。根据两种记忆说,曲线结尾部分的回忆成绩之所以最好,就是因为被试在开始回忆时,这一部分对应的项目尚保持在短时记忆系统中。

为了进一步证实两种记忆说的观点,心理学家就系列位置曲线提出了两点推论。

推论1:在系列材料的呈现与学习中,如果增加刺激项目的呈现时间,也就增加了每个项目的复述(rehearsal)时间,这可使较多信息进入长时记忆,相应的回忆正确率就会提高,但项目呈现时间不会对短时记忆产生明显影响。反映在系列位置曲线上,起始部分和中间部分会抬高,但近因效应部分不会受太多影响。

推论 2:在系列材料的呈现与学习中,如果将即时回忆改为延迟回忆并避免被试在延迟期间复述,那就会将刺激系列最后的几个项目从短时记忆中挤出去,消除系列位置曲线上的近因效应部分。但因不改变项目呈现的时间,所以它不会对长时记忆产生明显影响。反映在系列位置曲线上,起始部分与中间部分变化不大,但近因效应会消失。

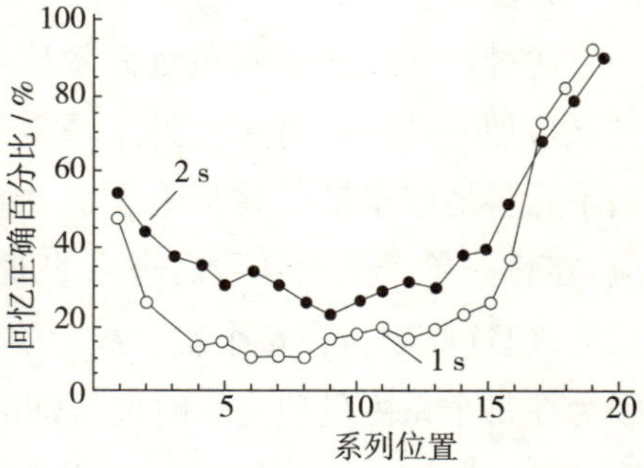

图 8-7 两种刺激呈现速度的系列位置效应(Murdock,1962)

为验证推论 1,莫道克(Murdock,1962)以刺激项目呈现的时间为变量进行了自由回忆实验。他在实验中分别以两种不同的速度向两组被试呈现单词,其中一组被试接受的项目呈现速度是 1 秒呈现一个,另一组被试接受的项目呈现速度是 2 秒呈现一个。实验结果如图 8-7 所示:两种呈现速度下都出现了系列位置效应,每个项目呈现时间为 2 秒时刺激系列的起始部分和中间部分的回忆正确百分比均比呈现时间为 1 秒的高,但两者在结尾部分却无明显差异。这说明增加刺激的呈现时间有利于长时记忆,而不影响短时记忆。还有一些自由回忆的实验也提供了类似证据,短时记忆特征与长时记忆特征存在某些差别,如容量、保持时间和机能等。莫道克等的自由回忆实验验证了推论 1。

格兰泽和库尼茨(Glanzer & Cunitz,1966)用实验证实了第二个推论。他们在系列单词呈现完毕后,让两组被试分别按照两种不同的方式进行回忆:一组采用即时回忆,即系列刺激呈现完毕后,立即进行回忆;另一组采用延迟回忆,即系列刺激呈现完毕后,先完成 30 秒的数字减 3 的逆运算心算作业,以防止复述,心算 30 秒后马上回忆前面学习的系列项目。实验结果如图 8-8 所示。

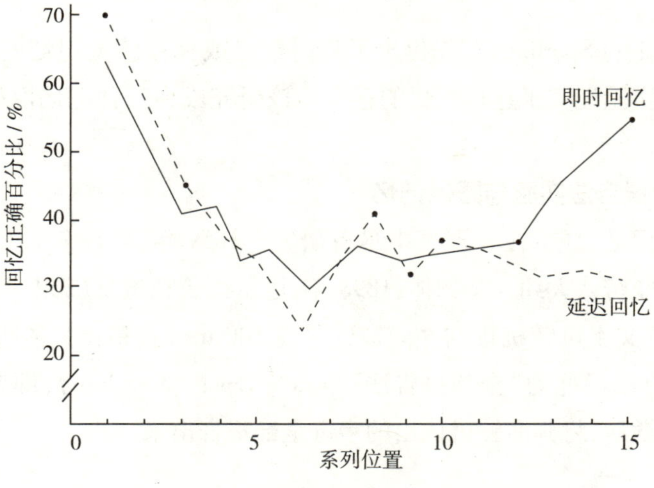

图 8-8 延迟回忆对近因效应的影响(Glanzer & Cunitz,1966)

比较两种回忆方式下的实验结果,格兰泽等发现即时回忆和延迟回忆都有首因效应,而且在刺激系列的起始部分和中间部分,这两种回忆的成绩均相近,说明心算作业并未影响长时记忆。但在结尾部分,即时回忆有近因效应,而延迟回忆的近因效应消失,说明延迟回忆影响了刺激系列结尾部分的短时记忆,这部分信息因进行心算作业而未得到复述,并被心算作业的内容所排挤,即心算作业影响了短时记忆。

两种记忆说还得到负近因效应(negative recency)的支持。克雷克(Craik,1970)让被试参加一系列自由回忆实验,每次都得到一条系列位置曲线。当这些实验完成后,他出乎意料地要求被试将所有实验中的单词都尽可能回忆出来。结果得到了负近因效应:在每一单个系列学习后进行的即时回忆中,系列刺激的最后几个项目都出现了近因效应,但这些项目在整个实验最后阶段的回忆测试中正确率较低。研究者解释说,这是因为在每个系列呈现完毕时进行即时回忆,最后的几个项目可以依靠短时记忆进行提取,所以被试几乎未对这些项目进行复述,进入长时记忆的信息量自然比较少,使这些项目在最后的回忆正确率非常低①。

短时记忆的存在得到许多研究的证实,记忆研究因此发生了革命性变化,出现了两种记忆说。两种记忆说认为记忆不是单一的,其中存在着彼此独立而又相互联系的短时记忆和长时记忆两个系统,二者又共同构成了一个统一的体系。因此,这种理论认为记忆结构是两分的,其对信息的加工过程是:外部信息经过感觉通道先进入短时存储器,短时记忆容量以内的信息可在短时存储器中短暂保持约 15~30 s,但如对这些信息进行复述,则信息可随复述而继续保持,并可能进入长时存储器。因此,短时存储器是信息进入长时记忆的一个容量有限的缓冲器和加工器。

二、 部分报告法实验与感觉记忆

1960 年,斯珀林(Sperling)首先提出了瞬时记忆或称作感觉记忆的概念,并使用巧妙的部分报告法实验证实了这种记忆的存在。该研究成为三种记忆模型的经典实验证据和基础。

(一)部分报告法实验与图像记忆

视觉的瞬时记忆现象,在心理学中早有研究。1859 年,哈密尔顿(W. Hamilton)测得人在一瞬间只能辨认大约 6 个物体;1898 年,厄尔德曼和道奇(B. Erdma & R. Dodge)进一步发现,当英文字母随机排列并向被试呈现 100 ms 时,被试只能报告出 4~5 个字母,他们采用的方法可称为"全部报告法"(whole report procedure),即要求被试看一张卡片上的字母刺激后,将其能够辨认出的字母全部报告出来。

---

① 鲁忠义,杜建政.(2005).*记忆心理学*.北京:人民教育出版社,25-27.

斯珀林(Sperling,1960)在重复上述全部报告法实验时,给被试呈现三行四列共 12 个英文字母,呈现时间为 50 ms,结果被试所能报告的字母数也是 4~5 个。在斯珀林看来这是一个非常简单的任务,为什么被试的成绩如此差,他认为一定存在着一个更短暂的记忆系统,其对信息保持的时间非常短,以至于被试还没有来得及报告就消退了,于是他设计了"部分报告法"(partial report procedure)实验:将一张写有三行四列共 12 个英文字母的卡片呈现给被试,呈现时间仍然为 50 ms,呈现完毕时随机给予被试一个声音信号。声音信号分高音、中音和低音三档,分别对应于卡片上的第一行、第二行和第三行字母。被试听到声音信号后,就立即报告出该信号对应的那一行的字母,其他行的字母就不用报告了,然后研究者用一行字母的报告率推算整体上可能报告的字母数。比如,被试看完卡片后听到了一个中音信号,他就报告第二行的字母。斯珀林以此方法缩短了报告时间,结果被试报告的成绩大大提高,比如被试能报告出一行字母中的 3~4 个,那么对于整张卡片来说,其可能报告的字母数就达到了 9~12 个。

斯珀林的实验结果表明:当呈现三行三列 9 个字母时,被试能根据不同的音调信号报告出一行字母,其正确率几乎达到 100%;在呈现三行四列 12 个字母时,被试大约能正确报告一行字母的 76%。由于声音信号是在字母刺激终止后出现的,被试只有在头脑中保持三行字母印象的情况下,才能根据音调信号报告出相应一行的字母。因此,按实验获得的百分比来推算,被试头脑中对字母保持的总量,在呈现 9 个字母时应是 9×100% = 9 个字母,在呈现 12 个字母时应是 12×76% = 9. 12 个字母都远远超过全部报告法实验中报告的字母数。

在全部报告法实验中,无论呈现多少项目,被试能正确报告的项目数平均为 4. 5 个,而根据部分报告法实验计算出来的可报告项目数都超过全部报告法报告的项目数。斯珀林为了证明视觉信息在短时间内迅速消退,进一步改变实验安排:在刺激呈现完毕到提示信号出现之间插入不同的时间间距,迫使被试在不同的时间间距后用部分报告法重现项目,结果如图 8 -9 所示。图 8 -9 显示的是向被试呈现 12 个字母、提示信号延迟不同时距时的实验结果。结果显示:被试报告的正确率随延缓时距的加长而迅速下降。当延迟时距达到 0. 3~0. 5 s 时,报告正确率下降速度减缓;达到 1 s 时,报告正确率已与全部报告法的结果基本一致。可见,"刺激刚刚消失时,比消失 1 s 后,图像记忆中保持的字母数要多得多。还说明,图像记忆的容量虽大,但消失得很快,接受的信息若不能从瞬时记忆转入短时记忆,很快就消失了。……视觉感觉记忆的作用时间似乎在 0. 5 s 以内,约为 300 ms"①。

---

① 鲁忠义,杜建政. (2005). *记忆心理学*. 北京:人民教育出版社,47 - 48.

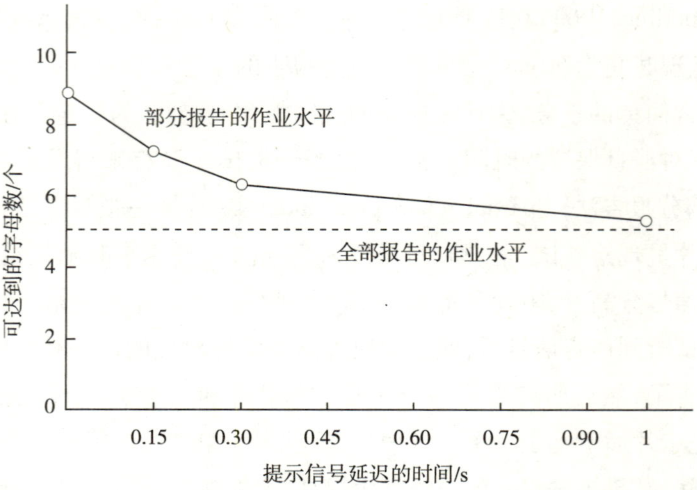

图 8-9　刺激消失与提示信号间的时距对报告结果的影响(Sperling,1960)

在斯珀林提出瞬时记忆及图像记忆概念后,有研究者进行了一系列改进实验,进一步证实了感觉记忆的存在,基本上认为图像记忆保持的时间大约在 300 ms 左右,容量至少在 9 个项目。

(二)部分报告法实验与声像记忆

仿照斯珀林的视觉刺激部分报告法实验,达尔文等(Darwin,et al.,1972)开展了听觉刺激的部分报告法实验,即"三耳人实验"。他们给被试的双耳分别戴上一个立体声耳机,通过每个耳机的双声道,给被试左耳呈现两个刺激(如一个字母 B、一个数字 8)的同时,给右耳也呈现两个刺激(如一个字母 F、一个数字 8),其中包含一个与左耳接收到的相同刺激(如数字 8)。如果两耳接收到的这些刺激均在强度上平衡,那么被试就会分别在两耳以及两耳的"中间"(就像在"后脑勺"也有一个声音刺激)各听到一个声音信号(如分别为 B、8、F),这就是所谓的"三耳人实验"。

利用"三耳人实验",研究者给被试"三耳"分别呈现三个项目,如图 8-10 所示。达尔文分别采用了全部报告法和部分报告法进行实验,其中部分报告法实验的操作方法是:给被试呈现听觉刺激后,立即或延迟一段时间后在被试正前方屏幕的左、中或右的位置打出一个光条,提示被试报告与光条位置对应的"耳朵"听到的信息。实验中安排了不同的提示信号延迟时距,分别为 0 秒、1 秒、2 秒和 4 秒,结果也显示信息呈现后的迅速衰退现象,如图 8-11 所示。不过,声像记忆与图像记忆具有一些明显不同的特征。首先,在声像记忆部分报告法实验中,提示信号延迟大约 4 秒时,被试正确回忆的项目数才会接近全部报告法实验的结果,说明声像记忆对

左耳	"中间耳"	右耳
B	8	F
2	6	R
L	U	10

图 8-10　听觉刺激的全部或部分报告实验材料举例(Darwin,et al.,1972)

信息保持的时间可达 4 秒左右；其次，声像记忆的信息容量要比图像记忆的容量小得多，大约在 5 个。

短时记忆和感觉记忆的证实推动了多存贮理论的发展。阿特金森和希夫林（Atkinson & Shiffrin，1968）在上述研究基础上，提出了多存贮模型（the multistore model of memory），也称为记忆三级加工模型。该模型认为人的记忆系统由三个子系统构成，即瞬时记忆系统也称为感觉记忆系统、短时记忆系统和长时记忆系统。三个系统对信息储存的方式、表征的方式、信息保持的时间、信息容量都不同。

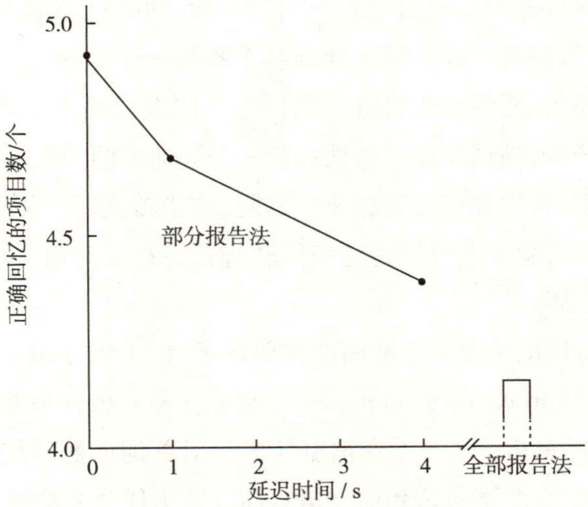

图 8－11 声像记忆的实验结果（Darwin，et al.，1972）

三、 双任务操作实验与工作记忆

记忆三级加工模型得到了随后许多实验数据的证实，但来自神经心理学的研究结果对此模型提出了疑问。根据该模型，短时记忆对学习来说是一个关键的工作记忆系统，如果短时记忆受损，必将给学习带来困难，但研究发现（Shallice & Warrington，1970）：短时记忆有缺陷的患者虽然数字记忆广度有所下降，但仍能进行正常的长时学习，而且在日常生活中的一般认知能力没有明显缺损。记忆三级加工模型无法解释这种现象。基于此，巴德利等人（Baddeley & Hitch，1974）提出了工作记忆模型。

工作记忆模型继承了三级加工模型的部分观点，但认为短时记忆不是独立系统，而是由很多独立成分组成的复杂系统即工作记忆（working memory），由视空间模板（visual spatial sketchpad）、语音环（phonological loop）和中央执行系统（central executive system）三部分组成。其中视空间模板负责视觉信息的保持和控制，语音环负责操作以语音为基础的信息，中央执行系统是工作记忆的核心，负责协调各子系统的活动，与长时记忆保持联系。

双任务操作范式是工作记忆研究中应用最广的实验范式，其基本程序是：同时给被试呈现两个任务(一个是主要任务,一个是次要任务)或者只呈现主要任务,然后对这两种条件下被试的实验结果进行比较,根据次要任务对作业成绩的影响,判定工作记忆各子系统间的关系①。如果两项任务需要同一认知过程或认知资源,那么双任务条件下的绩效比每个任务各自单独进行的绩效要低。

以巴德利等人(Baddeley, Grant, Wight & Thomson, 1975)的研究为例,他们使用双任务操作范式证实了视空间模板的独立性。该研究基于以下假设:如果工作记忆系统中确实存在相对独立的视空间模板子系统,那么用言语编码或者用视空间编码识记的材料就会因同时进行的任务的不同而受到不同的干扰,同时进行的发音或者言语活动只能干扰其中一个系统,而视觉或空间活动则会干扰另一个系统。他们要求被试单独完成空间和语言矩阵任务,或者结合轨迹追踪任务一同进行操作。轨迹追踪任务是一项传统的实验室跟踪任务,被试要让一根铁针和一个运动着的亮点保持接触,这个亮点的运动轨迹是一个圆圈,可以改变旋转的速度以调整追踪的难度,操作的成绩就是看接触目标点的时间比率。实验结果很清楚地表明轨迹追踪严重地破坏了表象任务,但并未对语言任务有明显破坏。

下面介绍几种工作记忆研究中常用的次要任务:(1) 对于语音回路实验任务的干扰一般采用发音抑制(articulatory suppression)次要任务。该任务要求被试重复说习惯化了的词语,如"the, the, the...",发音抑制任务只对单词或数字回忆等依赖语音信息储存的主任务有影响,使单词等依赖语音信息储存的主任务成绩明显下降,而对于依赖于视空间模板储存的任务成绩几乎没有影响。(2) 对于视空间模板实验任务的干扰一般采用空间击打(spatial tapping)次要任务。空间击打任务中,一般要求被试描述简单的图形,如用手指按顺序轻击正方形的四个角,该任务对干扰空间信息的储存起作用,但对视觉信息干扰不是很有效。追踪任务通常要求被试用探棒或光笔追随视频显示装置上移动的光点。(3) 对于中央执行系统实验任务的干扰一般采用随机数字生成(random number generation)次要任务。此任务要求被试想象所有的字母或数字都放在一个容器中,然后从中一次取出一个字母或数字,说出名称,再将其放回容器,摇匀后再取,这样就可以产生一个完全随机的序列,以生成的随机程度作为分析指标。以生成随机字母为例,通常若要求被试生成字母的速率低,则被试所产生的序列随机化程度就高,若要求生成的速率提高,则随机化程度降低,会出现一些诸如 AB、XY、BBC、USA 之类的字母序列。

双任务操作范式也可以用来研究中央执行系统对子系统的协调功能,阿尔茨海默症患者常被认为是工作记忆的中央执行系统功能存在缺陷②。在一项研究中,要求正常

① 吕勇等.(2008).*学习与大脑*.天津:天津科学技术出版社,171-179.

② 杨治良等.(2012).*记忆心理学*.上海:华东师范大学出版社,63.

的老年被试、青年被试与阿尔茨海默症患者操作两项记忆任务，一项是视觉跟踪任务，另一项是言语记忆任务，并且对每项任务的难度进行调整，使得阿尔茨海默症患者的错误率与控制组一样。当要求被试同时操作两项任务时，老年组与青年组无显著差异，阿尔茨海默症患者组表现出明显的缺陷。而且随着病情的发展，患者在单独的跟踪与记忆任务上仍保持原状，但双任务操作水平迅速下降，这可能是患者的中央执行系统的功能损坏得更加严重所致，这样就从另一个侧面反映了中央执行系统的协调整合功能。

在双任务实验范式的理论指导下，丹恩曼等人（Daneman el al.，1980）开发了经典的阅读广度实验，他们要求被试阅读一系列句子，大声朗读一系列句子，不断增加序列长度，要求被试在理解每一个句子的基础上回忆每个序列中所有句子的最后一个词。被试在这两种条件下所完成的最大句子数，就是工作记忆容量，即阅读广度。在此之后，由阅读广度测验演变出来了一系列工作容量广度实验方法，如计数广度、计算广度、空间广度等。研究者以这些实验数据作为工作记忆容量的指标，来对不同人群的工作记忆容量进行研究。

除双任务实验范式外，斯腾伯格的项目再认作业（item-recognition task）是工作记忆领域另一个比较经典的实验范式。其实验程序是：首先依次给被试呈现一系列（一般为3~9个）记忆项目，再移开几秒钟后，呈现探测刺激（probe stimulus），要求被试判断探测刺激是否和先前呈现项目中的某一项相匹配。随着人们对工作记忆研究的不断深入，工作记忆的实验范式也随之不断更新和发展。目前常用的工作记忆测验还有产生作业、词语流畅性作业、重新排序作业以及其他认知作业，如威斯康星卡片分类测验及Stroop 测验等。

四、 加工水平说及其实验证实

克雷克和洛克哈特（Claik & lockhart，1975）认为把记忆看成几个系统组合而成的，这是将记忆简单化了，同时也回避了许多更有意义的问题。因此，只有用“加工水平”（level of processing）的概念才能更好地阐明记忆问题。他们认为，外部信息进入加工系统后，要经历一系列不同水平的加工：从表浅的感觉分析，到较深的、更复杂的、抽象的语义分析。表浅的感觉分析主要涉及刺激的物理特征，而较深的分析则涉及刺激的意义或语义分析。记忆痕迹实际上是与不同的信息加工深度相联系的，记忆痕迹深浅不同，信息保持时间的长短也就不同，记忆痕迹是信息加工的副产品。

克雷克等用不随意学习（incidental learning）实验验证加工水平说的设想。实验中，他们把被试分成三组，三组被试都分别针对呈现的20个单词回答不同的问题：

第一组被试回答该词：是大写字母还是小写字母的？

第二组被试回答该词：与某词（weight）押韵吗？

第三组被试回答该词：能填入下列句子吗？“他在街上遇见________”。

显然，第一组被试只需要对刺激材料的书写特性进行加工，这是视觉物理特征水平上的加工；第二组被试只需要对刺激材料的语音特征进行加工，也是物理特征水平的加工；第三组被试则要在语义水平上对刺激材料进行加工。

完成这些任务后，突然宣布对所有被试进行再认测验，结果如图 8－12 所示。从图 8－12 看出，对刺激材料的加工越深，反应潜伏期越长，随后进行单词再认的成绩也越好。

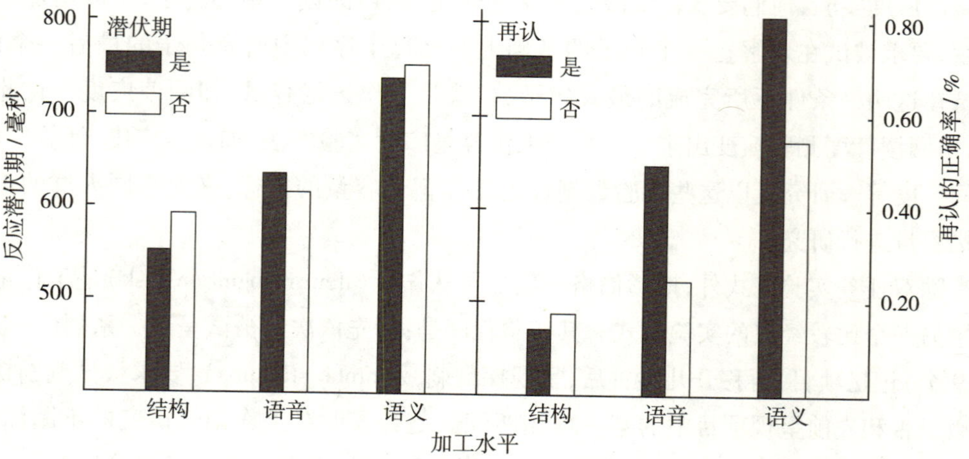

图 8－12　加工时间与再认成绩是加工深度的函数（Craik & Tulving, 1975）

加工水平说虽然在解释不同深度的加工及其对信息保持的时间方面较为灵活，但还是招致不少批评。这些批评主要有三方面[①]：(1) 加工水平说似乎是告诉人们，越是意义丰富的事件记得越是清楚和牢固，这其实是人们的常识，所以从这个角度说，加工水平说对人们理解记忆没有提供多少有价值的新见解；(2) 加工水平说很含糊，没有给出加工深度的客观测试指标，所以该理论也难以得到直接验证；(3) 它陷入循环论证的误区，一方面指出，加工越深，记忆痕迹就越强，信息保持的时间就越长，反过来又说记忆信息保持时间越长是由于对其进行了越深的加工。

第三节　内隐记忆的实验研究

心理学家普遍承认，人的心理过程的几乎所有方面都包含意识与无意识两部分，这

① 鲁忠义，杜建政.（2005）. *记忆心理学*. 北京：人民教育出版社，38.

也包括记忆过程。近年来,关于无意识的内隐记忆的实验研究得到了一系列有趣的结果,也给认知心理学带来另一片繁荣领地——内隐认知(implicit cognition)。按照意识性划分,记忆可分为外显记忆(explicit memory)和内隐记忆(implicit memory)两大类。外显记忆就是在意识指引下并能被记忆者本人所觉知的记忆,前述的记忆研究基本上都属于外显记忆;"内隐记忆的根本特征是被试并非有意识地知道自己拥有这种记忆,但它可以在对特定任务的操作中自然地表现出来,并且这种任务的操作不依赖于被试对先前经验的有意识恢复。"①

一、 内隐记忆的概念及研究的发生

虽然可以认为无意识记忆受到关注是迟早的事情,但"启动效应"(priming effect)和"健忘症"(amnesia)两个领域的研究是内隐记忆概念及研究发生的直接原因。尤其是健忘症研究直接地引发了研究者对内隐记忆的研究。

(一) 启动效应的研究

20 世纪 60 年代以来,认知心理学研究开始注意到一种奇特现象:人们经历过的事件或学习过的项目,有时不能进行有意识的回忆或再认,但却能在某些相关任务中间接表现出它依然存在的迹象,科弗(Cofer, 1967)将该现象称为启动效应。朱滢教授(1993)对该概念的解释认为,启动效应指的是执行某一任务对后来执行同样或类似任务的促进作用;杨治良(1998)则认为启动效应是指由于近期与某一刺激接触而使对这一刺激的加工易化。同时,启动效应的最主要特征在于它是发生在前后两种不同的刺激情境之间或两种不同的测试任务之间的,比如:先接受"学生"一词的刺激,后测量到被试对"教师"一词的反应时缩短了,这是不同刺激项目间发生了启动效应;先抄写过一些单词,后让被试识别快速呈现的抄写过的和未抄写过的单词,被试对抄写过的单词的识别率提高,反应时缩短,这是前后两种测试任务不同而发生了启动。启动通常可分为直接启动(direct priming)和间接启动(indirect priming)两种。直接启动也叫作重复启动(repetition priming),是指学习阶段呈现的刺激项目与测试阶段呈现的刺激项目完全相同;而间接启动(indirect priming)中,学习阶段与测试阶段呈现的刺激项目有关但并不相同。

启动效应最常用的测验方法包括单词确定、单词辨认以及词干或词段补笔。在单词确定测验中,向被试呈现一个一个的字母串,要求被试说明每一字母串是否构成了一个合法单词,实验中记录被试的反应时间(Scarborough, Gerard & Corstese, 1979)。如果某一字母串先后出现了两次,而且第二次出现时被试的反应时减少了,则显示出启动效应。在单词辨认测验中,先快速呈现某一刺激,要求被试辨认,然后当被试再次遇到该

① 郭秀艳. (2004). *实验心理学*. 北京:人民教育出版社,459.

项目时,辨识精度的提高或反应时间的下降则可作为启动效应的指标(Feustel, Shiffrin & Salasoo, 1983)。在词干或词段补笔测验中,研究者在前期的一项作业中向被试呈现过一系列词汇刺激,然后让被试参加补笔测验:向被试呈现一个词根或词段,要求他们尽快地用想起来的第一个合适的词补齐它。如果被试更多地使用了前期呈现过的单词,则反映了前次接触这一单词的启动效应(Graf, Squire & Mandler, 1984)。

(二)健忘症的研究

20 世纪 60 年代,神经心理学关于健忘症的研究成为引发内隐记忆研究热潮的关键。1970 年,英国神经心理学家韦斯克兰茨和沃林顿(Weiskrantz & Warrington, 1970)发表了关于健忘症的系列研究成果。他们采用了一些残缺线索方法,发现了记忆过程中的分离现象。他们以 4 名健忘症患者(3 名科萨科夫综合征患者、1 名额叶切除患者)为实验组,16 名无脑损伤、记忆力正常者为对照组,让他们学习词表,然后进行不同类型的测验:回忆、再认、模糊字辨认、词干补笔。结果表明,严重的健忘症患者在再认和回忆作业上均表现出明显的记忆障碍,但在另外两项测验中却与对照组没有明显差异。随后的一系列研究证实,健忘症患者仍保留有学习和记忆能力。这种能力仅对部分线索法或间接测量方法敏感,传统的直接测量方法测量不出来①。于是,研究者认为,传统的直接测量方法和部分线索间接测量方法测量的是两种不同的记忆,格拉夫和沙赫特(Graf & Schacter, 1985)将其分别称为外显记忆和内隐记忆。

可见,健忘症患者的外显记忆受到了破坏,而内隐记忆并未受到明显的影响,这暗示了内隐记忆是独立于外显记忆系统之外的另一个记忆系统。那么,为什么会出现这种记忆的分离呢?不同的理论给出了不同的解释。

二、对内隐记忆的两种解释

内隐记忆的内在机制是什么?目前有两种代表性的理论解释:一种是图尔文等(Tulving & Schacter, 1990)提出的多重记忆系统理论,另外一种是勒迪格等(Roediger, et al., 1989)提出的对应加工迁移理论。

(一)多重记忆系统理论

多重记忆系统理论(multiple memory system theory)"将记忆看成是由多个服务于不同对象目标、遵从于不同操作原则的子系统共同作用而实现的一种功能"②,其中每一个子系统又由若干特定的加工过程组成。"同一个子系统内的加工过程之间的关系比不同子系统的加工过程间的关系更加密切,并且在理论上每个记忆系统都可能具有其特

---

① 鲁忠义,杜建政.(2005).*记忆心理学*.北京:人民教育出版社,231.

② 鲁忠义,杜建政.(2005).*记忆心理学*.北京:人民教育出版社,265.

定的神经机制与行为指标。"[①]看来，外显记忆和内隐记忆可被看作两个相对独立的记忆子系统。

对多重记忆系统理论合理性的阐述和证明是围绕着外显记忆与内隐记忆是否具有结构机能独立性而展开的(Tulving，1985；Witherspoon & Moscovitch，1989)。图尔文认为，内隐记忆代表了一种新的记忆系统，即知觉表征系统(perceptual representation system)。知觉表征系统的信息储存是分散的，它缺乏某个中心的痕迹。当某一不完整的情景线索激活对应的部分信息时，个体就可以利用这些线索激活部分信息并完成某项任务，但由于没有指向中心的记忆痕迹，所以它不实现在头脑中对整体事物信息的重现。图尔文等(1990)为证明其理论的合理性，开展了进一步的实验研究。结果表明，在外显记忆测验中，针对同一目标的两种不同线索成中等程度的相关；而在内隐记忆测验中，针对同一目标的两种不同线索则是相互独立的。由此证明内隐记忆和外显记忆是以不同的结构或机制表征信息的，内隐记忆是"无痕迹"的记忆系统(traceless memory system)。

多重记忆系统理论能较好地解释健忘症患者的记忆分离现象。因为各个记忆系统是相互独立的，所以当其中某一记忆系统受损时，另一记忆系统依然可以正常工作。比如，当陈述记忆系统受损伤时，程序记忆系统能保持完好。但是，记忆正常的人也会出现记忆分离现象，这一点就难以使用多重记忆系统理论来解释了。此外，多重记忆系统理论还有一个无法回避的、至今都未能很好解决的根本性问题：多重记忆系统的划分标准是什么？

（二）对应加工迁移理论

勒迪格和布兰克斯顿(Roediger & Blaxton，1990)不认为内隐记忆和外显记忆属于不同记忆系统，而主张把它们看成单一记忆系统的不同方面，为了对此记忆系统进行解释，他们提出了对应加工迁移理论(transfer-appropriate procedures approach)。按照这一理论，记忆中的实验性分离现象，只是由不同测验任务所要求的加工过程不同造成的，并非是由受相互独立的两个不同记忆系统控制所致。具体地说，如果记忆测验所要求的加工过程正好与学习时的编码加工过程一致，或者基本一致，测验的成绩就会比较好，否则就会比较差。勒迪格等主张按照所要求的心理加工过程来划分不同的记忆测验，即是要求概念驱动的过程，还是要求数据驱动的过程。他们认为外显记忆测验要求的主要是概念驱动的过程，即要求有意义加工、精细编码和心理映象等加工过程，正是由于对材料的精细编码以及有意义的组织，外显记忆测验的成绩才得以提高。相反，多数内隐记忆测验在相当程度上依赖于学习时的知觉过程与测验时的知觉过程的对应程度，并几乎都是提取过去经验中的知觉成分，因而可认为内隐记忆测验要求的主要是数

---

① 郭秀艳.(2004).*实验心理学*.北京：人民教育出版社，461.

据驱动的过程。所以,影响概念加工的各种变量对内隐记忆没有影响,而行为特征方面的变量对内隐记忆会有很大影响;反之亦然(郭秀艳,2004)。

对应加工迁移理论可以为记忆正常的被试表现出来的直接和间接测验间的分离现象提供较好解释,但却难以解释健忘症患者的记忆分离现象。按照对应加工迁移理论,健忘症患者外显记忆效果较差而内隐记忆效果较好,是因为其概念驱动过程有障碍而数据驱动过程保持完好。但是,在有些要求有概念驱动加工的间接测验中,健忘症患者却能表现出与正常人同样的水准,对应加工迁移理论难以对此给出说明。

(三)两种理论的整合

显然,上述两种理论都可以解释一系列的记忆分离现象,但都不能解释所有的记忆分离现象,而且在关于内隐记忆内部机制的解释上还带有许多猜想的成分。不过,我们也看到,两种理论在某些方面并非完全对立,比如,多重记忆系统理论认为内隐记忆主要代表知觉表征系统,而对应加工迁移理论则提出内隐记忆主要依靠于数据驱动的加工过程,在这一点上二者似乎"不谋而合"。所以,一些研究者试图将两种理论结合以期能有效解释各种记忆分离现象,其中图尔文(1995)提出的 SPI 模型最具代表性。该模型中,SPI 分别代表串行(serial)、并行(parallel)和独立(independent),其核心假设为:不同记忆系统彼此之间相互联系,而系统间的差异取决于加工过程的特点;各系统间信息以串行方式进行编码,一个系统的输出作为另一个系统的输入;信息在不同的系统中以并行方式存储,系统中信息的性质由原初信息的性质和系统本身的特点决定;信息提取过程不同的系统是相互独立的。

SPI 模型主要是针对图尔文提出的记忆表征系统中知觉表征系统、语义记忆、初级记忆以及情节记忆提出的。根据 SPI 模型的假设,如果呈现一个不熟悉但有意义的句子,其包含的不同方面的信息会在四个记忆系统或相应的子系统中登录:刺激词的结构性特征信息贮存在知觉表征系统中;知觉表征系统的信息告知大脑这种客体的存在并将信息输入到语义记忆系统,进而对词的意义及其关系做进一步的抽象加工;语义记忆系统的输出告知大脑关于信息内容与外部世界的关联;最终信息到达初级记忆和情节记忆系统,前者按照不同的编码方式对信息进行更加精细的加工,后者则负责记录信息的时空背景及其与已存在的其他情境信息的关系。

SPI 模型将记忆加工过程与记忆系统整合到了一个共同的结构框架之中,作为一个抽象的理论模型,它并没有给出不同系统加工特征的具体形式,也没有指明各系统的神经解剖和神经生物学本质,但是它的许多结论与认知科学、神经生物学以及认知神经科学等领域有关记忆的研究结论相吻合。①

---

① 杨治良等.(2012).*记忆心理学(第三版)*.上海:华东师范大学出版社,207-208.

三、内隐记忆的实验研究方法

“内隐记忆实验的首要任务，在于将内隐记忆和外显记忆区分开来，在此基础上才有可能建构内隐记忆和外显记忆两者不同的因变量指标，并进而考察自变量对内隐、外显记忆的不同影响。因此，如何在实验中分离内隐记忆和外显记忆，就成为内隐记忆实验逻辑的重点。”①在内隐记忆实验研究中使用的分离方法主要包括两大类：一类称为任务分离（task dissociation），也叫作实验性分离（experimental dissociation）；另一类称为加工分离（process dissociation）。前一类前面已介绍过，下面介绍后一种。

（一）任务分离的逻辑与方法

任务分离范式最早为神经心理学家所采用，主要用以研究脑损伤患者心理功能的分离现象（Teuber，1955）。当前，实验性分离已经成为认知心理学的重要方法之一，杨治良（1996）甚至称其为实验心理学的三大新方法之一。这三种方法主要有三个阶段：1991 年之前主要采用的是任务分离范式，1991 年之后开始采用加工分离程序，之后又发展到综合化建模阶段。

塔尔文曾对实验性分离做如下的表述：“符合实验性分离逻辑的实验是这样的：控制单一的变量而比较在两种不同的任务中变量的效应……如果变量影响被试在一种任务中的操作，但不影响另一种任务的操作，或者变量对两种任务的操作的影响有不同的方向，我们就说分离产生了。”②也就是说，实验性分离的逻辑假设是完成不同的测验任务所需要提取的信息是不同的，因此参加的心理加工过程也不相同，那么用不同的测验任务便可以显示出不同的心理机能。如果同一个自变量使得不同测验任务有类似或是不一致的结果，就可以推测完成这些不同测验任务的心理状态和过程之间存在相似或差异。

因此，根据这个逻辑，实验性分离认为：在对记忆进行研究时，某些指标用于反映内隐记忆的变化，另外一些指标能够反映外显记忆的变化。可采用两种不同的记忆任务——直接测验与间接测验，这两类任务分别对应着外显记忆与内隐记忆，可实现两种记忆的实验分离。在内隐记忆研究中，任务分离法主要是通过操纵测试的指导语，产生直接测验与间接测验。直接测验就是在测验指导语中明确要求被试有意识地回想他们经历过的某些事件并把它们从记忆中提取出来，如自由回忆、再认测验等，在这些测验中被试直接从意识中提取信息；间接测验则是在测验指导语中并不要求被试有意识地提取过去学习的信息，而是通过他们在一些特定任务上的表现来间接推断被试是否对某

---

① 郭秀艳.（2004）. *实验心理学*. 北京：人民教育出版社，463.

② Tulving，E.（1985）. How many memory systems are there? *American Psychologist*，*40*，385 – 398.

些信息拥有记忆。

可以看出，任务分离范式最主要的任务是对直接测验和间接测验的设计。其中直接测验就是指前述的回忆、再认等直接信息提取方法，对应于传统的记忆测验形式。间接测验的测量方法主要分为以下的补笔测验和知觉辨认两个方面。

1. 补笔测验

补笔测验主要包括词干补笔（偏旁补笔）、残词补笔、残图补全等。词干补笔的实验程序是[①]：首先要求被试学习一系列单词，而后让其对给出的词干进行补全，并要求被试写出"第一个出现在脑海里的单词"。实验中提供的词干可填写成多个有意义的单词，但是被试大多使用学习阶段呈现的单词进行补笔。因此，词干补笔测验的指标由填写目标词的该量表和基线概率（由某词干生成单词的一般概率）的差异来表示。残词补笔和残图补全的实验程序与词干补笔基本相同。

虽然补笔测验中使用的都是一些长时记忆信息或知识，但研究发现，这些知识的提取也依赖于实验前期所发生过的事件。例如，在完成 ele______时，如果被试最近学过"elephant"这个词，那么尽管可以有多种完成的方法（如 element，electric，elephant），但他们有更大可能会用"elephant"这个词来完成词干补笔或残词补笔。通过在这些测验中所表现出来的启动量就可以衡量内隐记忆的效应[②]。

2. 知觉辨认

知觉辨认法的测验程序是：在学习阶段，向被试依次呈现一系列项目，然后将这些呈现过的项目与未呈现过的项目混淆在一起，在速示仪或电脑显示器屏幕上以极短的时间（小于 5 毫秒）一个一个地呈现给被试，要求被试加以辨认。一般来说，被试对学习阶段呈现过的项目辨认出的概率高于未呈现过的项目，两者的概率之差就是呈现项目的启动量。知觉辨认的材料可以是文字的，也可以不是文字的，如单词、伪词、无意义音节、图画、乐曲等。知觉辨认的另一种变式为模糊字辨认，是指在测验时所呈现单字的字母很模糊，被试要将它们辨认出来。

在 20 世纪 80 年代，雅各比采用再认和知觉辨认两种方法进行了任务分离实验，他操纵了实验中目标单词的呈现方式，每个目标词通过以下三种方式中的某一种来呈现：（1）没有上下文条件，单独出现（如单独显示"冷"一词）；（2）同时显示目标词的反义词作为上下文条件（如同时显示"热"和"冷"）；（3）产生条件，被试根据所显示的单词说出其反义词（如显示"热"，则说出"冷"）。在这三种条件下，他均将被试随机分成两组，一组被试使用直接测验法进行测验，即再认；另一组被试则用间接测量法进行测验，即知觉辨认。结果发现，在再认测试中，在产生条件下的击中概率最高，有上下文条件的

---

① 鲁忠义，杜建政.（2005）. *记忆心理学*. 北京：人民教育出版社，233.

② 郭秀艳.（2004）. *实验心理学*. 北京：人民教育出版社，465.

次之,无上下文条件的最差;而在知觉辨认任务中结果恰恰相反。这一实验研究有效地观察到了实验性分离的记忆结果。

（二）加工分离的逻辑与方法

实验性分离实验为内隐记忆积累了大量证据,也有效地揭示了外显记忆和内隐记忆的不同机能特点,但它也存在诸多问题,受到一些学者的批评。批评的意见主要有两点。

首先,直接测验和间接测验的可比性问题。实验性分离的逻辑是利用不同测验结果的不一致性证明二者依赖于不同的记忆系统,进而证明外显记忆与内隐记忆是不同的系统。这里的问题是,即使当外显记忆与内隐记忆不是相互分离的两个系统,我们用不同的任务分别去测量它们,结果也还是可以出现不一致的趋势,因为测验任务本身就存在测验线索、记忆任务、反应指标等方面的差异。其实,从某种意义上说,二者本来就没有可比性。

其次,在内隐记忆是否存在的证明上存在循环论证之嫌。一方面,研究者假设,直接测验对应于外显记忆,间接测验对应于内隐记忆,然后再使用这两种测量结果的差异证明内隐记忆的存在。那么,如果并不是两种测量各自纯粹地对应于两种记忆,而是两种记忆在两种测量任务中交叉存在,只是程度不同而已,前述的假设也就难以成立了。

因此,使用任务分离技术来证明和测量内隐记忆,还存在不少疑点。这种方法论上的局限性迫切要求创立一种全新的实验范式,于是在这种情况下,雅各比等人(Jacoby, et al. ,1991)在 20 世纪 90 年代又提出了加工分离程序(process dissociation procedure,简称 PDP),巧妙地将意识和无意识加工成分在一个记忆任务中进行了分离,从而解决了上述方法学的困难。

雅各比认为,直接测验和间接测验里都包含了自动提取和意识性提取两种加工成分,其中自动提取的成分是内隐记忆,意识性提取的就是外显记忆。他同时设立了两种测试条件:“包含”条件,自动提取和意识性提取成分共同促进作业成绩,它们的关系是协同的;“排除”条件,自动提取和意识性提取的成分对作业成绩的影响正好相反,它们的关系是对抗的。这两种条件使得意识与无意识的作用方向相反,从而实现了将两者分离的目的,并能通过具体的数据计算,将混合于各种任务之中的意识成分和无意识成分分离出来,这样就把对内隐记忆的测量导向了直接测量。

PDP 的实验程序依据测验方式可分为启动型和再认型两类①。

雅各比(1991)的研究属于 PDP 再认型实验程序。实验程序分为两个学习阶段和一个测验阶段。在学习阶段给被试先后呈现两个词表进行学习,然后将一些未学习过

① 鲁忠义,杜建政.(2005). *记忆心理学*. 北京:人民教育出版社,252－253.

的新词与这些词混在一起，进行再认测验。如果被试进行包含测验，则将学习过的两个词表上的项目判断为“旧”的项目（即判断为“学过”），把后来混进去的项目判断为“新”的项目（即判断为“未学过”）；如果被试进行排除测验，则只是将第二个词表中的项目判断为“旧”的项目（即判断为“学过”），把第一个词表上的词及后来混进去的词判断为“新”的项目（即判断为“未学过”）。就第一个词表来说，有意识的控制加工和无意识的自动加工在包含测验中的作用是一样的，即都会让被试对词做出“旧”的反应。在排除测验中，意识与无意识的作用相反，如果被试能有意识地回忆其属于第一个词表，就会做出“新”的反应；如果被试不能回忆起但感到熟悉，就会将这个项目判断为第二个词表项目，而做出“旧”的反应。由此可见，这一程序实现了自动加工与控制加工的分离。

雅各比（1993）的研究属于 PDP 启动型实验程序。其程序流程为：在学习了一个词表后，进行包含和排除测验。在包含测验中要求被试用学习阶段学过的词完成补笔任务，如果想不起来，就用头脑中出现的第一个词进行补笔。在排除测验中，要求被试不能使用先前学过的词进行补笔，这样使得意识与无意识的作用相反，即如果被试能有意识回忆一个学过的词，那么他能够把它从反应中排除出去，若他仍用学过的词补笔，则是无意识熟悉感在起作用。

若以 R 表示用意识性提取完成测验的概率，以 A 表示用自动提取完成测验的概率，由于 R 和 A 相互独立，当只有意识性提取时，被试的提取正确率为 $R(1-A)$；当只有自动提取时，被试的提取正确率为 $A(1-R)$；而当共同发生作用时，被试的提取正确率为 RA。

包含测验受到自动提取和意识性提取两种成分的影响，因而提取目标项目的概率为

$$P(\text{包含}) = R + A - RA = R + A(1 - R); \qquad \text{（公式 8-5）}$$

排除测验中，实验者要求被试排除意识性提取中的项目，此时提取目标项目的概率为

$$P(\text{排除}) = A(1 - R); \qquad \text{（公式 8-6）}$$

由公式 8-5，8-6 可得

$$R = P(\text{包含}) - P(\text{排除});$$

$$A = P(\text{排除})/(1 - R)。$$

但需要注意的是，A 值中实际上同时包括记忆的纯无意识加工 M 与补笔或再认基础率 B（即用未呈现过的目标项完成测验任务或是在再认中虚报的概率），假设二者是可加的，则

$$A = M + B; \qquad \text{（公式 8-7）}$$

由公式 8－5,8－6,8－7 可得

$$R = P(包含) - P(排除);$$

$$M = P(排除)/(1 - R) - B。$$

加工分离程序将意识性提取和自动提取看作两种独立的加工过程,摆脱了任务分离法所面临的不同记忆任务内部心理加工过程不纯净的问题,它一经提出就以其强大的生命力广泛应用于记忆及认知科学研究的众多领域,为揭示内隐记忆信息加工特点和机制提供了大量的直接实验证据。但其也存在一些争论,针对这些争论研究者们提出了各种修正模型:

(1) 加工分离程序的一个前提假设是意识性提取与自动提取是彼此独立的加工过程,这一结论是加工分离程序的核心。因此,雅各比提出的加工分离程序也被称为独立模型。但有学者提出了疑问,乔登斯和米克尔(Joordens & Meikle,1993)认为意识加工总是伴随着相应的无意识加工,二者是包容而非独立的关系。因此他们对加工分离程序进行修正,提出了冗余模型(redundancy model)。加德纳等人(Gardiner,el al.,1993)认为意识和无意识加工是相互排除的,二者不可能同时发生,提出了排除模型(exclusivity model)。

(2) 针对 PDP 将有意与意识性等同、自动与缺乏意识性等同的逻辑,Richardson-Klavehn 等人(1994)提出了疑问。他们提出,一种有意的加工可能并不会导致意识性提取,自动加工也可能会导致意识觉知即无意识记忆。因此他们主张应该同时考虑回忆策略(主动/自动)和意识状态(有意识/无意识)两个维度,这样可以构成有意识的主动回忆、有意识的自动回忆、无意识的主动回忆和无意识的自动回忆四种类型。其中,无意识的主动回忆因为缺乏证明其存在的证据,因此可以忽略;有意识的主动记忆相当于以往的外显记忆;有意识的自动回忆和无意识的自动回忆相当于内隐记忆。他们在实验设计中把任务分离程序和加工分离程序结合,设计了有意测验(intentional test)、伴随测验(incidental test)和对立测验(oppositional test)三种测验,来测量上述三类记忆。

(3) 毕希纳等人(Buchner,el al.,1995)提出在 PDP 再认实验中,存在猜测的反应偏向,即当被试既不能有意回忆又不能通过自动提取获得熟悉感时,便会进行猜测来对测试项目进行"新/旧"的判断。针对该问题,他们增加了两个猜测变量,基于多项加工模型的逻辑计算程式,将反应偏向的影响从意识性提取和熟悉性成分的贡献中分离出来。他们所提出的修正模型被称为扩展模型(extended model)。①

(三) 任务分离与加工分离的比较

下表从学习阶段、测验阶段以及结果分析三方面对任务分离法和加工分离法的基

---

① 杨治良.(2009).*记忆的探索*.北京:北京师范大学出版社,154.

本程序进行了梳理与比较。

表 8-1 任务分离与加工分离的比较

	任务分离法	加工分离法	
		启动型	再认型
学习	学习目标项目	● 学习目标项目	● 先学习目标项目,后学习辅助项目
测验	直接测验:回忆、再认等 间接测验:词干补笔、残词补全等	● 包含测验:用学过的项目进行补笔,若回忆不出,可以用第一个想到的词 ● 排除测验:用第一个想到的词进行补笔,但不能是学习过的项目	● 包含测验:目标项目和辅助项目都判为“旧”,未学习过的项目判为“新” ● 排除测验:辅助项目判为“旧”,目标项目和未学习过的项目判为“新”
结果	直接测验的结果对应外显记忆,间接测验的结果对应内隐记忆	● 包含测验中用目标项目补笔的概率为P(包含),排除测验中用目标项目补笔的概率为P(排除)	● 包含测验中将目标项目判断为“旧”的概率为P(包含),排除测验中将目标项目判断为“旧”的概率为P(排除)
		意识提取(外显记忆)的贡献率R= P(包含)- P(排除) 自动提取(内隐记忆)的贡献率A= P(排除)/[1- P(包含)]+ P(排除)	

在实际研究中,梁三才(2003)运用汉字词干补笔任务,分别采用任务分离和加工分离范式,探讨了编码时不同注意状态与内隐和外显记忆的关系。实验一采用了任务分离范式,操纵学习阶段的三种不同注意状态,即集中注意、轻度分散注意和重度分散注意。在学习结束后将被试随机分为两组,一组进行线索回忆测验,称为外显组,要求他们以呈现的词干为线索回忆出学习过的汉字并将词干补全,若实在回忆不出来,可跳过该词干;另一组进行词干补笔测验,称为内隐组,要求他们尽快用看到词干后首先想到的汉字补全词干。结果发现:随着注意分散程度的增大,词干线索回忆(外显记忆)的成绩有规律地逐渐降低,但词干补笔的成绩(内隐记忆)仅在重度分散注意条件下显著降低,轻度分散注意并不影响内隐记忆。

实验二采用加工分离范式,学习阶段保留集中注意和重度分散注意两种实验条件,测验阶段被试均先后完成包含测验和排除测验。包含测验的词干以书面的形式逐个呈现,要求被试以该词干为线索回忆出学习过的相应目标字,若15 s之后还回忆不出,就可以用首先想到的汉字补全词干;排除测验也是逐个呈现,但不限制时间,要求被试用首先想到的,但不能是学习过的汉字补全词干,如果首先想到的是学习过的汉字,就将它排除掉,用除了这个汉字之外其次想到的汉字补全词干。结果表明,注意状态变量在内隐和外显记忆之间出现了实验性分离:分散注意降低了意识性提取(外显记忆)的成绩,但不影响自动提取(内隐记忆)的成绩。

(三)内隐记忆的认知神经科学研究

近二三十年来,认知神经科学的发展以及无创性脑成像技术的进步,为我们研究正常个体中神经活动的变化提供了可能性。利用事件相关脑电位技术(ERP)、正电子断层扫描技术(PET)和功能磁共振成像技术(fMRI)等,与内隐记忆相关的神经生理特征的研究越来越深入。

ERP 的主要目的是确定独立贡献于内隐记忆和外显记忆的 ERP 成分及模式。其研究方法呈现出多样化:(1) 可以借用行为实验中的分离逻辑,比较出现在不同测验中的"旧"项目和"新"项目;(2) 可以在同一测验中通过改变测验条件来推测内部不同的加工过程及脑电成分;(3) 可以改变学习材料的呈现时间、质量、掩蔽情况等。[①]

孟迎芳和郭春彦(2007)在直接测验(再认提取)和间接测验(词汇判断)中,比较了内隐记忆和外显记忆的相同和不同之处,他们发现:旧刺激呈现后 300~500 毫秒内,ERP 成分(N400)波幅正向偏离(在两种条件下发生同样程度的偏离);而 500~700 毫秒之间 ERP 成分(P600)则发生了分离,即外显记忆受到加工深度的影响而发生正向偏离,内隐记忆过程中 ERP 则未受加工深度影响。也就是说,与内隐和外显记忆均相关的 ERP 成分是 N400,而与外显记忆相关的特异 ERP 成分则是 P600。

运用 ERP 探讨内隐记忆,比行为实验具有更高的敏感性,例如,帕勒等人(Paller et al. ,2003)的研究结果显示,在行为启动效应尚未发生时,ERP 已经显示出和行为效应出现时相似的启动模式,但是它在区分内隐记忆和外显记忆上仍具有一定局限性。

PET 和 fMRI 通过显示与神经放电的变化相关联的区域脑血流或血氧水平的变化,进行神经活动的间接测量,能以相对高的空间分辨率确定在健康人脑中的"结构—功能"关系。在 PET 和 fMRI 的实验中,研究者都倾向于使用启动研究范式,探讨不同意识条件下不同脑区的启动效应发生情况。

内隐记忆的 PET 和 fMRI 研究表明,参与最初(学习阶段)刺激加工的特定脑区在重复(测验阶段)刺激加工过程中表现出衰减的活动,其中观察到较为一致的是参与知觉加工的一部分视觉皮层和参与语义或概念加工的左下前额区。而被试在测验中回想或再认以前学习过的目标项时,许多脑区表现出增强的活动,其中几个脑区被观察到是较为一致的,包括内侧颞叶、前额皮层和后内侧顶皮层。

---

① 杨治良等.(2012).*记忆心理学*.上海:华东师范大学出版社,194.

第四节　记忆的老化

人口老龄化已成为世界各国面临的重大问题之一,研究老化逐渐成为现今社会学和心理学的一大趋势。而在老化的研究中,由于记忆是人类完成其他认知活动必不可少的能力,因此对记忆的老化研究显得尤为重要。所谓"记忆老化"(memory aging)是指正常成人的记忆随年龄增长而衰退的现象。人类在70岁以后,记忆能力的衰退尤为明显。

老年人的记忆老化可以分为三种情况:一是老年人稳定的记忆减退,即良性衰老性健忘,属于正常衰老;二是进展性的轻度认知损害,具有发展成痴呆的高危性,但尚不符合痴呆的诊断标准,可以认为是痴呆的前期或早期阶段;三是痴呆综合征,属于疾病的状态。后两种情况在病理上可能属于连续的过程。[①] 本节主要针对正常记忆老化展开介绍。

一、 记忆老化的测量方法

目前关于记忆老化的研究主要是针对工作记忆,研究者认为工作记忆很大程度上能够代表认知老化的进程,是年龄与认知变量之间的一个重要的中介因子,因此研究工作记忆老化的特点有助于揭示老化的认知机制。以下是在记忆老化研究中最常用的几种工作记忆任务范式。

Corsi 模板任务(Corsi block task):该任务的原始材料是 9 个大小相同的木块,在实验时将这些木块不规则地排列在一个木板上,实验者以每秒一个木块的速度去点这些木块。然后要求被试以相同或相反的顺序指出木块,实验者通过增加所点木块的数量来操纵记忆负荷,直到被试不能正确指出其顺序为止。为了便于被试进行操作,也有研究者用计算机程序代替木块作为实验材料。此外,有研究者对逆序的 Corsi 模板任务做了分析(Kessels,2008),他使用逆序版本与正序版本的 Corsi 模板任务,以及同样具有正序与逆序版本的数字广度测验,对健康老年人进行施测。结果显示 Corsi 模板任务的逆序版本并不会增加难度,而倒背数字任务则会显著增加数字广度测验难度。这说明了 Corsi 模板任务主要依赖工作记忆的结构性成分,反映了工作记忆的存储容量。

计算广度任务:计算广度任务要求被试能够完成个位数的基本运算,其实验程序是让被试先完成一系列的个位数加减运算,并记住每一次的计算结果,最后将计算结果按照完成顺序报告出来,实验者不断增加算式的个数直到被试不能复述为止。该任务主要涉及的是中央执行系统的刷新能力,因为计算任务和回忆任务使用的材料都是数字,

---

① 余林,张大均.(2014).*认知老化的心理学研究*.北京:科学出版社,137.

因此也更容易产生同性质材料之间的混淆和干扰,这考验了老年人抑制无关信息的能力。波恩(Byrne,1998)发现各年龄组计算广度任务的成绩与数字符号任务的速度都高度相关,即老年人的工作记忆下降,主要是由加工速度变慢引起的。

n-back 任务:该任务是工作记忆脑成像研究中使用最多的范式。工作记忆的功能磁共振研究通常采用减法设计,即用工作记忆任务状态下的脑激活信号减去控制任务状态下的脑激活信号。n-back 任务的实验程序是给被试呈现一系列材料(数字、字母、图片等),询问被试"当前出现的项目与先前呈现的第 n 个项目是否相匹配",比如 1 - back 就是指当前呈现的与前一个呈现的内容是否一致,让被试做出判断。该任务的优点是在连续增加记忆负荷的同时,还能够排除其他干扰因素的影响,观察被试在不同记忆符合水平下大脑皮层的激活情况。多内尔(Dohnel,2008)将内侧颞叶记忆系统受损的有轻度认知障碍的老年人与正常老年人进行对比研究发现,两者在完成 n-back 任务时成绩差异并不显著,这说明工作记忆更少地依赖于内侧颞叶,可能更依靠于额叶功能。

除工作记忆之外,也有针对其他类型记忆的老化研究,比如前瞻记忆。前瞻记忆是一个与日常生活紧密联系的记忆类型,是指对预定事件或未来要执行的行为的记忆。前瞻记忆的老化现象是指相对于年轻人,老年人的前瞻记忆水平有所下降。大部分前瞻记忆的老化研究使用爱因斯坦和麦克丹尼尔(Einstein & McDaniel,1990)提出的前瞻记忆实验范式,其基本程序是:首先告诉被试将要完成一个任务,让被试认为此任务是实验的主要任务,即进行中任务(ongoing task),而前瞻记忆任务则安插在进行中任务的过程中。其次,主试会先给出进行中任务的指导语,再给出前瞻记忆任务的指导语,比如要求被试在进行中任务的过程中,当看到某一目标事件(如特定的词)后执行某一任务(如按下某键)。进行中任务开始前要求被试先完成一些干扰任务,以避免前瞻记忆任务保存在工作记忆中,使被试产生一定程度的遗忘。最后呈现进行中任务,被试在完成进行中任务的过程中完成前瞻记忆任务。这是基于事件(event-based)的前瞻记忆实验室研究范式。

在基于事件的前瞻记忆实验室研究范式基础上,爱因斯坦和麦克丹尼尔(Einstein & McDaniel,1995)提出基于时间的前瞻记忆实验室研究范式。基于时间的前瞻记忆是指在一个特定的时间或在一段时间过后去执行一个行动,如在约定的时间去看望某人或是十分钟后出门工作。基于时间的前瞻记忆与基于事件的前瞻记忆实验室研究范式相似,不同的是要求被试在进行中任务的过程中,经过某段时间(如半小时后)后执行某一任务。

二、 记忆老化的研究

(一) 老年人记忆的可塑性

越来越多的研究表明,老年人的认知功能可以通过训练得到提高,甚至在一定程度上有所逆转,并且训练还可以引发脑容量、脑功能激活等变化,这一现象被称为认知可塑性(cognitive plasticity)。因此,如果我们可以采用有效的且适合老年人的训练方法来给老年人进行记忆训练,那么便能够提高老年人的记忆能力。

从内容上划分,现有的记忆训练可分为生态任务训练、工作记忆任务训练、Loci 记忆法、记忆策略训练四种形式。(1) 生态任务训练的内容包括故事回忆、购物单回忆、本周计划事件回忆、地点回忆等。这些回忆分别要求被试把给予的故事、购物清单、约会安排、地图的重要街道在尽可能短的时间里回忆出来。(2) 工作记忆任务包括数字广度、倒背数字、数字列表记忆、图形记忆等。(3) Loci 记忆法的原理是通过学习记忆法掌握简单的策略方法,包括形象和视觉联想。首先让被试产生视觉空间想象,然后指导他们将想象的场景与所要记忆的目标相结合。(4) 记忆策略训练是要求被试对不同材料特性进行分析后选择最佳策略,比如人脸名字记忆时被试可以采用视觉相关策略,将名字和脸部特征联系起来。

多年来,在采取干预措施延缓记忆老化和改善记忆功能方面已有很多研究。

任杰等人(2009)对进入老年期开始学习钢琴的老年人与未学习过钢琴的老年人进行对比研究,让其进行加工速度实验和工作记忆容量实验,结果显示老年期开始钢琴学习有利于老年人加工速度与工作记忆能力的保持,对老年人的认知能力发展有积极的作用,这说明记忆老化并不会阻止老年人学习新的记忆方法和提高认知能力。吴黎明等人(2010)对患有记忆障碍的老年人进行为期三个月的记忆干预训练,主要采用的记忆训练方法包括:视觉记忆训练,将日常生活中熟悉的物品、图片若干张进行分类,并以每次要求识记图片的多少作为训练难度的大小,要求被试在图片出示完后 3~5 s 复述所显示图片的名称;照片记忆训练,出示人物照片 10~20 张,每张照片出示 5~20 s,然后从提供的照片中选出前面见过的照片,可重复训练;彩色卡片拼图训练,用零碎的彩色卡片拼出已知图形,由易到难;复述短小故事,为被试读简短有趣的小故事,要求被试在听完后回忆故事细节,并用言语表达清楚;地图作业训练,利用简单趣味的地图,要求被试找出由一地去另一地的路线,方法越多越好;做手指保健操。针对每位老年人的个性特点采取个性化记忆训练。结果显示,接受记忆训练的老年人在各项记忆任务上都有不同程度的提高。

尽管有很多研究证实了老年人的记忆具有可塑性,但是这种可塑性是有局限性的。韦翰庚和马可思(Verhaeghen & Marcoen,1996)对老年人和年轻人记忆训练的效果进行了元分析,结果显示年轻人与老年人都能够从记忆训练中获益(即回忆成绩得到明显提高),这证明了记忆可塑性的存在。但是年轻人训练前后的获益效应量明显高于老年人,说明老年人的记忆可塑性降低了。那么这种可塑性降低的情况是否能够通过对老年人进行过度训练来消除呢? 巴尔特斯和克里格尔(Baltes & Kliegl,1992)进行了研究,他们发现即便是对老年人进行过度训练,年轻人训练前后的获益量依旧比老年人高,这种年龄差异依旧存在。为此 Baltes 和 Kliegl 得出结论:“尽管老年人还保留了足够大的发展空间,但是对于那些能利用位置记忆法提高记忆成绩的相关心理因素来说,即便不能说有无法改变的,但也应该说存在很强的消极的年龄效应。”①

(二) 记忆老化的认知神经科学研究

近年来,fMRI、PET 等无损伤脑成像技术被引入记忆老化的研究领域,使得记忆的老化研究产生了革命性的变化。就如同鲁特·洛伦兹(Reuter-Lorenz)所说:“认知神经科学的取向已经将老化的研究带到了一个令人兴奋的十字路口上,具有发现新的一般性认知老化和特异性工作记忆老化规律的巨大潜力。”使用认知神经科学的研究工具,可以获得新的证据去检验或是修正之前基于行为研究所得出的研究结论。

在工作记忆的老化研究中,我国学者孙兮文等人在工作记忆的脑成像研究方面进行了一些开创性的工作。孙兮文等人(2004)发现,与青年人相比较,老年人在进行工作记忆任务时的脑机制是不同的。他使用功能磁共振成像技术研究衰老对视觉数字工作记忆的影响,让青年与老年人都进行正序与反序记忆数字实验,采用 1.5 T 磁共振记录提取阶段大脑的反应。结果显示反序记忆大于正序记忆的情况出现在青年与老年人的左侧前额叶、左侧枕叶视皮质,而正序记忆大于反序记忆的情况仅出现在青年组的右侧额下回,并且老年人在右侧额下回和右侧颞中回的激活体积明显大于青年人,这说明了老年人与青年进行工作记忆的脑机制存在差异。之后,孙兮文等人(2005)又使用功能磁共振成像技术研究了衰老对听觉数字工作记忆的影响,结果表明老年人与青年在进行听觉数字工作记忆任务时的脑机制同样存在差异。

认知神经科学的研究也为前瞻记忆的老化现象提供了生理证据。来自认知神经科学和临床神经心理学的证据表明,前瞻记忆的生理基础与前额叶记忆丘脑的功能有关。而近期采用脑功能成像技术的研究表明,前额叶出现明显的年老化现象,与其他脑区相比,前额叶神经元数量减少和皮层萎缩更快。②

关键词

识记、再认、遗忘曲线、自由回忆、系列重建、节省法、全部报告法实验、部分报告法实验、图像记忆、声像记忆、信息三级加工模型、加工水平说、内隐记忆、外显记忆、任务分离、加工分离等

---

① [美]卡贝扎等著,李鹤等译.(2009).*脑老化认知神经科学*.北京:北京师范大学出版社,297-298.

② 余林,张大均.(2014).*认知老化的心理学研究*.北京:科学出版社,149.

练习与思考

1. 记忆实验研究中,实验材料一般要符合哪些条件?
2. 记忆实验研究中,保持量的检查方法有哪些?
3. 如何以自由回忆实验证明短时记忆的存在?
4. 如何以部分报告法实验证明瞬时记忆的存在?
5. 加工水平说的基本含义是什么?你是如何评价这一理论的?
6. 常用的内隐记忆的测量方法有哪些?
7. 任务分离与加工分离的主要区别是什么?

课程资源

8-1
艾宾浩斯及其对记忆研究的贡献

8-2
巴特莱特及其对记忆研究的贡献

8-3
记忆的神经生物学研究的四个主题

第八章 视频资源

第九章

思维研究的实验范式

内容概览

思维是高级认知过程，特别是就人类而言，它是借助神经计算与表征变换认识事物关系的内在过程。目前心理学关于思维的研究形成了行为测量、口语报告分析、计算机模拟三种基本范式，它们源自行为主义和信息加工心理学。在实际研究中，可以将三种方法和技术结合起来使用。思维的研究领域分为概念学习、问题解决、推理、决策和创造性思维等，这些领域间也会有交叉。心理学对问题解决、推理、决策等方面的研究主要集中在如何表征问题信息及存在哪些启发式策略，以及思维过程中认知偏向如何违背了理性逻辑。思维实验中巧妙的研究设计保障了从实验结果推论出内在思维过程的合理性。

思维是依靠神经网络的信息传递与计算关系调整对内部信息的表征进行变换并建立新联系的过程。其基本机制是:在信息驱动下建立新的具有时间、空间和强度分布特性的神经计算模型以形成新的表征(邓铸,2010,2014)。思维作为高级认知过程,从希腊中期开始就成为哲学家探索的重要领域。在实验心理学的范畴内,特别是在20世纪50年代后逐渐形成了较为有效的方法学体系,这使得揭示思维的内部过程成为可能。

第一节　思维研究的基本范式

思维是发生在大脑内部的信息加工过程,对其进行实验研究的通常做法是,为被试设置概念学习、推理、决策或问题解决等任务情境,或者是根据被试在自然的学习、生活或工作中遇到的任务情境,通过行为测量、口语报告分析、计算机模拟和脑成像分析技术等获取被试在任务情境中的行为与内部变化资料,描绘思维活动的过程或推断其机制。

一、行为测量

行为测量(behavioral measuring)是指研究者通过对被试外显行为的观察或运用各种工具对被试的行为进行评估来获取思维过程中的相关数据。通过对观察数据或行为测评结果的统计分析,间接推断被试内在的思维过程。该方法源于行为主义的研究逻辑。行为主义者早期的研究,如桑代克的尝试错误实验,多以观察数据作为内在思维过程的推测依据。而随着行为测量的发展,研究者对内在思维的过程做了更具体、更可信的描述,于是逐渐提出并确定了一些易于测量的客观行为指标,如:答对频数、尝试次数、解题时间、行为路径等。两者主要的区别在于:采用观察数据的实验,往往不对因变量做明确规定,而是对被试的行为做整体观察;采集行为指标的实验,通常需要在实验设计中规定某些因变量指标,并针对它们进行测量和记录(郭秀艳,2005)。

(一)观察数据

观察数据即对被试行为进行观察所获得的数据。行为主义的主要研究思想就是要对外在行为进行观察,不太重视对有机体内部心理机制的探讨。早期研究者借用行为主义观察外显行为的方法,获得了许多有关思维的观察资料,基于观察数据进行推断,形成了行为主义的问题解决理论——试误说。格式塔心理学也采用了行为观察的方法研究灵长类动物的问题解决行为，得到顿悟说。

桑代克为研究动物的问题解决，专门设计了一个迷箱，被称为桑代克迷箱（Thorndike's puzzle box），如图 9－1 所示。实验时，将饥饿的动物放入箱内，观察动物如何打开箱子的门闩以逃出迷箱，获取箱外的食物。打开门闩的方式可以根据研究的需要设置成不同的难度。记下动物逃出箱子所用的时间和行为表现，再将动物放回箱内，让其进行下一次尝试。该过程不断重复很多次，直至动物能准确、快速地按压踏板逃出箱子。桑代克使用小猫等作被试，得到了随着尝试次数的增加，动物打开箱子所需时间逐渐减少的学习曲线，如图 9－2 所示。

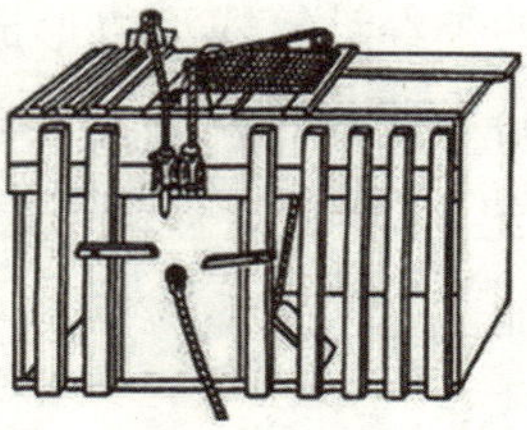
图 9－1　桑代克迷箱

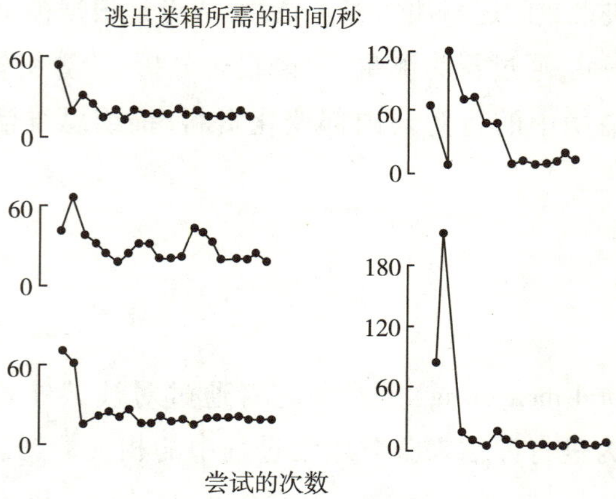

图 9－2　桑代克迷箱实验结果示意图

桑代克基于大量的实验结果，认为动物解决问题的过程就是一个不断尝试和不断犯错的过程。在尝试过程中，动物逐渐把问题情境、成功反应、行为结果强化联结起来。由此，桑代克提出了学习的联结理论（connectionistic theory）。但是，他将动物实验的结果直接推广到人类的问题解决中，受到不少批评。

苛勒（Wolfgang Köhler，1887 — 1967）的顿悟实验（insight experiment）以猩猩为被试。黑猩猩所在的围栏中，高处挂着香蕉，但是不管猩猩用爪子还是用棍棒都不可能直接够到香蕉。观察发现：猩猩在进行了很多次失败的尝试后，索性放弃了，它们或者犹豫不决，或者环顾四周，或者根本就去做其他的事情了。不过实验观察发现，有时在经历了这样一段较长时间的停顿后，猩猩会突然想到解决方法，即把围栏中的箱子一个个地堆起来，然后爬到箱子上，得到香蕉。基于此，苛勒推测问题解决的过程不是盲目地尝试错误的过程,猩猩不需要一次又一次地尝试够香蕉,它们看上去更像是停下来思考,或是去做其他的事,而后在某个瞬间,突然顿悟。这种体现思维过程突变性的假设——顿悟说,有别于桑代克渐进式的尝试错误说。

以上两个以动物为被试的研究,主要依靠行为观察数据,针对问题解决的过程提出两种经典假说,证明了观察数据在思维研究中的应用价值。当然,随着实验设计理论和思维研究本身的进展,后来的研究者往往偏好运用事前规定的行为指标,做更有针对性的记录。

(二) 行为指标

行为测量所采用的指标主要有三种:成功率、潜伏期和解决方法的优劣。问题解决中的功能固着实验就是考察实验组和对照组被试成功解决问题的人数比例和所需时间的差异。继梅尔的绳子问题和邓克尔的盒子问题之后,亚当森(Adamson,1952)试图用三个问题情境(除了盒子问题还包括回形针问题和螺丝锥问题)验证邓克尔的实验。在每个问题情境中,比较有某物体先前经验的被试(被试因而也把物体的某一功能作为固定特性来看)和没有这类经验的控制组被试,在解决问题中的行为数据。测试因变量的指标有两个:在 20 分钟内能够解决问题的被试百分率和被试成功解决问题所花费的时间。有趣的是,当亚当森使用邓克尔问题,以成功解决问题的被试百分数为指标 1 时,他只是在盒子问题的基础上验证了功能固着效应。多达 86%的控制组被试和 41%的功能固着组被试解决了盒子问题。在其他两个问题中几乎所有被试都解决了问题,实验组和对照组没有差异,解决率接近 100%,说明该指标存在天花板效应。亚当森还使用了第二个因变量指标,他测量了解决问题所花费的时间——反应潜伏期。尽管几乎所有被试都能解决问题,但两种条件下所花费的时间有很大差别。实验中,被试在控制条件下解决问题的速度要比在实验条件(功能固着)下快得多。因而,在某一问题有功能固着时,问题解决速度变慢。

二、口语报告分析

口语报告分析(verbal protocol analysis),也称出声思维报告(think-aloud verbal protocol)是思维心理学迄今最有效的研究方法,在问题解决研究中被广泛采用。心理学研究中,冯特最早采用的"自我观察法"即是口语报告分析法的雏形。随后,符兹堡学派沿用冯特的方法研究思维。不过,从这些早期的"自我观察"到艾里克森和西蒙的"口语报告分析法"(Ericson & Simon,1984),在具体操作和使用中发生了许多变化。近年来,国内问题解决研究中又有多种具体的操作手法出现(李亦菲等,1998;廖伯琴,1999;刘晓晴等,2000;邓铸,2002,2004)。

如果说,20 世纪中期以前使用口语报告研究思维只是少数心理学家的偶然行为,20 世纪中期之后,西蒙等人对口语报告分析法的使用则是大规模的、系统的,他就是要通过口语报告分析了解人们问题解决的内在精细过程,以便将这一过程程序化,再将其输入计算机进行模拟。所以,信息加工心理学使口语报告分析法真正有了用武之处。心理学家通过口语分析获得资料,然后依靠这些资料编写计算机程序以进行模拟。一般认为,口语报告分析法、计算机模拟是信息加工心理学研究思维的两种最重要方法。

纽厄尔和西蒙从 1960 年前后开始使用口语报告分析法研究人类密码算术问题(cryptarithmetic problem)、逻辑问题(logic problem)和国际象棋问题(chess problem)解决的思维过程。参照纽厄尔和西蒙的实验过程,以及近期国内类似的研究程序,我们把使用口语报告分析法研究问题解决的过程划分为以下几个阶段。

阶段一:任务设计与器材准备

任务设计(task design)就是要给被试设置一个"任务环境",需考虑的因素主要包括以下几个方面。

第一,任务难度要与被试的平均知识水平和问题解决能力相匹配,或者符合实验变量本身的变化要求,既不能太难,也不能太容易;工作量的设置也要考虑研究程序的可行性和研究需要。要把自变量的变化融合到任务编排中,除考虑自变量的变化程序外,还要考虑自变量所引起变化的区分度。

第二,解题过程的可展开性。利用口语分析技术研究问题解决,一定要使问题解决的过程具有可展开性、能持续较长的时间,而且要使解题过程容易被表达出来。

第三,问题解决行为的可观察性。有些时候,需要被试的外部行为表现来辅助说明问题解决的过程和机制,这就需要问题解决过程具有可观察性,还需要被试在解题过程中留下较丰富的书面材料。

设计完成后,正式实验前要进行预实验,以评估任务设计是否符合要求。

器材准备。实验中需要的器材主要是录音器材(如使用小巧且录音效果好的录音笔等)。此外,还要将作业和完成作业需要的其他工具准备好。

阶段二:被试"出声思维"训练

通常情况下,人们解决问题时不大出声,除非是特殊情况,如课堂上老师提问时学生口头表述解题过程。因此,在实验研究程序中,正式实验前,要对被试进行"出声思维"训练。一般使用较为简单的问题作为训练材料,由主试先进行示范,然后让被试尝试进行。训练中,注意让被试学会直接口述解题思路和操作方法,而不要解释"为什么"那样做。等到被试比较习惯于"边想边说"时,就可以进入到正式实验程序。

阶段三:正式实验与口语报告材料的取得

正式实验要在安静、整洁的环境中进行。实验开始前,对被试进行言语引导,使其心理状态放松,而且能正确理解实验要求。实验开始后,被试按照要求解决问题并出声报告。在此过程中,主试尽可能不给予被试提示和干扰,只有当其出现较长时间的停顿时,才可以提醒:“你现在是怎样想的?”或者被试只顾将解题步骤进行下去,却忘记做口语报告时,则提示:“请边做边大声报告。”

比如,纽厄尔和西蒙为了获取卡耐基大学的一名男大学生解决密码算术问题的口语报告资料,具体操作是这样的①。被试坐在一张桌子旁,桌子上放着一支铅笔和一张白纸。主试将实验的指示语读给被试听,并将密码算术问题以常见形式写在纸上交给他;要求被试解决这一问题,并且在整个解题过程中大声报告他是如何想和做的。使用磁带录音机将其报告记录下来。当被试用笔在纸上写时,也不要中断录音,即使当他用笔写时没有任何口语报告材料。在这次实验中,被试的口语报告共包含了 2 186 个单词。

实验结束后,要及时将录音材料进行备份、保存。

阶段四:口语报告材料的分析

问题解决任务结束后,口语记录过程也同时结束,接下来要做的是将被试的录音材料分解为短语或短句,并用字母标记,如 B1,B2,B3……,这些编上号的句子中也包括一些主试的语句,如被试提问时主试的回答、主试提醒被试“你现在是怎样想的?”等等。在进行语句拆分时要以意群为单元,即将表达一项单一任务的短语或进行一项推论的短语作为一个独立的项目,保证每一语句项目具有一个独立、单一的语义,然后按本来的时间顺序排列。如果是属于主试的口语,则将其放在方括号内并用 E 来区分(E 代表 experimenter)。按照这样的方法,纽厄尔等从一个被试的密码算术题解题过程中得到了 321 个短语或短句(包括少数主试的语句)②。

这一口语记录材料充分地保留了被试解决问题的信息。不同研究者对同一被试的口语报告进行拆分时,结果可能会出现差异,这种差异主要源于对意群识别和分割的差异,不会对被试的行为描述带来太大的影响,因为不管怎样拆分,全部的口语信息都是能够得到反映的。

拆分之后,就可以对口语报告材料进行定性与定量的分析,以从中发现被试的问题解决过程、使用的策略以及在这一过程中表现出来的个人差异等。为了更直观地反映被试的解题过程,可以提取口语材料中描述出来的问题中介状态,以及被试实现这些状态转换而采用的算子,然后以时间为线索将这些中介状态和算子连接起来,构成一个问

---

① A. Newell, & H. A. Simon. (Eds.). (1972). Human Problem Solving. *Englewood Cliffs*, NJ: Prentice-Hall, 165 - 166.

② A. Newell, & H. A. Simon. (Eds.). (1972). Human Problem Solving. *Englewood Cliffs*, NJ: Prentice-Hall, 230 - 244.

题行为图。显然,这个问题行为图直观地反映了被试对问题的表征,以及问题表征状态的变化过程。

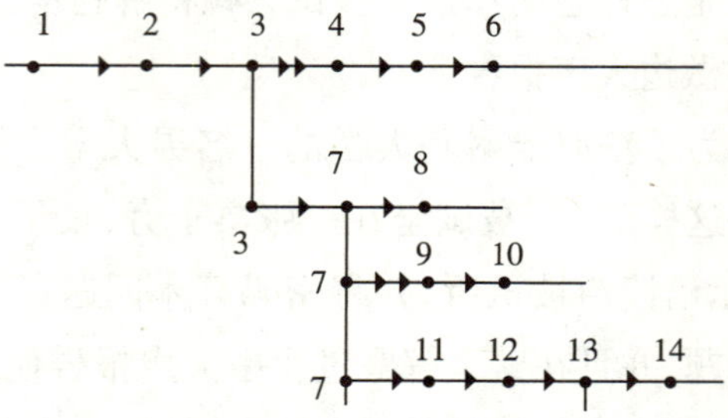

图 9-3 问题行为图片段

绘制问题行为图应把握的规则[①]:(1) 一个中介状态由一个结点表示;(2) 向右的水平箭头表示将某个算子应用于一种中介状态,导致另一种中介状态,双箭头表示同一个算子重复应用于同一种中介状态;(3) 时间流程先向右,然后向下;(4) 在一个垂直方向上的多个结点代表回到同一中介状态。如图 9-3 所示的问题行为图片段,反映该被试从起始状态 1 开始执行算子,出现了中介状态 2,再到状态 3、4、5、6,其中在从状态 3 与 4 的转换中反复使用了同一个算子。出现了中介状态 6 后,没有接着对该状态操作算子,而是又返回到状态 3,操作一个算子导致了状态 7,再到状态 8,随后又两次返回状态 7 并操作不同的算子,出现状态 9 和 11 等。可见,问题行为图是根据中介状态生成时间排列的,能有效表征问题解决过程。

三、 计算机模拟

计算机模拟(computer simulation)是信息加工心理学最有代表性的研究方法,研究者通过对心理过程的计算机模拟来认识人的心理活动过程,即对人的内部信息加工过程进行逻辑分析。计算机模拟通常和理论分析结合在一起,多从程序缩减、流程分析、程序模拟三个方面入手(梁宁建,2003)。把人的某种认知理论表现为计算机程序,也就是先推断出人的某个反应动作可能的心理过程,并将其编成程序输入计算机,通过计算机的工作而获得计算机的反应,即计算机接受符号输入,进行编码,对编码输入加以决策和存储,并给出符号输出,然后再看计算机的反应与人的反应有什么不同。如果计算机的输出状态与人的输出状态(即反应)一致,说明用以描述人的心理过程的计算机程序在机能上与人的内部心理过程是相似的;如果程序运行不能得到与人类解决问题相

① 转引自:[美]贝斯特著,黄希庭等译.(2000).*认知心理学*.北京:中国轻工业出版社,390.

似的结果,则说明该程序未能真正理解人类解决问题的过程,应对计算机程序进行修改,直至达到预期结果,再以正确的计算机程序来解释人解决问题的思维过程。这种方法虽然具有逻辑倒置之嫌,但毕竟为思维心理学的研究开辟了一条新道路。计算机与认知过程的这种类比,只是一种水平上的类比,即在计算机程序水平上描述内部心理过程,它主要涉及人和计算机的逻辑能力,而不是计算机硬件和人脑的类比。

1956 年,纽厄尔和西蒙提出了证明数理逻辑定理的程序,叫作"逻辑理论机"(logic thoery machine,简称 LTM);1972 年,他们又创制了"通用问题解决者"(general problem solver,简称 GPS)。不过到目前为止,心理学家或人工智能专家也还没有真正地编写出一个能完全模拟人类思维的计算机程序。认知心理学用产生式系统(production system)描述人类思维和人工智能(aitificial intelligence,简称 AI)。所谓产生式系统,是指计算机和人所能执行的一组活动。只要有一定的条件就能产生一定的活动,其通用表达式就是"If...,then..."。有一个条件,就可以执行一个活动,得到一个结果;再有一个条件就有另一个活动和另一个结果,以此类推。当条件输入和活动执行完毕,就达到总的目标。如此,只要条件足够,问题都是可以得到解决的,但实际上并非如此。比如,知道了某人在南京市的某家餐馆当厨师,那么从理论上讲是可以把他找到的。但在许多时候,人们不会把整个城市的餐馆找个遍,而是会采用某些策略,有所选择地去找,最后可能找到,也可能找不到。所以,产生式问题解决理论并不能真正地解释人们的问题解决过程,或者说不能完全解释人类的问题解决过程。

第二节 概念形成的实验范式

心理学中所讲的概念(concept)就是指一类事物的共有特征,这些特征可将这类事物与其他事物区分开。因此,从这个意义上说,概念就是一种规则,即将事物进行分类的规则。概念形成就是发现规则的过程。发现规则的最低表现形式就是能够正确地对事物进行归类,尽管有时不能用言语表达出来。比如用动物作为实验被试,虽然它们不能用言语表达自己对规则的认知,但是它们可以通过行为表现出对规则的把握。有研究者曾让猴子挑拣"长方条"来换东西吃。实验的方法是:在猴子的周围放着各种形状的木块,有方形的、圆形的、三角形的、长方形的,还有许多不规则形状的。当猴子拿来长方形的木条就给它一块糖果吃,凡是拿其他形状的木块都不给糖果。经过若干次实验,猴子学会了专门挑拣"长方条"来换糖吃,甚至在找不到"长方条"时拿着自己的尾巴来"冒充",也不去拿其他形状的木条。这说明它发现了这一类木块共有的不变特征,这就是概念形成(concept formation),也叫概念学习(concept learning)。关于概念形成的经典实验来自于布鲁纳的研究。

一、概念形成实验的设计

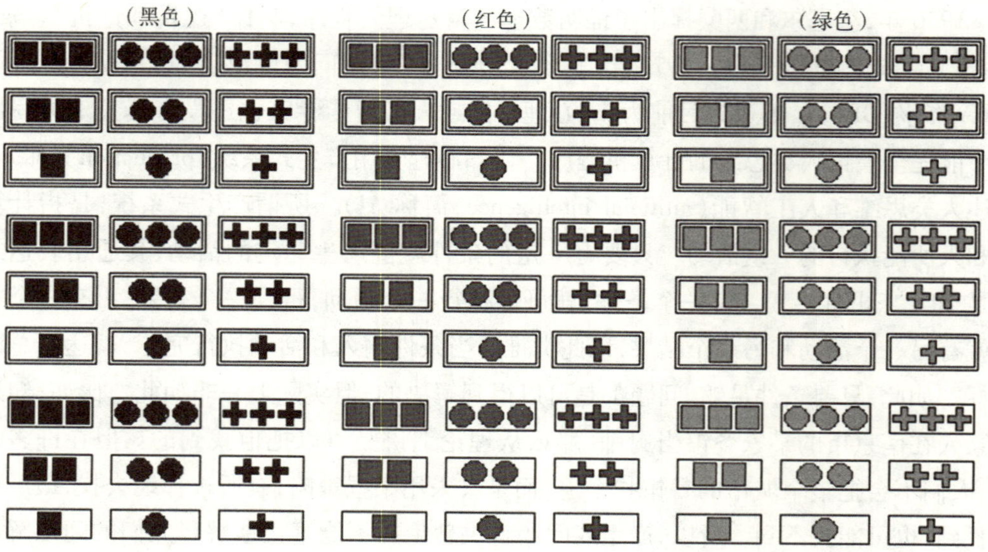

图 9-4 布鲁纳实验所用的刺激材料(Bruner,Goodnow & Austin,1956)

(一)概念形成实验的材料

概念形成实验中,使用的学习材料可分为两大类:人工概念(artificial concept)材料和自然概念(natural concept)材料。在实验室研究中,为了简单可行,更好地控制一些偶然或随机因素,常常采用人工概念材料。这类材料为被试提供了一系列样例,让其探索其中某一特定规则。换言之,那些符合特定概念规则的卡片可归入一类,作为特定概念中的样例;不符合特定概念规则的就应被排除在样例类别之外。根据概念规则是否明显,可将实验材料分为两类。一类是以布鲁纳卡片为代表的维度特征明显的材料,如图 9-4 所示的 81 张卡片共有四个维度,而每个维度又分为三个水平,如按形状特征分为圆形、十字形和方形,按颜色特征分为红色、绿色和黑色,按边框特征分为单线框、双线和三线,按图数特征分为一个、两个和三个。类似的还有莱文(D. Levine)空白实验程序的材料,字母 X、T 在大小、位置(左、右)、颜色(黑、白)三个维度上的变化可构成 16 种状态。

还有一类以赫尔(Clark Leonard Hull,1884 — 1952)的人工概念材料为代表,除了要考察的概念特征外,其余的干扰特征不明晰,由被试自行假设。赫尔的概念样例是汉字,概念的定义是汉字的偏旁等特征,并以“oo”“ta”“yer”等字母组合作为概念名,如图

9 - 5 所示，无意义音节“deng”所对应的概念定义是所有包含偏旁“石”的汉字，其样例包括“砖”“磐”“研”等。

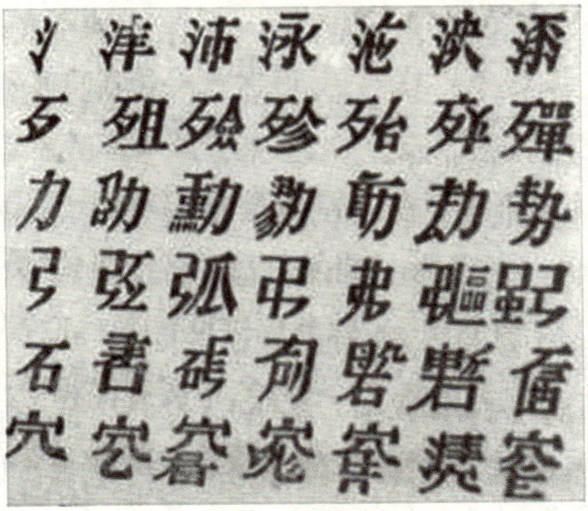

图 9 - 5 赫尔实验所用的刺激材料

杨治良(1986)对概念形成的突变性与渐变性进行了实验探讨，实验材料如表 9 - 1 所示，左面一个为关键词，右面五个为选择词。实验时要求被试从这五个选择词中选择一个词，选择的这个词所包含的字母都在关键词中。例如，INFLUENCE 与 sure、new、play、fear 和 life，则需要被试选择的正确答案是 life。当这一规则被发现之后，被试就能在以后的全部尝试中保持正确。

但是，20 世纪 70 年代以后，研究者对人工概念的形成实验产生了疑问，越来越重视自然概念形成的研究。所谓自然概念，就是自然世界中存在的概念。但是，在实验情境下，以自然概念为材料，同时保持个体概念形成过程中的自然属性，会消耗大量的时间，研究方式也就转换成了“观察法”或现场研究。所以，到目前为止，实验室研究概念形成还多是以人工概念为材料。

表 9 - 1 杨治良实验所用的材料

关键词	选择词					正确答案
	A	B	C	D	E	
FEAATURE	ear	song	date	halt	dull	A
BULLETIN	raft	slide	tile	laid	hire	C
QINTMENT	forth	mint	sure	neat	sane	B

续表

关键词	选择词					正确答案
	A	B	C	D	E	
OPENING	slip	told	blue	pine	gap	D
INFLUENCE	sure	new	play	fear	life	E

（二）概念形成实验的程序

首先，研究者要根据研究目的确定规则类型。可以使用的规则类型主要包括：(1)单值概念(single-value concept)，要求被试确定在某一特定维度具有某一特征值的所有卡片。例如，确定所有“双线框”卡片的规则就是一个单值概念。(2)合取概念(conjunctive concept)，确定了在一个维度上有一个取值，而在另一个维度上也有一个取值的概念。例如，印有“红色圆形”的卡片，这里确定了卡片在两个维度上的特征值，一个是在颜色维度上取“红”，同时在形状维度上取“圆”，该概念规定了同时具有“红色”和“圆形”特征的所有卡片。(3)析取概念(disjunctive concept)，当规则表述为“红色或圆形卡片”，称为包含性析取；当规则表述为“红色或圆形但不包括红色圆形的卡片”，称为排除性析取。另外概念还可以表述为否定、条件等形式的规则。总之，研究者可以根据研究思想或假设制作实验材料，并提出被试的任务要求。

确定了任务要求后，即可向被试呈现刺激卡片，并要求被试做出适当的反应。这里既可以采取接受范式(reception paradigm)，也可以采取选择范式(selection paradigm)。

接受范式：由主试一一呈现实验材料即样例(sample)，每呈现一个样例，被试就尝试将其归入某个类别，主试随之给予正误反馈。在具体操作上，还有几种不同的变式：(1) 每次实验都将所有实验材料呈现给被试，主试指出其中一个样例，要求被试回答其是否属于某一概念范畴。(2) 每次呈现给被试两个或两个以上的样例，要求被试指出其中哪一个是属于某一概念范畴的样例。这样的操作可降低任务难度。

选择范式：由被试选择刺激材料作为某个概念的正例或反例，然后主试给予正误反馈，接着被试继续选择材料，做出假设。

不管采用何种范式，被试操作都要重复进行很多次，直至不再发生分类错误，或者做完最大尝试限制次数为止。还可要求被试在主试给出反馈前或反馈后提出假设，这种方法可以收集更多被试的口语材料，有利于对概念形成的思维过程进行更详尽的研究。

最后，再对实验记录的材料进行详细分析，从中发现被试概念形成的特点和规律，特别是被试在概念学习过程中使用的策略、尝试失败时的情绪表现等。

在实际的概念形成中，既有选择性质的，也有接受性质的。当然，这两种过程可能存在内部机制上的差异,也存在与被试特征的交互作用。比如有研究发现,不同年龄个体在这两种实验范式中的表现有所不同:成人被试在选择范式中概念形成较快,儿童被试在接受范式中概念形成较快。

(三) 概念形成实验中的行为测量

根据概念形成实验的基本程序,即呈现刺激(接受或选择)→被试反应(同时提出假设)→主试反馈("正确"或"错误")→被试提出假设→再呈现刺激,可以看出,实验中需要观察、测量和记录的行为主要包括:每一次刺激材料的内容与呈现方式、被试的反应及提出的假设、主试的反馈、被试在反馈后提出的假设、每一次使用的时间和尝试次数、整个实验序列的实验次数和所消耗的总时间。其中最基本的资料包括:实验次数、耗费时间、错误次数等。

除上述行为测量外,主试还要在实验过程中注意观察被试的情绪状态及其变化、被试使用的主要策略等。

为了完成对被试上述行为的测量,并反映被试概念形成的过程及其影响因素,要在实验前编写并呈现指示语。概念形成实验的指示语一般要包含下列内容:(1) 对概念的一般描述;(2) 对刺激材料及其呈现方式的一般描述;(3) 对被试反应的要求,要非常明确地告知被试如何反应、何时反应;(4) 主试将给予被试什么样的反馈,反馈的意义是什么。

后文,我们将以布鲁纳等的经典实验说明概念形成实验的具体操作方法。

(四) 概念形成实验的变式

1. 莱文的"空白"实验

莱文(D. Levine) 在 1966 — 1975 年就概念形成问题做了大量研究,并对实验方法进行了改进:以前的概念形成实验,很难直接判定被试每次是否应用了假设或应用了什么假设。莱文 1966 年为了直接研究被试的假设和假设检验的过程,提出了空白实验程序(blank trail procedure)。这个程序的基本思路是让被试在主试不给予反馈的条件下,对一系列的刺激做出反应;如果被试能对这些刺激做出系统的反应,那么就可能确定这种反应的基础即假设。下面是其一个典型的实验。

实验材料:给被试成对地呈现两个刺激,如字母 X 和 T,这两个字母在大小、颜色(黑、白)、相互位置(左、右)三个维度上有变化,每个维度有两个值。一对刺激在三个维度上有区别,但每次实验只有一个维度上的属性决定了某个刺激为肯定实例或否定实例,此属性将两者区分开来。

实验程序:莱文设计出包含空白实验的 16 次实验程序。在 16 次实验中,仅在第 1、6、11、16 次实验给被试以反馈,两次反馈实验之间有 4 次实验是不给予反馈的,这样做是为了让被试能够获得足够的信息来掌握概念,同时又可以让研究者直接研究被试的假设检验行为。应用这样的 16 次实验程序,不管被试是否能进行最优的信息加工,都可有效地揭示被试的假设检验行为或概念形成的过程。后来又用口头报告来代替空白实验,即在每一次有反馈的实验之前,要被试口头报告当时的假设。结果证明口头报告和空白实验所获得的信息接近。

2. 张庆林的“固定样例”实验

当假设检验涉及实验组和对照组的对比研究时,经典的样例变化方式面临一个困境:不同被试选择的样例各不相同,得到的反馈也不同,这就很难比较他们的思维过程,很难判定其策略发展水平的高低。张庆林(2001)采用新的“固定样例”程序,研究了小学儿童假设检验的发展。实验采用自行设计的实验图形,这些图形包括四个维度上的变化——形状(三角形、梯形、半圆形)、颜色(白色、黑色、花色)、大小(大图形、小图形)、方向(正立图形、倒立图形),构成了36个图形。全部图形有规则地画在一张16开硬纸卡片上。每道题在竖线左边给出几个图形,要求被试在竖线右边的6个供选图形中选出所有可能与左边图形同类的图形。一个题组里共有3道题,其中第3题如图9-6所示。第1题竖线左边只有第3题中的前两个图形,第2题竖线左边图形与第3题的前4个图形相同,而3道题竖线右边的6个备选图形都是相同的。第1题由于只提供了两个正例,所以可以产生3种假设——“可能是大的”“可能是白的”“也可能是正立的”,这一题主要用来研究被试生成假设的能力。第2题在第1题的基础上又增加了两个正例,正确的答案应该是“可能是大的,也可能是正立的”,第3题再增加了一个正例之后,正确的答案只能是“正立的图形”。第2、3题主要用于研究儿童是否能根据新获得的信息及时检验并修正自己的假设。3道题合在一起,就达到了用标准化测试评估儿童假设检验能力的目的。

图9-6 张庆林(2001)实验中第3题材料

二、 经典实验

(一)布鲁纳人工概念实验

1. 实验过程

实验者事先规定某个维度的某一属性(如红色)或几个维度的属性(如红色圆形)为某个人工概念的特有属性,即以这些维度和属性构成某个人工概念,它们被称作有关维度和有关属性,其他的则称作无关维度和无关属性。凡具有所规定的全部有关属性的卡片为概念实例或肯定实例,否则为否定实例。但实验者事先并不将某个人工概念告诉被试。实验开始时主试告诉被试:本实验有一个特定的概念,这个概念是由某一属性或某些属性组成的,被试要通过实验过程来发现概念。然后主试首先取出一张肯定实例的卡片给被试看,并明确告知这是肯定实例,被试则要从他面前的所有卡片中,根据他自己的想法来选取属于这个概念的其他肯定实例,一次选出一个,主试均给予反馈,告知其选择是否正确。如此进行下去,直到被试发现这一概念。

2. 研究发现

布鲁纳等发现被试会形成两类不同的假设:一类是总体性假设,即把主试呈现的第一个肯定实例所包含的全部属性都看作未知概念的有关属性,排除那些被主试肯定的样例所不具有的所有属性或特征。在接下来的实验中,接受新的卡片刺激和主试反馈,继续排除非共同的属性或特征,最后逐渐集中到概念规则所规定的卡片属性或特征。另一类是部分假设,即根据第一个肯定实例所包含的部分属性来形成关于未知概念的假设,如果能够正确预言这张卡片的类别就加以保持,否则就重新形成假设,直到获得一个总能被证实的假设,从中发现概念规则所规定的卡片属性或特征。该实验中整体策略的效果比较理想,有65%的被试使用整体策略。两类假设结合冒险取向就形成了被试常用的以下四种有效策略。

同时性扫描(simultaneous scanning):被试在实验前期构造出各种可能的假设,然后在每次实验反馈后删除不成立的假设。

连续性扫描(successive scanning):被试先从一个假设入手,如果他能依次正确地预测卡片,就保留假设,否则放弃该假设。

保守性聚焦(conservative focusing):被试在实验前期,先进行猜测,直至正确击中一个假设为概念的卡片,然后选择其他卡片,选择中每次只变换最初的肯定样例中的一个特征。

博弈性聚焦(focus gambling):被试在实验前期,先进行猜测,直至击中一个假设为概念的卡片,然后选择其他卡片,但在选择中每次都变换最初的肯定样例中的两个以上的特征。这种策略运用得当时,可以缩短探索时间,但也有可能会因失败而出现思维混乱。

概念形成实验中,有些被试会在具体样例的反应与反馈中,灵活采用多种不同的策略或同时采用多种策略。

(二)耶克斯选择器与空间位置关系

在心理学实验室里,有一个常规的实验设备,叫作“耶克斯选择器”,可以用来研究空间位置关系概念的形成过程与规律。

1. 耶克斯选择器

耶克斯(Robert Mearns Yerkes,1876—1956),是美国动物实验心理学研究先驱,在心理测验方面具有丰富的理论与实践经验,编有“概念形成的复合选择测验”,后人以此为基础设计出测验空间位置关系概念形成过程的仪器，叫作“耶克斯选择器”（Yerkes selection box），如图 9－7 所示。该仪器有 12 个活动电键，声音可按主试的意图与任一电键相连；中间有单向屏风，不让被试看到主试的操作，主试却能看到被试的反应。

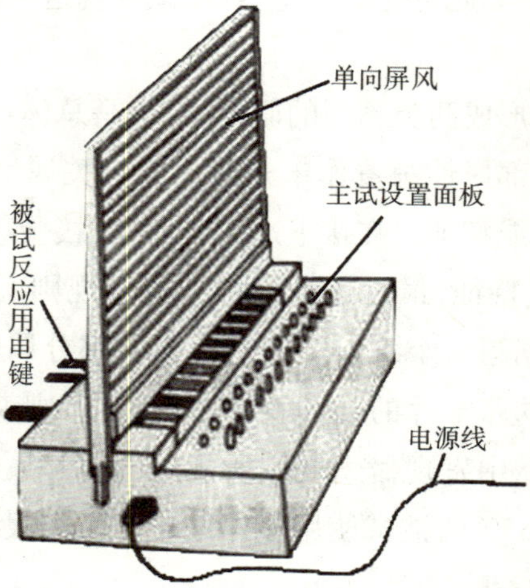

图 9－7 耶克斯选择器

2. 实验任务与程序

以简单位置关系概念形成的实验为例。实验中，主试每次为被试设定一个空间位置关系刺激模式，即将某些电键推出去构成一个空间位置关系刺激模式，同时设定推出的若干电键中有一个是与声音信号联系在一起的，而且每次这个与声音联系的电键在空间位置上都符合某一共同的规则。被试的任务就是在主试不断改变刺激模式的时候，找到隐含其中的不变规则。实验的一般程序是：

第一步，主试先准备好让被试探索的空间位置关系概念。即将声音和处在特定空间位置的电键相连，并按这一规则设计出一系列的刺激变式，排好呈现顺序。

第二步，让被试坐在单向屏风前，主试在屏风后操作。按照事先设计好的方案推出几个活动电键，并使其中一个与声音联通（不要让被试知道），然后向被试交代任务，即呈现实验指示语：“这些电键中有一个是与声音相连的，请你找出是哪一个。找到后请你记住声音是和什么位置的电键相连的。第二次我换几个电键，其中也有一个与声音相连，你的做法与上一次相同，如果你能知道哪一个是与声音相连的，就直接去按这个电键，如果还不确定，你就需要探索。如此进行下去，直到你能连续三次第一下就按对，并且能正确地说出声音键的空间位置为止。你的任务就是较快找出每一次实验中与声音相连的键与其他键的位置关系。虽然每一次给你的电键数量及位置均不同，但要你找的声音键的空间位置是符合某一规则的。在你每次按键的前后说出你自己的想法。”①

主试记录被试进行了多少遍实验、每一遍所用的时间(主试喊“开始”,同时按秒表计时。当被试按键发出声音时,主试按秒表停止计时)、实验中的口语和表情等。

第三步,更换被试进行实验,直到所有被试都完成实验。对记录的实验资料进行定性和定量相结合的分析,概括出被试概念形成的过程、规律及使用策略等。

(三) 概念形成特点的研究

布鲁纳等人提出了假设检验理论后,一些心理学家借用人工概念的实验范式又对概念形成过程中的特点进行了研究,取得了一些成果。

鲍尔(G. Bower)和特拉巴索(T. Trabasso)在 1964 年的实验以及杨治良在 1986 年的实验都表明,被试的概念形成过程具有全或无的特点。研究者绘制了反映每一位被试反应正确率与尝试次数关系的学习曲线。

鲍尔的实验要求被试掌握以 5 个字母串为材料构成的概念。字母串中,每个字母位置上都可能出现两个字母中的一个,这就相当于刺激材料有 5 个变化维度,每个维度有 2 个值。被试要掌握的概念就是某个维度的特定值。实验开始前,主试告诉被试,他只需找到某一个维度的特定值。实验时,主试每次呈现一个字母串,要求被试判断该刺激是否属于肯定实例,主试记录其反应并给予正误反馈。重复进行很多次,直到被试掌握了所要求的概念。早期的概念形成通常是以一个实验组被试的平均实验成绩来表示的,给人的印象似乎是渐进的方式。鲍尔等人应用一种新的方法分析实验结果,他们先确定每一个被试在哪一次实验中做出了最后一个错误反应,再计算这次实验以前正确反应的百分数。以这样的实验结果作图,就可得到一个学习曲线。结果显示,在做出最后一个错误反应之前,被试正确反应的百分数始终在 50%上下,说明被试是按照全或无的方式来掌握概念的。

鲍尔和特拉巴索在 1964 年的实验表明,被试在概念形成过程中表现出对过去事件的无记忆现象。实验过程:在实验中被试要掌握一个有关属性和其他的无关属性。主试对一部分被试的前 10 次实验给予不适宜的反馈,即不按照所要掌握的概念给予反馈,而是依照与之对立的无关属性给予反馈,说明反应的正误;对另一部分被试则依照所要掌握的概念给予适宜的反馈。但在 10 次实验后,对所有的被试均依据该概念给予适宜的反馈。结果发现,不管前 10 次得到的是适宜的还是不适宜的反馈,被试为了掌握概念所需要的实验次数是相近的。这个实验表明被试对过去的事件没有记忆,前 10 次实验中不适宜的反馈并不妨碍后来的反应。这也说明以前曾经采用而被否定的假设与至今尚未被采用的假设一样,仍有可能被再次应用。

---

① 杨博民.(1989).*心理实验纲要*.北京:北京大学出版社,320.

第三节　问题解决的实验范式

问题解决是最为普遍的思维形式，大多数的思维研究都围绕着解决问题的过程展开。问题解决研究中的实验材料有什么特征？如何对问题解决策略和问题信息表征进行研究？

一、问题及问题解决

（一）什么叫作问题

当人们不能采取显而易见的直接手段达到目标时，就有了问题。它其实就是人们面临的一种认知情境，在这种情境中，人们达到目标存在障碍。问题的存在需要以下三种基本条件。

给定（givens）：一组关于问题条件与情境的描述，即问题的起始状态；

目标（goals）：关于问题结论的描述，即问题所要求的答案，或问题的目标状态；

障碍（obstacles）：问题起始状态与目标状态间的某些未知的中介状态与操作方法。由于这些中介状态和连接这些状态间的操作方法未知，它们因此就成为从起始状态到目标状态的障碍。

“总之，问题是给定的信息和目标之间有某些障碍需要加以克服的情境。在达到目标之前，可能会有一些错误和曲折，有许多中介的步骤。”①

（二）问题的类型

格里诺（Greeno，1978）把问题划分为三种典型形式：

（1）归纳结构问题（problem of inducing structure）：给出几个条件，而问题解决者必须发现隐含在条件中的结构模式才能解决问题，例如以下的数列填空问题、类推问题等。

举例1：2，8，18，（　　），（　　），72，括号处应该填上什么数字？

举例2：镰刀—茅草，渔网—鲇鱼，钢笔—（　　），卡车—（　　）括号处应该填什么？

（2）排列问题（problem of arrangement）：给出构成某一事物的所有成分，问题解决者必须以某种合理的方式对这些成分进行排列，才能达到问题的目标状态。

---

① 汪安圣.（1992）.*思维心理学*.上海：华东师范大学出版社，99.

```
  D O N A L D
+ G E R A L D     D←— 5
--------------
  R O B E R T
```

图 9-8　纽厄尔密码算术问题

举例 3:纽厄尔密码算术问题。如图 9-8 所示,已知加法算式中的字母 A、B、D、E、G、L、N、O、R、T 各自代表 0~9 中的一个不同的阿拉伯数字,其中 D=5。那么,其他各个字母所代表的数字是多少时,这个加法算式才是成立的? 在这个问题中,字母所代表的数字已经全部给出,只是其如何在这个加法算式中排列是未知的,所以叫排列问题。

(3) 转换问题(problem of transformation):问题的起始状态、目标状态和结构成分均已知,只是其存在的状态不一样。最典型的例证是"传教士与野人过河问题""海诺塔问题"(Tower of Hanoi)和"八瓦游戏问题"。

举例 4:传教士与野人过河问题。一天,三个传教士和三个野人同时来到渡口准备过河。渡口只停泊着一条小船,这条小船一次最多只能承载两个人,而且因为没有船工,所以过河的人要自己划船。因为野人比较野蛮,如果在河两岸的任一边野人数量超出传教士数量的话,传教士就有被野人吃掉的危险。请问,这六个人该如何渡过河去呢?

举例 5:海诺塔问题。如图 9-9 所示,在一木制底座上有三个立柱 A、B、C。在立柱 A 上套着五个圆片。要求用最少的搬动次数把这五个圆片搬到立柱 C 上去。在搬动过程中,限制每次只能搬一个,可以把立柱 B 作为中转,而且只允许小的圆片压在大的圆片上,不能把大的圆片压在小的圆片上。请问如何搬动圆片呢?

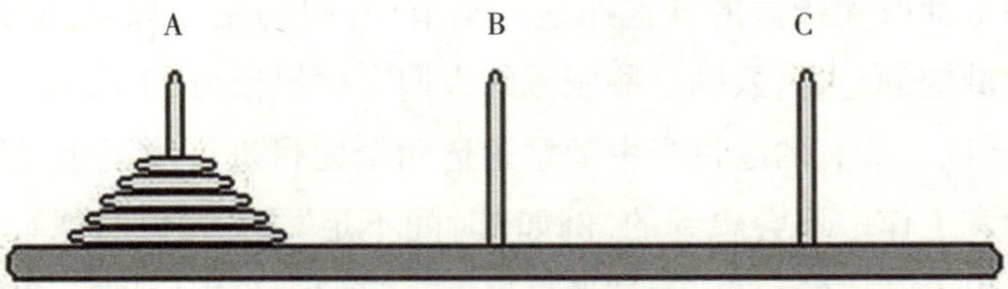

图 9-9　海诺塔问题

举例 6:八瓦游戏问题。如图 9-10,将 1~8 个数字写在八块瓦上,按图中左边的顺序摆放构成问题起始状态。要求问题解决者在 3×3 的方格内移动瓦片,每次只移一个,而且不允许移出方格。问最少要移多少次才能将八瓦摆放顺序转变成图中右边的样子?

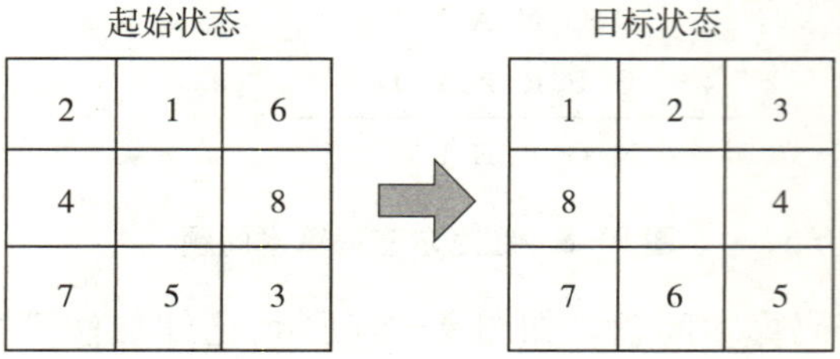

图 9-10　八瓦游戏问题

瑞特曼(Reitman,1965)根据问题条件与目标状态界定的清晰性把问题分为规定良好的问题(well-defined problem)和规定不良的问题(ill-defined problem)。还有心理学家根据问题解决是否依赖于专门知识,把问题划分为知识贫乏领域问题(knowledge-lean problem)和知识丰富领域问题(knowledge-rich problem),或者分别叫作人工问题、专门领域问题等。

(三) 什么叫作问题解决

问题解决就是在头脑中形成问题的当前状态和目标状态的心理表征,并搜索把当前状态转换成目标状态的具体手段。在认知操作过程中,随着问题解决者采取某种措施,问题的状态会不断发生变化。把这些状态按照操作的顺序排列出来就形成了一个由各种相互连接的问题构成的状态分布图,心理学中把这个图叫作问题行为图(problem behavior graph)或问题空间(problem space)。所谓问题空间,就是问题解决的中介状态以及实现这些状态转换的操作方法。实现问题状态转换的操作方法也叫作算子(operator)。

(四) 用创造性思维解决问题

传统的创造性思维测验强调多元化思维。例如吉尔福特的测验,要求被试在限定时间内思考出回形针或火柴盒的其他用途。本节中,我们主张综合测量写作、绘画、广告以及科学等领域的创造力,鼓励这些领域的人们发挥想象力,不限制创造时间。

写作领域:被试从所有的题目当中随意挑选两个题目进行短篇小说的创作,这些题目应是日常生活和工作中不会想到的,例如"时间不足""美人鱼的球鞋""1957"等等。被试根据题目写出不一样的故事,测试者再根据一定的测验指标进行评定。

艺术领域:要求被试根据题目要求进行创作,备选题目不能和主流创作题目一致,例如"夸克""气愤""以鱼类的眼光看世界""时间的原点"等。

广告领域:要求被试撰写出指定产品的广告宣传语,并且这些产品都是销路很窄、市场接受度很低的产品。对搜集到的广告语进行评定,邀请裁判根据创造力的指标给予 1~7 的创造力评分,评选出最具有创造性的作品。

科学领域:邀请被试回答两个非常不相同、在平常不会遇到的问题。例如"我们怎么知晓一个人去过火星?""星际大战的时候,如何防止受到对方的干扰,打破对方的防御?”提出类似的问题,以获得测试者想要了解的相关创造性思维水平。

二、 早期实验

早期实验大多关注问题本身的变化对问题解决的影响。在对问题呈现方式进行操控的不同条件下,测量问题解决中的各种行为指标,探索其中的变量关系。

(一) 定势实验

人在解决一系列相似的问题之后会有一种以惯常方式解决问题的倾向,这就是定势(set)。定势有时可以促进问题解决,帮助减少摸索过程,有时也会阻碍问题的顺利解决。心理学家陆钦斯(A. S. Luchins)1964 年曾做过一个定势实验,他要求被试用大小不同的容器 A、B、C 去量水。实验组要做所有的 7 道题,而控制组只做两道题即第 6、7 题。解决第一个问题的好办法是装满 B 壶,然后用 B 壶里的水装满 A 壶一次、装满 C 壶两次,即用(B-A-2C)的方法操作,之后 B 壶中剩下的水就是所要求的水量。问题 1 到 5 的解决方法是类似的,因此造成了被试的某种倾向。问题 6 和 7 可以用上述的程序解决,但也可以用另一种较简单的方法解决:只需要用(A-C)或(A+C)的方法即可解决。

实验发现,实验组的被试一直沿用解决问题 1 时所用的(B-A-2C)的方法解决所有题,从小学生一直到大学毕业生都是这样。而控制组被试由于不受先前活动的定势影响,则用更为简便的(A-C)或(A+C)的方法解决这两个问题。

(二) 功能固着实验

某种物体经常以某种方法被使用,久而久之,人就会在思想上把它的功能固定在那种用法上,这就是功能固着(functional fixedness)现象。换言之,功能固着使人难以发现事物的新用处,因而有时会使问题的解决受阻。

心理学家艾德姆逊(R. E. Adamson)的实验把被试分为甲、乙两组。给每个被试发 3 支蜡烛、3 个小纸盒、5 根火柴、5 颗图钉和 1 个垂直的木屏。但是,给甲组的图钉、火柴、蜡烛是分类放在纸盒里的,给乙组的则是散放在盒子外面的。要他们解决的问题是把 3 支蜡烛安置在垂直的木屏上。问题的正确解法是:用火柴熔化蜡烛底部,把它黏合在纸盒上,然后用图钉把小纸盒固定在木屏上即可。实验发现,乙组 86%的被试不到两分钟就解决了问题,而在同一时间里,甲组只有 41%的人解决了问题。造成这种差别的根本原因就在于,把实验材料分类放在盒子里强化了“纸盒只能做容器”的功能,使甲组被试遇到了较多困难,而乙组被试所遇到的是一种没被盒子框住的情境,因此受功能固着的消极影响较小(郭秀艳,2005)。

三、问题解决策略的实验范式

信息加工心理学采用口语报告法和计算机模拟结合的实验范式，探索了大量问题解决过程中的策略问题。下面介绍傅小兰在1990年完成的一项研究。

独立钻石棋是一个人玩的游戏。游戏开始前，棋盘上共有32个棋子，每个棋子均位于棋盘上的一个交点处，其中正中央的那个交点没有棋子，如图9－11所示。游戏时，棋子只能跳着走，即必须从相邻的一个棋子跨到一个空位上，被跨过的那个棋子就被吃掉了。走到所有棋子均不能再跳为止，游戏者的成绩取决于剩下的棋子，剩下的越少成绩越好，如果只剩下一个棋子则成绩最好。研究者让被试一边玩棋一边大声说出自己的想法，采用口语报告分析的方法归纳被试在实验中的具体移动方式。

图9－11　独立钻石棋

傅小兰在研究中总结出被试使用的三种策略。

(1) 知觉指引策略：棋子移动无计划，被试主要基于当时对问题情境的知觉结果移动棋子，即看到哪个棋子能动就动哪个棋子。口语记录多是"先试试""车到山前必有路""走一步看一步"。

(2) 选择性搜索策略：部分被试的口语记录是"先把最角上的棋子去掉""要往中间走"等等。考虑到问题解决的最佳结果是剩一枚棋子在正中心位置，因此需要把棋子往棋盘中部集中。

(3) 计划简化策略：部分被试的口语记录是"怎么千方百计使这4个角一个一个空出来"，"上面一个一个角消灭掉了，这么消灭的话，就没注意中间的"，等等。被试将棋盘的4个边角上的棋子一一清除，表现出明显的计划性，能保证剩下的棋子都集中在中部。

第四节　推理研究的实验范式

在20世纪的前半个时期,推理的实验研究程序主要是行为主义式的,向被试呈现能引起推理活动的刺激(主要是形式逻辑推理题),记录被试对这些作业刺激的反应结果,并进行理论解释。从20世纪中期开始,推理心理学的研究逐渐采用了认知心理学的研究范式,即先提出某种假设,围绕假设进行实验设计,控制无关变量,然后在实验中采集被试在实验条件下的推理结果,分析这些推理结果,用信息加工的观点来解释人们在推理活动中如何表征推理刺激,描述人类推理活动的过程,并探讨推理过程是否符合逻辑规范及其内在的认知偏向(胡竹箐,2000)。

推理是从已知的或假设的前提中引出结论的认知过程。根据形式逻辑的观点,前提和结论之间有蕴涵关系的推理叫作必然性推理,即演绎推理(从一般到特殊);前提和结论之间没有蕴涵关系的推理叫作或然性推理,包括归纳推理(从特殊到一般)和类比推理(从特殊到特殊)。心理学的研究主要集中在演绎推理,常被简称为推理。就目前的研究看,主要包括以下两个方面:一是对范畴三段论推理的研究,二是对复合推理的研究。

一、范畴三段论推理的实验研究

心理学对范畴三段论推理的实验研究主要采用纸笔测验法进行。控制的自变量主要是被试的性质和范畴三段论推理题的性质。具体地说,实验者根据一定的目的,编制一定数量的推理题,选取一定样本的被试并让他们解题,然后对被试的解题结果进行统计分析,据此提出某种理论假设。

威尔金斯(1928年)发表的实验探究了范畴三段论推理题的内容性质对范畴三段论推理的影响。被试是81名大学生,材料是4种类型的范畴三段论试题各20题,其中每一个范畴三段论试题都由两个前提和3个可选的结论构成。例如:

所有的A都不是B

有些A是C

所以,有些C不是B

所有的C都不是B

有些B不是C

在这里，根据逻辑学的观点，第一个结论是有效的，后两个结论则是无效的。在威尔金斯设计的实验中，每个范畴三段论推理题通常都有一个或多个结论是有效的，被试的任务则是对每一个结论标出有效还是无效。上述这一例的3个可选结论中，被试对它们的接受率分别是71%、23%和47%；另外，推理题的内容和日常生活中熟悉的事物相关度越高，准确率越高。

二、复合推理的实验研究

在实际生活中，人们不可能只面对三段论这种单纯的逻辑推理，还会遇到包含其他认知成分的复合推理任务，例如涉及命题检验的推理、概率推理等。

（一）命题检验

命题检验的研究主要围绕沃森提出的三大类型的课题进行的，即条件推理、四卡片选择作业和THOG问题。这里以经典的四卡片选择作业问题为例介绍命题检验的一般实验程序。

实验目的：探求被试对给定法则的真伪进行验证时的心理活动规律。

实验材料：若干套以四张卡片为一套的卡片。一套卡片如图9－12所示，每套卡片同时给被试。

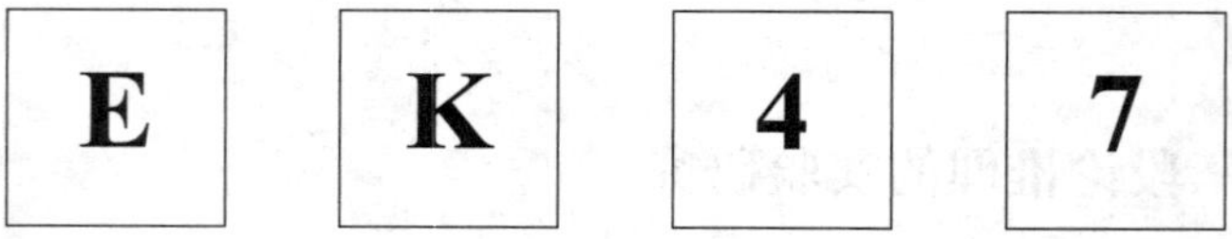

图9－12　选择作业的刺激卡片

实验操作：告诉被试每张卡片都有一个字母在一面，有一个数字在另一面，并告诉被试伴随这组卡片的法则，比如“如果卡片的一面是元音字母，那么在它的另一面是偶数”。要求被试推断，为了求证这条法则的真假而必须翻看哪些卡片。

结果解释：以上一法则为例，当需要证明其真伪时，有46%的被试认为必须选择翻看E和4这两张卡片；有33%的被试选择了E卡片；两者合在一起的人数为79%（占绝大部分）；完全正确地选择E卡片和7卡片的只有4%；选择数字卡片7的人占7%。沃森等人认为，四卡片问题实验的一般结论是：被试在这种选择作业中，总是极力去搜索可以证实法则为真的卡片，而较少尝试寻找可以证伪的卡片（胡竹菁，1999）。

（二）概率推理

史滋福等（2006）探讨了如何用外部表征方式提高贝叶斯推理的成绩。实验材料为经典的贝叶斯推理任务“乳腺癌问题”：参加常规X光透视检查的40岁妇女中，患乳癌的概率是1%。如果一个妇女患了乳癌，她的胸透片呈阳性的概率是80%。如果一个妇女没有患乳癌,她的胸透片呈阳性的概率是9.6%。一个此年龄段的妇女的胸透片呈阳性,那么她患乳癌的概率是多少?

自变量是被试类型(文理科)与问题呈现方式。问题呈现方式分为三组:标准概率题组、叙述理由组、嵌套集合关系的命题表征组。因变量为后验概率估计的准确性,即后验概率估计值与使用贝叶斯定理计算出的标准值之间差的绝对值。

控制组(即经典乳癌问题组)要求被试估计:现在有一个此年龄段的妇女在X射线检测中呈阳性,则她实际患乳癌的概率是多少?叙述理由组要求被试估计这一问题,同时附加"请简单说明你给出这个答案的理由"。嵌套集合关系的命题表征组则要求被试依次估计:(1)一个此年龄段的妇女患乳癌且检测呈阳性的概率是多少?(2)一个此年龄段的妇女没患乳癌而检测呈阳性的概率是多少?(3)一个此年龄段的妇女检测呈阳性的概率是多少(不论患癌与否)?(4)若已知一个此年龄段的妇女在X射线检测中呈阳性,则她确实患乳癌的概率是多少?

实验结果表明:(1)文理科主效应在统计意义上差异不显著,$F(1,157)=0.155, p>0.05$。这似乎表明"乳癌问题"这样复杂的贝叶斯推理问题对文理被试而言都很困难;(2)叙述理由组和控制组的贝叶斯推理成绩在统计上存在显著差异,说明要求被试叙述理由确实改善了被试的推理成绩,这表明叙述理由确实可以激发被试的元认知监控过程,从而有效调动其利用已有知识和相关图式明确问题中内隐的嵌套集合关系;(3)嵌套集合关系的命题表征虽然在一定程度上改善了被试对贝叶斯推理任务的判断,也在一定程度上证实了嵌套集合假设,即促使被试更易于觉察嵌套集合关系的提问,有利于提高贝叶斯推理问题的成绩,但是嵌套集合关系的命题表征组和控制组之间的差异存在统计意义上的边缘显著差异($p=0.07<0.10$)。

关键词

符兹堡学派、边缘思维论、尝试-错误说、顿悟说、概念形成、计算机模拟、口语报告分析法、问题、问题解决、问题空间、算子、问题行为图、算法策略

练习与思考

1. 概念学习实验的程序是怎样的?
2. 举例说明问题的不同分类方法。
3. 计算机模拟的基本操作程序是怎样的?

4. 使用口语报告分析法研究问题解决的一般程序是怎样的？
5. 自主查阅文献，归纳总结：影响问题解决的内外因素主要有哪些？

课程资源

9－1
问题解决研究中的口语报告分析法

9－2
机器会思维吗？

第九章　视频资源

附录1

常用统计检验表

附表1　随机数字表

Row/Col	(1)	(2)	(3)	(4)	(5)	(6)	(7)	(8)	(9)	(10)
00000	10097	32533	76520	13586	34673	54876	80959	09117	39292	74945
00001	37542	04805	64894	74296	24805	24037	20636	10402	00822	91665
00002	08422	68953	19645	09303	23209	02560	15953	34764	35080	33606
00003	99019	02529	09376	70715	38311	31165	88676	74397	04436	27659
00004	12807	99970	80157	36147	64032	36653	98951	16877	12171	76833
00005	66062	74717	34072	76850	36697	36170	35813	39885	11199	29170
00006	31060	10805	45571	82406	35303	42614	86799	07439	23403	09732
00007	85269	77602	02051	65692	68665	74818	73053	85247	18623	88579
00008	63573	32135	05325	47048	90553	57548	28468	28709	83491	25624
00009	73796	45753	03529	64778	35808	34282	60935	20344	35273	88435
00010	98520	17767	14905	68607	22109	40558	60970	93433	50500	73998
00011	11805	05431	39808	27732	50725	68248	29405	24201	52775	67851
00012	83452	99634	06288	98083	13746	70078	18475	40610	68711	77817
00013	88685	40200	86507	58401	36766	67951	90364	76493	29609	11062
00014	99594	67348	87517	64969	91826	08928	93785	61368	23478	34113
00015	65481	17674	17468	50950	58047	76974	73039	57186	40218	16544
00016	80124	35635	17727	08015	45318	22374	21115	78253	14385	53763
00017	74350	99817	77402	77214	43236	00210	45421	64237	96286	02655
00018	69916	26803	66252	29148	36936	87203	76621	13990	94400	56418
00019	09893	20505	14225	68514	46427	56788	96297	78822	54382	14598
00020	91499	14523	68479	27686	46162	83554	94750	89923	37089	20048
00021	80336	94598	26940	36858	70297	34135	53140	33340	42050	82341
00022	44104	81949	85157	47954	32979	26575	57600	40881	22222	06413
00023	12550	73742	11100	02040	12860	74697	96644	89439	28707	25815
00024	63606	49329	16505	34484	40219	52563	43651	77082	07207	31790

续表

Row/Col	(1)	(2)	(3)	(4)	(5)	(6)	(7)	(8)	(9)	(10)
00025	61196	90446	26457	47774	51924	33729	65394	59593	42582	60527
00026	15474	45266	95270	79953	59367	83848	82396	10118	33211	59466
00027	94557	28573	67897	54387	54622	44431	91190	42592	92927	45973
00028	42481	16213	97344	08721	16868	48767	03071	12059	25701	46670
00029	23523	78317	73208	89837	68935	91416	26252	29663	05522	82562
00030	04493	52494	75246	33824	45862	51025	61962	79335	65337	12472
00031	00549	97654	64051	88159	96119	63896	54692	82391	23287	29529
00032	35963	15307	26898	09354	3351	35462	77974	50024	90103	39333
00033	59808	08391	54527	26842	83609	49700	13021	24892	78565	20106
00034	46058	85236	01390	92286	77281	44077	93910	83647	70617	42941
00035	32179	00597	87379	25241	05567	07007	86743	17157	85394	11838
00036	69234	61406	20117	45204	15956	60000	18743	92423	97118	96338
00037	19565	41430	01758	75379	40419	21585	66674	36806	84962	85207
00038	45155	14938	19476	07246	43667	94543	59047	90033	20826	69541
00039	94864	31994	36168	10851	34888	81553	01540	35456	05014	51176
00040	98086	24826	45240	28404	44999	08896	39094	73407	35441	31880
00041	33185	16232	41941	50949	89435	48581	88695	41994	37548	73043
00042	80951	00406	96382	70774	20151	23387	25016	25298	94624	61171
00043	79752	49140	71961	28296	69861	02591	74852	20539	00387	59579
00044	18633	32537	98145	06571	31010	24674	05455	61427	77938	91936
00045	74029	43902	77557	32270	97790	17119	52527	58021	80814	51748
00046	54178	45611	80993	37143	05335	12969	56127	19255	36040	90324
00047	11664	49883	52079	84827	59381	71539	09973	33440	88461	23356
00048	48324	77928	31249	64710	02295	36870	32307	57546	15020	09994
00049	69074	94138	87637	91976	35584	04401	10518	21616	01848	76938

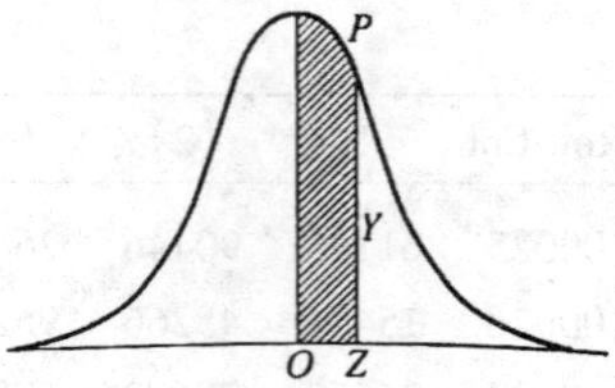

附表2　正态分布的PZY转换表

（曲线下的面积为P，纵高为Y）

Z	Y	P	Z	Y	P	Z	Y	P
0.00	0.39894	0.00000	0.30	0.38139	0.11791	0.60	0.33322	0.22575
0.01	0.39892	0.00399	0.31	0.38023	0.12172	0.61	0.33121	0.25907
0.02	0.39886	0.00798	0.32	0.37903	0.12552	0.62	0.32918	0.23237
0.03	0.39876	0.01197	0.33	0.37780	0.12930	0.63	0.32713	0.23565
0.04	0.39862	0.01695	0.34	0.37654	0.13307	0.64	0.32506	0.23891
0.05	0.39844	0.01994	0.35	0.37524	0.13683	0.65	0.32297	0.24215
0.06	0.39822	0.02392	0.36	0.37391	0.14058	0.66	0.32086	0.24537
0.07	0.39797	0.02790	0.37	0.37255	0.14431	0.67	0.31874	0.24857
0.08	0.39767	0.03188	0.38	0.37115	0.14803	0.68	0.31659	0.25175
0.09	0.39733	0.03586	0.39	0.36973	0.15173	0.69	0.31443	0.25490
0.10	0.39695	0.03983	0.40	0.36827	0.15542	0.70	0.31225	0.25804
0.11	0.39654	0.04380	0.41	0.36678	0.15910	0.71	0.31006	0.26115
0.12	0.39608	0.04776	0.42	0.36526	0.16276	0.72	0.30785	0.26424
0.13	0.39559	0.05172	0.43	0.36371	0.16640	0.73	0.30563	0.23730
0.14	0.39505	0.05567	0.44	0.36213	0.17003	0.74	0.30339	0.27035
0.15	0.39448	0.05962	0.45	0.36053	0.17364	0.75	0.30114	0.27337
0.16	0.39387	0.06356	0.46	0.35889	0.17721	0.76	0.29887	0.27637
0.17	0.39322	0.06749	0.47	0.35723	0.18082	0.77	0.29659	0.27935
0.18	0.39253	0.07142	0.48	0.35553	0.18439	0.78	0.29431	0.28230
0.19	0.39181	0.07535	0.49	0.35381	0.18793	0.79	0.29200	0.28524
0.20	0.39104	0.07926	0.50	0.35207	0.19146	0.80	0.28969	0.28814
0.21	0.39024	0.08317	0.51	0.35029	0.19497	0.81	0.28737	0.29103
0.22	0.38940	0.08706	0.52	0.34849	0.19847	0.82	0.28504	0.29389
0.23	0.38853	0.09095	0.53	0.34667	0.20194	0.83	0.28269	0.29673
0.24	0.38762	0.09483	0.54	0.34482	0.20540	0.84	0.28034	0.29955
0.25	0.38667	0.09871	0.55	0.34294	0.20884	0.85	0.27798	0.30234
0.26	0.38568	0.10257	0.56	0.34105	0.21226	0.86	0.27562	0.30511
0.27	0.38466	0.10642	0.57	0.33912	0.21566	0.87	0.27324	0.30785
0.28	0.38361	0.11026	0.58	0.33718	0.21904	0.88	0.27986	0.31057
0.29	0.38251	0.11409	0.59	0.33521	0.22240	0.89	0.28848	0.31327

续表

Z	Y	P	Z	Y	P	Z	Y	P
0.90	0.26609	0.31594	1.20	0.19419	0.38493	1.50	0.12952	0.43319
0.91	0.26369	0.31859	1.21	0.19186	0.38686	1.51	0.12758	0.43448
0.92	0.26129	0.32121	1.22	0.18954	0.38877	1.52	0.12566	0.43574
0.93	0.25888	0.32381	1.23	0.18724	0.39065	1.53	0.12376	0.43699
0.94	0.25647	0.32639	1.24	0.18494	0.39251	1.54	0.12188	0.43822
0.95	0.25406	0.32894	1.25	0.18265	0.39435	1.55	0.12001	0.43943
0.96	0.25164	0.33147	1.26	0.18037	0.39617	1.56	0.11816	0.44062
0.97	0.24923	0.33398	1.27	0.17810	0.39796	1.57	0.11632	0.44179
0.98	0.24681	0.33646	1.28	0.17585	0.39973	1.58	0.11450	0.44295
0.99	0.24439	0.33891	1.29	0.17360	0.40147	1.59	0.11270	0.44408
1.00	0.24197	0.34134	1.30	0.17137	0.40320	1.60	0.11092	0.44520
1.01	0.23955	0.34375	1.31	0.16915	0.40490	1.61	0.10915	0.44630
1.02	0.23713	0.34614	1.32	0.16694	0.40658	1.62	0.10741	0.44738
1.03	0.23471	0.34850	1.33	0.16474	0.40824	1.63	0.10567	0.44845
1.04	0.23230	0.35083	1.34	0.16256	0.40988	1.64	0.10396	0.44950
1.05	0.22988	0.35314	1.35	0.16038	0.41149	1.65	0.10226	0.45053
1.06	0.22747	0.35543	1.36	0.15822	0.41309	1.66	0.10059	0.45154
1.07	0.22506	0.35769	1.37	0.15608	0.41466	1.67	0.09893	0.45254
1.08	0.22265	0.35993	1.38	0.15395	0.41621	1.68	0.09728	0.45352
1.09	0.22025	0.36214	1.39	0.15183	0.41774	1.69	0.09566	0.45449
1.10	0.21785	0.36433	1.40	0.14973	0.41924	1.70	0.09405	0.45543
1.11	0.21546	0.36650	1.41	0.14764	0.42073	1.71	0.09246	0.45637
1.12	0.21307	0.36864	1.42	0.14556	0.42220	1.72	0.09089	0.45728
1.13	0.21069	0.37076	1.43	0.14350	0.42364	1.73	0.08933	0.45818
1.14	0.20831	0.37286	1.44	0.14146	0.42507	1.74	0.08780	0.45907
1.15	0.20594	0.37493	1.45	0.13943	0.42647	1.75	0.08628	0.45994
1.16	0.20357	0.37698	1.46	0.13742	0.42786	1.76	0.08478	0.46080
1.17	0.20121	0.37900	1.47	0.13542	0.42922	1.77	0.08329	0.46164
1.18	0.19886	0.38100	1.48	0.13344	0.43056	1.78	0.08183	0.46246
1.19	0.19652	0.38298	1.49	0.13147	0.43189	1.79	0.08038	0.46327

续表

Z	Y	P	Z	Y	P	Z	Y	P
1.80	0.07895	0.46407	2.10	0.04398	0.48214	2.40	0.02239	0.49180
1.81	0.07754	0.46485	2.11	0.04307	0.48257	2.41	0.02186	0.49202
1.82	0.07614	0.46562	2.12	0.04217	0.48300	2.42	0.02134	0.49224
1.83	0.07477	0.46638	2.13	0.04128	0.48341	2.43	0.02083	0.49245
1.84	0.07341	0.46712	2.14	0.04041	0.48382	2.44	0.02033	0.49266
1.85	0.07206	0.46784	2.15	0.03955	0.48422	2.45	0.01984	0.49286
1.86	0.07074	0.46856	2.16	0.03871	0.48461	2.46	0.01936	0.49305
1.87	0.06943	0.48926	2.17	0.03788	0.48500	2.47	0.01889	0.49324
1.88	0.06814	0.46995	2.18	0.03706	0.48537	2.48	0.01842	0.49343
1.89	0.06687	0.47062	2.19	0.03626	0.48574	2.49	0.01797	0.49361
1.90	0.06562	0.47128	2.20	0.03547	0.48610	2.50	0.01753	0.49379
1.91	0.06439	0.47193	2.21	0.03470	0.48645	2.51	0.01709	0.49396
1.92	0.06316	0.47257	2.22	0.03394	0.48679	2.52	0.01667	0.49413
1.93	0.06195	0.47320	2.23	0.03319	0.48713	2.53	0.01625	0.49430
1.94	0.06077	0.47381	2.24	0.03246	0.48745	2.54	0.01585	0.49446
1.95	0.05959	0.47441	2.25	0.03174	0.48778	2.55	0.01545	0.44961
1.96	0.05844	0.47500	2.26	0.03103	0.48809	2.56	0.01506	0.49477
1.97	0.05730	0.47558	2.27	0.03034	0.48840	2.57	0.01468	0.49492
1.98	0.05618	0.47615	2.28	0.02965	0.48870	2.58	0.01431	0.49506
1.99	0.05508	0.47670	2.29	0.02898	0.48899	2.59	0.01394	0.49520
2.00	0.05399	0.47725	2.30	0.02833	0.48928	2.60	0.01358	0.49534
2.01	0.02592	0.47778	2.31	0.02768	0.48956	2.61	0.01323	0.49547
2.02	0.05186	0.47831	2.32	0.02705	0.48983	2.62	0.01289	0.49560
2.03	0.05082	0.47882	2.33	0.02643	0.49010	2.63	0.01256	0.49573
2.04	0.04980	0.47982	2.34	0.02582	0.49036	2.64	0.01223	0.49585
2.05	0.04879	0.47982	2.35	0.02522	0.49061	2.65	0.01191	0.49598
2.06	0.04780	0.48030	2.36	0.02463	0.49086	2.66	0.01160	0.49609
2.07	0.04682	0.48077	2.37	0.02406	0.49111	2.67	0.01130	0.49621
2.08	0.04586	0.48124	2.38	0.02349	0.49134	2.68	0.01100	0.49632
2.09	0.04491	0.48169	2.39	0.02294	0.49158	2.69	0.01071	0.49643

续表

Z	Y	P	Z	Y	P	Z	0Y	P
2.70	0.01042	0.49653	3.00	0.00443	0.49865	3.30	0.00172	0.49952
2.71	0.01014	0.49664	3.01	0.00430	0.49869	3.31	0.00167	0.49953
2.72	0.00987	0.49674	3.02	0.00417	0.49874	3.32	0.00161	0.49955
2.73	0.00961	0.49683	3.03	0.00405	0.49878	3.33	0.00156	0.49957
2.74	0.00935	0.49693	3.04	0.00393	0.49882	3.34	0.00151	0.49958
2.75	0.00909	0.49702	3.05	0.00381	0.49886	3.35	0.00146	0.49960
2.76	0.00885	0.49711	3.06	0.00370	0.49889	3.36	0.00141	0.49961
2.77	0.00861	0.49720	3.07	0.00358	0.49893	3.37	0.00136	0.49962
2.78	0.00837	0.49728	3.08	0.00348	0.49897	3.38	0.00132	0.49964
2.79	0.00814	0.49736	3.09	0.00337	0.49900	3.39	0.00127	0.49965
2.80	0.00792	0.49744	3.10	0.00327	0.49903	3.40	0.00123	0.49966
2.81	0.00770	0.49752	3.11	0.00317	0.49906	3.41	0.00119	0.49968
2.82	0.00748	0.49760	3.12	0.00307	0.49910	3.42	0.00115	0.49969
2.83	0.00727	0.49767	3.13	0.00298	0.49913	3.43	0.00111	0.49970
2.84	0.00707	0.49774	3.14	0.00288	0.49916	3.44	0.00107	0.49971
2.85	0.00687	0.49781	3.15	0.00279	0.49918	3.45	0.00104	0.49972
2.86	0.00668	0.49788	3.16	0.00271	0.49921	3.46	0.00100	0.49973
2.87	0.00649	0.49795	3.17	0.00262	0.49924	3.47	0.00097	0.49974
2.88	0.00631	0.49801	3.18	0.00251	0.49926	3.48	0.00094	0.49975
2.89	0.00613	0.49807	3.19	0.00246	0.49929	3.49	0.00090	0.49976
2.90	0.00525	0.49813	3.20	0.00238	0.49931	3.50	0.00087	0.49977
2.91	0.00578	0.49819	3.21	0.00231	0.49934	3.51	0.00084	0.49978
2.92	0.00562	0.49825	3.22	0.00224	0.49936	3.52	0.00081	0.49978
2.93	0.00545	0.49831	3.23	0.00216	0.49938	3.53	0.00079	0.49979
2.94	0.00530	0.49836	3.24	0.00210	0.49940	3.54	0.00076	0.49980
2.95	0.00514	0.49841	3.25	0.00203	0.49942	3.55	0.00073	0.49981
2.96	0.00499	0.49846	3.26	0.00196	0.49944	3.56	0.00071	0.49981
2.97	0.00485	0.49851	3.27	0.00190	0.49946	3.57	0.00068	0.49982
2.98	0.00471	0.49856	3.28	0.00184	0.49948	3.58	0.00066	0.49983
2.99	0.00457	0.49861	3.29	0.00178	0.49950	3.59	0.00063	0.49983

续表

Z	Y	P	Z	Y	P	Z	Y	P
3.60	0.00061	0.49984	3.75	0.00035	0.49991	3.90	0.00020	0.49995
3.61	0.00059	0.49986	3.76	0.00034	0.49992	3.91	0.00019	0.49995
3.62	0.00057	0.49985	3.77	0.00033	0.49992	3.92	0.00018	0.49996
3.63	0.00055	0.49986	3.78	0.00031	0.49992	3.93	0.00018	0.49996
3.64	0.00053	0.49986	3.79	0.00030	0.49992	3.94	0.00017	0.49996
3.65	0.00051	0.49987	3.80	0.00029	0.49993	3.95	0.00016	0.49996
3.66	0.00049	0.49987	3.81	0.00028	0.49993	3.96	0.00016	0.49996
3.67	0.00047	0.49988	3.82	0.00027	0.49993	3.97	0.00015	0.49996
3.68	0.00046	0.49988	3.83	0.00026	0.49994	3.98	0.00014	0.49997
3.69	0.00044	0.49989	3.84	0.00025	0.49994	3.99	0.00014	0.49997
3.70	0.00042	0.49989	3.85	0.00024	0.49994			
3.71	0.00041	0.49990	3.86	0.00023	0.49994			
3.72	0.00039	0.49990	3.87	0.00022	0.49995			
3.73	0.00038	0.49990	3.88	0.00021	0.49995			
3.74	0.00037	0.49991	3.89	0.00021	0.49995			

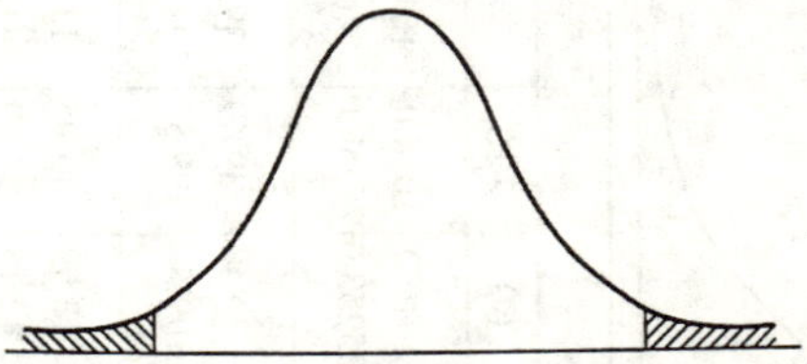

附表3　t值表

d'	最大t值的概率(双侧界限)								
	0.5	0.4	0.3	0.2	0.1	0.05	0.02	0.01	0.001
1	1.000	1.376	1.963	3.078	6.314	12.706	31.821	63.657	636.619
2	0.816	1.061	1.386	1.886	2.920	4.303	6.965	9.925	31.598
3	0.765	0.978	1.250	1.638	2.353	3.182	4.541	5.841	12.941
4	0.741	0.941	1.190	1.533	2.132	2.776	3.747	4.604	8.610
5	0.727	0.920	1.156	1.476	2.015	2.571	3.365	4.032	6.859
6	0.718	0.906	1.134	1.440	1.943	2.447	3.143	3.707	5.959
7	0.711	0.896	1.119	1.415	1.896	2.365	2.998	3.499	5.405
8	0.706	0.889	1.108	1.397	1.860	2.306	2.896	3.355	5.041
9	0.703	0.883	1.100	1.383	1.833	2.262	2.821	3.250	4.781
10	0.700	0.879	1.093	1.372	1.812	2.228	2.764	3.169	4.587
11	0.697	0.876	1.088	1.363	1.796	2.201	2.718	3.106	4.437
12	0.695	0.873	1.083	1.356	1.782	2.179	2.681	3.055	4.318
13	0.694	0.870	1.079	1.350	1.771	2.160	2.650	3.012	4.221
14	0.692	0.868	1.076	1.345	1.761	2.145	2.624	2.977	4.140
15	0.691	0.866	1.074	1.341	1.753	2.131	2.602	2.947	4.073
16	0.690	0.865	1.071	1.337	1.746	2.120	2.583	2.921	4.015
17	0.689	0.863	1.069	1.333	1.740	2.110	2.567	2.898	3.965
18	0.688	0.862	1.067	1.330	1.734	2.101	2.552	2.878	3.922
19	0.688	0.861	1.066	1.328	1.729	2.093	2.539	2.861	3.883
20	0.687	0.860	1.064	1.325	1.725	2.086	2.528	2.845	3.850
21	0.686	0.859	1.063	1.323	1.721	2.080	2.518	2.831	3.819
22	0.686	0.858	1.061	1.321	1.717	2.074	2.508	2.819	3.792
23	0.685	0.858	1.060	1.319	1.714	2.069	2.500	2.807	3.767
24	0.685	0.857	1.059	1.318	1.711	2.064	2.492	2.797	3.745
25	0.684	0.856	1.058	1.316	1.708	2.060	2.485	2.787	3.725
26	0.684	0.856	1.058	1.315	1.706	2.056	2.479	2.779	3.707
27	0.684	0.855	1.057	1.314	1.703	2.052	2.473	2.771	3.690
28	0.683	0.855	1.056	1.313	1.701	2.048	2.467	2.763	3.674
29	0.683	0.854	1.055	1.311	1.699	2.045	2.462	2.756	3.659
30	0.683	0.854	1.055	1.310	1.697	2.042	2.457	2.750	3.646
40	0.681	0.851	1.050	1.303	1.684	2.021	2.423	2.704	3.551
60	0.679	0.848	1.046	1.296	1.671	2.000	2.390	2.660	3.460
120	0.677	0.845	1.041	1.289	1.658	1.980	2.358	2.617	3.373
∞	0.674	0.842	1.036	1.282	1.645	1.960	2.326	2.576	3.291
df	0.25	0.2	0.15	0.1	0.05	0.025	0.01	0.005	0.0005
	更大t值的概率(单侧界限)								

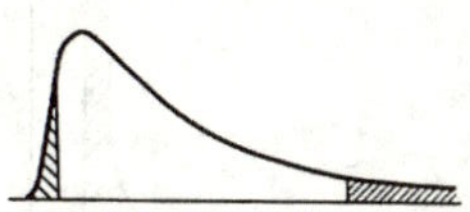

附表4 *F*值表(双侧检验)

分母 *df*	*a*	分子自由度 *df* 1	2	3	4	5	6	7	8	9	10	12	15	20	24	30	40	60	120	∞
1	0.05	647.8	799.5	864.2	899.5	921.8	937.1	948.2	956.7	963.3	968.6	976.7	984.9	993.1	997.2	1001.0	1006.0	1010.0	1014.0	1018.0
	0.01	16211.0	20000.0	21615.0	22500.0	23056.0	23437.0	23715.0	23925.0	24091.0	24224.0	24426.0	24630.0	24836.0	24940.0	25044.0	25148.0	25253.0	25359.0	25465.0
2	0.05	38.51	39.00	39.17	39.25	39.30	39.33	39.36	39.37	39.39	39.40	39.41	39.43	39.45	39.46	39.46	39.47	39.48	39.49	39.50
	0.01	199.5	199.0	199.2	199.2	199.3	199.3	199.4	199.4	199.4	199.4	199.4	199.4	199.4	199.5	199.5	199.5	199.5	199.5	199.50
3	0.05	17.44	16.04	15.44	15.10	14.88	14.73	14.62	14.54	14.47	14.42	14.34	14.25	14.17	14.12	14.08	14.04	13.99	13.95	13.90
	0.01	55.55	49.80	47.47	46.19	45.39	44.84	44.43	44.13	43.88	43.69	43.39	43.08	42.78	42.62	42.47	42.31	42.15	41.99	41.83
4	0.05	12.22	10.65	9.98	9.60	9.36	9.20	9.07	8.98	8.90	8.84	8.75	8.66	8.56	8.51	8.46	8.41	8.36	8.31	8.26
	0.01	31.33	26.28	24.26	23.15	22.46	21.97	21.62	21.36	21.14	20.97	20.70	20.44	20.17	20.03	19.89	19.75	19.61	19.47	19.32
5	0.05	10.01	8.43	7.76	7.39	7.15	6.98	6.85	6.76	6.68	6.62	6.52	6.43	6.33	6.28	6.23	6.18	6.12	6.07	6.02
	0.01	22.78	18.31	16.53	15.56	14.94	14.51	14.20	13.96	13.71	13.62	13.38	13.15	12.90	12.78	12.66	12.53	12.40	12.27	12.14
6	0.05	8.81	7.26	6.60	6.23	5.99	5.82	5.70	5.60	5.52	5.46	5.37	5.27	5.17	5.12	5.07	5.01	4.96	4.90	4.85
	0.01	18.63	14.54	12.92	12.03	11.46	11.07	10.79	10.57	10.39	10.25	10.03	9.81	9.59	9.47	9.36	9.24	9.12	9.00	8.88
7	0.05	8.07	6.54	5.89	5.52	5.29	5.12	4.99	4.90	4.82	4.70	4.67	4.57	4.47	4.42	4.36	4.31	4.25	4.20	4.14
	0.01	16.24	12.40	10.88	10.05	9.52	9.16	8.89	8.66	8.61	8.38	8.18	7.97	7.75	7.65	7.53	7.42	7.31	7.19	7.08
8	0.05	7.57	6.06	5.42	5.05	4.82	4.65	4.53	4.43	4.36	4.30	4.20	4.10	4.00	3.95	3.89	3.84	3.78	3.73	3.67
	0.01	14.69	11.04	9.50	8.81	8.30	7.95	7.69	7.50	7.34	7.21	7.01	6.81	6.61	6.50	6.40	6.29	6.18	6.06	6.95
9	0.05	7.21	5.71	5.08	4.72	4.48	4.32	4.20	4.10	4.03	3.96	3.87	3.77	3.67	3.61	3.54	3.54	3.45	3.39	3.33
	0.01	13.61	10.11	8.72	7.96	7.47	7.13	6.88	6.69	6.54	6.42	6.23	6.03	5.83	5.73	5.62	5.52	5.41	5.30	5.19

续表

分母 df	a	分子自由度 df																		
		1	2	3	4	5	6	7	8	9	10	12	15	20	24	30	40	60	120	∞
10	0.05	6.94	5.46	4.83	4.47	4.24	4.07	3.95	3.85	3.78	3.72	3.62	3.52	3.42	3.37	3.31	3.26	3.20	3.14	3.08
	0.01	12.83	9.43	8.08	7.34	6.87	6.54	6.30	6.12	5.97	5.85	5.66	5.47	5.27	5.17	5.07	4.97	4.86	4.75	4.64
12	0.05	6.55	5.10	4.47	4.12	3.89	3.73	3.61	3.51	3.44	3.37	3.28	3.18	3.07	3.02	2.96	2.91	2.85	2.79	2.72
	0.01	11.75	8.51	7.23	6.52	6.07	5.76	5.52	5.35	5.20	5.09	4.91	4.72	4.53	4.43	4.33	4.23	4.12	4.01	3.90
15	0.05	6.20	4.77	4.15	3.80	3.58	3.41	3.29	3.20	3.12	3.06	2.96	2.86	2.76	2.70	2.64	2.59	2.52	2.46	2.40
	0.01	10.80	7.70	6.48	5.80	5.37	5.07	4.85	4.67	5.54	4.42	4.25	4.07	3.88	3.79	3.69	3.58	3.48	3.37	3.26
20	0.05	5.87	4.46	3.86	3.51	3.29	3.13	3.01	2.91	2.84	2.77	2.68	2.57	2.46	2.41	2.35	2.29	2.22	2.16	2.09
	0.01	9.94	6.99	5.82	5.17	4.76	4.47	4.26	4.09	3.96	3.85	3.68	3.50	3.32	3.22	3.12	3.02	2.92	2.81	2.59
24	0.05	5.72	4.32	3.72	3.38	3.15	2.99	2.87	2.78	2.70	2.64	2.54	2.44	2.33	2.27	2.21	2.15	2.08	2.01	1.94
	0.01	9.55	6.66	5.52	4.89	4.49	4.20	3.99	3.83	3.69	3.59	3.42	3.25	3.06	2.97	2.87	2.77	2.65	2.55	2.43
30	0.05	5.57	4.18	3.59	3.25	3.03	2.87	2.75	2.66	2.57	2.51	2.41	2.31	2.20	2.14	2.07	2.01	1.94	1.87	1.79
	0.01	9.18	6.35	5.24	4.62	4.23	3.95	3.74	3.58	3.45	3.34	3.18	3.01	2.82	2.73	2.63	2.52	2.42	2.30	2.18
40	0.05	5.42	4.05	3.46	3.13	2.90	2.74	2.62	2.53	2.45	2.39	2.29	2.18	2.07	2.01	1.94	1.88	1.80	1.72	1.64
	0.01	8.83	6.07	4.98	4.37	3.99	3.71	3.51	3.35	3.22	3.12	2.95	2.78	2.60	2.50	2.40	2.30	2.18	2.06	1.93
60	0.05	5.29	3.93	3.34	3.01	2.79	2.63	2.51	2.41	2.33	2.27	2.17	2.06	1.94	1.88	1.82	1.74	1.67	1.58	1.48
	0.01	8.49	5.79	4.73	4.14	3.70	3.49	3.29	3.13	3.01	2.90	2.74	2.57	2.38	2.29	2.19	2.08	1.98	1.83	1.69
120	0.05	5.15	3.80	3.23	2.89	2.67	2.52	2.39	2.30	2.22	2.16	2.05	1.94	1.82	1.76	1.69	1.61	1.53	1.43	1.31
	0.01	8.13	5.54	4.50	3.92	3.55	3.28	3.09	2.93	2.81	2.71	2.54	2.37	2.19	2.09	1.98	1.87	1.75	1.61	1.43
∞	0.05	5.02	3.69	3.12	2.79	2.57	2.41	2.29	2.19	2.11	2.05	1.94	1.83	1.71	1.64	1.57	1.48	1.39	1.27	1.00
	0.01	7.88	5.30	4.28	3.72	3.33	3.09	2.90	2.74	2.53	2.52	2.36	2.19	2.00	1.90	1.79	1.67	1.53	1.36	1.00

附表5 *F*值表(单侧检验)

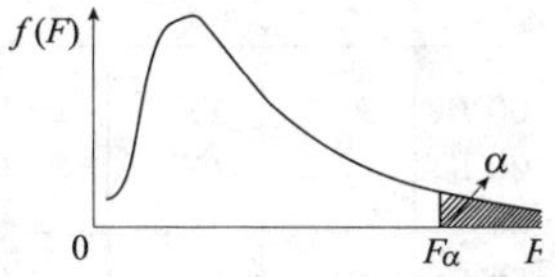

分母 df	a	1	2	3	4	5	6	7	8	9	10	11	12	14	16	20	24	30	40	50	75	100	200	500	∞
1	0.05	161	200	216	225	230	234	237	239	241	242	243	244	245	246	248	249	250	251	252	253	253	254	254	254
	0.01	4052	4999	5403	5625	5764	5859	5928	5981	6022	6056	6082	6106	6142	6169	6208	6234	6258	6286	6302	6323	6334	6352	6361	6366
2	0.05	18.51	19.00	19.16	19.25	19.30	19.33	19.36	19.37	19.38	19.39	19.40	19.41	19.42	19.43	19.44	19.45	19.46	19.47	19.47	19.48	19.49	19.49	19.50	19.50
	0.01	98.49	99.01	99.17	99.25	99.30	99.33	99.34	99.36	99.38	99.40	99.41	99.42	99.43	99.44	99.45	99.46	99.47	99.48	99.48	99.49	99.49	99.49	99.50	99.50
3	0.05	10.13	9.55	9.28	9.12	9.01	8.94	8.88	8.84	8.81	8.78	8.76	8.74	8.71	8.69	8.66	8.64	8.62	8.60	8.58	8.57	8.56	8.54	8.54	8.53
	0.01	34.12	30.81	29.46	28.71	28.24	27.91	27.67	27.49	27.34	27.23	27.13	27.05	26.92	26.83	26.69	26.60	26.50	26.41	26.30	26.27	26.23	26.18	26.14	26.12
4	0.05	7.71	6.94	6.59	6.39	6.26	6.16	6.09	6.04	6.00	5.96	5.93	5.91	5.87	5.84	5.80	5.77	5.74	5.71	5.70	5.68	5.66	5.65	5.64	5.63
	0.01	21.20	18.00	16.69	15.98	15.52	15.21	14.98	14.80	14.66	14.54	14.45	14.37	14.24	14.15	14.02	13.93	13.83	13.74	13.69	13.61	13.57	13.52	13.48	13.46
5	0.05	6.61	5.79	5.41	5.19	5.05	4.95	4.88	4.82	4.78	4.74	4.70	4.68	4.64	4.60	4.56	4.53	4.50	4.46	4.44	4.42	4.40	4.38	4.36	4.35
	0.01	16.26	13.27	12.06	11.39	10.97	10.67	10.45	10.27	10.15	10.05	9.96	9.89	9.77	9.68	9.55	9.47	9.38	9.29	9.24	9.17	9.13	9.07	9.04	9.02
6	0.05	5.99	5.14	4.76	4.53	4.39	4.28	4.21	4.15	4.10	4.06	4.03	4.00	3.96	3.92	3.87	3.84	3.81	3.77	3.75	3.72	3.71	3.69	3.68	3.67
	0.01	13.74	10.92	9.78	9.15	8.75	8.47	8.26	8.10	7.98	7.87	7.79	7.72	7.60	7.52	7.39	7.31	7.23	7.14	7.09	7.02	6.99	6.94	6.90	6.88
7	0.05	5.59	4.74	4.35	4.12	3.97	3.87	3.79	3.73	3.68	3.63	3.60	3.57	3.52	3.49	3.44	3.41	3.38	3.34	3.32	3.29	3.28	3.25	3.24	3.23
	0.01	12.25	9.55	8.45	7.85	7.46	7.19	7.00	6.84	6.71	6.62	6.54	6.47	6.35	6.27	6.15	6.07	5.98	5.90	5.85	5.78	5.75	5.70	5.67	5.65
8	0.05	5.32	4.46	4.07	3.84	3.69	3.58	3.50	3.44	3.39	3.34	3.31	3.28	3.23	3.20	3.15	3.12	3.08	3.05	3.03	3.00	2.98	2.96	2.94	2.93
	0.01	11.26	8.65	7.59	7.01	6.63	6.37	6.19	6.03	5.91	5.82	5.74	5.67	5.56	5.48	5.36	5.28	5.20	5.11	5.06	5.00	4.96	4.91	4.88	4.86
9	0.05	5.12	4.26	3.86	3.63	3.48	3.37	3.29	3.23	3.18	3.13	3.10	3.07	3.02	2.98	2.93	2.90	2.86	2.82	2.80	2.77	2.76	2.73	2.72	2.71
	0.01	10.56	8.02	6.99	6.42	6.06	5.80	5.62	5.47	5.35	5.26	5.18	5.11	5.00	4.92	4.80	4.73	4.64	4.56	4.51	4.45	4.41	4.36	4.33	4.31

续表

分母 df	α	分子 df 1	2	3	4	5	6	7	8	9	10	11	12	14	16	20	24	30	40	50	75	100	200	500	∞
10	0.05	4.96	4.10	3.71	3.48	3.33	3.22	3.14	3.07	3.02	2.97	2.94	2.91	2.86	2.82	2.77	2.74	2.70	2.67	2.64	2.61	2.59	2.56	2.55	2.54
	0.01	10.04	7.56	6.55	5.99	5.64	5.39	5.21	5.06	4.95	4.85	4.78	4.71	4.60	4.52	4.41	4.33	4.25	4.17	4.12	4.05	4.01	3.96	3.93	3.91
11	0.05	4.84	3.98	3.59	3.36	3.20	3.09	3.01	2.95	2.90	2.86	2.82	2.79	2.74	2.70	2.65	2.61	2.57	2.53	2.50	2.47	2.45	2.42	2.41	2.40
	0.01	9.65	7.20	6.22	5.67	5.32	5.07	4.88	4.74	4.63	4.54	4.46	4.40	4.29	4.21	4.10	4.02	3.94	3.86	3.80	3.74	3.70	3.66	3.62	3.60
12	0.05	4.75	3.88	3.49	3.26	3.11	3.00	2.92	2.85	2.80	2.76	2.72	2.69	2.64	2.60	2.54	2.50	2.46	2.42	2.40	2.36	2.35	2.32	2.31	2.30
	0.01	9.33	6.93	5.95	5.41	5.06	4.82	4.65	4.50	4.39	4.30	4.22	4.16	4.05	3.98	3.86	3.78	3.70	3.61	3.56	3.49	3.46	3.41	3.38	3.36
13	0.05	4.67	3.80	3.41	3.18	3.02	2.92	2.84	2.77	2.72	2.67	2.63	2.60	2.55	2.51	2.46	2.42	2.38	2.34	2.32	2.28	2.26	2.24	2.22	2.21
	0.01	9.07	6.70	5.74	5.20	4.86	4.62	4.44	4.30	4.19	4.10	4.02	3.96	3.85	3.78	3.67	3.59	3.51	3.42	3.37	3.30	3.27	3.21	3.18	3.16
14	0.05	4.60	3.74	3.34	3.11	2.96	2.85	2.77	2.70	2.65	2.60	2.56	2.53	2.45	2.44	2.39	2.35	2.31	2.27	2.24	2.21	2.19	2.16	2.14	2.13
	0.01	8.86	6.51	5.56	5.03	4.69	4.46	4.28	4.14	4.03	3.94	3.86	3.80	3.70	3.62	3.51	3.43	3.34	3.26	3.21	3.14	3.11	3.06	3.02	3.00
15	0.05	4.54	3.68	3.29	3.00	2.90	2.79	2.70	2.64	2.59	2.55	2.51	2.48	2.43	2.39	2.33	2.29	2.25	2.21	2.18	2.15	2.12	2.10	2.08	2.07
	0.01	8.68	6.36	5.42	4.89	4.56	4.32	4.14	4.00	3.89	3.80	3.73	3.67	3.56	3.48	3.36	3.29	3.20	3.12	3.07	3.00	2.97	2.92	2.89	2.87
16	0.05	4.49	3.63	3.24	3.01	2.85	2.74	2.66	2.59	2.54	2.49	2.45	2.42	2.37	2.33	2.28	2.24	2.20	2.16	2.13	2.09	2.07	2.04	2.02	2.01
	0.01	8.53	6.23	5.29	4.77	4.44	4.20	4.03	3.89	3.78	3.69	3.61	3.55	3.45	3.37	3.25	3.18	3.10	3.01	2.96	2.89	2.86	2.80	2.77	2.75
17	0.05	4.45	3.59	3.20	2.96	2.81	2.70	2.62	2.55	2.50	2.45	2.41	2.38	2.33	2.29	2.23	2.19	2.15	2.11	2.08	2.04	2.02	1.99	1.97	1.96
	0.01	8.40	6.11	5.18	4.67	4.34	4.10	3.93	3.79	3.68	3.59	3.52	3.45	3.35	3.27	3.16	3.08	3.00	2.92	2.86	2.79	2.76	2.70	2.67	2.65
18	0.05	4.41	3.55	3.16	2.93	2.77	2.66	2.58	2.51	2.46	2.41	2.37	2.34	2.29	2.25	2.19	2.15	2.11	2.07	2.04	2.00	1.98	1.95	1.93	1.92
	0.01	8.28	6.01	5.09	4.58	4.25	4.01	3.85	3.71	3.60	3.51	3.44	3.37	3.27	3.19	3.07	3.00	2.91	2.83	2.78	2.71	2.68	2.62	2.59	2.57

续表

分母 df	a	1	2	3	4	5	6	7	8	9	10	11	12	14	16	20	24	30	40	50	75	100	200	500	∞
19	0.05	4.38	3.52	3.13	2.90	2.74	2.63	2.55	2.48	2.43	2.38	2.34	2.31	2.26	2.21	2.15	2.11	2.07	2.02	2.00	1.96	1.94	1.91	1.90	1.88
	0.01	8.18	5.93	5.01	4.50	4.17	3.94	3.77	3.63	3.52	3.43	3.36	3.30	3.19	3.12	3.00	2.92	2.84	2.76	2.70	2.63	2.60	2.54	2.51	2.49
20	0.05	4.35	3.49	3.10	2.87	2.71	2.60	2.52	2.45	2.40	2.35	2.31	2.28	2.23	2.18	2.12	2.08	2.01	1.99	1.96	1.92	1.90	1.87	1.85	1.84
	0.01	8.10	5.85	4.94	4.43	4.10	3.87	3.71	3.56	3.45	3.37	3.30	3.23	3.13	3.05	2.94	2.86	2.77	2.69	2.63	2.56	2.53	2.47	2.44	2.42
21	0.05	4.32	3.47	3.07	2.84	2.68	2.57	2.49	2.42	2.37	2.32	2.28	2.25	2.20	2.15	2.09	2.05	2.00	1.96	1.93	1.89	1.87	1.84	1.82	1.81
	0.01	8.02	5.78	4.87	4.37	4.04	3.81	3.65	3.51	3.40	3.31	3.24	3.17	3.07	2.99	2.88	2.80	2.72	2.63	2.58	2.51	2.47	2.42	2.38	2.36
22	0.05	4.30	3.44	3.25	2.82	2.66	2.55	2.47	2.40	2.35	2.30	2.26	2.23	2.18	2.13	2.07	2.03	1.98	1.93	1.91	1.87	1.84	1.81	1.80	1.78
	0.01	7.94	5.72	4.82	4.31	3.99	3.76	3.59	3.45	3.35	3.26	3.18	3.12	3.02	2.97	2.83	2.75	2.67	2.58	2.53	2.46	2.42	2.37	2.33	2.31
23	0.05	4.28	3.42	3.03	2.80	2.64	2.53	2.45	2.38	2.32	2.28	2.24	2.20	2.14	2.10	2.04	2.00	1.96	1.91	1.88	1.84	1.82	1.79	1.77	1.76
	0.01	7.88	5.66	4.76	4.26	3.94	3.71	3.54	3.41	3.30	3.21	3.14	3.07	2.97	2.89	2.78	2.70	2.62	2.53	2.48	2.41	2.37	2.32	2.28	2.26
24	0.05	4.26	3.40	3.01	2.78	2.62	2.51	2.43	2.36	2.30	2.26	2.22	2.18	2.13	2.09	2.02	1.98	1.94	1.89	1.86	1.82	1.80	1.76	1.74	1.73
	0.01	7.82	5.61	4.72	4.22	3.90	3.67	3.50	3.36	3.25	3.17	3.09	3.03	2.93	2.85	2.74	2.66	2.58	2.49	2.44	2.36	2.33	2.27	2.23	2.21
25	0.05	4.24	3.38	2.99	2.76	2.60	2.49	2.41	2.34	2.28	2.24	2.20	2.16	2.11	2.06	2.00	1.96	1.92	1.87	1.84	1.80	1.77	1.74	1.72	1.71
	0.01	7.77	5.57	4.68	4.18	3.86	3.63	3.46	3.32	3.21	3.13	3.05	2.99	2.89	2.81	2.70	2.62	2.54	2.45	2.40	2.32	2.29	2.23	2.19	2.17
26	0.05	4.23	3.37	2.89	2.74	2.59	2.47	2.39	2.32	2.27	2.22	2.18	2.15	2.10	2.05	1.99	1.95	1.90	1.85	1.82	1.78	1.76	1.72	1.70	1.69
	0.01	5.72	5.53	4.64	4.14	3.82	3.59	3.42	3.29	3.17	3.09	3.02	2.96	2.86	2.77	2.66	2.58	2.50	2.41	2.36	2.28	2.25	2.19	2.15	2.13
27	0.05	4.21	3.35	2.96	2.73	2.57	2.46	2.37	2.30	2.25	2.20	2.16	2.13	2.08	2.03	1.97	1.93	1.88	1.84	1.80	1.76	1.74	1.71	1.68	1.67
	0.01	7.68	5.49	4.60	4.11	3.79	3.56	3.39	3.26	3.14	3.06	2.98	2.93	2.83	2.74	2.68	2.55	2.47	2.38	2.33	2.25	2.21	2.16	2.12	2.10

续表

分母 df	α	分子 df 1	2	3	4	5	6	7	8	9	10	11	12	14	16	20	24	30	40	50	75	100	200	500	∞
28	0.05	4.20	3.34	2.95	2.71	2.56	2.44	2.36	2.29	2.24	2.19	2.15	2.12	2.03	2.02	1.96	1.91	1.87	1.81	1.78	1.75	1.72	1.69	1.67	1.65
	0.01	7.64	5.45	4.57	4.07	3.76	3.53	3.36	3.23	3.11	3.03	2.95	2.90	2.80	2.71	2.60	2.52	2.44	2.35	2.30	2.22	2.18	2.13	2.09	2.06
29	0.05	4.18	3.33	2.93	2.70	2.54	2.43	2.35	2.28	2.22	2.18	2.14	2.10	2.05	2.00	1.94	1.90	1.85	1.80	1.77	1.73	1.71	1.68	1.65	1.64
	0.01	7.60	5.52	4.54	4.04	3.73	3.50	3.33	3.20	3.08	3.00	2.92	2.87	2.77	2.68	2.57	2.49	2.41	2.32	2.27	2.19	2.15	2.10	2.06	2.03
30	0.05	4.17	3.32	2.92	2.69	2.53	2.42	2.34	2.27	2.21	2.16	2.12	2.09	2.04	1.99	1.93	1.89	1.84	1.79	1.76	1.72	1.69	1.66	1.64	1.62
	0.01	7.56	5.39	4.51	4.02	3.70	3.47	3.30	3.17	3.06	2.98	2.90	2.84	2.74	2.66	2.55	2.47	2.38	2.29	2.24	2.16	2.13	2.07	2.03	2.01
32	0.05	4.15	3.30	2.90	2.67	2.51	2.40	2.32	2.25	2.19	2.14	2.10	2.07	2.02	1.97	1.91	1.86	1.82	1.76	1.74	1.69	1.67	1.64	1.61	1.59
	0.01	7.50	5.34	4.46	4.02	3.66	3.42	3.25	3.12	3.01	2.94	2.86	2.80	2.70	2.62	2.51	2.42	2.34	2.25	2.20	2.12	2.08	2.02	1.98	1.96
34	0.05	4.13	3.28	2.88	2.65	2.49	2.38	2.30	2.23	2.17	2.12	2.08	2.05	2.00	1.95	1.89	1.84	1.80	1.74	1.71	1.67	1.64	1.61	1.59	1.57
	0.01	7.44	5.29	4.42	3.93	3.61	3.38	3.21	3.08	2.97	2.89	2.82	2.76	2.66	2.58	2.47	2.38	2.30	2.21	2.15	2.08	2.04	1.98	1.94	1.91
36	0.05	4.11	3.26	2.86	2.63	2.48	2.36	2.28	2.21	2.15	2.10	2.06	2.03	1.98	1.93	1.87	1.82	1.78	1.72	1.69	1.65	1.62	1.59	1.56	1.55
	0.01	7.39	5.25	4.38	3.89	3.58	3.35	3.18	3.04	2.94	2.86	2.78	2.72	2.62	2.54	2.43	2.35	2.26	2.17	2.12	2.04	2.00	1.94	1.90	1.87
38	0.05	4.10	3.25	2.85	2.62	2.46	2.35	2.26	2.19	2.14	2.09	2.05	2.02	1.96	1.92	1.85	1.80	1.76	1.71	1.67	1.63	1.60	1.57	1.54	1.53
	0.01	7.35	5.21	4.34	3.86	3.54	3.32	3.15	3.02	2.91	2.82	2.75	2.69	2.59	2.51	2.40	2.32	2.22	2.14	2.08	2.00	1.97	1.90	1.86	1.84
40	0.05	4.08	3.23	2.84	2.61	2.45	2.34	2.25	2.18	2.12	2.07	2.04	2.00	1.95	1.90	1.84	1.79	1.74	1.69	1.66	1.61	1.59	1.55	1.53	1.51
	0.01	7.31	5.18	4.34	3.83	3.51	3.29	3.12	2.99	2.88	2.80	2.73	2.66	2.56	2.49	2.37	2.29	2.20	2.11	2.05	1.97	1.94	1.88	1.84	1.81
42	0.05	4.07	3.22	2.83	2.59	2.44	2.32	2.24	2.17	2.11	2.06	2.02	1.99	1.94	1.89	1.82	1.78	1.73	1.68	1.64	1.60	1.57	1.54	1.51	1.49
	0.01	7.27	5.15	4.29	3.80	3.49	3.26	3.10	2.96	2.86	2.77	2.70	2.64	2.54	2.46	2.35	2.26	2.17	2.08	2.02	1.94	1.91	1.85	1.80	1.78

续表

分母 df	a	分子 df																						
		1	2	3	4	5	6	7	8	9	10	11	12	14	16	20	24	30	40	50	75	100	200	500	∞
44	0.05	4.06	3.21	2.82	2.58	2.43	2.31	2.23	2.16	2.10	2.05	2.01	1.98	1.92	1.88	1.81	1.76	1.72	1.66	1.63	1.58	1.56	1.52	1.50	1.48
	0.01	7.24	5.12	4.26	3.78	3.46	3.24	3.07	2.94	2.84	2.75	2.68	2.62	2.52	2.44	2.32	2.24	2.15	2.06	2.00	1.92	1.87	1.82	1.78	1.75
46	0.05	4.02	3.20	2.81	2.57	2.42	2.30	2.22	2.14	2.09	2.04	2.00	1.97	1.91	1.87	1.80	1.75	1.71	1.65	1.62	1.57	1.54	1.51	1.48	1.46
	0.01	7.21	5.10	4.24	3.76	3.44	3.22	3.05	2.92	2.82	2.73	2.66	2.60	2.50	2.42	2.30	2.22	2.13	2.04	1.98	1.90	1.86	1.80	1.76	1.72
48	0.05	4.04	3.19	2.80	2.56	2.41	2.30	2.21	2.14	2.08	2.03	1.99	1.96	1.90	1.86	1.79	1.74	1.70	1.64	1.61	1.56	1.53	1.50	1.47	1.45
	0.01	7.19	5.08	4.22	3.74	3.42	3.20	3.04	2.90	2.80	2.71	2.64	2.58	2.48	2.40	2.28	2.20	2.11	2.02	1.96	1.88	1.84	1.78	1.73	1.70
50	0.05	4.03	3.18	2.79	2.56	2.40	2.29	2.20	2.13	2.07	2.02	1.98	1.95	1.90	1.85	1.78	1.74	1.69	1.63	1.60	1.55	1.52	1.48	1.46	1.44
	0.01	7.17	5.06	4.20	3.72	3.41	3.18	3.02	2.88	2.78	2.70	2.62	2.56	2.46	2.39	2.26	2.18	2.10	2.00	1.94	1.86	1.82	1.76	1.71	1.68
55	0.05	4.02	3.17	2.78	2.54	2.38	2.27	2.18	2.11	2.05	2.00	1.97	1.93	1.88	1.83	1.76	1.72	1.67	1.61	1.58	1.52	1.50	1.46	1.43	1.41
	0.01	7.12	5.01	4.16	3.68	3.37	3.15	2.98	2.85	2.75	2.66	2.59	2.53	2.43	2.35	2.23	2.15	2.06	1.96	1.90	1.82	1.78	1.71	1.66	1.64
60	0.05	4.00	3.15	2.76	2.52	2.37	2.25	2.17	2.10	2.04	1.99	1.95	1.92	1.86	1.81	1.75	1.70	1.65	1.59	1.56	1.50	1.48	1.44	1.41	1.39
	0.01	7.08	4.98	4.13	3.65	3.34	3.12	2.95	2.82	2.72	2.63	2.56	2.50	2.40	2.32	2.20	2.12	2.03	1.93	1.87	1.79	1.74	1.68	1.63	1.60
65	0.05	3.99	3.14	2.75	2.51	2.36	2.24	2.15	2.08	2.02	1.98	1.94	1.90	1.85	1.80	1.73	1.68	1.63	1.57	1.54	1.49	1.46	1.42	1.39	1.37
	0.01	7.04	4.95	4.10	3.62	3.31	3.09	2.93	2.79	2.70	2.61	2.54	2.47	2.37	2.30	2.18	2.09	2.00	1.90	1.84	1.76	1.71	1.64	1.60	1.56
70	0.05	3.98	3.13	2.74	2.50	2.35	2.32	2.14	2.07	2.01	1.97	1.93	1.89	1.84	1.79	1.72	1.67	1.62	1.56	1.53	1.47	1.45	1.40	1.37	1.35
	0.01	7.01	4.92	4.08	3.60	3.29	3.07	2.91	2.77	2.67	2.59	2.51	2.45	2.35	2.28	2.15	2.07	1.98	1.88	1.82	1.74	1.69	1.62	1.56	1.53
80	0.05	3.96	3.11	2.72	2.48	2.33	2.21	2.12	2.05	1.99	1.95	1.91	1.88	1.82	1.77	1.70	1.65	1.60	1.54	1.51	1.45	1.42	1.38	1.35	1.32
	0.01	6.96	4.88	4.04	3.56	3.25	3.04	2.87	2.74	2.64	2.55	2.48	2.41	2.32	2.24	2.11	2.03	1.94	1.84	1.78	1.70	1.65	1.57	1.52	1.49

续表

分母 df	a	分子 df																						
		1	2	3	4	5	6	7	8	9	10	11	12	14	16	20	24	30	40	50	75	100	200	500	∞
100	0.05	3.94	3.09	2.70	2.46	2.30	2.19	2.10	2.03	1.97	1.92	1.88	1.85	1.79	1.75	1.68	1.63	1.57	1.51	1.48	1.42	1.39	1.34	1.30	1.28
	0.01	6.90	4.82	3.98	3.51	3.20	2.99	2.82	2.69	2.59	2.51	2.43	2.36	2.26	2.19	2.06	1.98	1.89	1.79	1.73	1.64	1.59	1.51	1.46	1.43
125	0.05	3.92	3.07	2.68	2.44	2.29	2.17	2.08	2.01	1.95	1.90	1.86	1.83	1.77	1.72	1.65	1.60	1.55	1.49	1.45	1.39	1.36	1.31	1.27	1.25
	0.01	6.84	4.78	3.94	3.47	3.17	2.95	2.79	2.65	2.56	2.47	2.40	2.33	2.23	2.15	2.03	1.94	1.85	1.75	1.68	1.59	1.54	1.46	1.40	1.37
150	0.05	3.81	3.06	2.67	2.43	2.27	2.16	2.07	2.00	1.94	1.89	1.85	1.82	1.76	1.71	1.64	1.59	1.54	1.47	1.44	1.37	1.34	1.29	1.25	1.22
	0.01	6.81	4.75	3.91	3.44	3.13	2.92	2.76	2.62	2.53	2.44	2.37	2.30	2.20	2.12	2.00	1.91	1.83	1.72	1.66	1.56	1.51	1.43	1.37	1.33
200	0.05	3.89	3.04	2.65	2.41	2.26	2.14	2.05	1.98	1.92	1.87	1.83	1.80	1.74	1.69	1.62	1.57	1.52	1.45	1.42	1.35	1.32	1.26	1.22	1.19
	0.01	6.76	4.71	3.88	3.41	3.11	2.90	2.73	2.60	2.50	2.41	2.34	2.28	2.17	2.09	1.97	1.88	1.79	1.69	1.62	1.53	1.48	1.39	1.33	1.28
400	0.05	3.86	3.02	2.62	2.39	2.23	2.12	2.03	1.96	1.90	1.85	1.81	1.78	1.72	1.67	1.60	1.54	1.49	1.42	1.38	1.32	1.28	1.22	1.16	1.13
	0.01	6.70	4.66	3.83	3.36	3.06	2.85	2.69	2.55	2.46	2.37	2.29	2.23	2.12	2.04	1.92	1.84	1.74	1.64	1.57	1.47	1.42	1.32	1.24	1.19
1000	0.05	3.85	3.00	2.61	2.38	2.22	2.10	2.02	1.95	1.89	1.84	1.80	1.76	1.70	1.05	1.58	1.53	1.47	1.41	1.36	1.30	1.26	1.19	1.13	1.08
	0.01	6.66	4.62	3.80	3.34	3.04	2.82	2.66	2.53	2.43	2.34	2.26	2.20	2.09	2.01	1.89	1.81	1.71	1.61	1.54	1.44	1.38	1.28	1.19	1.11
∞	0.05	3.84	2.99	2.60	2.37	2.21	2.90	2.01	1.94	1.88	1.83	1.79	1.75	1.69	1.64	1.57	1.52	1.46	1.40	1.35	1.28	1.24	1.17	1.11	1.00
	0.01	6.64	4.60	3.78	3.32	3.02	2.80	2.64	2.51	2.41	2.32	2.24	2.18	2.07	1.99	1.87	1.79	1.69	1.59	1.52	1.41	1.36	1.25	1.15	1.00

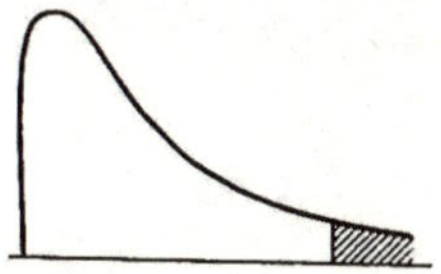

附表6　χ^2分布临界值表

df	χ^2大于表内所列χ^2值的概率												
	0.995	0.990	0.975	0.950	0.900	0.750	0.500	0.250	0.100	0.050	0.025	0.010	0.005
1	0.00004	0.00016	0.00098	0.0039	0.0158	0.102	0.455	1.32	2.71	3.84	5.02	6.63	7.88
2	0.0100	0.0201	0.0506	0.103	0.211	0.575	1.39	2.77	4.61	5.99	7.38	9.21	10.6
3	0.0717	0.115	0.216	0.352	0.584	1.21	2.37	4.11	6.25	7.81	9.35	11.3	12.8
4	0.207	0.297	0.484	0.711	1.06	1.92	3.36	5.39	7.78	9.49	11.1	13.3	14.9
5	0.412	0.654	0.831	1.15	1.61	2.67	4.35	6.63	9.24	11.1	12.8	15.1	16.7
6	0.676	0.872	1.24	1.64	2.20	3.45	5.35	7.84	10.6	12.6	14.4	16.8	18.5
7	0.989	1.24	1.69	2.17	2.83	4.25	6.35	9.04	12.0	14.1	16.0	18.5	20.3
8	1.34	1.65	2.18	2.73	3.49	5.07	7.34	10.2	13.4	15.5	17.5	20.1	22.0
9	1.73	2.09	2.70	3.33	4.17	5.90	8.34	11.4	14.7	16.9	19.0	21.7	23.6
10	2.16	2.56	3.25	3.94	4.87	6.74	9.34	12.5	16.0	18.3	20.5	23.2	25.2
11	2.60	3.05	3.82	4.57	5.58	7.58	10.3	13.7	17.3	19.7	21.9	24.7	26.8
12	3.07	3.57	4.40	5.23	6.30	8.44	11.3	14.8	18.5	21.0	23.3	26.2	28.3
13	3.57	4.11	5.01	5.89	7.04	9.30	12.3	16.0	19.8	22.4	24.7	27.7	29.8
14	4.07	4.66	5.63	6.57	7.79	10.2	13.3	17.1	21.1	23.7	26.1	29.1	31.3
15	4.60	5.23	6.26	7.26	8.55	11.0	14.3	18.2	22.3	25.0	27.5	30.6	32.8

续表

df	χ^2大于表内所列χ^2值的概率												
	0.995	0.990	0.975	0.950	0.900	0.750	0.500	0.250	0.100	0.050	0.025	0.010	0.005
16	5.14	5.81	6.91	7.96	9.31	11.9	15.3	19.4	23.5	26.3	28.8	32.0	34.3
17	5.70	6.41	7.56	8.67	10.1	12.8	16.3	20.5	24.8	27.6	30.2	33.4	35.7
18	6.26	7.01	8.23	9.39	10.9	13.7	17.3	21.6	26.0	28.9	31.5	34.8	37.2
19	6.84	7.63	8.91	10.1	11.7	14.6	18.3	22.7	27.2	30.1	32.9	36.2	38.6
20	7.43	8.26	9.59	10.9	12.4	15.5	19.3	23.8	28.4	31.4	34.2	37.6	40.0
21	8.03	8.90	10.3	11.6	13.2	16.3	20.3	24.9	29.6	32.7	35.5	38.9	41.4
22	8.64	9.54	11.0	12.3	14.0	17.2	21.3	26.0	30.8	33.9	36.8	40.3	42.8
23	9.26	10.2	11.7	13.1	14.8	18.1	22.3	27.1	32.0	35.2	38.1	41.6	44.2
24	9.89	10.9	12.4	13.8	15.7	19.0	23.3	28.2	33.2	36.4	39.4	43.0	45.6
25	10.5	11.5	13.1	14.6	16.5	19.9	24.3	29.3	34.4	37.7	40.6	44.3	46.9
26	11.2	12.2	13.8	15.4	17.3	20.8	25.3	30.4	35.6	38.9	41.9	45.6	48.3
27	11.8	12.9	14.6	16.2	18.1	21.7	26.3	31.5	36.7	40.1	43.2	47.0	49.6
28	12.5	13.6	15.3	16.9	18.9	22.7	27.3	32.6	37.9	41.3	44.5	48.3	51.0
29	13.1	14.3	16.0	17.7	19.8	23.6	28.3	33.7	39.1	42.6	45.7	49.6	52.3
30	13.8	15.0	16.8	18.5	20.6	24.5	29.3	34.8	40.3	43.8	47.0	50.9	53.7
40	20.7	22.2	24.4	26.5	29.1	33.7	39.3	45.6	51.8	55.8	59.3	63.7	66.8
50	28.0	29.7	32.4	34.8	37.7	42.9	49.3	56.3	63.2	67.5	71.4	76.2	79.5
60	35.5	37.5	40.5	43.2	46.5	52.3	59.3	67.0	74.4	79.1	83.3	88.4	92.0

附录2

术语表

（按中文拼音字母排序）

A

1. **ABAB 设计（ABAB design）** 也称为轮回设计（Reversal design），是一种单被试实验设计。其实验程序包括四个阶段：基线测试、实验处理条件下测试、返回基线测试、实验处理条件下的再测。
2. **安慰剂（Placebo）** 作为处理或药物的替代品，它没有实际的处理成分。
3. **安慰剂控制组（Placebo control group）** 在研究中接受安慰剂作用而不是实际处理的被试组或条件。
4. **安慰剂效应（Placebo effect）** 误认为服用了有效药物而产生的心理疗效。在心理实验中，被试会对实验中可能产生的影响进行猜测，由此产生某些积极的心理效应。

B

5. **保持量（Retention value）** 即被试对学习材料的保持百分比。
6. **保密性（Confidentiality）** 指对研究中得到的个人信息或测量资料要严格保密。美国心理学会伦理条例要求研究者要确保他们研究的被试的保密性。
7. **被试（Subject）** 参与研究的动物（许多情况下，我们习惯于把参与实验的人或动物通称为被试）。
8. **被试角色（Subject role）** 参与研究者以他们自认为合适的不同方式对实验线索做出反应，也叫作被试角色行为（Subject role behavior）。
9. **被试角色行为（Subject role behavior）** 参见：被试角色（Subject role）。
10. **被试内实验设计（Within-subject experimental design）** 一个被试组参加全部实验处理的实验设计方法，也叫作重复测量设计（Repeated-measures design）或组内设计（Within-group design）。
11. **被试选择偏差（Subject selection bias）** 基于便利条件而非无偏程序选择被试形成的样本偏差，这是一种影响研究外部效度的因素。
12. **被试部分（Participant subsection/ Subject subsection）** 研究报告中"方法"的一部分，它描述参加研究的人或动物。
13. **被试间实验设计（Between-subjects experimental design）** 也叫独立测量设计（Independent-measures design）、独立组设计（Independent groups design）或组间设计（Between-groups design），是将互相独立但又相等的被试组分派在不同实验处理下进行测量，然后对各组测量结果进行比较的一种实验设计。
14. **被试缺损（Participant attrition）** 在一项研究进行期间被试丢失可能对研究的内

部效度产生损害。

15. **被试者(Participant)** 参与到研究中的人。

16. **比例量表(Ratio scale)** 测量量表的一种,在该量表上,各个类别按顺序排列,而且该量表具有相等单位与绝对零点。

17. **辨别反应时间(Identification reaction time)** 只有一个反应,它仅与多个刺激中的某一刺激相对应。只有当对应的刺激出现时,被试才做出规定的反应,这时测得的反应时间叫作辨别反应时间。

18. **辨别力指数(Index of discriminability)** 根据信号检测实验的结果计算出来的能够反映被试信号分辨能力的参数。

19. **变异(Variability)** 对一个分布中分数之间差异量的测量。

20. **变异源(Source of variation)** 进行一系列观测后得到一批数据,引起数据变化的原因就叫变异源。

21. **变量(Variable)** 可以在数量上或性质上发生变化的事物的属性。

22. **便利抽样(Convenience sampling)** 也叫作随意抽样(Haphazard sampling),这是一种非概率性抽样方法,它对被试的选择是基于可能性或被试是否乐于参加实验,也就是说,因为他们容易得到。

23. **边缘思维论(Marginal thinking theory)** 行为主义的代表人物华生认为思维是作为一种整体的躯体的机能。

24. **表面效度(Face validity)** 只是从表面上看一项测量能在多大程度上测量到它想测量的目标变量。这种效度不是非常可靠。

25. **标准差(Standard deviation)** 方差的平方根,它通过表征与平均数的平均距离来度量数据的差异性。

26. **标准误(Standard error)** 对样本统计量和相应总体参数的标准距离或平均距离的度量。

27. **不等组设计(Nonequivalent group design)** 准实验设计的一种,在这种设计中,不同的被试组是在不同条件下形成的,不允许研究者对被试分组进行操纵,因此各被试组被看成不相等的组。

28. **不随意学习(Involuntary learning)** 克雷克为证明其记忆的加工水平说而提出的一种实验程序,即向被试提出不同的操作以引导被试对材料进行不同水平的加工,最后出乎意料地要求被试回忆或再认刺激材料。

29. **不应答偏差(Nonresponse bias)** 在通讯调查中,有相当数量的被调查者未予回复,使得那些给予回复的个体常常并不是受调查被试全体的代表。这种不应答偏差会影响调查的外部效度。

30. **部分平衡法(Partial counterbalancing)** 一种系统的平衡方法,它可以保证每一种实验处理对一个被试组的作用顺序都有一个“第一”“第二”“第三”……以此类推，不要求使用所有可能的处理条件的作用顺序。

31. 部分报告法(Partial report procedure) 向被试呈现一系列刺激材料，立即要求其按照某种提示线索报告某一部分的信息，以此缩短报告时间。

C

32. 残差(Residual) 是在方差分析过程中，按照线性模型对因变量观测值的变异量进行分解后的剩余部分。残差可看作不能解释的随机变量引起的变异量，故被看作误差项，作为计算检验统计量 F 时的分母项。

33. 残词补全任务(Word fragment completion task) 让被试填充残缺单词的缺失字母的一种内隐记忆测验。

34. 参考文献部分(Reference section) 研究报告的参考文献部分要列举报告中所有引用文献的完整信息，一般是按第一作者姓氏的字母顺序编排。

35. 参数(Parameter) 描述总体的一个概括值。

36. 参与式观察(Participant observation) 观察法的一种，研究者为了便于观察和记录被试者的行为，就作为被观察者的一员参与到他们的活动中。

37. 操纵核查(Manipulation check) 是在一项研究中用来评估被试是如何认识或解释操纵，以及评估操纵的直接效应的附加测量。

38. 操纵研究策略(Manipulative research strategy) 参见：实验研究方法(Experimental research strategy)。

39. 操作定义(Operational definition) 用于界定或测量一个构念的程序。一个操作定义会详细说明测量一个外部可观察的行为的程序(一系列的操作)，并使用该程序所导致的结果作为某一假设结构的定义或测量标准。

40. 策划性观察(Contrived observation) 也叫作结构性观察(Structured observation)，在特意布置的背景或情境中进行的观察。

41. 测量程序的效度(Validity of measurement procedure) 测量程序对其声称要测量的变量的测量程度。

42. 测量过敏(Assessment sensitization) 参见：过敏(Sensitization)。

43. 测量量表(Scale of measurement) 一个用来对个体进行分类的类别集合，它具有四种类型：称名量表、顺序量表、等距量表和比例量表。

44. 测验效应(Testing effect) 由重复测量经验对被试的影响导致的累积误差。

45. 产生式系统(Production system) 指计算机和人所能执行的一组活动。只要有一定的条件就能产生一定的活动，其通用表达式为“If. . . ,then. . . ”。

46. 尝试—错误说(trial-and-error theory) 也叫作试误说，是美国心理学家桑代克建构的一种学习理论。他认为人和动物都是在不断地尝试和不断地犯错中解决问题的,因为人和动物可以在这一过程中将成功反应与紧张解除联结起来。

47. **长时记忆(Long-term memory)** 指能够保留较长时间,甚至终身不忘的记忆。

48. **抄袭(Plagiarism)** 将别人的思想或语言作为自己的来呈现。抄袭是不道德的。

49. **成分分析设计(Component-analysis design)** 参见:析取设计(Dismantling design)。

50. **成熟(Maturation)** 指在研究进行过程中能够影响到被试测量分数的所有生理或心理变化对研究内部效度的损害。

51. **成熟差异(Differential maturation)** 在一项研究中,成熟因素在一个组引起的效应不同于在另一个组引起的效应,这会造成研究内部效度的下降。

52. **称名量表(Nominal scale)** 测量量表的一种。在这种量表上的各个类别代表被测量变量的定性差异,各类别具有不同的名称但彼此之间不按照系统的方式相互关联。

53. **重复测量设计(Repeated-measures design)** 参见:被试内实验设计(Within-subject experimental design)。

54. **重复测量 *t* 检验(Repeated-measures *t* test)** 在被试内或匹配实验设计中,计算来自同一被试组或两个匹配被试组的两个系列分数平均数差异的统计检验方法。

55. **重复再现法(Repeated reproduction)** 巴特利特的故事记忆测验法,即让被试学习故事之后,按照自己的记忆讲述故事,而且是至少讲述两次,两次间隔中不插入学习。

56. **程序部分(Procedure subsection)** 研究报告的"方法"中的一小部分,它描述完成这一研究的每一个步骤。

57. **处理条件(Treatment condition)** 实验研究中由操纵变量的具体值规定的情境或条件。一个实验包含的两个或两个以上的处理条件与被操纵变量的不同值对应。

58. **处理单元(Treatment phase)** 单被试研究中处理条件下的一系列观察,通常用字母B表示。

59. **刺激变量(Stimulus variable)** 来自外部刺激情境的、在心理实验中对被试的心理或行为可能产生影响的各种外在条件或因素。

60. **刺激—反应相容性(Stimulus-response compatibility,简称SRC)** 人在对刺激进行加工过程中所表现出来的一种现象。当一定的刺激和反应匹配并产生较好较快的结果时,这样的刺激—反应匹配就具有了相容性。

D

61. **代表性(Representativeness)** 样本特征能准确反映总体特征的程度。

62. **代表性样本(Representative sample)** 一个与总体具有同样特征的样本。

63. 单被试设计(Single-subject design) 指研究者使用来自一个被试的实验结果来证明因果关系的研究设计。也叫作个案设计(Single-case design)。

64. 单盲研究(Single-blind research) 如果研究者不知道预期的结果,这种研究就叫单盲研究。

65. 单因素方差分析(Single-factor analysis of variance/ One-way ANOVA) 一种用于评估两个或两个以上独立组平均数差异的假设检验方法,这里的各个组是由同一个变量或因子的独立值规定的。

66. 单因素多组设计(Single-factor multiple-group design) 一种用于比较两组以上被试或两组以上分数的实验设计。每一组被试或每一组分数代表单个因子的一个水平。

67. 单因素两组设计(Single-factor two-group design) 一种用于比较两组被试或两组分数的设计,每一组被试或每一组分数代表一个因子的一个水平。也叫作双组设计(Two-group design)。

68. 单组前测后测设计(One-group pretest-posttest design) 这是一种非实验设计,即在施加处理前后对单一被试组各进行一次测量。

69. 倒摄抑制(Retroactive interference) 后学习材料对先学习材料的保持与回忆的干扰。

70. 等距量表(Interval scale) 一种测量量表,该量表具有相等单位,但其零点是一个人为规定的相对值。

71. 地板效应(Floor effect) 这是全距效应的一种,测量分数聚集在量表的低端,测量值很少或没有机会再减小。

72. 第三变量问题(Third-variable problem) 两个变量表现出相关,但却可能是二者均受到第三个变量的影响并因此一起发生变化。

73. 定额抽样(Quota sampling) 一种便利的非概率抽样方法,需要先确认样本中要包含的具体子群,然后规定各子群要抽取的个体的定额数,进而完成抽样。

74. 抵消平衡(Counterbalancing) 是在被试内设计中,一种为了使顺序效应和与时间有关的影响降到最小而将被试分成若干小组,以便各小组以不同的顺序接受一系列实验处理的实验程序,这样做的目的是保证在每一种可能的处理顺序上,都有相同数量的被试按照各自顺序参加实验。

75. 动物关怀和利用委员会(Institutional Animal Care and Use Committee,简称 IACUC) 专门考察在研究中对非人类被试采取的处理方法的委员会。

76. 独立测量设计(Independent-measures design) 参见:被试间实验设计(Between-subjects experimental design)。

77. 独立测量 *t* 检验(Independent-measures *t* test) 在被试间设计中评估两个独立被

试组间平均数差异显著性的假设检验。

78. **独立性卡方检验(Chi-square test for independence)** 一种评估两个或多个被试组之间比例数差异统计显著性的假设检验方法。

79. **短时记忆(Short-term memory)** 在知觉后和离开意识觉察前的信息恢复。

80. **对内部效度的损害(Threat to internal validity)** 为研究结果提供任何其他可能解释的因子都会造成研究内部效度的下降。

81. **对偶联合回忆(Paired-associate recall)** 一种记忆任务,先呈现单词对(例如松鼠—大象),然后测验时出示配对的第一个单词,让被试回忆第二个单词。

82. **对数定律(Law of logarithmic function)** 也叫作费希纳定律(Fechner's Law),是德国物理学家费希纳提出来的关于心理量与物理量的关系定律,其公式为 $S=K\cdot\lg R$,即心理量与物理量的对数成正比。

83. **对外部效度的损害(Threat to external validity)** 研究本身具有的制约结果推广性的任何特征,都会造成研究外部效度的下降。

84. **对效度的损害(Threat to validity)** 会导致研究者对研究过程的质量或研究结果的准确性产生怀疑的研究成分都会造成研究效度的下降。

85. **对应加工迁移理论(Transfer-appropriate procedures approach)** 记忆中的实验性分离现象,只是由不同测验任务所要求的加工过程不同造成的,并非是由受相互独立的两个不同记忆系统控制所致。

86. **顿悟说(Insight theory)** 德国心理学家苛勒提出来的问题解决理论,他认为人和动物是依靠突然领悟来发现问题情境中的完形从而解决问题的,即发现了问题情境中各个事物间的内在联系,就能够解决问题。

87. **多重记忆系统理论(Multiple memory system theory)** 将记忆看成由多个服务于不同对象目标、遵从于不同操作原则的子系统共同作用而实现的一种功能。

88. **多因素完全随机实验设计(Multi-factor randomized experimental design)** 由两个以上的自变量或准自变量以不同水平结合而形成多个实验处理,将抽取来的被试随机分成多个组,每个组独立地接受一个实验处理下的观测,这种实验设计就叫多因素完全随机实验设计。

89. **多因素重复测量实验设计(Multi-factor repeated-measure design)** 由两个以上的自变量或准自变量以不同水平结合而形成不同的实验处理,将抽取来的被试作为一个被试组完成所有实验处理下的观测,这种实验设计就叫多因素重复测量实验设计。

E

90. **额外变量(Extraneous variable)** 在一项研究中,自变量和因变量以外的其他变量都是额外变量。

91. 二次文献(Secondary source) 对他人工作的描写或概述,其撰写人并不是所讨论的研究或观察的直接参加者。

92. 二因素设计(Two-factor design) 研究中包含两个因子。

93. 二因素方差分析(Two-way analysis of variance) 一种用来评估二因素研究中平均数差异(包括主效应和交互效应)的假设检验方法。也被称作 Two-factor ANOVA。

F

94. 反应时间(Reaction time) 简称 RT,就是个体从接受刺激作用到做出相应反应的时间间距,也叫反应潜伏期。

95. 反应变量(Reaction variable/Response variable) 也叫作因变量,是指由于自变量的变化而引起的被试反应或内外变化。

96. 方差(Variance) 通过计算各分数离差平均数得到的变异测量。

97. 方差分析(Analysis of variance) 因素型实验数据的核心分析方法,即为了评估自变量或准自变量对观测变量的影响效应而按照不同的变异源将数据变异进行分解,以考察自变量或准自变量所引起的因变量数据变化的相对程度。

98. 方法部分(Method section) 研究报告的一个部分,对研究实施过程进行相对详细的介绍,以使其他人了解并能复制这一研究过程。一般包括四方面内容:研究被试、仪器设备与材料、研究设计类型、实验操作程序与主要步骤。

99. 方向性问题(Directionality problem) 相关性研究可以建立两个具有共变关系的变量间的相关关系,但是它不能确定这两个变量中何为"因"、何为"果"。

100. 非参与观察(Nonparticipant observation) 参见:自然观察(Naturalistic observation)。

101. 非等控制组设计(Nonequivalent control group design) 准实验设计的一种,在这种研究设计中,研究者不能随机地安排被试而只能使用现有的被试组,一个组在处理条件下完成任务,另一个组在控制条件下完成任务。

102. 非概率抽样(Nonprobability sampling) 抽样方法的一种,在这种抽样中,总体不完全清楚,所以个体被抽中的概率也不清楚。这种方法往往是依据常识或容易度等因素,并试图保持抽样的代表性和避免偏差。

103. 分层随机抽样(Stratified random sampling) 概率抽样技术的一种,它需要首先确定样本中应该包含的子群,然后从每个子群中随机抽取容量相等的样本,再将它们合并成所需要的样本。

104. 分组偏差(Assignment bias) 导致各组被试特征有明显差异的被试分组过程,就会造成分组偏差。这种偏差会造成研究内部效度的下降。

105. 附录(Appendix) 研究报告中展示详细信息的部分。这些信息虽然有用,但如果放在论文的正文中就会破坏正文信息的连续性。

106. 负启动效应(Negative priming effect) 指先前的加工活动对继之而来的加工活动所起的抑制作用。

107. 复制(Replication) 使用原研究中使用的基本程序对一个研究过程进行重复,其意义在于对原研究的效度进行检验。这一研究复制要么会因为得到与原研究同样的结果而支持原来的研究,要么会因为其很难得到原来研究的结果而对原来的研究产生怀疑。

108. 符兹堡学派(Würzburg school) 以屈尔佩为主要代表人物的思维研究学派,除对思维进行了一系列实验研究外,主要贡献是提出了无意象思维的观点。

G

109. 概率抽样(Probability sampling) 一种抽样方法,在这种抽样中,总体是知道的,总体中的每一个个案有确定的被选择概率,而且抽样是基于概率而随机进行的。

110. 概念形成(Concept formation) 概念学习的一种方式。是个体以直接经验为基础,从大量的同类事物的不同例证中独立发现和掌握事物的共同关键特征的过程。

111. 感觉记忆系统(Sensory memory system) 即瞬时记忆,是刚刚输入的还未经加工的刺激信息的保持系统,它对信息保持的时间很短。

112. 感觉阈限(Sensory threshold) 指刚刚引起感觉的最小刺激强度,或者说是能够有50%的次数能引起感觉、50%的次数不能引起感觉的刺激强度。

113. 干扰说(Interference theory) 认为遗忘是由其他信息的干扰造成的。

114. 高阶析因设计(Higher-order factorial design) 多于两个因素的研究设计。

115. 个体差异(Individual differences) 一个被试与另一个被试的不同特征。

116. 个体取样(Individual sampling) 观察技术的一种,一般先在第一个时间区间观察一个被试,然后在第二个区间转向对另一不同个体进行观察。

117. 工程心理学(Engineering Psychology) 一门心理学与工程技术交叉的学科。它从心理学的观点研究工程技术、制造和使用中人与技术的关系问题。

118. 构念(Construct) 也叫作假设性构念(Hypothetical construct),是为了解释和预测行为而以理论的形式提出假设性的特征或机制。

119. 构念效度(Construct validity) 当测量分数与变量自身有直接关联从而可加以证实的效度。

120. 观察法(Observational method) 就是对研究对象进行有计划、有步骤、较持久的观察,它是出于描述的目的,而且只能达到描述的目的。

121. 观察性研究设计(Observational research design) 研究者对个体的行为进行观察并做系统记录以便对其行为进行描述的研究方法。

122. 关键词(Key word) 用来明确或描述研究中的一个变量的术语。关键词也用来搜索文献。

123. 归纳(Induction) 也称为归纳推理(Induction reasoning),利用相对较小的具体观察集合作为基础构建较大的可能观察集合的表述。

124. 归纳结构问题(Problem of inducing structure) 给出几个条件,而问题解决者必须发现隐含在条件中的结构模式才能解决问题。

125. 归纳推理(Inductive reasoning) 参见:归纳(Induction)。

126. 过敏(Sensitization) 伴随测量程序本身而出现的被试改变。过敏会影响到研究的外部效度,因为它使伴随测量程序的观测结果与被试在现实世界中的行为表现不同。

H

127. 好被试角色(Good subject role) 研究中被试采取的一种迎合研究者假设的反应倾向。

128. 横断研究设计(Cross-sectional research design) 指使用不同的被试组,每组被试代表一个不同的年龄或年龄段,在同一时间测量和比较这些被试组。

129. 恒定刺激法(Constant stimulus method) 也叫次数法(Frequency method)、正误法(True-false method)等,其特点是:只使用从能经常感觉到的刺激到经常感觉不到的刺激之间的5~7个恒定刺激点,而且各刺激点随机呈现,不像最小变化法那样必须按照某种顺序呈现。

130. 恒定法(Keeping invariablenes method) 有些额外变量无法消除或没有条件消除,则使其在整个实验进程中保持某一恒定水平,其对所有被试的影响基本一致。

131. 回归差异(Differential regression) 在一项研究中,统计回归因素在一个组引起的效应不同于在另一个组引起的效应,这会造成研究内部效度的下降。

132. 回归平均数(Regression toward the mean) 也叫作统计回归(Statistical regression),为一种统计现象,表现为第一次测量中的极端值(极大或极小)会在第二次或后续测量中成为非极端值而向平均数回归。这种现象会降低研究的内部效度,因为这其中的变化是由于统计回归而非处理。

133. 回忆法(Recall method) 一种对保持量的测量方法,即让被试重现学习过的项目以检查其保持量。

134. 混合设计(Mixed design) 一种将两种不同的研究策略结合在一起的因素型研究方法,如将被试间设计和被试内设计结合,或将一个实验因子与一个非实验因子结合。

135. 混淆变量(Confounding variable) 指那些不拟研究但却与自变量一起发生系统性改变的变量,它使得被试心理或行为变化的原因变得无法确定。

136. 霍桑效应(Hawthorne effect) 美国心理学家梅奥从 1924 — 1932 年间在霍桑公司的电力工厂开展的一系列霍桑实验中发现:在心理实验中,被试由于参加了实验,感到新奇、受重视,激发了工作积极性进而影响了实验目的的实现。

J

137. 假设检验说(Hypothesis-testing theory) 概念形成理论之一,是布鲁纳等于 20 世纪 50 年代提出来的。该理论认为,概念形成是一个不断提出假设和不断检验假设的过程。

138. 近因效应(Recency effect) 在系列学习材料表列最后的若干项目,相对于中间项目而言,信息的保持更好些。

139. 计算机模拟(Computer simulation) 通过编程,使用计算机模拟人的心理活动过程。

140. 机体变量(Organism variable) 指可能对被试的心理或行为发生影响的被试自身的特征或身心状态。

141. 击中概率(Probability of hit) 在信号检测实验中,在有信号的条件下,被试做"有信号"的反应。

142. 集中趋势(Central tendency) 用一个分数作为确定一个分布中心的统计量数,它为整组数据提供了一个具有代表性的测量值。

143. 简单反应时间(Simple reaction time) 只有一个反应对应于一个特定的刺激,当该刺激呈现时,被试就立即做出规定的反应,这时测得的反应时间就是简单反应时间。

144. 减法反应时法(Method of minus reaction time) 也称为减法法则(Minus rule),是由唐德斯的实验范式扩展而来的,后来成为信息加工心理学的基本研究方法。减法反应时法的基本原理是:当两个信息加工系列具有包含和被包含关系时,即其中一个信息加工系列除含有另一个信息加工系列的所有过程以外,还存在一个独特的信息加工阶段或过程,这两个加工系列需要的时间差就是这个独特的信息加工阶段或过程所需要的时间。

145. 间接启动(Indirect priming) 学习阶段与测试阶段呈现的刺激项目有关但不相同。

146. 检验统计量(Test statistic) 在一个假设检验中计算的一个概括值,它可用于测量样本数据与零假设的一致性程度。

147. 加因素实验(Plus factor experiment) 斯腾博格开创的反应时间实验法认为,若两个因素的效应相互制约,则这两个因素只作用于同一个信息加工阶段;若两个因素的效应相互独立,两因素的效应可以相加,则这两个因素各自独立地作用于某一特定的加工阶段。他依此假设研究了短时记忆信息的提取过程。

148. 交叉评估者信度(Inter-rater reliability) 两个观察者同时并独立地对行为进行记录的一致性程度。

149. 结果部分(Results section) 研究报告中展示研究资料及其统计分析总体情况的部分。

150. 结构性观察(Structured observation) 参见:策划性观察(Contrived observation)。

151. 构造主义心理学(Structuralism Psychology) 冯特的学生铁钦纳(Edward Bradford Titchener,1867 — 1927)发展了他的"内省实验法",形成了构造主义心理学。铁钦纳坚决反对美国当时盛行的机能主义和行为主义倾向,认为经验构成意识,意识包括三种元素性状态:一为感觉,属于知觉之元素;二为想象,属于观念之元素;三为情感,属于情绪之元素。心理学研究的目的就是了解这些元素如何构成了人的经验。

152. 节省法(Savings method) 一种对保持量的测量方法,即对先前学习过的材料重新学习并达到原来的熟练程度,比较前后两次学习所用的遍数或时间,以第二次学习节省的遍数或时间衡量第一次学习保持量。

K

153. 开窗实验(Experiment of open window) 一种反应时实验方法。运用它能比较直接地测量出每个信息加工阶段的特征,就好像复杂的信息加工过程打开了一扇窗户,使人一览无余。汉密尔顿和霍克等人在 20 世纪 70 年代和 80 年代利用开窗实验成功地进行了字母转换信息加工过程的研究。

154. 可得总体(Accessible population) 指目标人群中容易访问的那一部分可能被试,研究者一般都是从这样的可能被试群中选择样本。

155. 科尔萨科夫综合征(Korsakoff's syndrome) 参见:遗忘症(Amnesia)。

156. 可检验假设(Testable hypothsis) 一种假设,其中所有的变量、事件和个体都是真实的,因此是可以被界定和观测的。

157. 可拒绝假设(Refutable hypothses) 一个有可能被证实为假的假设,即一个允许其结果与预期不同的假设。

158. 科学方法(Scientific method) 一种获取知识的方法,利用观察提出假设,然后通过附加的、系统的观察对假设做经验性检验。通常,新的观察又会导致新的假设,如此循环不止。

159. 控制组(Control group) 在一项研究中不接受处理或只接受安慰剂处理的被试组。

160. 控制变量(Controlled variable) 参见:额外变量(Extraneous variable)。

161. 口语报告分析(Protocol analysis) 也称为出声思考(Thinking aloud),是思维研究的有效方法,即要求问题解决者在解决问题时,边思考解题,边报告自己是如何思考的,然后研究者对这些口语报告材料进行深入细致的分析。

162. 扩散(Diffusion) 处理效应从处理组扩散到控制组而引起的对内部效度的损害,通常是在被试者彼此交谈的情况下发生的。

L

163. 拉丁方(Latin square) 一个 N×N 矩阵,在这个矩阵中,N 个不同处理条件中的每一种处理在每一行和每一列中都只出现一次。它被用来编排处理条件的顺序以达到部分平衡。

164. 拉丁方实验设计(Latin square design) 实验设计的一种。是采用循环法来平衡实验顺序或其他额外变量对实验结果影响的实验设计,其特点是:由 p 个拉丁字母排成一个 p 行 p 列的方阵,每个字母在每一行或每一列都仅出现一次。

165. 累积误差(Progressive error) 指与时间有关而与特定处理无关的因素引起的被试行为或成绩上的变化。常见的累积误差有练习效应和疲劳效应。

166. 两种记忆说(Dual memory theory) 1965 年,沃和诺尔曼正式提出两种记忆说,即认为在人的长时记忆系统之外还存在着短时记忆系统。

167. 两组设计(Two-group design) 参见:单因素两组设计(Single-factor two-group design)。

168. 联结理论(Connectionistic theory) 桑代克根据大量的实验结果,认为动物解决问题的过程就是一个不断地尝试和不断地犯错的过程。在尝试过程中,问题情境、成功反应、行为结果逐渐被强化联结起来。

169. 练习/疲劳差异(Differential practice/fatigue) 在一项研究中,练习或疲劳因素在一个组引起的效应不同于在另一个组引起的效应,这会造成研究内部效度的下降。

170. 练习效应(Practice effects) 当先前实施的测量程序导致被试对其有了额外的熟练度而使分数提高,这种效应会对研究的内部效度造成损害。

171. 临床实验法(Clinical experiment method) 皮亚杰引入的一种儿童心理学实验方法,具体做法是:研究者在和儿童半自然的交往中向儿童提出一些活动要求,让他们看一些实物或向他们提一些特定的问题,儿童可毫无拘束地回答问题,然后研究者针对儿童的反应继续追问和进行观察。

172. 零假设(Null hypothesis) 在假设检验中,称被研究的总体或处理无变化、无效应、无差异或无相关的陈述。

173. 历史(History) 在被试内实验中发生的对被试测量分数有影响的外部事件为零假设。

174. 历史效应(History effect) 在研究进行中发生的对被试的测量分数有影响的外部事件对内部效度的损害。

175. 历史效应差异(Differential history effect) 在一项研究中,历史因素在一个组引起的效应不同于在另一个组引起的效应,这会造成研究内部效度的下降。

176. 漏报概率(Probability of miss) 在信号检测实验中,当有信号出现时,被试却做"无信号"反应。

177. 轮回设计(Reversal design) 参见:ABAB设计(ABAB design)。

178. 伦理学(Ethics) 研究人的适当行为。

179. 逻辑理论机(Logic Thoery Machine,简称LTM) 纽厄尔和西蒙在1956年提出的证明数理逻辑定理的程序。

180. 罗森塔尔效应(Rosenthal effect) 也叫作实验者效应,是指主试在实验中不知不觉出现的期待、动机、疲劳、厌倦等心理活动对被试产生的一种颇为微妙的作用。

M

181. 《美国心理学会出版手册》(第五版,2013)(Publication Manual of the American Psychological Association) 一种描述行为科学领域通用的研究报告写作风格和结构的手册。

182. 美国心理学会伦理条例(The American Psychological Association Ethics Code,简称APA Ethics Code) 美国心理学家从事专业的和科学的工作所依据的公认价值体系。这一条例为心理学家提供了在大多数情形下应遵循的一般原则和决策法则,其基本目标是给予那些与心理学家一起工作的个人或团体以权益保护。

183. 描述性研究方法(Descriptive research strategy) 一类研究方法的总称,这类研究需要对一个或多个自然存在的变量进行测量,目的在于对这些变量的存在进行描述。

184. 描述性统计(Descriptive statistics) 汇总和简化研究结果的统计方法。

185. 幂函数定律(Power function law) 也叫作幂定律、史蒂文斯定律。史蒂文斯认为,当物理量以几何级数增长时,心理量也按几何级数增长,即心理量是物理量的幂函数。

186. 模拟(Simulation) 在研究中创设能模拟或接近行为发生的自然情境。

187. 模拟研究(Simulation experiment) 也称为仿真研究,就是通过仿真或模拟技术创造出与研究问题的实际情形相同或相似的情境,使身处其中的被试的心理状态与行为活动与处于实际情形时相同或相似。

188. 目标总体(Target population) 由研究者的研究兴趣规定的一个群体。参见:总体(Population)。

N

189. 内部效度(Internal validity) 一项研究得到的单一的、清晰的对结果的解释程度。

190. 内省(Introspection) 参见:自我观察法(Self-observational method)。

191. 内隐记忆(Implicit memory) 无意识的记忆,实际存在但又无法直接回忆和再认。

192. 内隐记忆测验(Implicit memory tests) 通过间接测验的方法来检测被试意识不到的记忆效果,常用的方法是残词补全和启动测验等。

193. 内容分析(Content analysis) 使用行为观察技术去评量文献、电影、电视节目或类似的行为拷贝中记载的特定事件。

194. 纽伦堡条例(Nuremberg Code) 指导对人类被试进行处理的 10 条伦理规则,为制定通用的医学和心理学研究伦理标准奠定了基础。

P

195. 排列问题(Problem of arrangement) 给出构成某一事物的所有成分,问题解决者必须以某种合理的方式对这些成分进行排列,才能达到问题的目标状态。

196. 皮尔逊相关(Pearson correlation) 一种用于评估线性(直线)关系的指标。

197. 疲劳(Fatigue) 先前的处理条件或测量程序导致被试的疲劳,使后续测量成绩降低。疲劳会损害研究的内部效度。

198. 评价法实验(Experiment of evaluation method) 在有无法实验基础上发展而来的一种信号检测实验方法,即要求被试在对信号的有无做出判断时,同时给出反应的信心等级,这样就可以获得被试在多个判断标准上的信号检测实验结果。

199. 平均差误法(Method of average error) 心理物理学测定感觉阈限的基本方法之一,基本程序是:要求被试按照递增和递减的方向调整某一比较刺激的强度,使其在感觉上与另一标准刺激的感觉强度相等,如此重复很多次,以误差绝对值的平均值作为被试的差别感觉阈限。当标准刺激强度为零时,该差别感觉阈限也就是绝对感觉阈限。

200. 平均数(Mean) 集中趋势的一种量数,它等于被试测量分数的总和除以所有测量分数的个数。

201. 匹配(Matching) 一种被试分组方法,目的在于使某一特定变量在各组间是平衡的。

202. 匹配设计(Matched-subjects design) 对各组进行比较的一种研究设计,在这种设计中,一个组中的每一个被试都与另一组的一个被试匹配。匹配的目的是使研究者考虑到相关变量在不同水平下均有匹配的相等被试组。

203. 频数分布(Frequency distribution) 对一系列测试分数加以整理后显示在量表上,每一类别中的分数出现的次数就体现为频数分布。

204. 频数法(Frequency method) 在行为观察中将观察结果转换为数字分数的一种方法,它表示特定观察周期内每一具体行为取样出现的次数。

Q

205. 前测过敏(Pretest sensitization) 当行为测量先于处理进行而使被试对处理的反应受到影响,就叫作前测过敏。

206. 期待(Expectancy) 参见:实验者偏差(Experimenter bias)。

207. 期望效应(Expectancy effect) 指在实验系列中对感觉改变的期望所造成的被试反应偏差。

208. 启动(Priming) 通过呈现一个启发被试想到相关事件的刺激而引发相关认知的一种技术。例如,“医生”容易使人想到“护士”。

209. 启动效应(Priming effect) 指先前的加工活动对继之而来的加工活动所起的促进或抑制作用。

210. 启发式策略(Heuristics strategy) 指个体根据自己已有的知识经验,在问题空间进行粗略搜索来解决问题的策略。

211. 全部报告法(Whole report procedure) 向被试呈现一系列刺激项目,立即要求其报告所接受的刺激项目。

212. 全距效应(Range effect) 测量分数聚集在量表的一端,天花板效应和地板效应就是全距效应的两种类型。

213. 欺骗(Deception) 有目的性地对有关研究的信息进行隐瞒或对被试进行误导。包括被动的和主动的两种形式。

214. 欺诈(Fraud) 研究者有意地采用虚假数据或篡改数据。欺诈是不道德的。

215. 区分度(Discrimination) 随着自变量的变化,因变量也随着变化,即因变量对自变量的变化比较敏感。这种敏感程度叫作区分度。

216. 趋势(Trend) 指在单被试研究的一个观测系列中,从一次观测到下一次观测的变化在方向上和数值上保持一致。

R

217. 认知方式(Cognitive style) 又称认知风格,是人们对信息和经验进行组织加工时表现出来的个别差异,是个人在感知、记忆和思维过程中经常采取的、习惯化的态度和风格。

218. 认知神经科学(Cognitive neuroscience) 当前实验心理学的前沿领域,它试图探索伴随各种认知过程而出现的神经运动过程,甚至神经原因。

219. 人工智能(Artificial intelligence) 通过程序驱动而使计算机等人工设备能够完成人的某些智能活动。

220. 人机系统(Human-machine system) 由人和机器组成的通过人机相互作用实现一定功能的系统。

221. 人类工效学(Ergonomics) 应用科学领域中的一门学科,研究个人受到其所使用的工具、机器及其他装备、具体环境的影响,借以帮助人们更容易、更有效、更舒适和更安全地进行工作。

222. 人体尺寸(body dimension) 用专门仪器在人体特定部位测点测得的尺寸。

223. 人因工程学(Human-Factor Engineering) 一门将心理学、生理学、解剖学、管理学以及各种工程学知识与方法相结合,探讨人、工作和生活彼此关系的新领域,它的主要功能在于研究设计一个最适合人类生活及工作的新环境。

S

224. 三因素设计(Three-factor design) 含有三个因子的研究设计。

225. 散点图(Scatterplot) 显示相关研究数据的图示。图中的一个点代表一个个体两种测量的分数,其中一个分数作为横坐标,另一个分数作为纵坐标。

226. 设备差异(Differential instrumentation) 在一项研究中,设备因素在一个组引起的效应不同于在另一个组引起的效应,这会造成研究内部效度的下降。

227. 设备使用(Instrumentation) 也称为设备误差,在实验进行中发生,由更换设备引起对研究内部效度的损害。

228. 设备误差(Intrumental bias) 参见:设备使用(Intrumentation)。

229. 深度视锐(depth visual acuity) 在深度知觉阈限测量中,以标准深度和阈限下限深度处形成的视角差作为深度判断能力的测定指标,利用双眼视觉判断深度的能力叫作深度视锐。深度视锐用视角差来测量,二者成反比关系。

230. 生态学方法论(Ecological methodology) 强调让研究对象回归到其所应在的生存状态或生存环境中,然后对其进行有限控制的观测。在心理学中,生态学方法强调让人回归到其所在的文化背景中进行研究。

231. 生态学运动(Ecological movement) 20 世纪 80 年代西方心理学界出现的一种研究倾向,特别是发展心理学研究。该运动强调在自然与社会的生态环境中研究被试的心理特点。

232. 声图仪(Sonogram display apparatus) 用声图仪可以进行声图测量与分析。声图能从三个维度显示声波的振幅、频率与时间的函数关系,还可以标出不同频率成分的相位关系。

233. 声像记忆(Echoic memory) 即听觉感觉记忆。

234. 事件取样(Event sampling) 一种行为观察技术,即在第一时间段内观察并记录一个具体的事件或行为,然后转入第二时间段以观察和记录不同的事件和行为,以此类推,就可以得到一个完整的时段序列观察资料。

235. 事件相关脑电位(Event Related Brain Potential,简称为 ERP) 内源性诱发电位是个体积极参与某项活动,特别是参与认知活动的情况下获得的诱发电位,因此也称为事件相关电位。

236. 时间取样(Time sampling) 一种行为观察技术,它是在一个时间段中进行观察,接着在下一个时间段中对前面的观察进行记录,如此按照"观察—记录—观察—记录……"的顺序完成一系列时段的观察和记录。

237. 时间知觉(time perception) 指个体对直接作用于感觉器官的客观事件的持续性和顺序性的知觉。

238. 时间序列设计(Time-series design) 指实施处理前和实施处理后都进行一系列的观测。

239. 时段法(Interval method) 在行为观察中将观察转换为一种数字分数的方法,这种方法是将观察周期划分为一系列时间段,然后记录在每一时间段内某种特定行为是否发生。

240. 时距法(Duration method) 一种用于将观察资料转变为数字型分数的观察记录方法。在固定的观察周期中,记录被试做出特定行为所消耗的时间。

241. 实践显著性(Practical significance) 也叫作临床显著(Clinical significance),指一项研究的结果或处理效应大到能在实际中加以应用。

242. 实验的仿真性(Experimental realism) 指在模拟研究中实验情境对被模拟情境的心理仿真程度。

243. 实验室(Laboratory) 明确用于科学训练的研究情境,可以是任何被被试或实验参加者看作假设的情境的空间。

244. 实验室实验法(Laboratory experimental method) 指在专门的心理学实验室里,利用仪器设备控制实验条件,记录被试的心理或行为变化,以推断被试心理活动规律的研究方法。

245. 实验心理学(Experimental Psychology) 实验心理学是研究心理实验的基本理论、基本技术并概括和介绍各心理学分支领域中实验研究成果的科学。

246. 实验研究方法(Experimental research strategy) 这是试图通过操纵变量,同时测

量第二个变量并控制所有其他变量来验证因果关系的研究方法。

247. 实验者偏差(Experimenter bias) 实验者的期望或个人信念对研究结果的影响。

248. 实验者效应(Experimenter effects) 参见:罗森塔尔效应(Rosenthal effect)。

249. 实验组(Experimental group) 在一项实验中接受处理条件的被试组。

250. 实证法(Method of empiricism) 依靠观察和直接感觉经验获得知识的研究方法。

251. 适应(Habituation) 在行为观察中,被试不断地重复出现在观察的场景中,直至这一场景对其不再是一种新异刺激。

252. 手段—目的分析法(Means-end analysis) 在解决问题时,首先将问题的目标状态与初始状态进行对照,确定二者的最大差异,将这一差异作为问题解决的最大目标。为了达到这一最大目标,必须排除其存在的障碍,如此层层递推,就会把问题解决的目标分解成小的目标阶梯,通过采取一些小的措施和问题解决手段,实现一个个小的目标,最终使问题得到解决。

253. 首因效应(Primacy effect) 指个体对系列呈现的材料的开始信息的记忆效果优于对中间项目的情况。

254. 水平(Levels) 在一项实验中,那些被选择用来创设或界定处理条件的自变量的不同取值就叫水平。在某些类型的研究中,一个因素的不同取值也叫水平。

255. 双盲研究(Double-blind research) 一种研究方法,在这种研究中,研究者和被试都不知道结果。

256. 速度—准确性权衡(Speed-accuracy trade-off) 指在反应时实验过程中反应速度与反应准确性之间存在的互换关系,即追求速度会降低准确性,而提高准确性又会牺牲速度。被试在实验中,会根据内外条件在速度与准确性之间进行权衡,找到一个平衡点。

257. 线图(Line graph) 用直线连接起来的各点显示不同组或不同处理条件得到的平均数图示。

258. 数据库(Database) 它是集中于一个主题领域(如心理学)的计算机化的交互式工具,被用于与研究有关的文章的文献搜索。

259. 顺序效应(Order effect) 在一种处理条件下观测的分数由于被试参加先前处理条件下的实验(后延效应:Carryover effect)或由于在研究进程中获得经验(累积误差:Progressive error)而发生了变化。

260. 顺序量表(Ordinal scale) 测量量表的一种,在该量表上的各个类别具有不同的名称并以先后顺序排列(如,第一、第二、第三……)。

261. 似然比(Likelihood ratio) 以信号检测实验的结果计算出来的能够反映被试信号判别标准高低的参数。

262. 随机分组(Random assignment) 将被试随机分派到各种不同的处理条件下的一

种程序或过程。

263. 随机化(Randomization) 利用随机方法避免两变量间的系统性变化关系。它可以破坏任何可能的变量间系统性变化关系。

264. 随机过程(Random process) 从一系列可能的结果中产生一个结果的程序或过程。每一次的结果都无法预测,而且在每一次过程中,每一种可能的结果都有相等的发生概率。

265. 算法策略(Arithmetic strategy) 按照某种确定的规则或逻辑顺序搜索问题答案的策略。

266. 算子(Operator) 实现问题状态转换的操作方法。

T

267. 讨论部分(Discussion section) 研究报告中的一个部分,它主要是对假设的重述、结果的解释和概括,以及对结果的意义和可能的应用进行讨论。

268. 天花板效应(Ceiling effect) 分数聚集在测量量表的高分端,使分数提高的可能性很小甚至没有。这是一种全距效应。

269. 条形图(Bar graph) 一种频数分布图,它使用直立的长方条反映类别测量或顺序量表中每个分数的频数。

270. 同行评审(Peer review) 这是研究者提交用于发表的研究报告时都要经历的编辑程序。在典型的同行评审过程中,杂志社的编辑和同领域的专家会对论文进行非常详细的评审。评审者严格细致地审察研究的每一个方面,其基本目的是对研究的质量及其对科学知识的贡献做出评估,也可能对研究或发现中的可疑点进行检测。

271. 统计量(Statistic) 描述样本的概括值。

272. 统计显著性结果(Statistically significant result) 一项研究中的结果只是由于偶然因素而发生的概率极小,也叫作显著性的结果。

273. 统计回归(Statistical regression) 参见:回归平均数(Regression toward the mean)。

274. 图形后效(Figural aftereffects) 指注视一个图形一段时间对随后感知别的图形的影响。

275. 图像记忆(Iconic memory) 即视觉感觉记忆。

276. 图形掩蔽(figure masking) 在视知觉过程中,对目标刺激物的知觉受到同时或继时出现的其他刺激的影响而变得模糊或发生变异。

277. 推断统计(Inferential statistics) 用于确定何时能够将样本得到的结果推广到总体。

278. 通用问题解决者(General Problem Solver,简称 GPS) 纽厄尔和西蒙在 1972 年编制的通用问题解决的产生式系统。

W

279. 外显记忆(Explicit memory) 对先前信息的有意识回忆。

280. 外显记忆测验(Explicit memory tests) 需要人们有意识地记住具体事件的记忆测验。

281. 外部效度(External validity) 指能够将研究的结果推广到实验情境以外的人、背景、测量和特征中去的程度。

282. 完全平衡(Complete counterbalancing) 被试内设计中,在所有可能的实验处理的安排顺序下使用一组被试。如果有 n 个不同的处理条件,就有 $n!$ (n 阶排列)个不同的处理顺序。

283. 完形主义心理学派(Gestalt Psychology) 音译为格式塔心理学。完形心理学的基本观点是:心理现象都是有组织的、不可分割的整体,即是一个完形。人和动物都可以通过内部的心理完形发现外部刺激情境中的完形,于是发生知觉,并解决问题。

284. 问题(Problem) 当人们不能采取显而易见的直接手段达到目的时,就有了问题,它其实就是人们面临的一种认知情境,在这种情境中人们要达到目标存在某些障碍。

285. 问题行为图(Problem behavior graph) 在认知操作过程中,随着问题解决者采取某种措施,问题的状态会不断发生变化。把这些状态按照操作的顺序排列出来就构成了问题行为图。

286. 问题空间(Problem space) 指问题解决的中介状态以及实现这些状态转换的操作方法。问题空间是由算子连接问题中介状态构成的。

287. 文献检索(Literature search) 是研究者为熟悉其主题领域中当前正在进行的研究而找到相对较少的一系列论文的过程。这些论文可以为研究者提供研究思想,以及为研究者正要进行的新的研究提供合理性说明和研究基础。

288. 误差项方差(Error variance) 是随机因素引起的一种变异量,它被用作方差分析中计算 F 比率的分母项。

289. 无意象思维(Imageless thinking) 符兹堡学派提出的思维理论,认为思维不能归结为感觉和意象,而存在一种非感觉、非意象的思维元素。

290. 无意义音节(Nonsense syllable) 用语音材料或字符组成的刺激串,音素间没有明显的语义联系。艾宾浩斯记忆实验采用的就是无意义音节材料。

291. 无处理控制组(No-treatment control group) 在评估中不接受处理的被试组或条件。

X

292. 相关(Correlation) 指测量和描述两个变量间关系的方向与强度的统计量。

293. 相关研究方法(Correlational research strategy) 指为了研究两个变量间的关系而针对每个个案测量两个变量的一类研究方法。对每个个案,两个变量都要测量和记录,然后对这些测量结果进行评估以确定两个变量间的关系类型,并测量这种关系的强度。

294. 相等时间取样设计(Equivalent time-samples design) 指一种由一个长时间的序列观察组成的准实验时间序列设计,在实验时间序列中交替地施加和撤消一个实验处理。

295. 线图(Line graph) 用直线连接起来的各点显示不同组或不同处理条件得到的平均数图示。

296. 显著性结果(Significant result) 参见:统计显著性结果(Statistically significant result)。

297. 习惯效应(Habit effect) 指在一个实验系列中,被试连续采用某种相同的反应方式会导致一种习惯性偏差,即导致反应改变滞后。

298. 效标效度(Concurrent validity) 当一个新的测量得到的分数与一个更早建立的测量对同一变量测量的分数直接相关时,得到证明的效度。

299. 消极的被试角色(Negativistic subject role) 在一项研究中,被试倾向于在某种程度上反驳研究者的假设。

300. 效应量(Effect size) 测量实验处理效应大小的统计量。

301. (测量程序的)效度(Validity of measurement procedure) 测量程序对它声称要测量的变量的测量程度。

302. 一项研究的效度(Validity of a research study) 研究结果的真实性与准确性。效度是由研究过程的质量与结果的准确性决定的。

302. 系统抽样(Systemanic sampling) 在一个总体的个体表列中,先随机选择一个起点,然后选择等距的第 n 个被试以形成一个样本的抽样技术。

303. 现场(Field) 能被被试感知为自然环境的研究情境。

304. 现场研究(Field study) 在一种被试感觉为自然环境的情境中进行的研究。

305. 先定概率(Prior probability) 即实验之前被试所了解到的信号出现的相对概率。

306. 消除法(Removing method) 控制额外变量的方法之一,即避免有些可能影响被试心理或行为的因素在实验过程中出现。

307. 消极的被试角色(Negativistic subject role) 在一项研究中,被试倾向于采用在某种程度上反驳研究者假设的反应。

308. 信度(Reliability) 测量的稳定性或一致性程度。同一个体在相同条件下接受测量,如果测量程序是可信的,那么应该得到相同或相近的测试结果。

309. 信号接收者特征曲线(Receiver Operating Characteristic Curve,简称 ROC 曲线) 是以一系列不同条件下信号检测实验的虚报概率为横坐标、击中概率为纵坐标做出的二维曲线。

310. 《心理学文摘》(Psychological Abstract) 一装订成册的连续出版物,是研究者搜索心理学文献和查找与研究主题相关的文章的非计算机化工具,主要包含摘要或概述、主题索引、作者索引等信息。

311. 心理量表(Psychological scales) 刺激的物理强度与其引起的心理强度的对照表。

312. 心理物理学(Psychophysics) 关于身心之间或外界刺激量与内部活动心理量之间的函数关系或依存关系的严密科学,是介于物理学与心理学之间的一门独立学科。

313. 心理旋转(Mental rotation) 指在空间知觉加工过程中进行一种心理上的旋转操作,从而获得正确知觉经验的历程。

314. 《心理学文摘》光盘数据库(PsycINFO) 一种能提供与《心理学文摘》同样信息的计算机化数据库。

315. 心理学资源数据库(PsycLIT) 一种能提供与《心理学文摘》同样信息的计算机化数据库。

316. 行为类别(Behavior categories) 指可被观察的行为类型(如小组游戏、单独游戏、攻击、社会交往)。在观察开始前就要提出一系列行为类别,以便记录其发生次数。

317. 形状(Shape) 指轮廓从视野中分割出来的一个面积。

318. 形状知觉(shape perception) 空间知觉之一,是个体对物体轮廓和细节的整体反映。

319. 形状后效(Shape aftereffects) 又称为弯曲后效(curvature aftereffects),是指由图形方向导致的图形形状知觉的变化。

320. 系列效应(Series effect) 一种实验条件下的操作会影响被试在另一种后续实验条件下的操作或反应。

321. 系列位置曲线(Serial position curve) 表征信息输入位置函数的曲线。通常,最初的几个项目和最后的几个项目比中间的项目记忆效果好。

322. 新奇效应(Novelty effect) 当被试在一种研究情境中(一种新异的情境),其感知和反应与其在正常的或真实的世界中不同而对研究的外部效度产生的影响。

323. 析取设计(Dismantling design) 也叫作成分分析设计,是一种单被试设计,它包括一系列实验阶段,在每一阶段增加或减少一个复杂处理的一个成分。

324. 析因设计(Factorial design) 指一种包含两个或更多个因素的研究设计。

325. 虚报概率(Probability of false alarm) 在信号检测实验中,没有信号出现时,被试做“有信号”的反应。

326. 选择反应时(Choice reaction time) 有多个反应,各自对应于一个指定的刺激。当某一刺激呈现时,被试必须做出与之对应的反应,这时测得的反应时间就叫作选择反应时。

327. 选择偏差(Selection bias) 指以增加有偏样本发生概率的方式选择被试时出现的偏差。

328. 选择性探索(Selective explore) 选择可能性最小而又获得信息最多的环节开始搜索解决问题的方法和途径。

329. 序列重建法(Series reconstruction method) 先向被试呈现一个刺激序列,给予其一定的学习时间,而且要求被试记住刺激项目间的位置关系,然后将这些刺激的顺序打乱再呈现给被试,让被试根据自己保持的信息恢复刺激材料的原有顺序。

Y

330. 延迟回忆(Delayed recall) 在刺激材料呈现完毕后,插入一项无关任务使回忆延迟一定的时间。

331. 遗忘曲线(Forgetting curve) 也叫艾宾浩斯曲线(Ebbinghaus curve),是对学习过的材料的保持量随时间逐渐下降的曲线。

332. 运动视差(Motion parallax) 指在运动过程中形成的对远近不同的物体的不同的运动速度或方向的知觉印象,它可以作为深度判断的重要线索。

333. 预测效度(Predictive validity) 指当依据某一理论得到的测量分数可以准确预测行为时能证实的效度。

334. 预测变量(Predictor variable) 在相关研究中,研究者通常对两个变量间的关系感兴趣,以便能利用关于一个变量的知识预测或解释另一个变量,在这种情形下,前一个变量就叫作预测变量。

335. 有限随机分组(Restricted random assignment) 采用随机方法将被试分派到各个组,但事先对各组设定了限制性条件,比如要求各组相等。

336. 研究设计(Research design) 研究设计是实施研究的总体计划。设计中要明确采用组内设计还是组间设计、进行单组内比较还是多组间比较以及研究几个变量等。

337. 研究伦理(Research ethics) 研究伦理关注的是研究者的责任,研究者必须对那些受其研究过程或研究报告影响的所有人保持诚实和尊重。研究者通常受到一些伦理规则的制约,这有助于他们做出适当的决策和选择适当的行动。美国心理学会(American Psychological Association,简称 APA)制定了一系列关于心理学研究中的伦理准则(APA,1992)。

338. 研究报告(Research report) 描述实验研究过程及其成果的书面文件,它所要清晰表达的内容主要包括研究目的、引发研究的相关文献背景、实验研究方法、研究结果与分析以及对研究结果的讨论和解释等。

339. 样本(Sample) 选自总体的一个个体集合,通常用于在研究中代表总体。

340. 因变量(Dependent variable) 在对不同被试组或不同处理条件进行比较的研究中,每个被试都要进行测量的变量。就一项实验来说,因变量要被观测以便确定其是否随着自变量的操纵而变化。

341. 因素(因子)(Factor) 指在一项研究中能区分一系列实验组或处理条件的变量。实验设计中的一个因素就是一个自变量或准自变量。

342. 因素间的交互效应(Interaction between factors) 指因素型实验设计中,除主效应之外的各处理条件或处理单元间的平均数的差异。也可以说是一个因素的效应依赖于另一个因素的不同水平。这种交互作用可以通过一个二因素设计的平均数图示中出现的不平行线(即汇聚或交叉)来显示。

343. 因素型实验(Factorial experiment) 也称函数型实验,它是从艾宾浩斯(Hermann Ebbinghaus,1850—1909)研究记忆开始的。这种实验的任务不是精确地分析认识过程,而是试图找出一定现象的原因,或者是阐明两个变量间的函数关系。

344. 引言(Introduction) 研究报告正文的第一部分,它要表达的是这一研究课题的逻辑发展,包括对相关背景文献的回顾、研究问题或假设的陈述以及对被用来回答问题或检验假设的方法的简单描述。

345. 引用(Citation) 对研究报告中提到的特定事实或观点的源出版物的作者及发表年代的确认。

346. 遗忘症(Amnesia) 记忆障碍的一种。一定时间内对全部生活经历的记忆完全丧失。

347. 诱发电位(Evoked Potential,简称EP) 也称诱发反应,是指神经系统在接受内外环境的刺激信息后所产生的特定神经电活动。

348. 有无法实验(Experiment of yes-no method) 信号检测实验方法之一。在不断重复的实验中,每一次给被试呈现的实验条件可能存在要其检测的信号,也可能没有信号只有噪音。要求被试在每一次实验中判断有无信号,并做出"有"或"无"的反应。实验结束后,根据被试的击中概率和虚报概率计算其信号辨别力指数和似然比。

349. 原始文献(Primary source) 由实际进行研究或观察的人撰写的第一手观察报告或研究结果报告。

350. 运动知觉(movement perception) 个体对物体运动方向和运动速度的知觉。

Z

351. 摘要(Abstract) 用非常简练的语句表述研究的目的、研究的手段和方法、研究的主要结果或发现。

352. 正启动效应(Positive priming effect) 指先前的加工活动对继之而来的加工活动所起的促进作用。

352. 正确否定概率(Probability of correct rejection) 在信号检测实验中,当没有信号出现时,被试做“无信号”反应。

354. 整群抽样(Cluster sampling) 从一个总体中随机选取组而不是个体的概率抽样技术。

355. 制度审核委员会(Institutional Review Board,简称 IRB) 一个对提出的所有研究计划进行审核的委员会,其职责是确保这些研究在对人类被试进行处理时能保护他们的权益。

356. 直方图(Histogram) 一种频数分布图,图中垂直的长条显示了一个等距或比例量表上每一分数的频数。

357. 知会同意表(Consent form) 研究者提供的书面声明,上面包含所有知会同意的项目和被试签名。研究实施之前,要将知会同意表提供给可能的被试,以便他们了解在决定是否愿意参加研究之前需要知道的全部信息。

358. 直接启动(Direct priming) 也叫作重复启动(Repetition priming),是指学习阶段呈现的刺激项目与测试阶段呈现的刺激项目完全相同。

359. 指示语(Instruction) 主试向被试交待任务时所讲的话。

360. 指示语效应(Instruction effect) 指示语对被试的心理或行为发生的影响。

361. 志愿者偏差(Volunteer bias) 志愿者不能完全代表一般总体,进而造成研究的外部效度下降。

362. 忠实的被试角色(Faithful subject role) 被试在研究中认真遵守指导语,并避免根据自己对研究目的的任何猜测而表现出相应的行为。

363. 主动欺骗(Active deception) 也称为误导(commission),指有意地向被试呈现关于研究的错误信息,其最常见的形式就是在关于研究目的的问题上误导被试。

364. 准实验设计(Quasi-experiment design) 与真实验设计相对的一种实验设计方法。研究者事先知道某些额外变量可能会影响实验结果,但又无法消除和控制,所以无法进行真实验设计,只能借用实验设计的某些方法来计划搜集资料。这种设计的内部效度较低。

365. 准实验研究方法(Quasi-experimental research strategy) 研究方法的一种,它像实验方法一样,也试图减少内部效度受到的影响进而寻求因果关系结论,但是它缺少真实验研究方法中必需的对变量的操纵与控制。准实验研究方法通常是对现成被试组进行比较或使用时间变量界定处理条件。

366. 准自变量(Quasi-independent variable) 指在准实验和非实验研究中,区分被比较的组或处理条件的变量。准自变量类似于真实验中的自变量。

367. 主效应(Main effect) 在因素型研究中,一个因素各水平间观测量的平均数的差异。

368. 自变量(Independent variable) 在实验中由研究者操纵的变量。在行为研究中,自变量通常具有两个或更多处理条件以作用于被试。

369. 自发电位(Spontaneous EEG) 指在没有特定刺激的情况下,大脑神经系统活动自发产生的电位及其变化。

370. 自然观察(Naturalistic observation) 指研究者尽可能不施加干预而在自然情境中对行为进行观察的方法。

371. 自然实验法(Naturalistic experimental method) 在个体自然的生活、学习或工作条件下,由研究者主动改变或创设某种情境条件,有意引起研究对象某种心理活动的发生从而研究心理现象的一种方法。

372. 自我观察法(Self-observational method) 也叫内省法,是指冯特采用的在严密控制条件下被试做自我观察的心理学研究方法。

373. 自由度(Degrees of freedom) 概括地说,在样本变异统计分析中独立的变异数叫作自由度。如一个样本的 n 个分数的变异被计算时,n-1 就是其自由度。

374. 自由回忆实验(Free-recall experiment) 将一系列材料全部呈现给被试,要求其学习一定的时间,然后进行自由回忆,即对回忆顺序等不加任何限制。

375. 总体(Population) 也叫目标总体(Target population),是研究者感兴趣的个案总体。通常总体虽然不能全部参加研究,但研究的结果却可以推广到总体。

376. 最小变化法(Minimal-change method) 也称极限法(Limit method)或系列探索法等,是心理物理学的经典方法之一。它的主要特点就是刺激按照递增或递减的两种系列逐级进行微小的变化,以探测被试对刺激有无觉察的反应变化的转折点,即阈限的位置。

377. 纵向研究设计(Longitudinal research design) 通过跨越一定时间的一系列观测来考察发展的研究设计。典型的形式是在不同的时间点上对同一组被试进行测量。

378. 中位数(Median) 一种集中趋势的量数,它将分数分布划分为两半,有50%的被试分数大于这个值,剩下50%的被试分数小于这个值。

379. 直觉法(Method of intuition) 指基于预感或内在感觉而接受信息的方法。

380. 众数(Mode) 一种集中趋势的量数,指在一个分布中发生频率最高的分数。

381. 知觉定势(perceptual set) 个体对某一特定知觉活动表现出来的准备性心理倾向。

382. 主观轮廓(subjective contour) 观察者对轮廓不明确的刺激,凭借个人的认知经验而赋予其一种轮廓的知觉。

383. 知觉图式(Perception schema) 就是将过去感知过的一些刺激信息有机结合在一起构成的一个结构稳定的内部表征。

384. 转换问题(Problem of transformation) 给出问题的起始状态和目标状态,而且问题结构成分均已知,只是其存在的状态不一样。

385. 再认法(Recognition) 一种对保持的测量方法,即一种判断被试对信息熟悉度的方法。

386. 作业疲劳(Fatigue for performance) 当个体作业负荷达到一定量后,其身心紧张度持续降低,反应能力下降,这是机体的正常生理反应,对预防机体过劳起警告作用。

参考文献

1. 白学军,张钰,姚海娟等.(2006).平面香水广告版面设计的眼动研究.*心理与行为研究*,*4*(3).
2. 白学军,沈德立.(1995).初学阅读者和熟练阅读者阅读课文时眼动特征的比较研究.*心理发展与教育*,*11*(2).
3. 蔡厚德.(2005).刺激的知觉辨认难度与大脑两半球间的分布式加工.*心理学报*,*37*(1).
4. 蔡厚德,王伟.(2007).词汇加工大脑功能偏侧化与相互作用的ERP研究.*全国"普通与实验心理学"2007学术年会*,南京.
5. 蔡厚德.(2010).*生物心理学:认知神经科学的视角*.上海:上海教育出版社.
6. 蔡韦龄,严由伟.(2011).我国心理学混合实验设计的应用现状述评.*心理研究*,*4*(1).
7. 车文博.(1998).*西方心理学史*.杭州:浙江教育出版社.
8. 程利,杨治良,王新法.(2007).不同呈现方式的网页广告的眼动研究.*心理科学*,*30*(3).
9. 陈立.(1966).对心理学中实验法的估价问题.*心理科学通讯*,1.
10. 陈庆荣,邓铸.(2005).中文阅读及发展性阅读障碍眼动研究新进展.*应用心理学*,*11*(3).
11. 陈庆荣,邓铸.(2008).阅读中的眼动控制理论与SWIFT模型.见:白学军,闫国利.*眼动研究在中国*.天津:天津教育出版社.
12. 陈庆荣,王梦娟,刘慧凝等.(2011).语言认知中眼动和ERP结合的理论、技术路径及其应用.*心理科学进展*,*19*(2).
13. 陈向阳,沈德立.(2004).中小学生阅读寓言过程的眼动研究.*心理科学*,*27*(4).
14. 陈兴时,张明岛.(1996).脑电学发展史实.*国外医学(精神病学分册)*,*23*(2).
15. 陈燕丽,史瑞萍,田宏杰.(2004).阅读成语时最佳注视位置的实验研究.*心理科学*,*27*(2).
16. 陈永明,张侃,李扬等.(2001).二十世纪影响中国心理学发展的十件大事.*心理科学*,*24*(6).
17. 辞海编辑委员会.(1980).*辞海(缩印本)*.上海:上海辞书出版社.
18. 邓铸.(2000).认知研究生态学趋向及两种文化的缓和.见:杨鑫辉.*心理学探新论丛(第3辑)*.南京:南京师范大学出版社.
19. 邓铸.(2001).文化分裂及对当代认知研究范型的反思.*南京师大学报(社会科学版)*,2.
20. 邓铸.(2005).眼动心理学的理论、技术及应用研究.*南京师大学报(社会科学版)*,1.
21. 格雷维特尔著,邓铸等译.(2005).*行为科学研究方法*.西安:陕西师范大学出版社.
22. 邓铸.(2006).*应用实验心理学*.上海:上海教育出版社.
23. 邓铸,朱晓红.(2009).*心理统计学与SPSS应用*.上海:华东师范大学出版社.
24. 邓铸,吴欣.(2012).*实验心理学导论*.北京:中国轻工业出版社.
25. 高觉敷.(1982).*西方近代心理学史*.北京:人民教育出版社.
26. 高申春.(2002).冯特心理学遗产的历史重估.*心理学探新*,1.

27. 葛列众,朱祖祥.（1992）. 不同反应方式对双作业操作信息干扰的影响. *心理科学*,*21*(3).
28. 眭平.(2007).*科学创造的横向研究*. 北京: 科学出版社.
29. 郭秀艳.（2004）. *实验心理学*. 北京:人民教育出版社.
30. 赫葆源,张厚粲,陈舒永等.（1983）. *实验心理学*. 北京:北京大学出版社.
31. 黄珉珉.（1990）. *现代西方心理学十大学派*. 合肥:安徽人民出版社.
32. 黄希庭.(1987). *心理学实验指导*. 北京:人民教育出版社.
33. 黄希庭.（1991）. *心理学导论*. 北京:人民教育出版社.
34. 黄希庭,张志杰.（2005）. *心理学研究方法*. 北京:高等教育出版社.
35. 黄荣.（2011）. *大学生认知开放性量表的编制及其应用*. 硕士学位论文:南京师范大学.
36. 贺革.(2000).试论心理学研究方法的新发展. *长沙大学学报*,1.
37. 贾富仓,翁旭初.（2001）. 事件相关功能磁共振成像. *生理科学进展*,*32*(4).
38. 金志成,何艳茹.（2005）. *心理实验设计及其数据处理*. 广州:广东高等教育出版社.
39. 梁三才.(2002).*内隐和外显记忆之间的实验性分离:编码时不同注意状态的作用*. 硕士学位论文:陕西师范大学.
40. 林崇德.（1990）.论儿童心理学与教育心理学研究的新趋势——生态学运动.*心理发展与教育*,3.
41. 林崇德,杨治良,黄希庭.（2003）. *心理学大辞典*. 上海:上海教育出版社.
42. 刘大椿.(2004).*自然辩证法概论*. 北京: 中国人民大学出版社.
43. 刘婷,陈红兵.（2002）.生态心理学研究述评. *东北大学学报(社会科学版)*,*4*(2).
44. 刘伟,袁修干.(2000).人的视觉——眼动系统的研究. *人类工效学*,4.
45. 刘艳芳.（1996）. S—R 相容性:概念、分类、理论假设及应用. *心理科学*,*19*(2).
46. 鲁忠义,杜建政.（2005）. *记忆心理学*. 北京:人民教育出版社.
47. 罗鸣春,黄希庭,严进洪等.（2010）. 中国少数民族大学生心理健康状况的元分析. *心理科学*,*33*(4).
48. 罗跃嘉.（2006）. *认知神经科学教程*. 北京:北京大学出版社.
49. 吕群燕.(2009).科技基金申请项目的选题Ⅱ:科学问题的基本类型及特点. *科技导报*,*27*(17).
50. 莫雷,李利,王瑞明.（2005）. 熟练中—英双语者跨语言长时重复启动效应. *心理科学*,*28*(6).
51. 孟庆茂,常建华.（1999）. *实验心理学*. 北京:北京师范大学出版社.
52. 孟迎芳,郭春彦.（2007）. 编码与提取干扰对内隐和外显记忆的非对称性影响. *心理学报*,*39*(4).
53. 欧阳虹.（2001）. 面向21世纪的心理实验教学改革探索与实践. *洛阳大学学报*,*16*(2).
54. 彭聃龄.（2001）. *普通心理学(修订版)*. 北京:北京师范大学出版社.
55. 秦晓利.（2003）. *面向生活世界的心理学探索*. 博士学位论文:吉林大学.
56. 邱晓婷.(2013).内隐联想测验(IAT):测量内隐社会认知的有效方法. *科技信息*,7.
57. 邵志芳.(2012).*心理统计学*. 北京:开明出版社.
68. 沈德立.（2001）. *学生汉语阅读过程的眼动研究*. 北京:教育科学出版社.
59. 沈德立,白学军.（2004）. *实验儿童心理学*. 合肥:安徽教育出版社.
60. 沈德立.（1984）. 关于儿童心理实验中控制因素的问题. 见:全国高校儿童心理学教学研究会.

当前儿童心理学的进展. 北京:北京师范大学出版社.

61. 舒华. (1994). *心理与教育研究中的多因素实验设计*. 北京:北京师范大学出版社.
62. 唐孝威. (1999). *脑功能成像*. 合肥:中国科学技术大学出版社.
63. 童辉杰. (2012). *心理学研究方法导论*. 北京:中国人民大学出版社.
64. 王才康. (1994). Stroop 其人和 Stroop 效应. *心理科学*, *17*(4).
65. 王重鸣. (1990). *心理学研究方法*. 北京:人民教育出版社.
66. 王怀明, 马谋超. (2004). 名人与产品一致性对名人广告效果影响的实验研究. *心理科学*, *27* (1).
67. 王甦, 林仲贤, 荆其诚. (1997). *中国心理科学*. 长春:吉林教育出版社.
68. 阎国利. (1998). *眼动分析法在心理学研究中的应用*. 天津:天津教育出版社.
69. 闫国利, 白学军. (2007). 汉语阅读的眼动研究. *心理与行为研究*, *5*(3).
70. 陈舒永, 杨博民, 高云鹏. (1989). *心理实验纲要*. 北京:北京大学出版社.
71. 杨正汉, 冯逢, 王宵英. (2010). *磁共振成像技术指南——检察规范、临床策略及新技术应用(第 2 版)*. 北京:人民军医出版社.
72. 杨治良. (1988). *基础实验心理学*. 兰州:甘肃人民出版社.
73. 杨治良. (1994). *记忆心理学*. 上海:华东师范大学出版社.
74. 杨治良. (1998). *实验心理学*. 杭州:浙江教育出版社.
75. 杨治良. (1999). *记忆心理学*. 上海:华东师范大学出版社.
76. 杨治良等. (2012). *记忆心理学*. 上海:华东师范大学出版社.
77. 叶浩生. (1998). *西方心理学的历史与体系*. 北京:人民教育出版社.
78. 叶浩生. (2005). *心理学史*. 北京:高等教育出版社.
79. 易芳. (2004). *生态心理学的理论审视*. 博士学位论文:南京师范大学.
80. 余嘉元, 邓铸. (2001). *当代认知心理学*. 南京:江苏教育出版社.
81. 余建英, 何旭宏. (2003). *数据统计分析与 SPSS 应用*. 北京:人民邮电出版社.
82. 俞文钊. (1989). *实验心理学*. 杭州:浙江教育出版社.
83. 袁登华, 罗嗣明, 付春江等. (2010). 广告干预对消费者品牌态度和信任的影响. *心理学报*, *42* (6).
84. 詹美莎. (1987). 北京市道路交通标志的心理学评价. *心理学报*, *19*(2).
85. 张大松. (2008). *科学思维的艺术:科学思维方法论导论*. 北京: 科学出版社.
86. 张侃. (2001). 刺激—反应相容性原理与工程心理学研究. 见:中国心理学会. *当代中国心理学*. 北京:人民教育出版社.
87. 张丽华, 白学军. (2006). 负启动效应的抗抑制理论及其新进展. *心理科学*, *29*(4).
88. 张礼建, 郑荣娟. (2004). 论近代科学研究方法的特征. *重庆大学学报(社会科学版)*, *10*(5).
89. 张利燕. (1990). 心理学研究的生态学倾向. *心理学动态*, 1.
90. 张培林等. (2005). *自然辩证法概论*. 北京: 科学出版社.
91. 张庆云. (1993). *普通实验心理学*. 开封:河南大学出版社.
92. 张学民, 舒华. (2004). *实验心理学纲要*. 北京:北京师范大学出版社.
93. 中国心理学会. (2002). *心理学论文写作规范*. 北京:科学出版社.

94. 周爱保.(2008).*实验心理学*. 北京:清华大学出版社.

95. 周仁来.(2013).*心理学经典实验案例(第2版)*. 北京:北京师范大学出版社.

96. 朱滢. (1993). 启动效应——无意识的记忆. 见:*当代心理学研究*. 北京:北京大学出版社.

97. 朱滢.(2000).*实验心理学*. 北京:北京大学出版社.

98. 朱滢. (2006). *心理实验研究基础*. 北京:北京大学出版社.

99. 肖健. (2006). *现代生理心理学实验教程*. 北京:北京大学出版社.

100. 佐斌. (2001). 西方社区心理学的发展及述评. *心理学动态*,1.

101. 巴特莱特著,黎炜译. (1998). *记忆:一个实验的与社会的心理学研究*. 杭州:浙江教育出版社.

102. 哈里斯著,吴艳红译.(2009).*心理学实验的设计与报告(第2版)*. 北京:人民邮电出版社.

103. 恩格斯. (1971). *自然辩证法*. 北京:人民出版社.

104. 格雷维特尔著,邓铸等译.(2005).*行为科学研究方法*.西安:陕西师范大学出版社.

105. 坎特威茨等著,杨治良等译. (2001). *实验心理学:掌握心理学的研究*. 上海:华东师范大学出版社.

106. 墨顿·亨特著,李斯译. (1999). *心理学的故事*. 海口:海南出版社.

107. C·D·威肯斯,J·D·李,刘乙力著,S. G. 贝克,张侃等译.(2007).*人因工程学导论*. 上海:华东师范大学出版社.

108. 贝斯特著,黄希庭等译.(2000).*认知心理学*. 北京:北京轻工业出版社.

109. 爱德华兹著,毛正中等译.(1996).*心理研究中的实验设计(第5版)*. 成都:四川教育出版社.

110. 梁,奥斯汀主编,周晓林等译.(2006).*心理学研究手册*. 北京:中国轻工业出版社.

111. 鲍利克,罗森茨维格主编,张厚粲等译. (2002). *国际心理学手册*. 上海:华东师范大学出版社.

112. 舒尔茨 D. P. ,舒尔茨 S. E. 著,时勘等译.(2004).*工业与组织心理学(第8版)*. 北京:中国轻工业出版社.

113. 索尔索等著,张奇等译.(2004). *实验心理学:通过实例入门(第7版)*. 北京:中国轻工业出版社.

114. Achard, S. ,Salvador, R. ,& Whitcher, B. , et al. (2006). A resilient, low-frequency, small-world human brain functional network with highly connected association cortical hubs. *Neurosci.* ,*26*(1).

115. Alluisi, E. A. ,& Warm, J. S. (1999). Things that go together,stimulus-response compatibility. In: R. W. PROCTOR. (Ed.). *Stimulus-Response Compatibility: An Integrated Perspective*, North-Holland, Elsevier Science Publisher, BV.

116. American Psychological Association. (2013). *Publication Manual of the American Psychological Association.* The 4th ed. Washington D. C.

117. Anthony G. Greenwald, Debbie E. McGhee, and Jordan L. K. Schwartz. (1998). Measuring Individual Differences in Implicit Cognition: The Implicit Association Test. *Journal of Personality and Social Psychology* , *74* (6).

118. Atkinson, R. C. ,et al. (Eds.). (1988). *Stevens' Handbook of Experimental Psychology*. New York: John Wiley & Sons.

119. Atkinson, R. C. ,& Shiffrin, R. M. (1968). Human memory: A proposed system and its comtrol

processes. In: K. W. Spence . (Ed.). *The Psychology of Learning and Motivation: Advances in Research and Theory*. 2, New York: Academic Press.

120. Baccino, T. , & Manubta, Y. (2005). Eye-Fixation-Related Potentials: Insight into Parafoveal Processing. *Journal of Psychophysiology*, 19.

121. Baddeley, A. D. , Grant, S. , Wight, E. , & Thomson, N. (1975). Imagery and visual working memory. In: P. M. A. Rabbitt & S. Dornic (Eds.). Attention and performance V. London: Academic Press.

122. Baumgartner R. , Ryner L. , Richter W. , et al. (2000). Comparison of two exploratory data analysis methods for fMRI: fuzzy clustering vs. principal component analysis. *Magnetic Resonance*, *18*(1).

123. Boneau H. (1990). Psychological literacy: A first approximation. *American Psychologist*, *45*(7).

124. Belliveau J. W. , Kennedy D. N. , & Mckinstry R. C. (1991). Functional mapping of human visual cortex by magnetic resonance imaging. *Science*, *254*(5032).

125. Brown A. L. (1987). Metacognition, executive control, self-regulation, and other more mysterious mechanisms. In: F. E. Weinert & R. H. Kluwe. (Eds.). *Metacognition, Motivation, and Understanding*, Hillsdale, NJ: Erlbaum.

126. Bruni, J. R. , (1993). Visual attention problems as a predictor of vehicle crashes in older drivers. *Invest Ophthalmol Vis Sci*, *34*(1).

127. Carl J. R. , & Gellman R. S. (1987). Human smooth pursuit: stimulus-dependent responses. *Journal of Neurophysiology*, *57*(5).

128. Chen Q. , & Jiang Z. (2010). Eye movements during inspecting pictures of natural scenes for in form at ion to verify sentences. *Journal of Southeast University*(English Edition), *26*(3).

129. Collins, D. L. , Zljdenbos, A. P. , Kollokian V. , et al. (1998). Design and construction of a realistic digital brain phantom. *IEEE Transactions Medical Imaging*, *17*(3).

130. Cooper, L. A. , Shepard, R. N. (1973). Chronometric studies of the rotation of mental images. In: W. G. CHASE. (Ed.). *Visual Information Processing*, New York: Academic Press.

131. Crag, A. R. , & Keams, M. (1995). Results of a traditional acupuncture intervention for stuttering. *Journal of Speech & Hearing Research*, *38*(3).

132. Crosby, M. E. , & Sophian, C. (2003). Processing spatial configurations in computer interface. In: J. HYÖNÄ, R. RADACH, & H. DEUBEL. (Eds.). *The Mind's Eye: Cognitive and Applied Aspects of Eye Movement Research*. Elsevier Science BV.

133. Darwin, C J. , Turvey, M. T. , & Crowder, R. G. (1972). An auditory analogue of the Sperling partial report procedure: Evidence for brief auditory storage. *Cognitive Psychology*, *3*(2).

134. Deprospero, A. , & Cohen, S. (1979). Inconsistent visual analyses of intrasubject data. *Journal of Applied Behavior Analysis*, 12.

135. Dey P. P. , Amin M. , Bright M. (2008). Multi-model multi-strategy teaching/learning in science, engineering and technology. *Proceedings of the International Computer Science and Technology Conference (ICSTC-2008)*, San Diego.

136. Ebbinghaus, H. (1985). *Memory:A Contribution to Experimental Psychology*. New York:Dover.
137. Egeth, H. E., Virzi, R. A., & Garbart, H. (1984). Searching for conjunctively defined targets. *Journal of Experimental Psychology: Human Perception and Performance*, *10*(1).
138. Engdahl, L., Bjerre, V. K., & Christoffersen, G. R. J. (2007). Contributions from eye movement potentials to stimulus preceding negativity during anticipation of auditory stimulation. *Psychophysiology*, *44*(6).
139. Farran, E. K.,Jarrold, C.,& Gathercole, S. E. (2001). Block design performance in the williams syndrome phenotype: a problem with mental imagery? *Journal of Child Psychology and Psychiatry*, *42*(6).
140. Field, A. & Hole, G. (2003). *How to Design and Report Experiments*. London:SAGE Publications.
141. Fitts, P. M.,& Seeger, C. M. (1953). S-R compatibility:spatial characteristics of stimulus and response codes. *Journal of Experimental Psychology* ,*46*(3).
142. Fox, P. T.,Raichle, M. E.,Mintun, M. A.,et al. (1988). Nonoxidative glucose consumption during focal physiologic neural activity. *Science*,*241*(4864).
143. Friston, K. J.,Harrison, L.,Penny, W. (2003). Dynamic causal modelling. *Neuroimage*,*19*(4).
144. Friston, K. J.,Frith, C. D.,Liddle, P. F.,et al. (1993). Functional connectivity: the principal-component analysis of large(PET)data sets. *CerebBlood Flow Metab* ,1993,*13*(1).
145. Friston, K. J.,Holmes, A. P,,Worsley, K.,et al. (1995). Statistical parametric maps in functional imaging: A general linear approach. *Human Brain Mapping*,2.
146. Gary, H. G. (1999). Deconvolution of Impulse Response in Event-Related BOLD fMRI. *NeuroImage*, *9* (4).
147. Gibson, J. J. (1979). *The Ecological Approach to Visual Perception* . Boston:Houghton Mifflin.
148. Glanzer, M. & Cunitz, A. R. (1966). Two storage mechanisms in free recall. *Journal of Verbal Learning and Verbal Behavior*,5.
149. Gopher, D., & Kahneman, D. (1971). Individual differences in attention and the prediction of flight criteria. *Perceptual and Motor Skills*, *33*(3f).
150. Gopher, D. (1982). A selective attention test as a predictor of success in flight training. *Human Factors: The Journal of the Human Factors and Ergonomics Society*, *24*(2).
151. Gopher, D., Weil, M., &Bareket, T. (1994). Transfer of skill from a computer game trainer to flight. *Human Factors*, *36*(3).
152. Graf, P. & Schacter, D. L. (1985). Implicit and explicit memory for new associations in normal and amnesic subjects. *Journal of Experimental Psychology:Learning,Memory,and Cognition*,11.
153. Graf P.,Squire, L. R. & Mandler, G. (1984). The information that amnesic patients do not forget. *Journal of Experimental Psychology:Learning,Memory,and Cognition*,10.
154. Greenwald, A. G., Pratkanis, A. R., Leippe, M. R.,et al. (1988). Under what conditions does research obstruct theory progress? *Psychological Review*,95.
155. Helic, D., Maurer, H., & Scerbakov, N. (2004). Knowledge transfer processes in a modern WBT

system. *Journal of Network and Computer Applications* , *27*(3).

156. Holway, A. H. ,Boring, E. G. (1941). Determinants of apparent visual size with distance variant. *The American Journal of Psychology*,*54*(1).

157. Inhoff, A. W. , Starr, M. , & Shindler, K. I. (2000). Is the processing of words during eye fixations in reading strictly serial? *Perception & Psychophysics*,*62*(7).

158. Jacoby, L. L. (1983). Perceptual enhancement:Persistent effects of an experience. *Journal of Experimental Psychology:Learning,Memory,and Cognition*,*9*(1).

159. Jacoby, L. L. (1991). A process dissociation framework:Separating automatic from intentional uses of memory. *Journal of Memory and Language*,*30*(5).

160. James, W. (1890). *The Principles of Psychology*. New York:Holt.

161. Joyee, C. , Gorodnitsky, I. , King J. , & Kutas M. (2002). Tracking eye fixations with electroocular and electroencephalographic recording. *Psychophysiology*, *39*(5).

162. Just, M. A. ,Carpenter, P. A. (1993). The intensity dimension of thought: pupillometric indices of sentence processing. *Canadian Journal of Experimental Psychology*,*47*(2).

163. Kantowitz, B. H. , & Sorkin, R. D. (1983). *Human factors: Understanding people-system relationships*. John Wiley & Sons Inc.

164. Kazai, K. , & Yagi A. (1999). Integrated effect of stimulation at fixation points on EFRP (Eye-fixation related brain potentials) . *International Journal of Psychophysiology*,*32*(3).

165. Kazdin, A. E. (1998). *Research Design in Clinical Psychology* (4th ed.). Boston:Allyn & Bacon.

166. Kennett, S. , Van Veizen, J. , Eimer, M. , & Driver, J. (2007). Disentangling gaze shifts from preparatory ERP effects during spatial attention. *Psychophysiology*,*44*(1).

167. Kimble, G. A. (1984). Psychology's two culture. *American Psychologist*,*39*(8).

168. Levine, G. ,& Parkinson, S. (Eds.). (1994). *Experimental Methods in Psychology* . New Jersey: Lawrence Erlbaum Associates.

169. Loftus, E. F. , & Palmaer,J. (1974). Reconstruction of automobile destruction: An example of the interacion between language and memory. Journal of Verbal Learning and Verbal Behavior, *13*(5).

170. Ludwig, T. D. , Geller, E. S. (1991). Improving the driving practices of pizza deliverers: Response generalization and moderating effects of driving history. *Journal of Applied Behavior Analysis*,*24*(1).

171. Luck, S. J. , & Hillyard, S. A. (1990). Electrophysiological evidence for parallel and serial processing during visual search. *Perception & psychophysics*, *48*(6).

172. Mal. ,Wang, B. ,Chen, X. ,Xiong J. (2007). Detecting functional connectivity in the resting brain: a comparison between ICA and CCA. *Magnetic resonance Imaging*,*25*(1).

173. Macwhinney, B. , James, J. , Schunn, C. , et al. (2001). STEP-A System for Teaching Experimental Psychology using E-Prime. *Behavior Research Methods, Instruments, & Computers*,*33*(2).

174. Mckenwn, M. J. ,Makeig, S. G. ,Brown, G. ,et al. (1998). Analysis of fMRI data by blind separation into independent spatial components. *Human Brain Mapping*,*6*(3).

175. Michael, S. G. , Richard, B. I. ,& George, R. M. (Eds.). (2002). *Cognitive Neuroscience: The*

Biology of The Mind. Norton.

176. Milner, B. ,Corkin, S. & Teuber, H. L. (1968). Further analysis of hippocampal amnesic syndrome: 14-year follow-up study of HM. *Neuropsychologia*,6.

177. Moseley, M. E. ,Glover, G. H. (1995). Functional MR imaging:Capabilities and limitations. *Neuroimaging Clinics of North America*,*5*(2).

178. Murdock, B. B. (1961). The serial position effect of free recall. *Journal of Experimental Psychology*, *64*(5).

179. Neill, W. T, Westberry, R. L. (1987). Selective attention and the suppression of cognitive noise. *Journal of Experimental Psychology: Learning,Memory,and Cognition*,*13*(2).

180. Neisser, U. (1967). *Cognitive Psychology* . New York:Appleton-century-Croft.

181. Ogawa, S. ,Lee, T. M. ,Ray, A. R. ,et al. (1990). Brain magnetic resonance imaging with contrast dependent on blood oxygenation. *Proceedings of the National Academy of Sciences of the united states of America*,*87*(24).

182. Paller, K. A. , Hutson, C. A. , Miller B. B. ,et al. (2003). Neural Manifestations of Memory with and without Awareness. Neuron, *38*(3).

183. Peirce, C. S. (1877). The fixation of belief. *Popular Science Monthly*,12.

184. Posner, M. I. ,Boies, S. J. ,Eichelman, W. H. ,& Taylor, R. L. (1969). Retention of visual and name codes of single letters. *Journal of Experimental Psychology Monograph*,*79*(1).

185. Raney, G. , & Rayner, K. (1993). Event-related brain potentials, eye movements, and reading. *Psychological Science*, *4*(5).

186. Rayner, K. , White, S. J. , Kambe, G. , et al. (2003). On the processing of meaning from parafoveal vision during eye fixation in reading. In: J. HYÖNÄ, R. RADACH, & H. DEUBEL. (Eds.). *The Mind's Eye: Cognitive and Applied Aspects of Eye Movement Research*. Elsevier Science BV.

187. Riggs, L A. , Ratliff, F. , Cornsweet, J. C. , et al. (1953). The disappearance of steadily fixated visual test objects. *Journal of the Optical Society American*, 37.

188. Roediger, H. L. ,Weldon, M. S. ,& Challis, B. H. (1989). Explaining dissociations between implicit and explicit measures of retention: A processing account. In: H L. ROEDIGER and F I M. CRAIK. (Eds.). *Varieties of memory and consciousness:Essays in Honour of Endel Tulving*. Hillsdale, NJ:Erlbaum.

189. Rumelhart,D. E. ,& McClelland,J. L. (Eds.). (1986). Parallel distributed processing: Exploration in the microstructure of cognition (Vol,1). Cambridge,MA: MIT Press/Bradford Books.

190. Scarborough, D. L. ,Gerard, L. & Corstese, C. (1979). Accessing lexical memory:the transfer of word repetition effects across task and modality. *Memory & Cognition* ,7(1).

191. Schiffman, H. R. (1996). *Sensation and Perception* . John Wiley & Sons,Inc.

192. Sereno, S. C. , & Rayner, K. (2003). Measuring word recognition in reading: eye movements and event-related potentials. *Trends in Cognitive Sciences*, 7(1).

193. Sereno, S. C. , Rayner, K. , & Posner, M I. (1998). Establishing a time-line of word recognition:

evidence from eye movements and event-related potentials. *Neuroreport*, *9*(10).

194. Shallice, T. , & Warrington, E. K. (1970). Independent functioning of verbal memory stores:A neuropsychological study. *Quarterly Journal of Experimental Psychology*, *22*(2).

195. Simola, J. , Holmqvist, K. , & Lindgren, M. (2008). Hemispheric differences in parafoveal processing: Evidence from eye-fixation related potentials. *Poster Presentation at Brain Talk: Discourse with and in the Brain*, Lund, Sweden.

196. Sperati, C. (2003). The Inner Working of Dynamic Visuospatial Imagery as Revealed by Spontaneous Eye Movements. In: J. Hyona, R. Radach, & H. Deubel. (Eds.). (2003). *The Mind's Eye: Cognitive and Applied of Eye Movement Research.* Elsevier Science BV.

197. Spering, M. , & Gegenfurtner, K. R. (2008). Contextual effects on motion perception and smooth pursuit eye movements. *Brain Research*, 1225.

198. Sperling, G. A. (1960). The information available in brief visual presentations. *Psychology Monographs*,74.

199. Sternberg, S. (1969). The discovery of processing stages:Extensions of Donders' method. *Acta Psychologica*,31.

200. Sternberg, R J. (1985). *Beyond IQ: A Triarchic Theory of Human Intelligence* . New York: Cambridge University Press.

201. Stevens, S. S. ,Morgan, C T. & Volkman, J. (1941). Theory of neural quantum in the discrimination of loudness and pitch. *American Journal of Psychology*,54.

202. Stevens, S S. (1957). On the psychophysical law. *Psychological Review*,64.

203. Stevens, S. S. (1975). *Psychophysics:Introduction to Its Perceptual,Neural,and Social Prospects.* New York:Wiley.

204. Stewart, A. J. , Pickering, M. J. , & Sturt, P. (2004). Using eye movements during reading as an implicit measure of the acceptability of brand extensions. *Applied Cognitive Psychology*,*18*(6).

205. Stone, J. V. (2001). Blind source separation using temporal Predictability. *Neural computation*, *13* (7).

206. Strangman, G. ,Boas, D. A. ,& Sutton, J. P. (2002). Non-invasive neuroimaging using near-infrared light. *Biological Psychiatry*, 52.

207. Talaraich, J. ,Tournoux, P. (1988). *Co-planar Stereotaxic Atlas of the Human Brain.* Thieme.

208. Takeda, Y. , Sugai, M. , & Yagi A. (2001). Eye fixation related potentials in a proof reading task. *International Journal of Psychophysiology*, *40*(3).

209. Teasdale, J. D. ,& Fogarty, S. J. (1979). Differential effects of induced mood on retrieval of pleasant and unpleasant events from episodic memory. *Journal of Abnormal Psychology* ,*88*(3).

210. Tipper, S. P. , Cranston, M. (1985). Selective attention and priming : Inhibitory and facilitatory effects of ignored primes. *Quarterly Journal of Experimental Psychology: Human, Experimental Psychology*,*37*(4).

211. Treisman, A. M. , & Gelade, G. (1980). A feature-integration theory of attention. *Cognitive psychol-*

ogy, *12*(1).

212. Tsai, L. I., & Mcconkie, G. W. (2003). Where do Chinese readers send their eyes? In: J. HYÖNÄ, R. RADACH, & H. DEUBEL. (Eds.). *The Mind's Eye: Cognitive and Applied Aspects of Eye Movement Research*. Elsevier Science BV.
213. Tulving, E. (1985). How many memory system are there? *American Psychologist*, 40.
214. Tulving, E. & Schacter, D. L. (1990). Priming and human memory systems. *Science*, *247*(4940).
215. Turley, K. J. & Whiteield, M. M. (2003). Strategy training and working memory task performance. *Journal of Memory and Lanyuage*, *49*(4).
216. Vazquez, A. L., Noll, D. C. (1998). Nonlinear aspects of the BOLD response in functional MRI. *Neuroimage*, *7*(2).
217. Wacker, D. P., Steege, M. W., Northup, J., et al. (1990). A component analysis of functional communication training across three topographies of severs behavior problem. *Journal of Applied Behavior Analysis*, *23*(4).
218. Warrington, E. K. & Weiskrantz, L. (1968). A new method of testing longterm retention with special reference to amnesic patients. *Nature*, 217.
219. Warrington, E K. & Weiskrantz, L. (1974). The effect of prior learning on subsequent retention in amnesic patients. *Neuropsychologia*, *12*(4).
220. Watson, J. B. (1914). *Behavior: An Introduction to Comparative Psychology*. New York: Holt.
221. Waugh, N. C., & Norman, D. A. (1965). Primary memory. *Psychological Review*, 72.
222. Weisktantz, L. & Warrington, E. K. (1970). Verbal learning and retention by amnesic patients using partial information. *Psychonomic Science*, *20*(4).
223. Weisstein, N., & Harris, C. S. (1974). Visual detection of line segments: An object-superiority effect. *Science*, *186*(4165).
224. Witherspoon, D. & Moscovitch M. (1989). Stochastic independence between two implicit memory tasks. *Journal of Experimental Psychology: Learning, Memory, and Cognition*, *15*(1).
225. Witkin, A. A., Moore, C. A., Goodenough, D. R. (1977). Field dependent and field independent cognitive styles and their educational implications. *Review of Educational Research*, *47*(1).
226. Woodworth, R. S., & Schlosberg, H. (1954). *Experimental Psychology*(revised). New York: Henry Holt and Company.
227. Yagi, A., Imanishi, S., Konishi, H., Akashi, Y., & Kanaya, S. (1998). Brain potentials associated with eye fixations during visual tasks under different lighting systems. *Ergonomics*, *41*(5).

后 记

这本《实验心理学》是在多年不断调整教学内容、变革教学方式的过程中逐渐成书的，是南京师范大学立项重点建设的“心理学研究方法教学团队”的重要成果之一，也是为适应教学改革实践需要而编写的。需要特别说明的是，此次编撰工作是在我2006年出版的《应用实验心理学》（上海教育出版社）、2012年出版的《实验心理学导论》（中国轻工业出版社）、2016年出版的《实验心理学》（北京师范大学出版社）三部教材基础上的一次提升。其中有些过去比较成熟的章节，此次进行了进一步的检查修订；有些章节则是有大幅改动或是新加入的；也删除了部分章节，因为这些章节在实验心理学的实际教学中一般不作为重点。在本轮撰写中，我的研究生刘子星同学完成了第五章初稿，张琪同学完成了第六章初稿，徐天琪同学完成了第八章初稿，吴金金同学完成了第九章初稿；我的同事陈庆荣老师完成了第七章第二节，钟元老师完成了第七章第三节。非常感谢全国各地各高校的同行，在多年教学中给予了我诸多支持，并对教材提出过很多建设性的意见。此外，有许多本科生、研究生也以多种方式向我传递了对我已出版教材的积极关注、热情支持和修订建议。我深受感动并铭记于心！

这本《实验心理学》的出版得到南京师范大学出版社徐蕾总编、张春主任、秦月编辑的关心与支持。在出版过程中，秦月编辑对文稿进行了仔细审读，提出了许多建设性的修订意见，这是此书作为精品教材系列的质量保障之一。在此表示衷心感谢！

本书写作中参考了大量国内外文献，在此对文献的原作者表示诚挚谢意！

邓 铸

2020年2月于随园